現代汽油噴射引擎

黃靖雄・賴瑞海　編著

全華圖書股份有限公司

五版序

一、在低污染及省能源的兩大要求下，各國汽車製造公司汽油引擎燃油系統的技術，從1960年中期起，就已經開始噴射化及電腦化了。台灣從1990年代起，國產小轎車也開始採用電腦控制汽油噴射引擎，由於各汽車廠間的競爭非常激烈，因此電腦化的速度非常迅速，甚至客貨兩用汽車引擎也早已全面電腦化了，對台灣地區空氣污染的改善，有相當大的幫助。

二、由於汽油噴射引擎的全面普及化，及可預見未來持續的應用，如目前廣泛採用的進氣歧管多點汽油噴射引擎，極具競爭優勢的缸內汽油直接噴射引擎，及Hybird汽車的汽油動力系統，均與電腦控制汽油噴射有著非常密切的關係。因此筆者全新編著“現代汽油噴射引擎”一書，提供讀者最新穎、豐富且詳實的資料，配合流暢的編輯順序，內容一氣呵成，期盼能確實提升大家對現代汽油噴射系統的認識及瞭解。

三、第1章“電腦、感知器、作動器及多工(MUX)系統”，是本書的主軸之一，內容幾佔全書的2/5。文中將電腦控制系統的三大主要項目—電腦、各感知器及各作動器，全部集中在本章中分門別類詳細說明，讓大家能將三者前後連貫，對整個電腦控制系統具備完整的概念，非常有助於對以後各章節的瞭解；本章並同時介紹多工系統新技術，目前汽車的線路已逐步CAN化，讀者由裕隆汽車公司汽車控制器區域網路的應用，即可明瞭多工作業系統的優勢。

四、第2章“汽油噴射系統概述”，先介紹汽油噴射系統的整個發展過程，讓大家知道汽油引擎噴射化的詳細進展；接著再介紹汽油噴射系統的分類，對各種不同噴射系統的差異有初步概念後，希望有助於接下來對各系統的深入瞭解。

五、第3章“單點汽油噴射系統”，以Bosch的Mono-Jetronic系統爲主作介紹，並說明 Mono-Motronic 系統的不同處。單點汽油噴射系統在90年代曾廣爲歐、美各大汽車製造廠所採用，普遍用在2.0 L以下的一般轎車及貨車引擎上。

六、第4章“多點汽油噴射系統”，也是本書的主軸之一，內容佔全書約1/4。精彩內文包括怠速控制閥、電子節氣門、雙段轉速式電動汽油泵、壓力調節器、噴油器、ECM的各種控制功能及缸內汽油直接噴射系統等，以期能幫助大家對目前大多數汽車所採用的多點噴射系統，有更深入的認識及瞭解。並於111年，新加入一節“Toyota D-4S系統”，內文是介紹較特殊的雙噴射系統。本系統是由Toyota所設計開發，Subaru、Audi及Ford等，也有採用Toyota的D-4S系統。

七、第5章“點火系統”，爲本書的特色之一，特別將很重要的點火系統以單獨一章來說明。文中將點火系統從有分電盤的電子控制，到無分電盤的電子控制，以及點火器等，做完整詳細的介紹，讓讀者明白點火系統的最新演變外，也同時瞭解實際的電腦控制點火提前作用。

八、第6章“車上診斷(OBD)系統”，也是本書的特色之一，本章是一般人最不熟悉的部分。現代汽油噴射引擎與OBD系統有極密切的關係，本章依序介紹OBD-I、OBD-II及OBD-III三種系統，讓大家瞭解三者的內容及彼此間的差異；文中並附有完整的SAE J1930專有名詞建議表，提供大家參閱比較。

九、本書內容若有詞句不清、疏忽誤植之處，敬請各界專家先進不吝指正，不勝感激！謝謝！

編輯部序

「系統編輯」是我們的編輯方針，我們提供給您的，絕對不只是一本書，而是關於這本書的所有知識，它們由淺入深，循序漸進。

本書首先詳細介紹了電腦、感知器、作動器、多工(MUX)系統的構造及作用，有別於其他同種類書籍的編輯方式，幫助於讀者對各種噴射系統的了解。接下來陸續由舊至新，漸進的介紹了各種不同的噴射系統；另外並獨有專章的介紹了電腦控制點火系統及車上診斷(OBD)系統，提供與汽油噴射引擎相關的重要資料，使書本更具可看性。本書適用對象爲科技大學車輛工程系及各職訓中心之學生，以及汽車維修等相關從業人員等。

同時，爲了使您能有系統且循序漸進研習相關方面的叢書，我們以流程圖方式，列出各相關圖書的閱讀順序，以減少您研習此門學問的摸索時間，並能對這門學問有更加完整的知識。若您在這方面有任何的問題，歡迎來函聯繫，我們將竭誠爲您服務。

相關叢書介紹

書號：06285
書名：內燃機
編著：吳志勇.陳坤禾.許天秋.
　　　張學斌.陳志源
16K/304 頁/390 元

書號：0554301
書名：內燃機(修訂版)
編著：薛天山
20K/600 頁/520 元

書號：0618002
書名：車輛感測器原理與檢測
　　　(第三版)
編著：蕭順清
16K/234 頁/300 元

書號：0567701
書名：現代柴油引擎新科技裝置
　　　(第二版)
編著：黃靖雄.賴瑞海
16K/216 頁/320 元

書號：0591703
書名：自動變速箱(第四版)
編著：黃靖雄.賴瑞海
16K/424 頁/470 元

書號：0587301
書名：汽車材料學(第二版)
編著：吳和桔
16K/552 頁/580 元

書號：0258402
書名：汽油噴射系統原理與實務
　　　(修訂三版)
編著：楊成宗
20K/400 頁/295 元

書號：0277102
書名：現代汽車引擎(第三版)
編著：黃靖雄.初郡恩
16K/400 頁/520 元

書號：0609602
書名：油氣雙燃料車－LPG
　　　引擎
編著：楊成宗.郭中屏
16K/248 頁/333 元

◎上列書價若有變動，請以最新定價為準。

流程圖

書號：0277571
書名：汽車原理(精裝本)
　　　(修訂版)
編著：黃靖雄

書號：06285
書名：內燃機
編著：吳志勇.陳坤禾.
　　　許天秋.張學斌.
　　　陳志源

書號：0395002
書名：現代汽車電子學
　　　(第三版)
編著：高義軍

書號：0258402
書名：汽油噴射系統原理與
　　　實務(修訂三版)
編著：楊成宗

書號：0556903
書名：現代汽油噴射引擎
　　　(第四版)
編著：黃靖雄.賴瑞海

書號：0277102
書名：現代汽車引擎(第三版)
編著：黃靖雄.初郡恩

書號：06083
書名：汽車未來趨勢
日譯：張海燕.陶旭瑾

書號：0609602
書名：油氣雙燃料車－LPG
　　　引擎
編著：楊成宗.郭中屏

書號：0591703
書名：自動變速箱(第四版)
編著：黃靖雄.賴瑞海

目 錄

CONTENTS

第 1 章　電腦、感知器、作動器及多工(MUX)系統

第 2 章 汽油噴射系統概述

第 3 章　單點汽油噴射系統

第 4 章　多點汽油噴射系統

第 5 章 點火系統

第 6 章 車上診斷(OBD)系統

CHAPTER 1

電腦、感知器、作動器及多工(MUX)系統

1.1 概述

1. 要達到完整的控制，必須先由各感知器產生的信號，送入電腦，經運算比對後，輸出信號給各作動器，以達到最精確的控制結果。
2. 現代汽油引擎各系統的控制已全面電腦化了，從汽油噴射、點火、排氣污染、可變氣門正時與揚程、可變進氣及增壓等，都已採用電腦控制。
3. 部分感知器送出的信號，其實不是只有一個系統採用而已。例如一般介紹汽油噴射的書籍，一定會提到曲軸位置感知器，此感知器信號除作爲控制汽油噴射外，也用來控制點火、排氣污染、可變氣門正時與揚程等。故本章將統一介紹各種裝在引擎的感知器，其他各章中除非必要，否則不再單獨說明。
4. 作動器也將在本章中同時介紹，讓電腦控制系統，從輸入、處理到輸出，完整的在本章中呈現。
5. 各感知器電路，會採用到如惠斯登電橋電路、史密特觸發器、分壓器電路、達靈頓對等，不另以單獨一章說明，而是在各章節中有提及時，於該處順便說明，讓讀者瞭解其應用之處及作用原理。
6. 整個電腦控制系統的信號通信，已進入多工方式，是一種新的資料傳輸技術，現代新型汽車甚至已進入CAN通信，在多工系統中將會有詳細的說明。

1.2 電腦

1.2.1 概述

1.2.1.1 電腦的功能

1. 電腦具有下述的功能
   ⑴ 接收大量的資料(Data or Information)，將資料中的類比信號(Analog Signals)轉爲數位信號(Digital Signals)，並儲存成串的“0”與“1”資料。
   ⑵ 由所得到的資料，進行數學計算及各種邏輯(Logical)作用。

(3) 依計算結果，輸出控制信號。

2. 以豐田電腦控制系統(Toyota Computer Controlled System, TCCS)的 EFI 電腦爲例說明，如圖 1.2.1 所示。

(1) 各種資料，如引擎的進氣量、引擎轉速、引擎冷卻水溫度等，由各感知器(Sensors)轉換爲電壓信號後，送給 EFI ECU。

(2) 所有資料經計算後，ECU決定什麼時候送出噴射信號給各噴油器，及信號送出時間多長等。

(3) 送出噴射信給各作動器(Actuators)，即信號送給各噴油器(Injectors)。

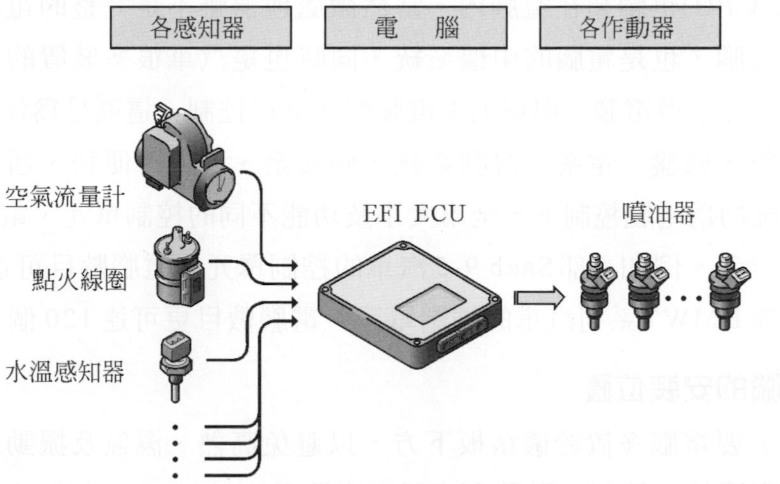

圖 1.2.1　EFI ECU 的功能(Automotive Solid-State Electronics, Toyota Motor Corporation)

1.2.1.2　電腦的稱呼

1. 電腦(Computer)的稱呼有很多種，名稱上較混亂，實際上的標準稱呼應爲

(1) 微電腦(Microcomputer)。

(2) 電子控制單元或電子控制器(Electronic Control Unit, ECU)，也常簡稱爲控制單元(Control Unit, CU 或 C/U)。

(3) 控制模組(Control Module)。

(4) 微控制器(Microcontroller)。

2. 汽車上各系統及裝置所用的電腦，除了以上的標準稱呼外，另外還有許多不同的命名或採用方法。

⑴ 目前採用最多的是在 Control Module 的前面，再加上一個英文字，如**引擎控制模組(Engine Control Module, ECM)**、**動力傳動控制模組(Powertrain Control Module, PCM)**、車身控制模組(Body Control Module, BCM)、自動變速箱控制模組(Transmission Control Module, TCM)等。

⑵ 現在也還有許多是在 ECU 的前面，加上該系統或裝置的名稱，如引擎 ECU、ABS/TCS ECU、A/C ECU 等。

⑶ 而德國Bosch公司的習慣，爲任何系統或裝置的電腦，全部都稱爲ECU。

3. 有些資料將微處理器(Microprocessor)或中央處理單元(Central Processing Unit, CPU)也歸類在電腦內。當然微處理器雖不是完整的電腦，但它是電腦的大腦，也是電腦的中樞系統，同時也是汽車很多裝置的控制單元，可算是一種小型電腦，與車上主電腦配合進行控制。這就是爲什麼現代汽車，從引擎、底盤、電系、傳動系統，到安全、舒適、便利、通信、導航等所有系統均爲電腦控制下，全車大小及功能不同的控制單元、電腦數目之多，令人咋舌。例如一部Saab 9-5 汽車的控制單元、電腦數目可達60 個左右，而一部 BMW7 系列汽車的控制單元、電腦數目更可達 120 個左右。

1.2.1.3 電腦的安裝位置

1. 車用主要電腦多置於儀錶板下方，以避免高熱、濕氣及振動之影響，但也有電腦置於座椅下、引擎室或行李廂等處。
2. 裝在引擎室的電腦，如點火系統 ECU 或 ABS ECU，雖然距離所要控制的裝置非常近，但因爲引擎室內溫度非常高，因此電腦內電路設計及材料，與其他電腦不相同。

1.2.2 電腦的基本組成與原理

1.2.2.1 概述

1. 現在所使用的電腦有許多不同的型式及尺寸，最大型的電腦稱爲主體電腦(Main Frame Computer)，用於工廠或大型辦公室等，整個電腦設備需要一個或多個房間，如圖 1.2.2 所示。

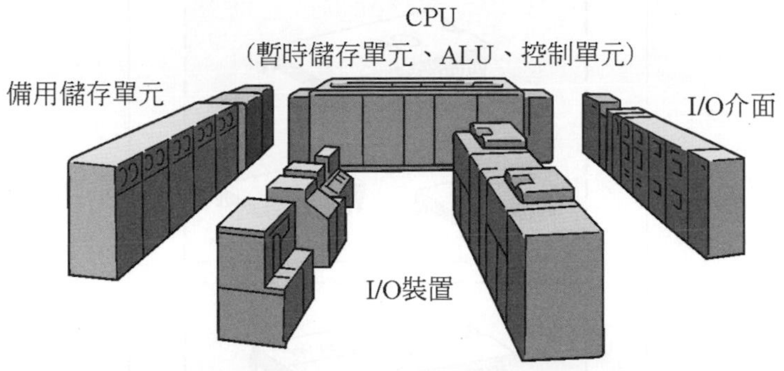

圖 1.2.2 大型主體電腦(Automotive Solid-State Electronics, Toyota Motor Corporation)

2. **最小型的電腦稱為微電腦或微處理機**，用於遊樂器、汽車等，通常是由數個小型晶片(Chips)所組成。

3. 事實上，所有的電腦，不論型式或尺寸，基本上至少都具有下列四種裝置(Devices)。

(1) CPU

① 各暫時儲存單元(Temporary Storage Units)。

② 運算及邏輯單元(Arithmetic and Logic Unit, ALU)。

③ 控制單元(Control Unit)。

(2) 各備用儲存單元(Temporary Storage Units)，即記憶體。

(3) 各輸入／輸出介面(I/O Interfaces or Input/Output Interfaces)，即各種輸入／輸出信號處理器。

(4) 各輸入／輸出裝置(I/O Devices or Input/Output Devices)，以個人電腦而言，即鍵盤／螢幕、列表機；以車用電腦而言，即各感知器／各作動器。

4. 微電腦也具有以上所有的裝置，不過其CPU、記憶體、I/O介面等是包含在一個或數個LSI晶片上，如圖 1.2.3 所示，但其作用與大型主體電腦是非常相似的。

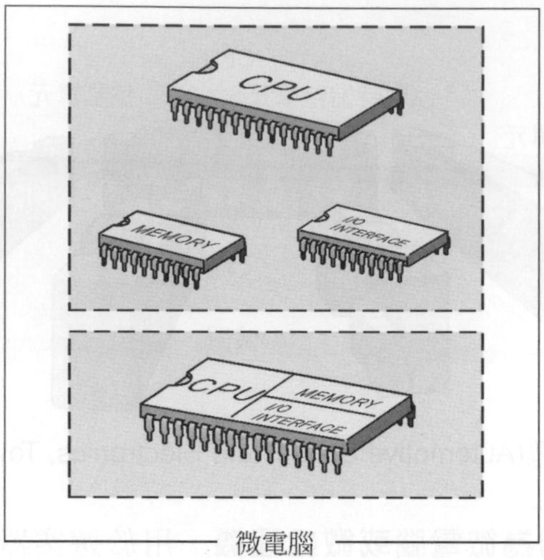

圖 1.2.3 微電腦的主要組成零件(Automotive Solid-State Electronics, Toyota Motor Corporation)

5. 何謂積體電路(Integrated Circuit, IC)？

⑴ **所謂積體電路(IC)，是由許多電晶體、二極體、電容器、電阻器所組成的數個到數千個電路，植入或植裝在數平方毫米(Millimeter)的矽晶片(Silicon Chip)上，並以陶瓷或塑膠密封而成，形成一個完整的邏輯電路，能進行記憶、計算及控制等功能**，如圖 1.2.4 所示。

⑵ 圖 1.2.4 所示即為 IC，但在英文資料上，均以 Chip(晶片)稱之，故晶片即 IC，或矽晶片即 IC。

⑶ 汽車上任何一個裝置、系統，只要有ECU、控制模組或電子電路(Electronic Circuit)等，都一定會採用大小或功能不同的 IC。

⑷ IC 如果以一個晶片所含的元件數來分類時，如表 1.2.1 所示。

表 1.2.1 一個晶片所含元件數的 IC 分類(Automotive Solid-State Electronics, Toyota Motor Corporation)

分類	元件數量
小型積體電路(Small Scale Integration, SSI)	約 100 個
中型積體電路(Medium Scale Integration, MSI)	100～1,000 個
大型積體電路(Large Scale Integration, LSI)	10,000～100,000 個
超大型積體電路(Extra Large Scale Integration, ELSI)	超過 10 萬個
極大型積體電路(Ultra Large Scale Integration, ULSI)	超過 100 萬個

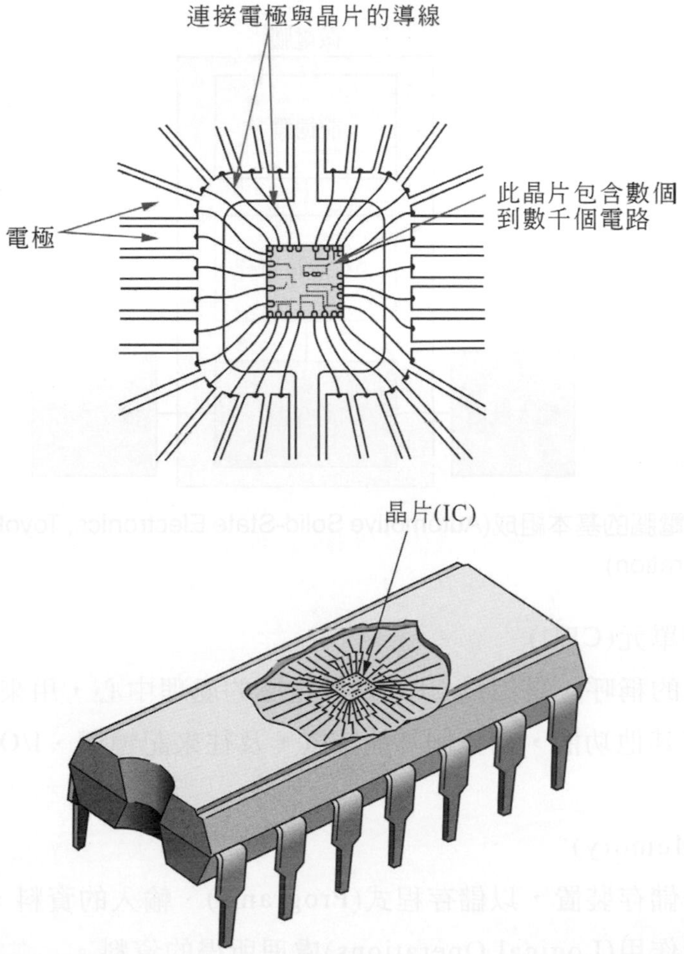

圖 1.2.4　IC 的構造(Automotive Solid-State Electronics, Toyota Motor Corporation)

(5)　IC 的優點

① 由於許多元件(Elements)能裝在一個矽晶片上，接點減少，故障率降低。

② 使用的零件(Components)可大幅減少，故提高可靠性。

③ 小型輕量化。

④ 成本低。

1.2.2.2　微電腦的基本組成

1. **微電腦的基本要件有三個，中央處理單元、記憶體與 I/O 介面**，如圖 1.2.5 所示。至於輸入與輸出裝置，基本上並非微電腦本體的一部分，I/O裝置只是扮演送入信號給微電腦，以及接收由微電腦送出的控制信號。

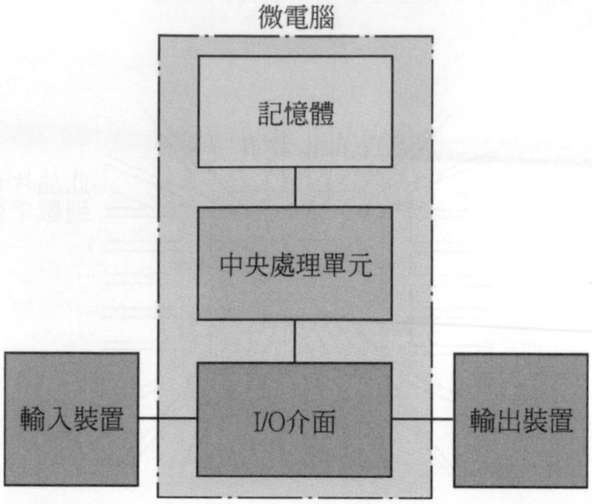

圖 1.2.5　微電腦的基本組成(Automotive Solid-State Electronics, Toyota Motor Corporation)

2. 中央處理單元(CPU)

如此的稱呼，是因爲 CPU 是微電腦的處理中心，用來處理資料；同時 CPU還有其他功能，如控制其他裝置，及往來記憶體、I/O裝置資料傳送的控制等。

3. 記憶體(Memory)

爲一儲存裝置，以儲存程式(Programs)、輸入的資料，以及經 CPU 計算與邏輯作用(Logical Operations)處理所得的資料。

4. I/O 介面(I/O Interface)

I/O介面將輸入的資料轉換成CPU能辨認的格式，且儲存在記憶體中；並將輸出資料轉換成輸出裝置(作動器)認得的格式。

1.2.2.3 程式與電腦語言

1. 即使配備有快速作用的 CPU，儲存容量非常大的記憶體，以及許多不同的 I/O介面，但是電腦仍無法作用，必須由人類教導它如何作用，這就是所謂的“程式”，電腦程式設計師必須將一組指令(Instructions)輸入電腦，以告訴電腦如何正確的作用。如圖 1.2.6 所示，爲電腦無法瞭解人類的語言；而圖 1.2.7 所示，電腦也無法接受由人類語言的數字或文字寫成的程式。

圖 1.2.6　電腦無法瞭解人類的語言(Automotive Solid-State Electronics, Toyota Motor Corporation)

圖 1.2.7　電腦無法接受人類語言寫成的程式(Automotive Solid-State Electronics, Toyota Motor Corporation)

2. 程式必須轉換成電腦能瞭解的語言，亦即由“0”與“1”所組成的數位信號，如圖 1.2.8 所示。
3. 理論上，可以直接以數位碼編寫電腦程式，但一長串數千的“0”與“1”，對人類而言是很難理解的。爲克服此問題，特別發展出程式語言(Programming Languages)，使人類與電腦都能瞭解。

圖 1.2.8　電腦能瞭解數位信號的程式(Automotive Solid-State Electronics, Toyota Motor Corporation)

1.2.3　電腦的構造及各零件的基本功能

1.2.3.1　電腦的構造

1. 電腦內部的構造，由微處理器晶片(Microprocessor Chip，或稱 IC)、定時器IC(Timer IC，或稱時計)、輸入介面晶片(Input Interface Chip)、輸出介面晶片(Output Interface Chip)、輸出驅動器(Output Drivers)、放大器晶片(Amplifier Chip)、記憶體晶片(Memory Chips)及插座(Harness Connector)與外殼(Housing)所組成，如圖 1.2.9 所示。

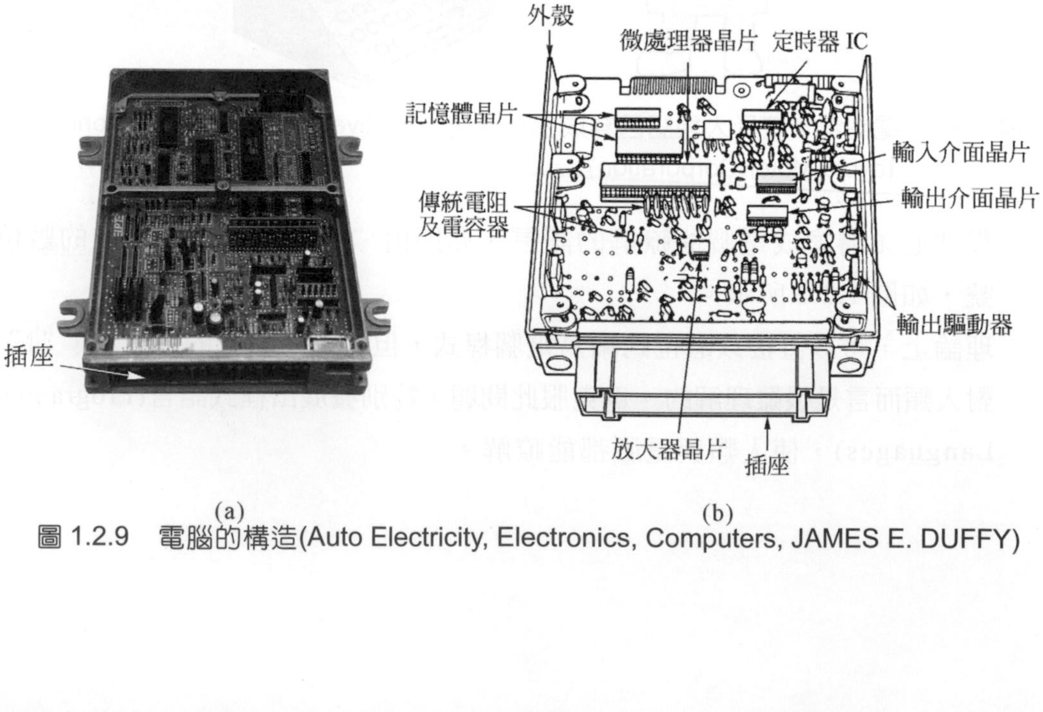

圖 1.2.9　電腦的構造(Auto Electricity, Electronics, Computers, JAMES E. DUFFY)

2. 電腦內部各主要零件間的訊息傳遞，以及電腦與外部輸入／輸出裝置之連接，如圖 1.2.10 所示。其中輸入裝置的曲軸位置感知器，是採用霍爾效應式，如果採用磁電式曲軸位置感知器，則其輸出為類比信號。

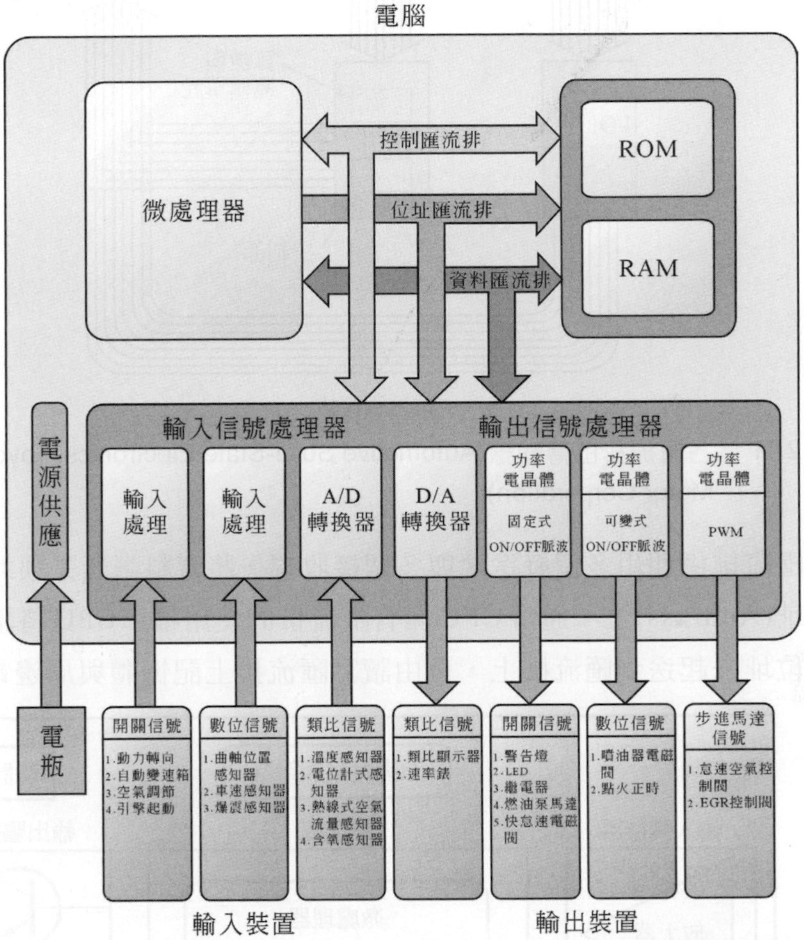

圖 1.2.10 電腦內外各主要零件的連結(VEHICLE AND ENGINE TECHNOLOGY, Heing Heisler)

3. 匯流排(Buses)

(1) 微處理器(CPU)、記憶體與 I/O 信號處理器間，是以所謂匯流排的信號傳輸線連接，可說是各主要零件互相溝通的橋樑，如圖 1.2.11 所示。

(2) 就好像一群相互間沒有任何關連的乘客，從不同的地方來到乘車地點，然後搭乘一輛公車移動到不同的目的地下車。**匯流排的信號線，就是將各種不同的資料對應不同的目的地之接收或送出。**

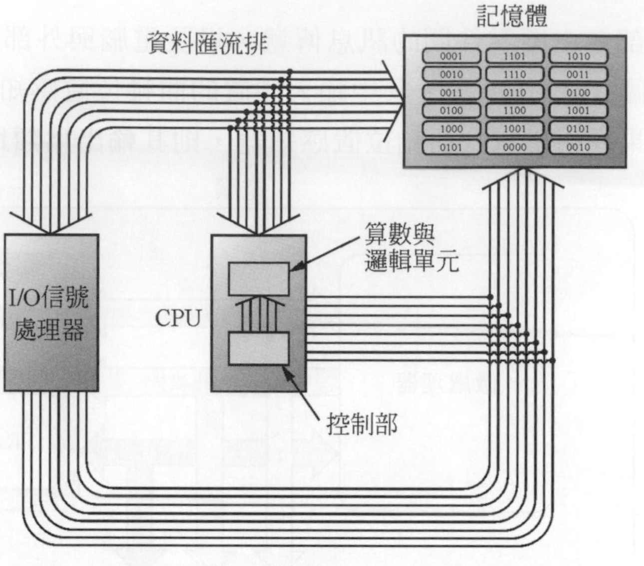

圖 1.2.11　各匯流排的傳輸線(Automotive Solid-State Electronics, Toyota Motor Corporation)

(3) 匯流排係利用多個發送端與多個接收端，將資料毫無失誤的連接到目標位址(Address)上。通常CPU擁有匯流排的使用權，CPU將讀、寫信號隨著位址一起送到匯流排上，自由讀寫匯流排上記憶體與周邊電路的資料。

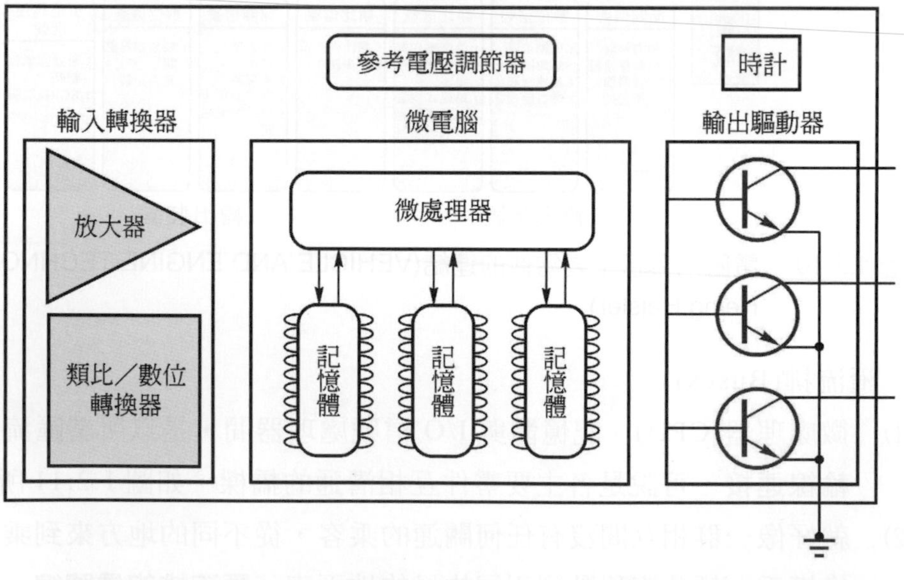

圖 1.2.12　電腦內各主要零件的配置(Auto Electricity, Electronics, Computers, JAMES E. DUFFY)

1.2.3.2 電腦內各主要零件的基本功能

1. 參考電壓調節器(Reference Voltage Regulator)：提供較低的穩定電壓給電腦及感知器，常見的參考電壓值爲5V，如圖 1.2.12 所示。
2. 放大器(Amplifiers)：提高感知器輸入信號的電壓，以供電腦使用。
3. 轉換器(Converter)：或稱狀況器(Conditioner)、介面(Interface)，轉換感知器的類比信號成爲數位信號以供電腦使用；或將電腦的數位信號轉爲類比信號，以供作動器作用。
4. 微處理器(Microprocessor)：又稱中央處理單元(CPU)，係IC晶片，替電腦做計算(Calculations)或決定(Decisions)。
5. 記憶體(Memory)：係IC晶片，替微電腦儲存資料或程式，並可寫入資料。
6. 時計(Clock)：又稱定時器(Timer)，IC 裝置產生一定的脈衝率，以調諧電腦的作用。
7. 輸出驅動器(Output Drivers)：即功率電晶體(Power Transistors)，利用電腦輸出的小電流轉換爲大電壓與電流輸出，使作動器作用。通常功率電晶體的耗用功率在 0.5W 以上。
8. 印刷電路板(Circuit Board)：連接各零件及保持定位。
9. 插座：與感知器、作動器及其他電腦連接。
10. 外殼：金屬外殼以保護各電子零件。

1.2.4 電腦內各主要零件的構造及作用

1.2.4.1 參考電壓調節器

1. **提供較低的電壓給電腦內的電子零件及一些被動式感知器**，此電壓必須非常穩定。
2. 如圖 1.2.13 所示，5V的參考電壓送給熱敏電阻式感知器，感知器內電阻之變化，使感知器輸出電壓也發生變化。

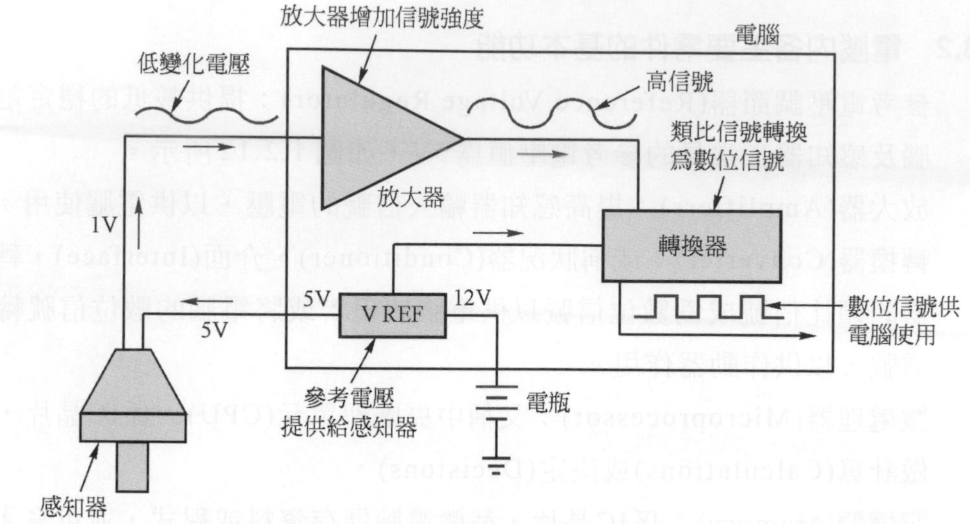

圖 1.2.13　參考電壓送給熱敏電阻式感知器的作用(Auto Electricity, Electronices, Computers, JAMES E. DUFFY)

1.2.4.2 放大器

1. 增強送入電腦內變化之信號，例如含氧感知器，產生低於 1V 的電壓，同時有微量電流流動，此種信號在送至微處理器之前，必須先放大。
2. 放大作用是由電腦內放大器晶片的放大電路完成，**放大後的信號，使電腦易於判讀處理**，如圖 1.2.14 所示。

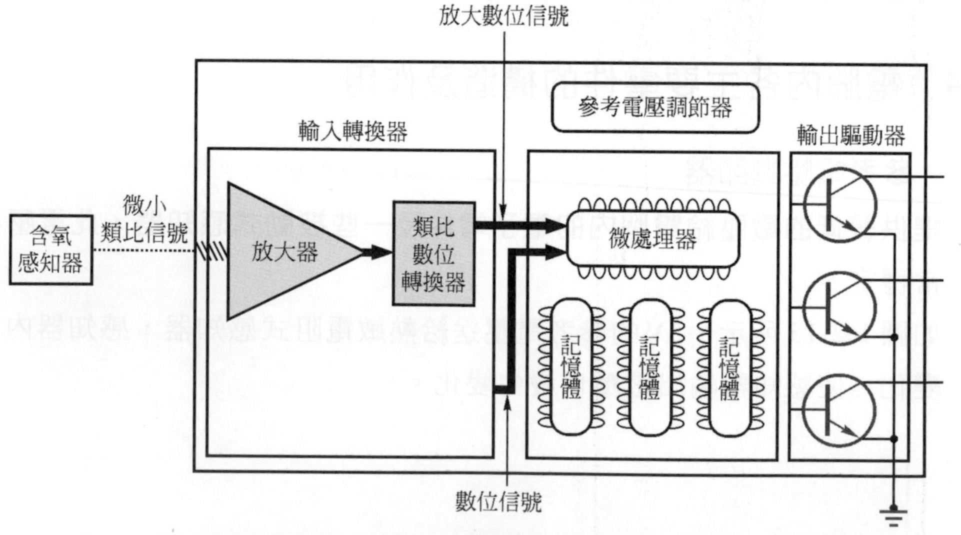

圖 1.2.14　放大作用(Automotive Computer Systems, Don Knowles)

1.2.4.3 轉換器

一、信號的種類

1. 類比電壓信號(Analog Voltage Signals)

(1) **類比電壓信號是在一定範圍內做連續的變化**，汽油引擎的電腦控制系統，大多數的感知器都是產生類比電壓信號，例如各種溫度感知器、磁電式感知器等，其電壓變化都不是突然的升高或降低，而是進行連續改變的電壓變化。

(2) 例如使用變阻器(Rheostat)來控制5V燈泡的亮或暗，為類比電壓之例子，如圖1.2.15所示。變阻器電壓低時，小量電流流過燈泡，燈泡亮度暗淡，如圖1.2.15(b)所示，相當於送出弱信號；當變阻器電壓高時，大量電流流過燈泡，燈泡亮度明亮，如圖1.2.15(c)所示，相當於送出強信號。

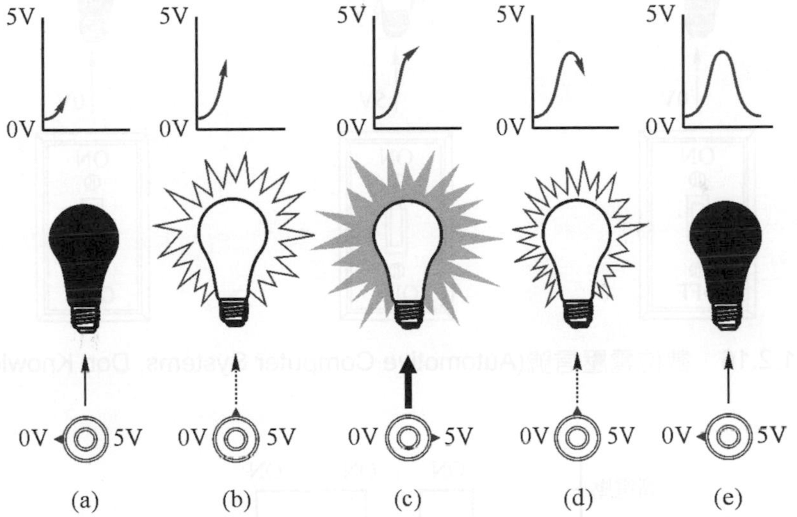

圖 1.2.15 類比電壓信號(Automotive Computer Systems, Don Knowles)

2. 數位電壓信號(Digital Voltage Signals)

(1) 將一個普通的ON/OFF開關與5V燈泡連接，當開關OFF時，燈泡電壓為0V，燈泡不亮；當開關ON時，5V電壓送至燈泡，燈泡點亮。由開關送出的信號為0V或5V，使電壓信號為低或高，如圖1.2.16所示。此種電壓信號如同數位信號，當開關迅速ON、OFF時，方波(Square Wave)數位信號從開關送至燈泡。一般方波的工作週期(Duty Cycle)都固定在50%。

⑵ 汽車電腦中的微處理器，包含有極大數量的微小開關，能在每秒鐘內產生許多數位電壓信號，用來控制各種作動器之作用。微處理器能改變 ON、OFF時間的長短，以達精確控制之目的，如圖 1.2.17 所示。**ON 時間之寬度，稱為脈波寬度(Pulse Width)，脈波寬度佔一個週期的比率，就稱為工作週期。**

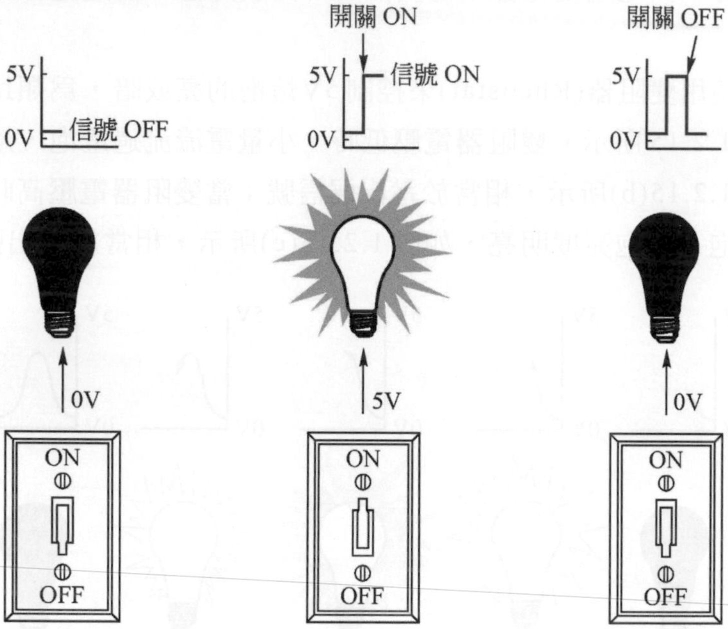

圖 1.2.16　數位電壓信號(Automotive Computer Systems, Don Knowles)

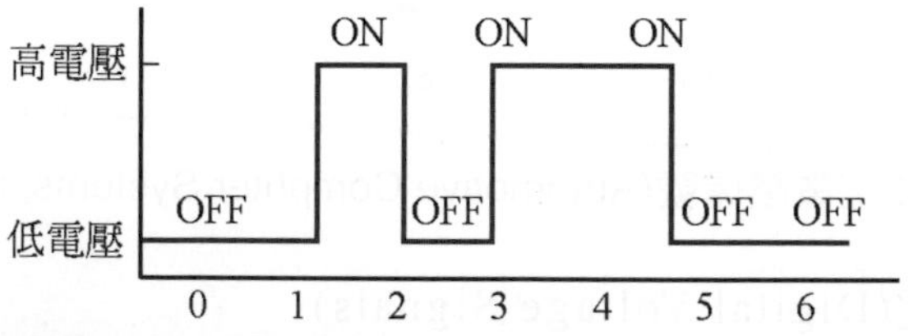

圖 1.2.17　時間可變的數位電壓信號(Automotive Computer Systems, Don Knowles)

⑶ **在低數位信號處指定一個值為 0，而在高數位信號處指定另一個值為 1，即稱為二進位數(Binary Code, 二進位碼、雙碼)信號**，如圖 1.2.18 所示。汽車的電腦系統，訊息係以二進位數形式的數位信號傳送。

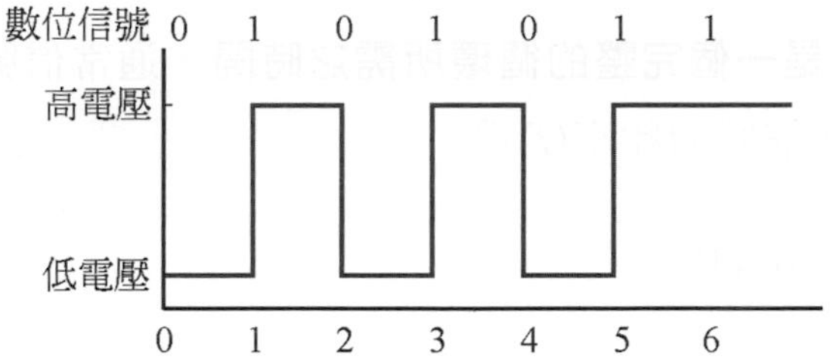

圖 1.2.18　二進位數信號的數位電壓信號(Automotive Computer Systems, Don Knowles)

二、頻率、週期、振幅及工作週期

1. 頻率(Frequency)

(1) **所謂頻率，是指從正到負或從 ON 到 OFF，波形(Wave)或脈波(Pulse)變化速度的快慢**。頻率是指在 1 秒鐘內完整的循環(Cycle)之重覆次數；每秒鐘一個循環，被稱爲 1 赫茲。頻率是以赫茲(Hertz, Hz)爲單位。

(2) 例如台灣的家庭用電爲 110V 60Hz，表示我們所用的交流電壓，每秒鐘有 60 個循環的連續變化。

(3) 高頻率波形較陡峭，波形會迅速上升及下降，而低頻率波形較和緩，波頂與波頂間之距離較大，如圖 1.2.19 所示。

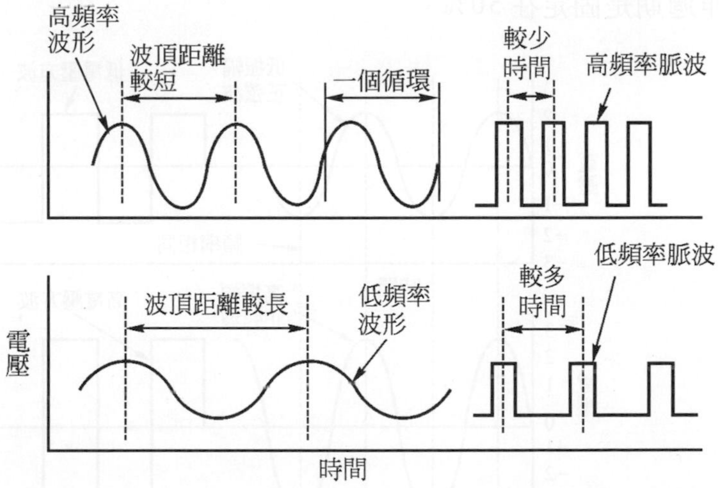

圖 1.2.19　高、低頻率波形的差異(Auto Electricity, Electronics, Computers, JAMESE. DUFFY)

2. 週期(Period)

(1) **所謂週期，是一個完整的循環所需之時間**。通常信號的週期是以秒計，例如 10 秒週期信號的頻率(f)為

$$f=\frac{1\text{ 循環}}{10\text{ 秒}}=0.1\text{Hz}$$

又如 600ms (Milliseconds)，即 0.6 秒週期信號的頻率(f)為

$$f=\frac{1\text{ 循環}}{0.6\text{ 秒}}=1.67\text{Hz}$$

(2) 週期(ρ)與頻率成倒數(Reciprocals)關係，例如信號的頻率為 200Hz 時

$$\rho=\frac{1}{f}=\frac{1}{200\text{Hz}}=0.005\text{ 秒}$$

3. 振幅(Amplitude)

(1) 如圖 1.2.19 與圖 1.2.20 所示，可以看出，當波形高度較高時，經轉換器轉換後，其電壓也較高。圖 1.2.20 中有低振幅正弦波(Low Amplitude Sine Wave)與高振幅正弦波，**所謂振幅，意即從零線到波頂間電壓或電流的大小**。

(2) 同時從圖中也可看出，方波電壓有低有高，但其頻率是相同的，也就是其工作週期是固定在 50%。

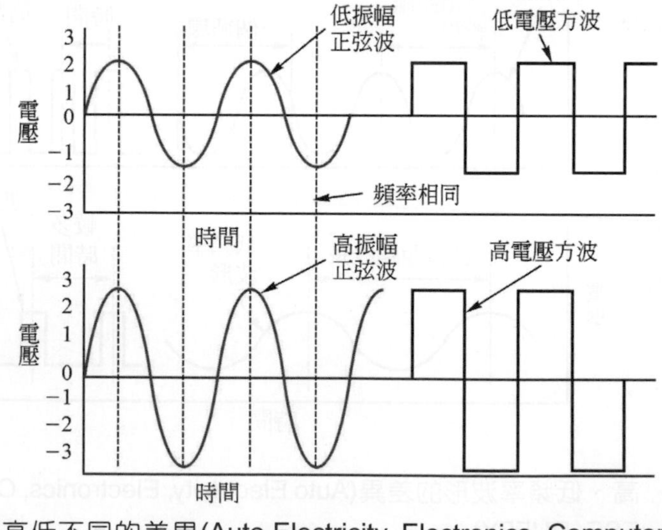

圖 1.2.20 振幅高低不同的差異(Auto Electricity, Electronics, Computers, JAMES E. DUFFY)

4. 工作週期(Duty Cycle)

(1) **所謂工作週期，是指在一個週期的時間中，ON 所佔時間(或脈波寬度)之比率(Rate)。**

(2) 如圖 1.2.21 所示，若A為 10ms，B為 10ms，則

$$工作週期=\frac{A}{A+B}=\frac{10}{10+10}=\frac{10}{20}=50\%$$

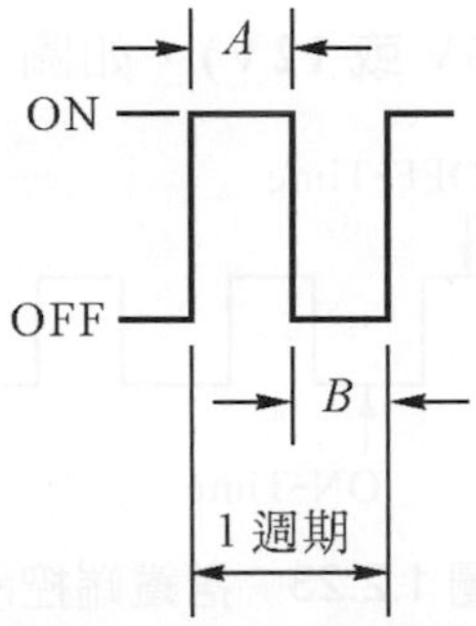

圖 1.2.21　1 週期的工作時間比率

(3) 每一週期中，ON的工作時間比率(Duty Ratio)小時，對常閉型的控制閥而言，閥(Valve)的開度會較小，所能通過的空氣或燃油較少；而當ON的工作時間比率大時，則閥的開度會較大，所能通過的空氣或燃油較多，如圖 1.2.22 所示。

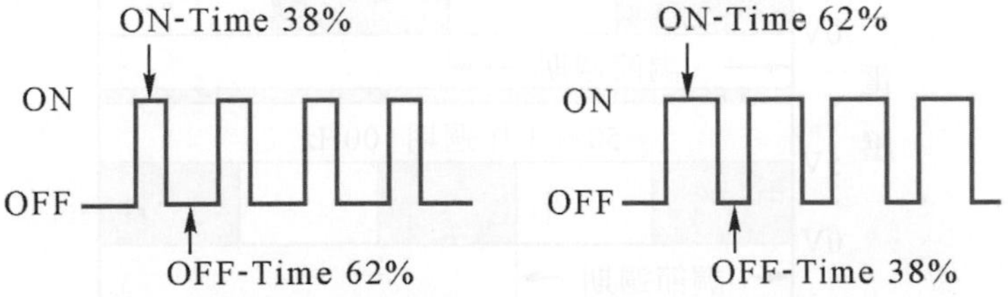

(a) ON 工作時間比率小　　(b) ON 工作時間比率大

圖 1.2.22　ON 工作時間比率的大小

(4) 不過，閥內柱塞(Plunger)因工作時間比率之不同，產生不同的線性位移量，不一定是用來控制流過閥的空氣量或燃油量，要看用途而定。例如

Toyota VVT-i系統的凸輪軸正時油壓控制閥(Camshaft Timing Oil Control Valve)，也是採用工作週期控制(Duty Control)，閥內柱塞不同的線性位移，是爲了改變引擎機油的進、回油方向，以達到控制進氣門提前或延後打開之目的。

(5) 由於ECM控制電子零件搭鐵端或電源端之不同，ON-Time可能在上方或下方。如圖1.2.22所示，爲ECM控制電子零件的電源端，故ON-Time在上方；但**大多數的電子零件是採用搭鐵端控制，故ON-Time在下方(0V)，而OFF-Time在上方(5V或12V)**，如圖1.2.23所示。

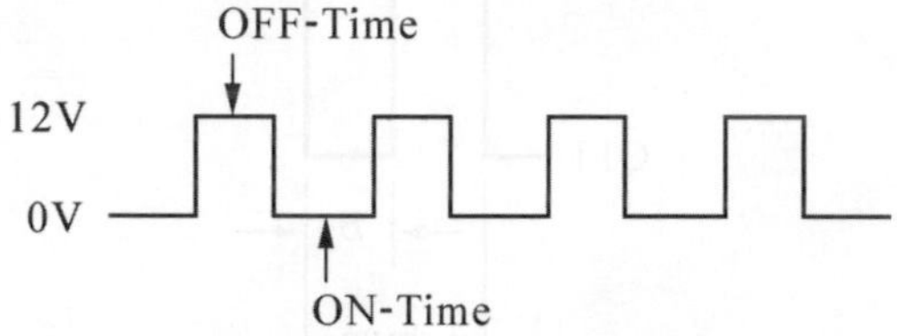

圖1.2.23　搭鐵端控制

(6) 一些MAF與MAP感知器，及部分含氧感知器，係產生頻率調節(Frequency Modulation, FM)信號，頻率的信號是在一個特定的時間內，通常是一秒鐘內，ON/OFF的時間值(Number of Times)，如圖1.2.24所示，爲工作週期固定，而頻率可變，其作用時間隨頻率加快而縮短。

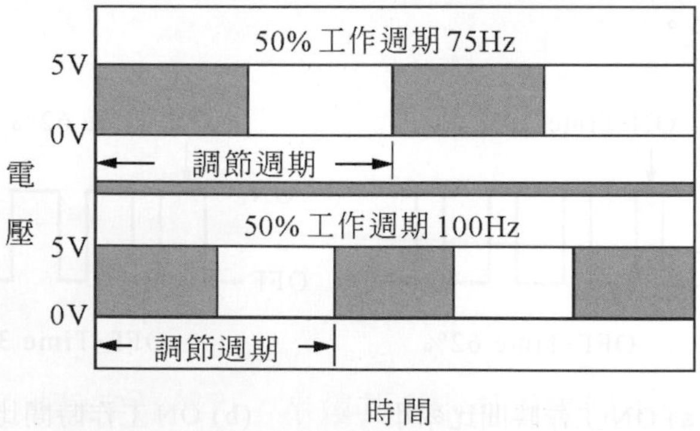

圖1.2.24　頻率調節式信號輸出(Automotive Excellence, Glencoe)

5. 說明到此處，已陸續提到週期、頻率、振幅等，當汽車維修人員使用示波器，如FLUKE 98等，觀察各感知器或作動器的信號波形時，除了要注意波形形狀外，也要查看週期、頻率與振幅等之變化，以找出電子零件確實的故障點。

三、轉換器

1. 輸入轉換器

(1) 即類比／數位轉換器(Analog/Digital Converter)，簡稱 A/D 轉換器。

(2) A/D轉換器用以處理感知器輸入的資料，使能被電腦所使用。因大部分的感知器是產生類比信號，爲一種逐漸升高或降低之電壓信號，**A/D轉換器將類比信號轉換為 0 或 1，OFF 或 ON，瞬間變化之數位信號，使成為微處理器能瞭解並處理的資料**，如圖 1.2.25 所示。

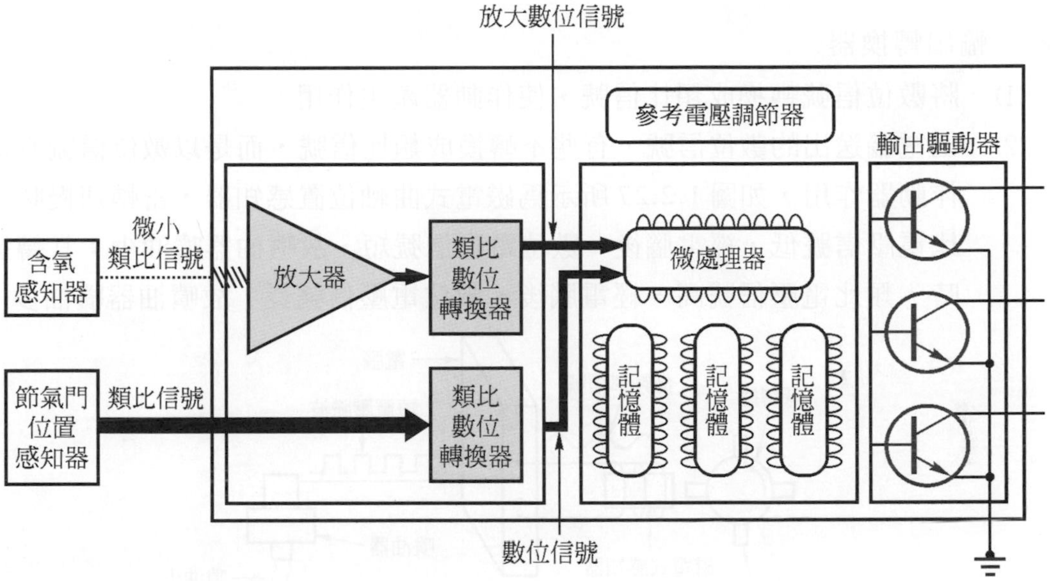

圖 1.2.25 A/D 轉換器的作用(一)(Automotive Computer Systems, Don Knowles)

(3) 其作用爲A/D轉換器連續掃瞄輸入的類比信號，如節氣門位置感知器(TPS)產生的電壓，在節氣全關時爲 0～2V，全開時爲 4～5V，因此A/D轉換器將 TPS 的電壓值，0～2V 指定爲數字 1，2～4V 指定爲數字 2，4～5 指定爲數字 3，依不同電壓值指定其數字，再將數字轉換爲二進位數的數位信號，如圖 1.2.26 所示。

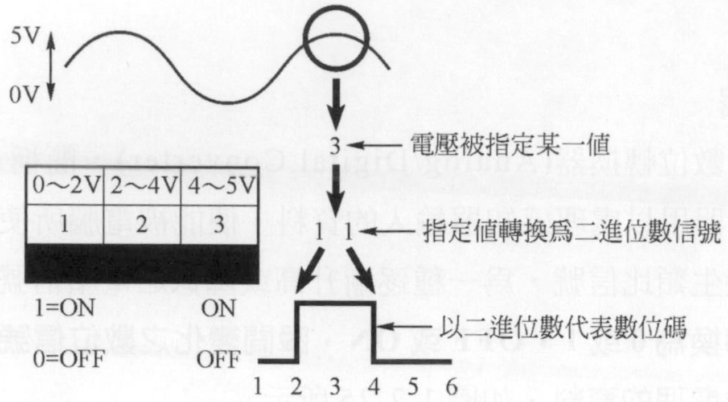

圖 1.2.26 A/D 轉換器的作用(二)(Automotive Computer Systems, Don Knowles)

2. 輸出轉換器

(1) 將數位信號轉換成類比信號，使作動器產生作用。

(2) 但電腦送出的數位信號，有些不轉換成類比信號，而是以數位信號直接使作動器作用，如圖 1.2.27 所示爲磁電式曲軸位置感知器，當轉速慢時，類比電壓信號低，經電腦後，數位電壓信號短，故噴油器噴油少；當轉速快時，類比電壓信號高，經電腦後，數位電壓信號長，故噴油器噴油多。

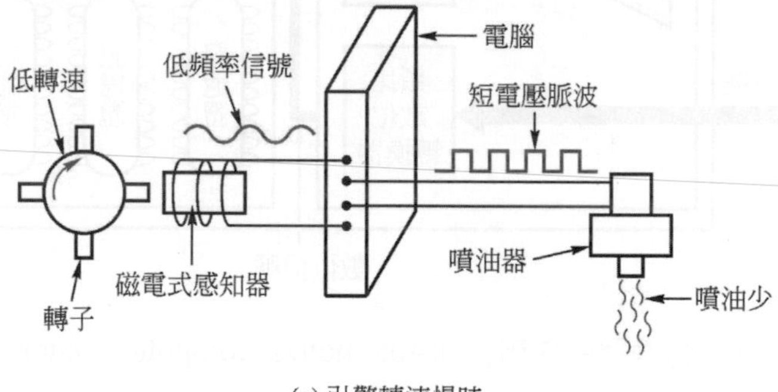

(a) 引擎轉速慢時

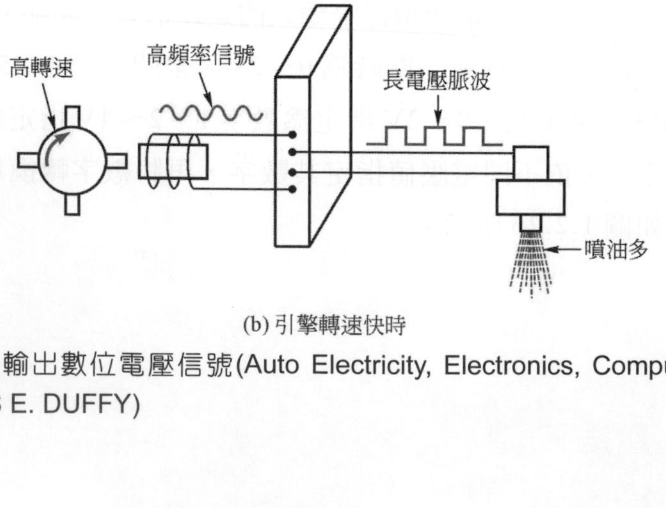

(b) 引擎轉速快時

圖 1.2.27 電腦輸出數位電壓信號(Auto Electricity, Electronics, Computers, JAMES E. DUFFY)

1.2.4.4 微處理器

1. 設計

⑴ 微處理器在電腦內進行計算並做成決定，內含有數千個微小的電晶體及二極體，電晶體如同電子開關般，進行 ON/OFF 作用。

⑵ 在微處理器內所有的微小零件蝕刻(Etched)在小如指尖的IC上，如圖 1.2.28 所示，含有 IC 的矽晶片裝在長方形的保護盒內，金屬插腳從盒的四方延伸出來，插在電路板上。

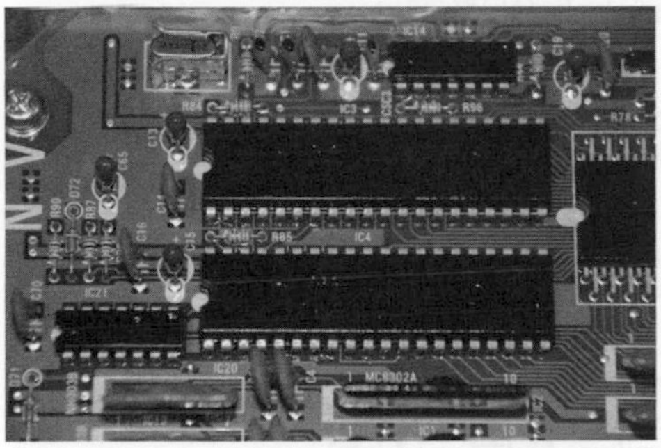

(a)

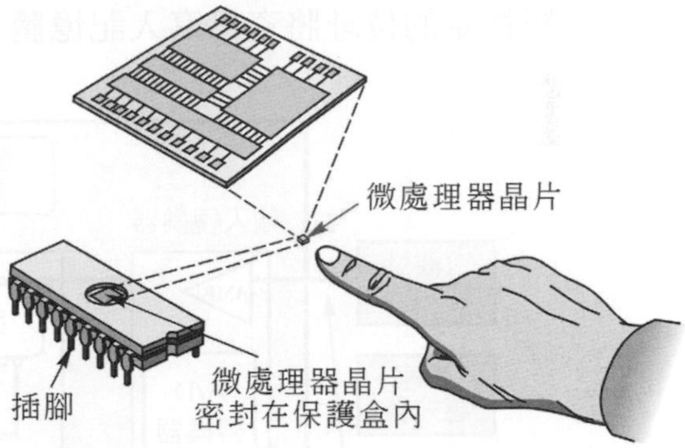

(b)

圖 1.2.28 微處理器晶片(Automotive Excellence, Glencoe)

2. 程式(Program)

⑴ **程式是微處理器所遵循的一組指令(Instructions)，導引微處理器做成決定**。例如，程式通知微處理器什麼時候必須找出感知器資料，然後告訴微處理器如何處理這一個資料，最後程式引導微處理器控制輸出裝置，如繼電器及電磁閥之作用。

⑵ 各記憶體內含有許多程式及車輛資料，供微處理器參考，以進行計算。當微處理器進行計算及做決定時，與記憶體的配合爲

① 微處理器能從記憶體讀取資料。

② 微處理器能寫入新資料於記憶體。

3. 資料儲存

(1) 記憶體內包含許多不同的位置(Locations)，這些位置如同存放檔案夾的檔案櫃般，每一個位置含有一件資料。在每一個記憶體位置指定位址(Address)，這個位址就如同檔案夾上的數字或文字編碼，每一個位址寫入二進位數，這些二進位數爲以 0 開頭的連續數字。

(2) 當引擎運轉時，電腦從各種感知器接收大量的資料，電腦可能不會立刻處理所有的資料。在任何瞬間狀況，電腦必須做出各種決定時，微處理器會經指定的位址將資料寫入記憶體，如圖 1.2.29 所示。

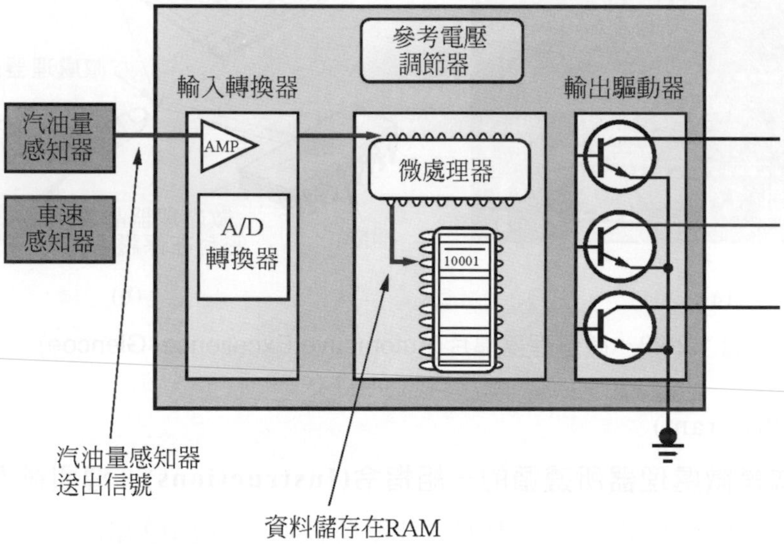

圖 1.2.29　微處理器將資料寫入記憶體(Automotive Computer Systems, Don Knowles)

4. 資料取出

(1) 當從指定的位址要求所儲存的資料時，記憶體送出複製的資料給微處理器，例如要數位顯示汽油存量時，微處理器從 RAM 讀取汽油量資料，然後進行計算準備顯示，如圖 1.2.30 所示。資料係複製送出，原始資料仍在記憶體位址內。

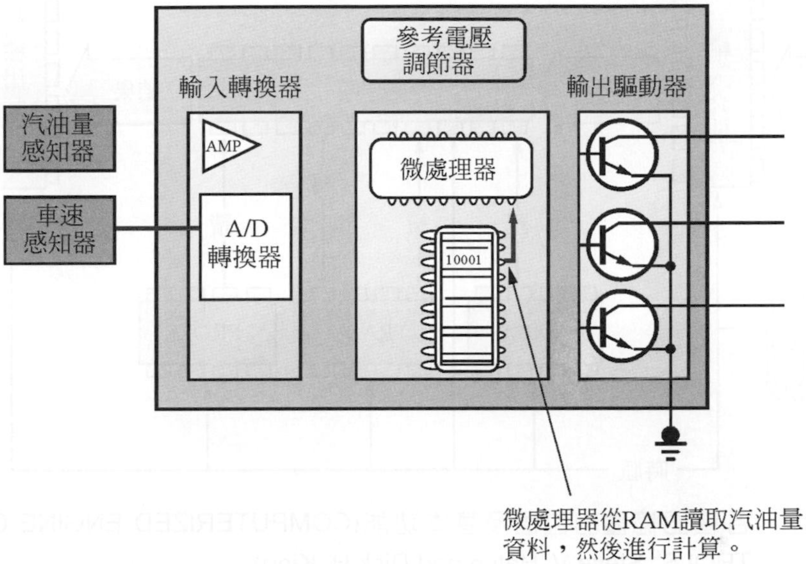

圖 1.2.30　微處理器從記憶體讀取資料(Automotive Computer Systems, Don Knowles)

⑵　例如記憶體儲存各種作用狀況時理想空燃比的資料。各感知器通知電腦有關引擎與車輛的作用狀況，微處理器從記憶體讀取理想空燃比資料，與各感知器輸入資料比較後，微處理器會做出必要的決定，送出命令給輸出驅動器(Output Drivers)，使噴油器作用正確時間，提供引擎所需精確的空燃比。

1.2.4.5　記憶體

一、概述

1. 微處理器是微電腦的大腦，但作用時必須與記憶體連接，因記憶體中儲存有各種輸入的資料，且具有指令告訴微處理器下一步該怎麼做。**記憶體就是用來儲存二進位數形式的資料與程式指令**。
2. 電腦可寫入(Writing)新資料於記憶體，以改變記憶體內原有的資料，或者是能藉由讀取(Reading)的方式，從記憶體獲得資料。每一個記憶體位置都有一個特殊的位址，讓 CPU 能找出所需的資料。如圖 1.2.31 所示，爲各種記憶體的位置與基本功能。

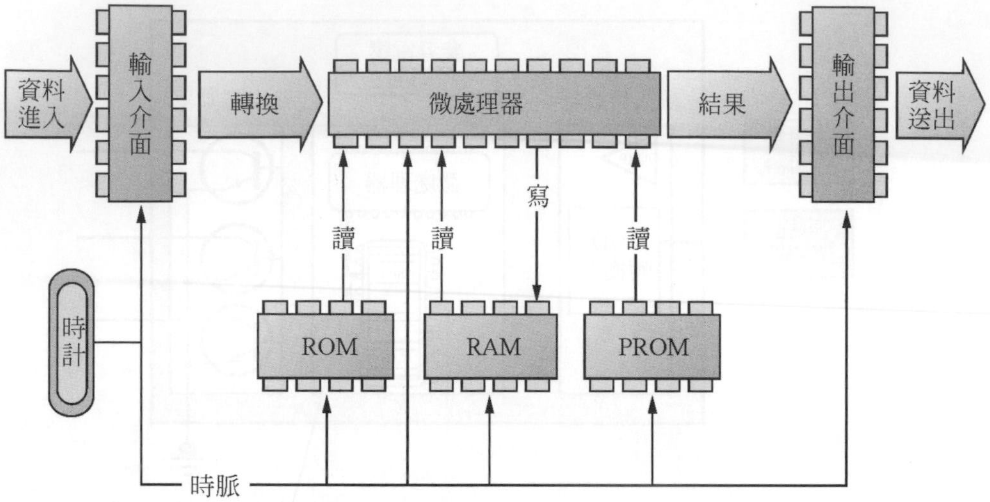

圖 1.2.31　各種記憶體的位置及基本功能(COMPUTERIZED ENGINE CONTROLS, Steve V. Hatch and Dick H. King)

3. 二進位數

(1) 電腦將一系列的數位信號，轉換爲以1與0組成的二進位數(Binary Number)，或稱爲二進位碼(Binary Code)。電壓在門檻值以上時轉換爲 1，門檻值以下時轉換爲 0，每一個 1 或 0 代表一個位元(Bit)的資料，八個位元等於一個位元組(Byte)，一個位元組有時表示爲一個字。所有在微處理器、記憶體與介面間之溝通，都是在每一資料交換成爲位元組形式的二進位數狀態下進行。

(2) 假設一系列的數位信號轉換成二進位數爲 01111010，則數值(Numerical Valve)很容易計算而得。如圖 1.2.32(a)所示，由右至左在二進位數的每一個位置指定一個乘方(Power)，最右邊給一個乘方數爲1，向左連續均加倍計算，然後二進位數與其各自的乘方相乘，所得的數字相加，就是以10爲基數的數值，即十進位數(Decimal Number)，是人類所熟悉的數字。

(3) 如圖 1.2.32(b)所示，一個 8 位元(8-bit)電腦能溝通的最大數值是 255，汽車電腦很長一段時間都是採用 8 位元微處理器，但因電腦必須更可靠及傳輸速度更快，因此目前已普遍採用 16 位元與 32 位元的電腦，有些汽車甚至已採用 64 位元的電腦。

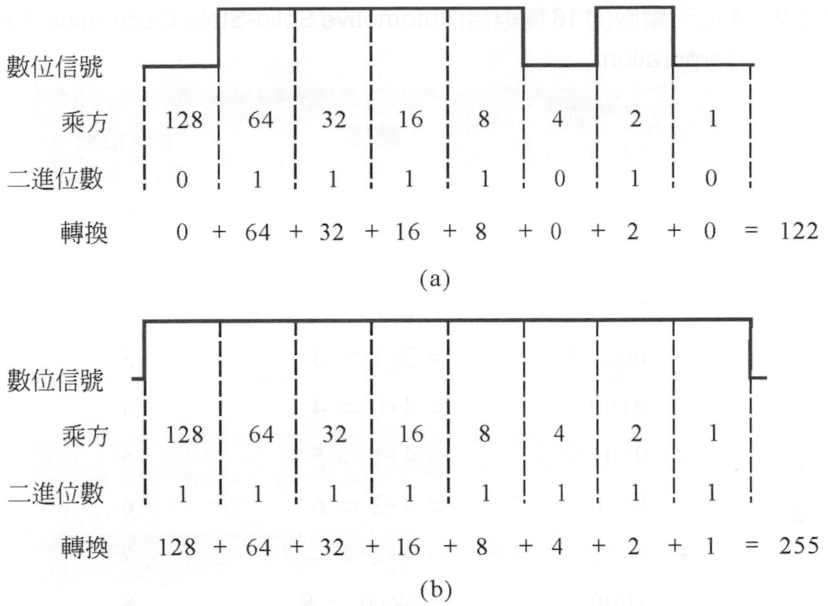

圖 1.2.32　二進位數轉換為十進位數(COMPUTERIZED ENGINE CONTROLS, Steve V. Hatch and Dick H. King)

(4) 也就是電腦能瞭解的數字，必須是以二進位數的“0”或“1”來表示，或者是“ON”或“OFF”來表示，而不是人類所熟知的十進位數(0、1、2、3…9)系統。因此電腦內必須有編碼器(Encoder)，將十進位數轉換為二進位數；反之，也需要解碼器(Decoder)，將二進位數的數位資料，轉換為十進位數，如表 1.2.2 所示，為使用 4 位元的電腦，僅有2^4或 16 種組合；如果是使用 8 位元的電腦，則其組合為2^8或 256，大為提高電腦的處理能力；可想而知，若採用16位元以上時，電腦的運算處理能力一定非常強大。

(5) 位元組(Byte)也常被用來表示記憶體的儲存容量，例如 1 kilobyte(1k)表示足夠容納約 1,000 bytes的 8 位元資料。

表 1.2.2　4 位元電腦的 16 種組合(Automotive Solid-State Electronics, Toyota Motor Corporation)

二進位數 8421	轉換	十進位數
0000	＝ 0+0 ＝ 0	0
0001	＝ 0+1 ＝ 1	1
0010	＝ 2+0 ＝ 2	2
0011	＝ 2+1 ＝ 3	3
0100	＝ 4+0 ＝ 4	4
0101	＝ 4+1 ＝ 5	5
0110	＝ 4+2 ＝ 6	6
0111	＝ 4+2+1 ＝ 7	7
1000	＝+8+0 ＝ 8	8
1001	＝ 8+1 ＝ 9	9
1010	＝ 8+2 ＝ 10	10
1011	＝ 8+2+1 ＝ 11	11
1100	＝ 8+4 ＝ 12	12
1101	＝ 8+4+1 ＝ 13	13
1110	＝ 8+4+2 ＝ 14	14
1111	＝ 8+4+2+1 ＝ 15	15

二、記憶體 IC 的分類

- 記憶體 IC
  - RAM
    - 可以寫入
      - SRAM
      - DRAM
    - 特殊型式
      - KAM
      - NVRAM
  - ROM
    - 不可寫入 — Mask ROM
    - PROM
    - 可重覆程式化 ROM
      - EPROM
      - EEPROM
      - Flash EPROM

1. RAM (Random Access Memory)

⑴ **稱為讀寫記憶體**，又稱隨機存取記憶體，屬於揮發性記憶體(Volatile Memory)，即關掉電源後資料會消失。

⑵ 爲暫時儲存資料的記憶體IC，當微處理器需要時，可從RAM讀取資料做計算，並可將資料寫入RAM暫時儲存，可說是微處理器的筆記簿。當電瓶接頭拆開時，RAM內的資均消除。

2. ROM (Read Only Memory)

⑴ **稱為唯讀記憶體**，屬於非揮發性記憶體(Nonvolatile Memory)，即關掉電源後資料可繼續保存。

⑵ 爲可永久儲存資料的記憶體IC，即使將電瓶接頭拆開，ROM內的資料也不會消除。ROM內有基準表(Calibration Tables)與尋查表(Look-up Tables)，基準表具有與車輛相關的一般資料，而尋查表具有車輛如何在理想狀況下運轉的標準資料。微處理器從ROM讀取資料，與感知器輸入的資料比較，經計算後進行修正，以提升車輛性能。

3. SRAM (Static RAM)與DRAM (Dynamic RAM)

⑴ 稱爲靜態RAM與動態RAM。

⑵ DRAM的記憶單元爲一個電容器與一個電晶體所組成的記憶元件，而SRAM使用兩個反向器反向並聯相接以保持記憶，也就是DRAM記憶一個位元的資料只要一個電晶體就夠了，而SRAM則需要四個電晶體。如表1.2.3所示，爲SRAM與DRAM優缺點之比較。

表 1.2.3 SRAM與DRAM優缺點之比較

項目	SRAM	DRAM
優點	1. 速度比DRAM快。 2. 消耗功率低。 3. 讀與寫不需要複雜的控制。	1. 每一單位位元的單價低。 2. 電路結構簡單，易大容量化。 3. 廣用於各型電腦、列表機、硬碟機、圖像處理設備等。
缺點	1. 每一單位位元成本高。 2. 電路結構複雜，不適合大容量化。	1. 構造爲電容器積蓄電荷，寫入資料經一段時間後會因電荷洩漏而流失資料，必須在一定時間內重新寫入更新。 2. 大容量化結果增加插腳數，使用上較不方便。

4. KAM (Keep Alive Memory)

(1) **稱為活性記憶體**，爲汽車電腦上使用的一種特有的記憶體。

(2) KAM可暫時儲存資料，微處理器能從KAM讀取或寫入資料。當點火開關OFF時，資料仍保存在KAM內，但當電瓶電源接頭拆開時，KAM內的資料會消除。

(3) **KAM使電腦具有適應能力(Adaptive Strategy)**，當系統中感知器積污或損壞，從感知器送出不正常信號時，KAM使電腦仍能維持車輛正常的性能，KAM甚至能不理會錯誤的輸入信號，以保持驅動能力(Driveability)。例如當含氧感知器表面積碳而送出不正確信號時，KAM發覺後會送出正確的輸出信號給噴油器，以維持可接受的空燃比。

(4) 當損壞的感知器、作動器或其他零件被更換時，車輛的作用可能會發生引擎快怠速不穩定或動力輸出不良等現象，必須行駛約6～8公里，讓KAM"學習"新裝上的感知器，修正原來錯誤的輸入信號，將KAM內資料更新爲良好感知器的資料，並使引擎性能恢復正常。

5. NVRAM (Nonvolatile RAM)

(1) **稱為非揮發性RAM**。

(2) 部分汽車電腦會採用NVRAM，當電瓶接頭被拆開，或電瓶失效時，NVRAM內的資料不會消失。

6. Mask ROM

(1) **稱為罩幕ROM，為資料固定化的ROM**。

(2) 罩幕ROM在IC製造階段，就將使用者所要求的資料寫入非揮發性記憶體內。由於晶片不需要寫入的功能，因此構造上適合大容量化。

7. PROM (Programmable ROM)

(1) **稱為可程式ROM，微處理器能從PROM讀取，但不能寫入資料**。

(2) 有些書籍將PROM歸類爲ROM的第一次變形，車用電腦依情況會使用PROM，或使用第二次變形的EPROM，第三次變形的EEPROM與第四次變形的Flash EPROM等更新的記憶體IC。

(3) 由於車型大小、重量、引擎型式、變速箱型式、齒輪比等的多種組合，而電腦所做的許多決定必須配合這些不同的變化，因此汽車製造廠使用某些型式的引擎基準單元(Engine Calibration Unit)，基準單元是具有每一種汽車特殊資料的晶片，例如，車重會影響引擎的負荷，故必須依車重將適合的點火正時程式寫入晶片。現代汽車製造廠可能有超過一百種不同車輛型式，但只使用少於十二種不同之電腦，因此必須採用適用於每一種車輛的引擎基準單元，又稱為 PROM。**有些 PROM 是可拆卸的**，如圖 1.2.33 所示，為 GM 汽車所採用的 ECM 與可拆換式 PROM。

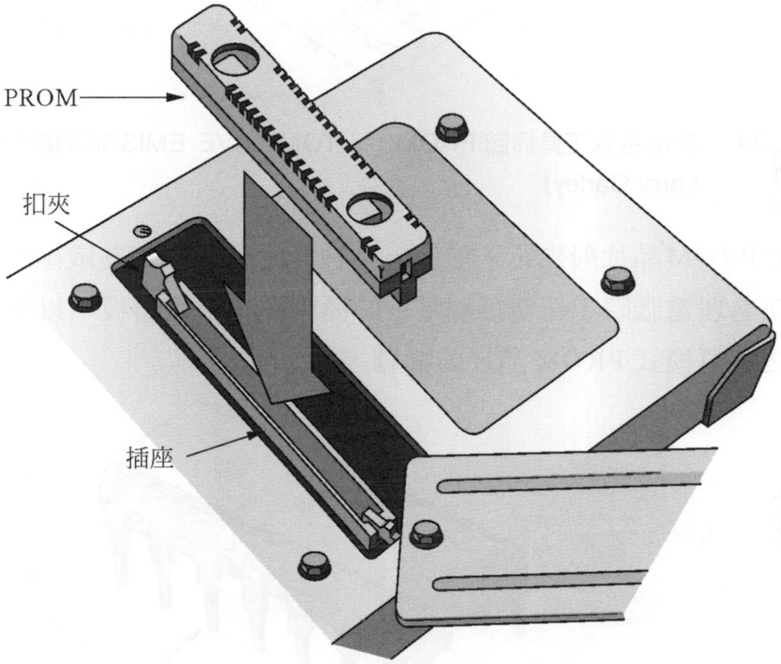

圖 1.2.33　ECM 與可拆換式 PROM (COMPUTERIZED ENGINE CONTROLS, Steve V. Hatch and Dick H. King)

(4) 以GM汽車所採用的電腦為例，要更換點火或燃油的程式時，可將PROM拆下，換上不同或升級的PROM，如圖 1.2.34 所示，PROM有專用的拆卸工具；若PROM晶片是電路板的一部分時，則無法輕易取下或更換。不過在修配零件市場(Aftermarket)的多種PROM，能被安裝以修正、改良排氣或驅動能力。

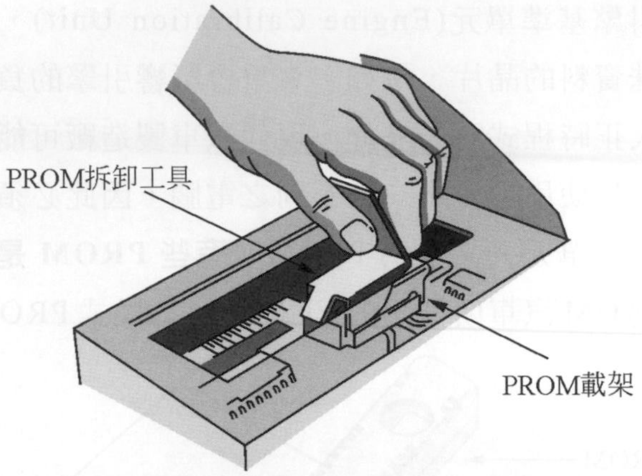

圖 1.2.34　使用特殊工具拆卸 PROM (AUTOMOTIVE EMISSIONS SYSTEMS, Larry Carley)

(5) 如PROM晶片般之電子零件，會被高壓靜電破壞其敏感的電子電路，因此在處理電腦時，切勿接觸電腦的插座線頭、電路板，以及如圖 1.2.35 所示之可更換式 PROM 晶片的插腳等。

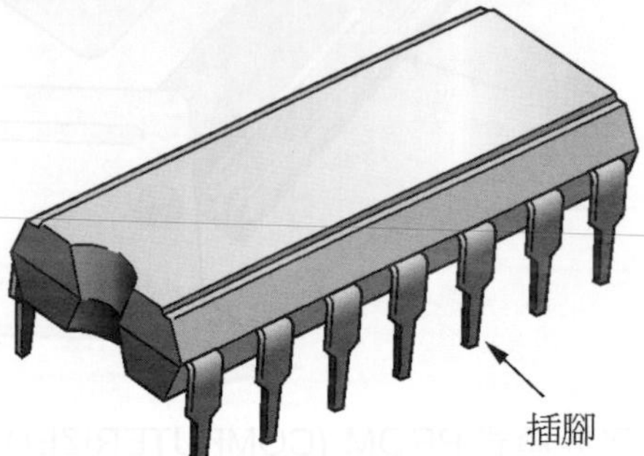

圖 1.2.35　勿接觸PROM晶片的插腳(Automotive Solid-State Electronics, Toyota Motor Corporation)

(6) 另一種改變引擎基準單元內資料的方法，就是有 EEPROM，此種晶片可由輸入特別的碼數(Code Number)以再程式，寫入的新資料會蓋過舊資料。以汽車製造廠所提供的資料，由汽車經銷商利用網路、磁碟片、光碟片等，下載新的程式進入汽車電腦，可修正排氣或驅動能力等問題。

8. EPROM (Erasable Programmable ROM)

(1) 係可重覆程式化 ROM 的一種，稱為可抹除可程式化 ROM，或可抹除 PROM，**為可以重覆寫入的非揮發性記憶體 IC**。

⑵ 要抹除及再程式EPROM時，必須先將EPROM從電路板上拆下，並置於紫外線下 20 分鐘，進行抹除工作後再輸入新資料，即紫外線消除後再寫入，故又稱爲 UV EPROM。如果 EPROM 是焊連在電路板上時，要更改不同資料的話，必須更換電腦。

⑶ EPROM 晶片的外殼上附有石英玻璃窗口，以利紫外線消除工作。但爲防止 EPROM晶片資料被意外消除，通常會密封在小空間內或以膠帶覆蓋。

9. EEPROM (Electronically Erasable Programmable ROM)

⑴ 爲可重覆程式化ROM的一種，稱爲電子可抹除可程式化ROM，或電子可抹除PROM，**係以電壓消除後再寫入的非揮發性記憶體 IC**。

⑵ EEPROM不必拆下，且免除UV抹除動作所需的時間，現今汽車製造廠已漸以車用掃瞄器(Scanner)進行 EEPROM 內資料的更新，速度快，又可節省如 PROM 或 EPROM 的拆裝時間。

10. Flash EPROM

⑴ 也是可重覆程式化 ROM 的一種，稱爲快閃記憶體，**與 EEPROM 一樣，都是以電來重寫的非揮發性記憶體 IC**。

⑵ Flash EPROM 比 EEPROM 的優點

① 單位面積的容量大。

② 抹除與程式速度快。

③ 抹除一次完成，而 EEPROM 一次只能消除一個位元組。

1.2.4.6 輸出驅動器

1. 從電腦出來的 5V 電壓信號，要直接驅動作動器時，其電壓值太小，且電腦的輸出電壓有可能僅 1～2V 或更低，同時電流僅數毫安培(Milliamps)；而一般的作動器作用電壓爲 12～14V，電流爲 1.5A 或更高。因此必須安裝**輸出驅動器(Output Drivers)，以小輸入電流觸發功率電晶體(Power Transisters)作用，得到大輸出電流，使作動器正常工作**。

2. 電腦內的輸出驅動器是由許多電晶體組成，微處理器使輸出驅動器作用，以依序控制各種作動器，如電磁線圈、繼電器及顯示器等之作用，如圖 1.2.36 所示。例如汽油噴射系統每一缸噴油器內都有一組電磁線圈，當微處理器通知輸出驅動器使電磁線圈作用時，輸出驅動器使噴油器電磁線圈線路搭鐵，噴油器針閥因吸力打開而噴油，直至搭鐵中斷時才停止。

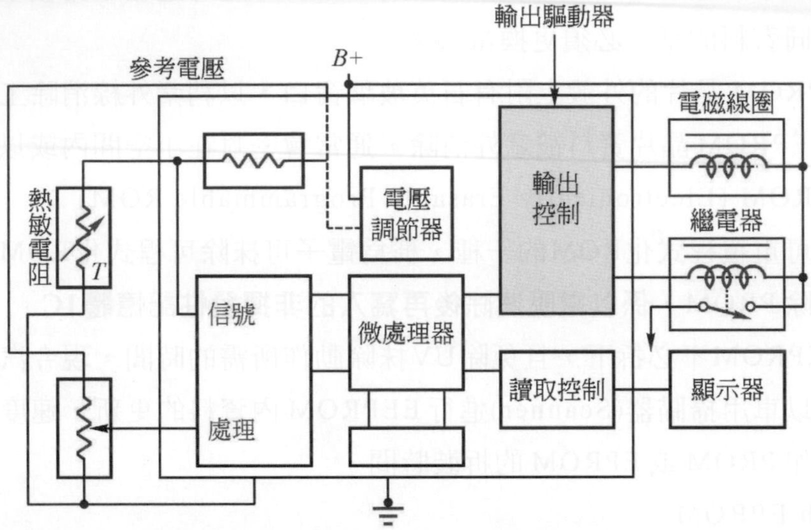

圖 1.2.36　輸出驅動器的控制(Automotive Computer System, Don Knowles)

3. 另外如電腦控制冷卻風扇電路也是一樣，當驅動器使電路上繼電器的線圈搭鐵時，繼電器內接點因吸力而閉合，電流從電瓶接點送給冷卻風扇馬達；當輸出驅動器中斷線圈的搭鐵時，繼電器內接點打開，冷卻風扇馬達停止轉動。

1.3　感知器

1.3.1　概述

1. ECM 監測及控制引擎的作用，以符合輸出性能、排氣及油耗等目標。因此必須連續監視或計測引擎的各種作用狀況，**各感知器(Sensors)就是用來監視或計測作用狀況的裝置，其輸出信號送給ECM，做成決定後使作動器作用**，如圖 1.3.1 所示。本節中常會分別提到 ECM、PCM 或 ECU，是因爲資料來源不同的關係，其實都是代表引擎控制電腦的意思。

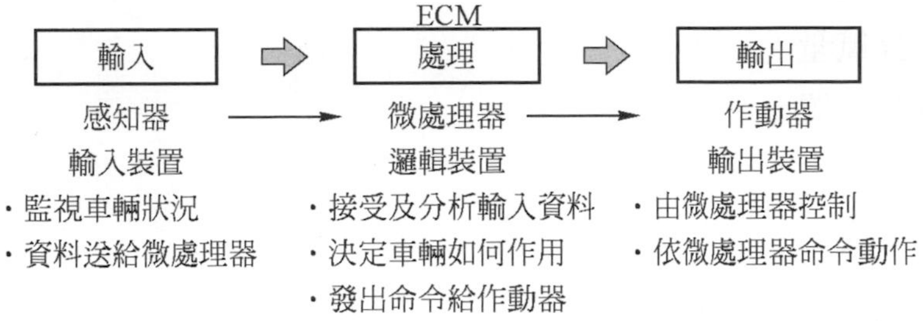

圖 1.3.1　電腦控制的步驟(Auto Electricity, Electronics, Computers, JAMES E. DUFFY)

2. 各感知器的用途，是將車輛的許多作用狀況，以類比信號或數位電壓信號送給電腦，如圖 1.3.2 所示。大多數的資料通常是以類比方式送出。

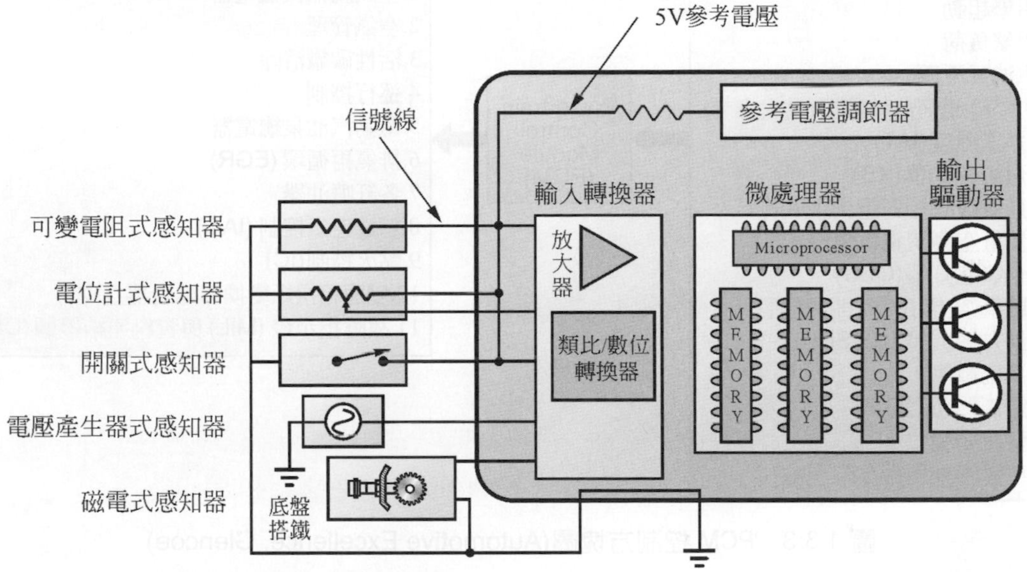

圖 1.3.2　各種不同感知器(Medium/Heavy Duty Truck Engines, Fuel & Computerized Management, Sean Bennett)

3. 較新型採用 PCM 控制的方塊圖，如圖 1.3.3 所示，監測的部位非常多，主要信號爲

(1) 引擎轉速。

(2) 曲軸及凸輪軸位置。

(3) 引擎負荷。

(4) 冷卻水溫度。

⑸ 進氣溫度。

⑹ 排氣含氧量。

⑺ 節氣門位置。

⑻ 車速。

⑼ 引擎爆震。

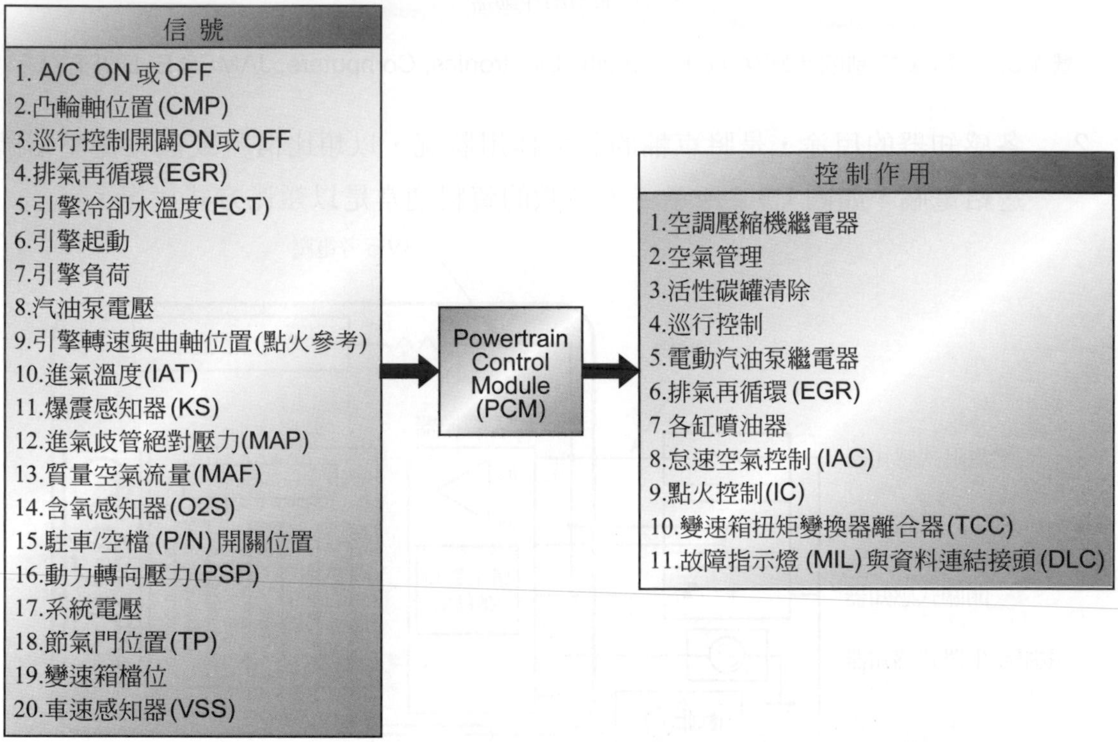

圖 1.3.3 PCM 控制方塊圖(Automotive Excellence, Glencoe)

1.3.2 感知器的分類

一、概述

1. 在未詳細說明各感知器前，本段先介紹各種感知器的分類，讓大家先有明確的概念，使接下來的說明，大家會更清晰瞭解。
2. 感知器依其功能、構造及作用，可從兩方面來分類。

- 感知器的分類(一)
  - 可變電阻式感知器
  - 電位計式感知器
  - 磁電式感知器
  - 電壓產生式感知器
  - 轉速與位置感知器
  - 負荷感知器
  - 開關式感知器
- 感知器的分類(二)
  - 主動式感知器
  - 被動式感知器

二、可變電阻式感知器

1. 可變電阻式(Variable Resistor Type)感知器，**當溫度、壓力等產生變化時，感知器內可變電阻的電阻值也隨之變化**。
2. 以引擎冷卻水溫度感知器爲例，如圖 1.3.4 所示，當水溫升高時，電阻值降低，稱爲負溫度係數(Negative Temperature Coefficient, NTC)型；反之，當水溫、氣溫或油溫升高時，電阻值也升高，稱爲正溫度係數(Positive Temperature Coefficient, PTC)型。**NTC 型感知器使用很普遍**，常做爲

   (1) 水溫感知器。
   (2) 進氣溫度感知器。
   (3) 機油溫度感知器。
   (4) 燃油溫度感知器。
   (5) ATF 溫度感知器。
   (6) 電瓶液溫度感知器。

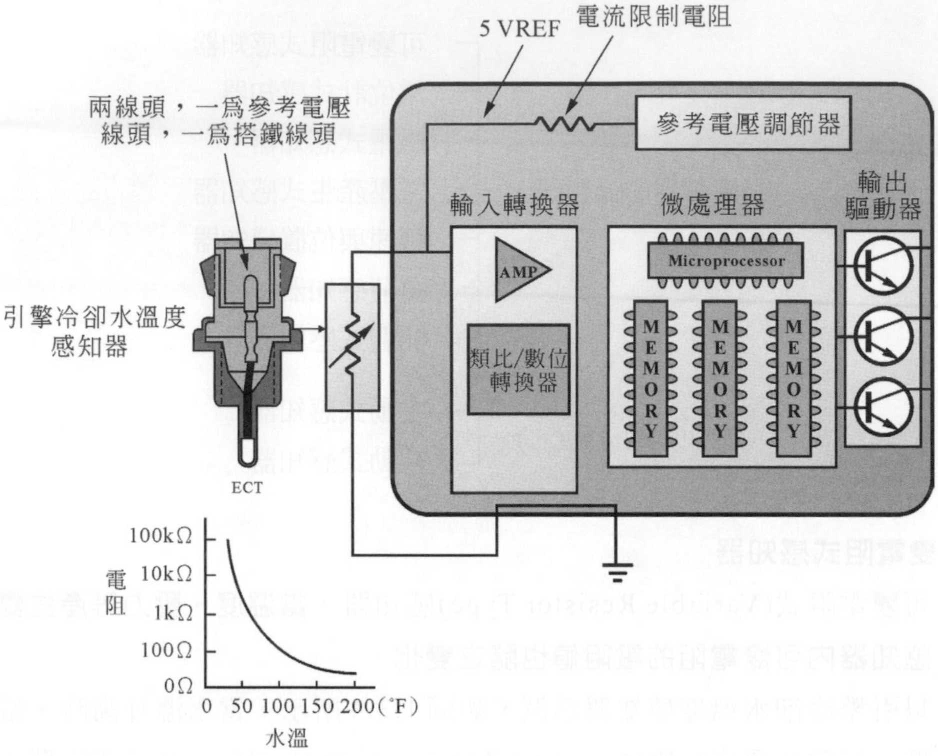

圖 1.3.4　可變電阻式的使用例(Medium/Heavy Duty Truck Engines, Fuel & Computerized Management, Sean Bennett)

三、電位計式感知器

1. 電位計式(Potentiometer Type)感知器，**類似一個可變電阻器，由零件的移動而改變其電阻，將不同電壓信號送給電腦**，如圖 1.3.5 所示，爲節氣門位置感知器採用電位計式，有三條線，分別是 5V 參考電壓線、信號線與搭鐵線。部分書籍將電位計式感知器歸類在可變電阻式。
2. 本型式感知器常做爲
   (1) 節氣門位置感知器。
   (2) 加油踏板位置感知器。
   (3) 懸吊高度位置感知器。

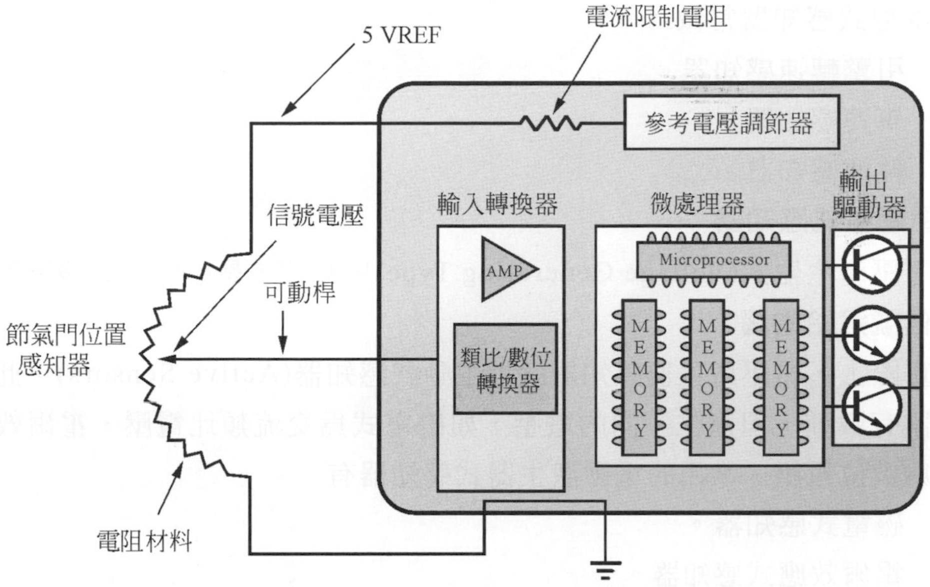

圖 1.3.5　電位計式的使用例(Medium/Heavy Duty Truck Engines, Fuel & Computerized Management, Sean Bennett)

四、磁電式感知器

1. 磁電式(Magnetic Type)感知器，**是利用零件的轉動，感應電流以產生交流電壓信號給電腦，以測定引擎轉速、曲軸位置等**，如圖 1.3.6 所示，為引擎轉速感知器採用磁電式。磁電式感知器也是轉速與位置感知器的其中一種。

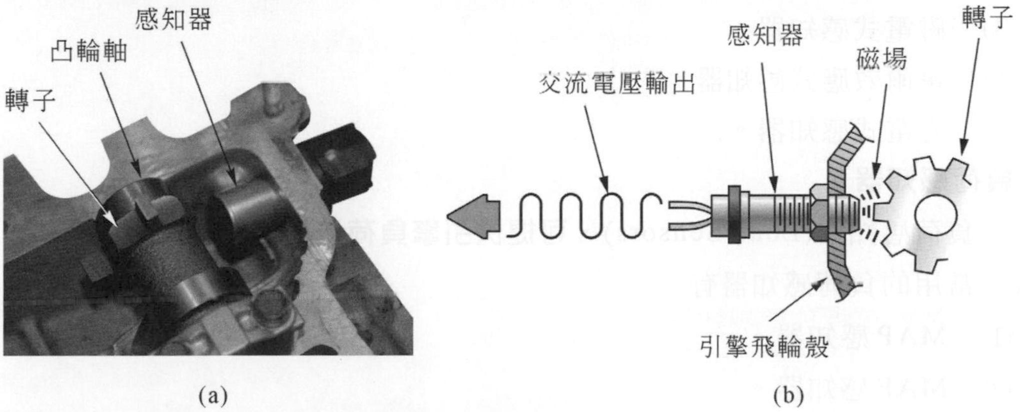

圖 1.3.6　磁電式的使用例(Medium/Heavy Duty Truck Engines, Fuel & Computerized Management, Sean Bennett)

2. 本型式感知器常做爲

⑴ 引擎轉速感知器。

⑵ 車速感知器。

⑶ 輪速感知器。

五、電壓產生式感知器

1. 電壓產生器式(Voltage Generating Type)感知器，**是感知器本身能產生電壓信號送給電腦**。

2. 實際上，電壓產生器感知器就是主動式感知器(Active Sensors)，此種感知器有數種，但產生不同的電壓，如磁電式爲交流類比電壓，霍爾效應式則爲數位電壓。常用的電壓產生器式感知器有

⑴ 磁電式感知器。

⑵ 霍爾效應式感知器。

⑶ 含氧感知器。

⑷ 爆震感知器。

六、轉速與位置感知器

1. 轉速與位置感知器(Speed and Position Sensors)，一般常稱爲曲軸位置感知器(Crankshaft Position Sensor)，**其信號可用以計算引擎轉速及偵測曲軸的特定位置**。

2. 常用的轉速與位置感知器有

⑴ 磁電式感知器。

⑵ 霍爾效應式感知器。

⑶ 光電式感知器。

七、負荷感知器

1. 負荷感知器(Load Sensors)，**可提供引擎負荷量的信號給電腦**。

2. 常用的負荷感知器有

⑴ MAP 感知器。

⑵ MAF 感知器。

① 翼板式。

② 熱線與熱膜式。

③ 卡門渦流式。

八、開關式感知器

1. 開關式(Switching Type)感知器，**由感知器內電路的接通或切斷將信號送給電腦**。
2. 搭鐵側開關式感知器，如圖 1.3.7 所示，用以偵測溫度變化、壓力變化及零件移動等，當開關閉合時，輸出為 0V；當開關打開時，輸出為 5V。

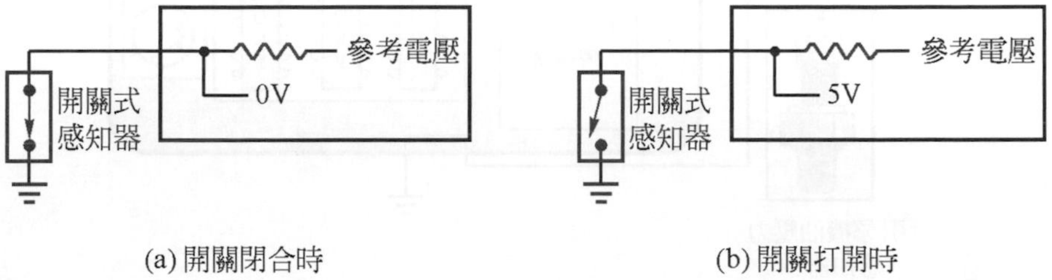

圖 1.3.7　搭鐵側開關式感知器的作用(Auto Electricity, Electronics, Computer, JAMES E. DUFFY)

九、被動式感知器

1. 被動式感知器(Passive Sensor)，**即感知器本身無法產生電壓信號，是由電腦提供通常是 5V 的參考電壓(Reference Voltage)，此電壓因感知器內部電阻變化(或壓力變化)而改變輸出值**。
2. 被動式感知器有
   (1) 可變電阻式感知器。
   (2) 電位計式感知器。
   (3) 可變電容(壓力)式感知器。
3. 可變電容(壓力)式感知器[Variable Capacitance (Pressure) Sensor]
   (1) 壓力作用在感知器內陶瓷片(Ceramic Disc)上，由陶瓷片距離鋼片(Steel Disc)的遠近，而使電容產生變化，因此而改變輸出之電壓值，如圖 1.3.8 所示，為引擎機油壓力感知器(Engine Oil Pressure Sensor)的使用例。
   (2) 可變電容式感知器應用於
      ① 機油壓力感知器。
      ② 燃油壓力感知器(Fuel Pressure Sensor)。
      ③ 大氣壓力感知器(Barometric Pressure Sensor)。
      ④ 增壓壓力感知器(Boost Pressure Sensor)。

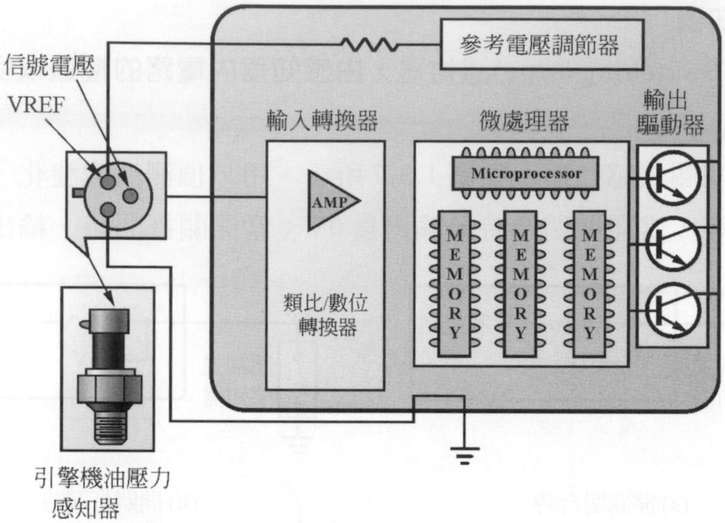

圖 1.3.8　可變電容式感知器的使用例(Medium/Heavy Duty Truck Engines, Fuel & Computerized Management, Sean Bennett)

1.3.3　各種感知器的構造及作用

1.3.3.1　空氣流量感知器

一、概述

1. 用以計測引擎進氣量的流量感知器(Flow Sensors)，稱爲質量空氣流量感知器(Mass Air Flow Sensors)，簡稱爲**MAF 感知器，可直接計測空氣流量**。與非直接計測方法比較，具有較佳的性能(Performance)、驅動能力(Driveability)及省油性(Economy)。
2. 另一種屬於**非直接計測空氣量的感知器，稱為歧管絕對壓力感知器(Manifold Absolute Pressure Sensor)，簡稱為MAP感知器**，是以歧管壓力與引擎轉速以計算進氣量。因此種感知器屬於壓力感知器，故不在本節中說明。少部分採用 MAF 感知器的車輛，仍有加裝 MAP 感知器。
3. 空氣密度與空氣壓力成正比，當空氣壓力大時，空氣密度高，空氣密度會受到空氣壓力大小的影響，進而影響到所計測的空氣質量，因此採用 MAF 感知器的系統，一定會加裝大氣壓力感知器(Barometric Sensor, BARO)，以免所測得的空氣質量會因海拔高低之不同而產生誤差。

4. 空氣流量感知器的全名應稱爲質量空氣流量感知器，以往常稱爲空氣流量計(Air Flow Meter)，本感知器也可稱爲負荷(Load)感知器。空氣流量感知器與曲軸位置感知器的信號，常稱爲是電腦的主輸入(Main Input)信號，其他的輸入信號則稱爲副輸入(Sub Input)信號。
5. MAF 感知器的安裝位置，如圖 1.3.9 所示。

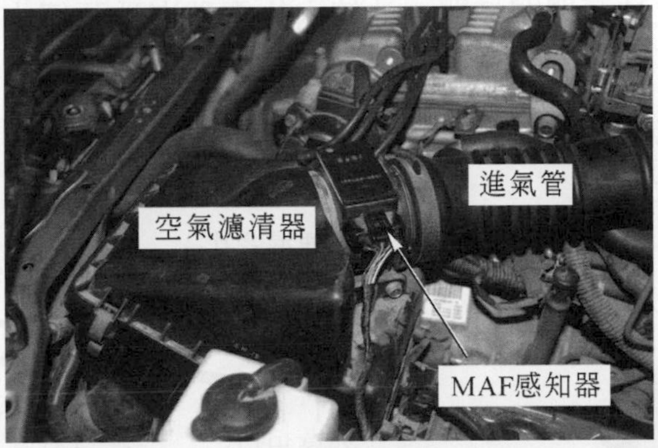

圖 1.3.9 MAF 感知器的安裝位置

二、空氣流量感知器的種類

空氣流量感知器的種類
- 翼板式
- 感熱式
  - 熱線式
  - 熱膜式
- 卡門渦流式
  - 超音波式
  - 光學式

三、翼板式(Vane Type)空氣流量感知器

1. 概述
   (1) 引擎運轉時，吸入的空氣量克服螺旋彈簧的彈力，使翼板打開一定角度；引擎轉速越快時，翼板開度就越大。
   (2) 翼板軸上有一隨軸移動的可動接點，與電位計的可變電阻接觸，當翼板開度不同時，電阻值大小也發生變化，使輸出電壓V_s也產生變化，**ECM 由 V_s的大小，即可計算出進氣量**。
   (3) Bosch 將採用翼板式的系統，稱爲 L-Jetronic。

2. 翼板式空氣流量感知器的構造及作用

(1) 翼板式的構造，如圖 1.3.10 所示。緩衝室與補償板，在進氣量突然變化時，可防止翼板震動；旁通道上有怠速混合比調整螺絲，用來改變通過旁通道的空氣量，以調整怠速時的混合比，使 CO 合乎規定；汽油泵開關裝在電位計內，當引擎運轉翼板打開時，汽油泵開關閉合，當引擎熄火翼板關閉時，汽油泵開關打開，油箱內的電動汽油泵停止作用，此時即使點火開關在 ON 位置，電動汽油泵還是不會作用；因翼板式是計測空氣的容積流量，因此感知器內設進氣溫度感知器，來校正空氣密度，以獲得正確的空氣量計量。

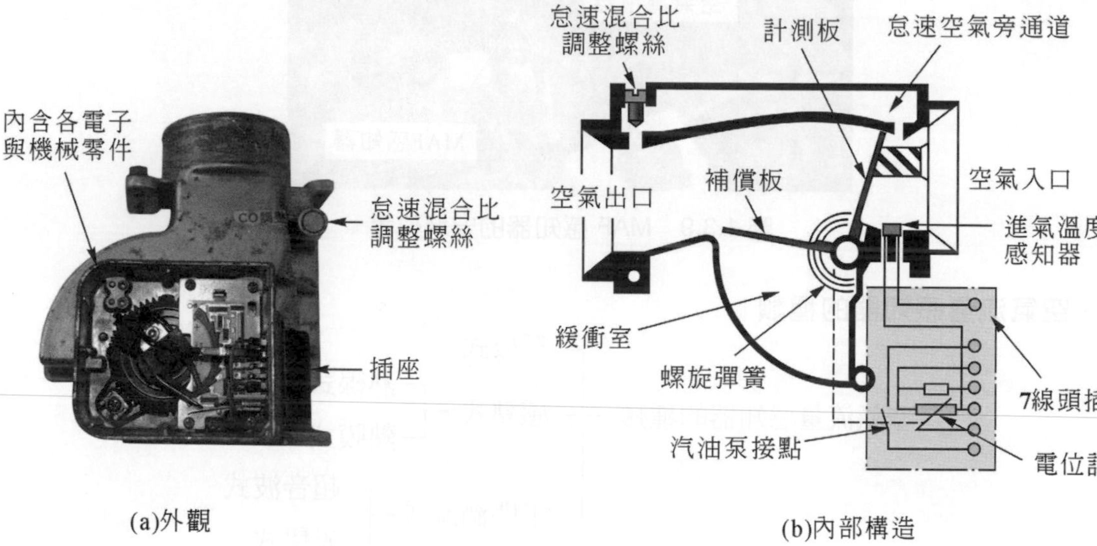

圖 1.3.10　翼板式空氣流量感知器的構造(Automobile Electrical Electronic Systems, Tom Denton)

(2) 翼板式空氣流量感知器依電路之特性差異，可分成兩種型式，一種是進氣量增加時，V_s的電壓值降低，另一種是進氣量增加時，V_s的電壓值升高。

① 進氣量與V_s電壓值成反比型：ECM內的參考電壓調節器送出 5V 參考電壓給空氣流量感知器的V_c端子，由V_s端子的輸出電壓，可精確顯示翼板的開啓角度，進而由 ECM 算出正確的進氣量，如圖 1.3.11 所示，當進氣量多時，輸出電壓降低。

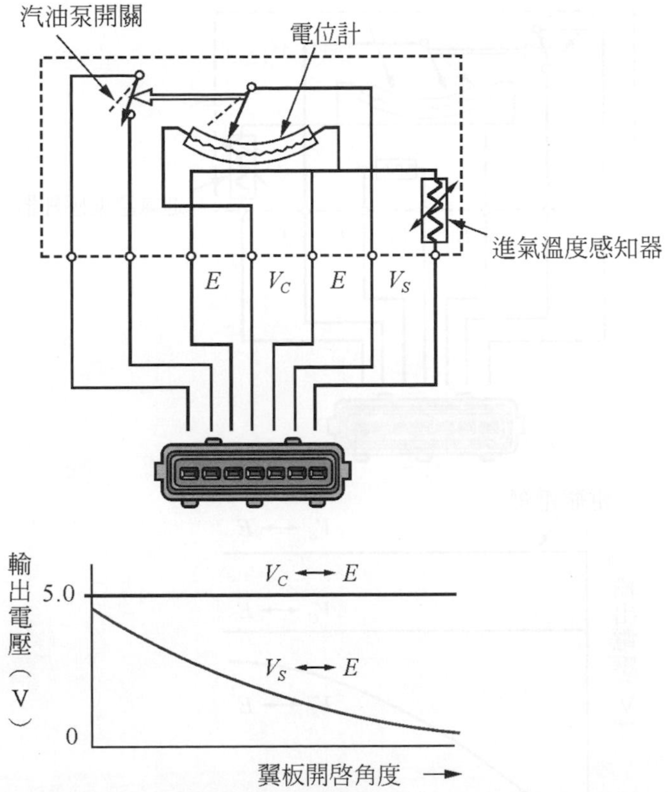

圖 1.3.11　進氣量與V_s電壓值成反比型電路(訓練手冊 Step 3, 和泰汽車公司)

② 進氣量與V_s電壓值成正比型：本型式不是由ECM送給感知器5V參考電壓，而是12V電瓶電壓供給感知器的V_B端子。在V_B與V_C間有一電阻器，當V_B因電瓶電壓改變而發生變化時，ECM 藉由V_C與V_S間相對於V_B的比值，即$\frac{V_C - V_S}{V_B}$，能精確計算空氣量，而不受電瓶電壓變動的影響，如圖1.3.12所示，當進氣量多時，輸出電壓升高。

(3) 以上兩種型式的感知器爲7線頭式，改良型是將汽油泵開關及進氣溫度感知器線頭獨立出來，使成4線頭式。

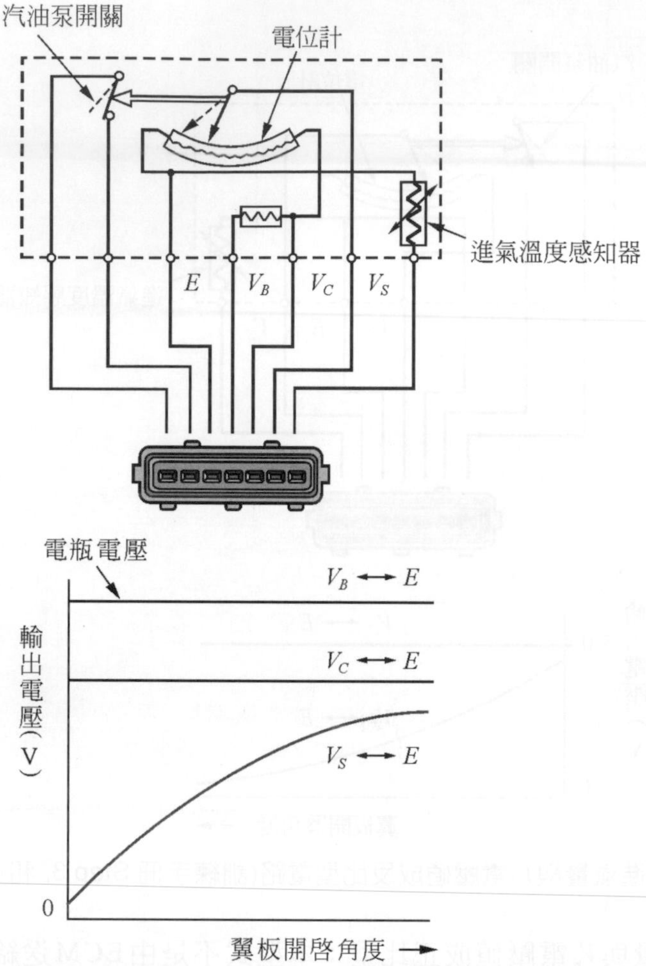

圖 1.3.12　進氣量與V_S電壓値成正比型電路(訓練手冊 Step3, 和泰汽車公司)

3. 翼板式空氣流量感知器的缺點

(1) 電位計爲移動式接點，易磨損及耐久性差。

(2) 包括緩衝室等，整個感知器所佔空間大，重量增加，不符合小型輕量之原則。

(3) 翼板增加進氣道的壓力降(Pressure Drop)，使容積效率降低。

四、熱線(Hot Wire)式空氣流量感知器

1. 概述

(1) 熱線式爲感熱(Thermal)式的一種，不論是何種設計，其基本概念爲加熱細線(Wire)，然後當空氣流過細線時，對流(Convection)將熱帶走，以電子電路計算電流的大小，轉換爲電子信號，即可依比例算出空氣流量。

(2) 控制電路可供給固定電流(Constant Power)給熱線，或者是使熱線保持在周圍溫度以上一定値的固定溫度(Constant Temperature)型，後者由於溫

度補償方便，故較常被採用。

(3) Bosch將採用熱線式的系統，稱爲LH-Jetronic。

(4) 熱線式空氣流量感知器的分類

熱線式空氣流量感知器的分類 ─┬─ 主流計測法
　　　　　　　　　　　　　　　└─ 分流計測法

2. 熱線式空氣流量感知器的構造及作用

(1) 主流計測法感知器，如圖1.3.13所示，熱線與進氣溫度感知器均在主流道內，電子電路設於感知器上方，白金製熱線僅數毫米(Millimeters)長，約70μm厚。分流計測法感知器，如圖1.3.14所示，熱線與冷線(Cold Wire)均在分流道內，熱線與冷線均是以白金線繞在陶瓷製圓柱體上，並塗上防腐蝕材料；冷線依進氣溫度之高低而改變其電阻，故熱線式能修正因空氣溫度變化所造成空氣密度的影響，因此能直接計測空氣質量。

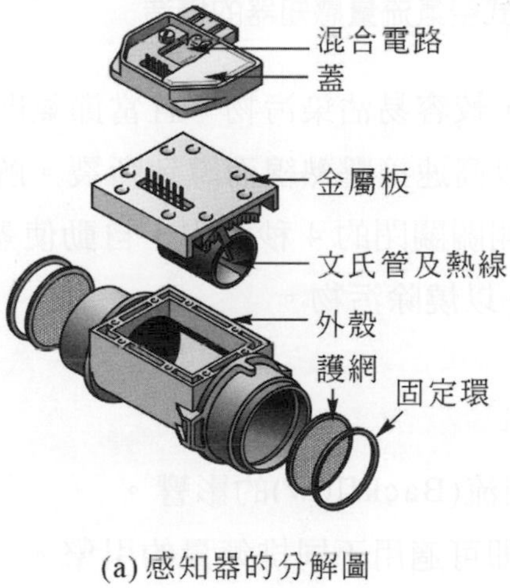

(a) 感知器的分解圖

(b)

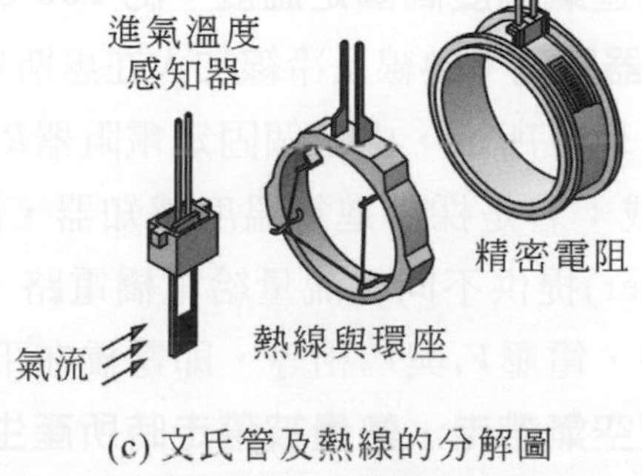

(c) 文氏管及熱線的分解圖

圖1.3.13　主流計測法熱線式空氣流量感知器的構造(Technical Instruction, BOSCH)

(a)

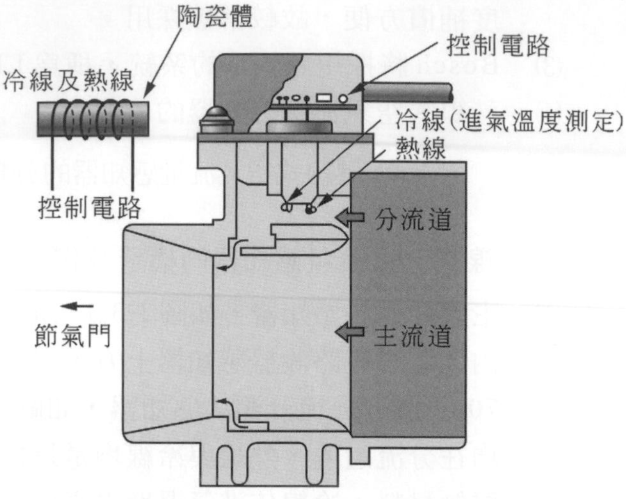

(b)

圖 1.3.14　分流計測法熱線式空氣流量感知器的構造

⑵　主流計測法，因熱線在主流道上，較容易沾染污物，且當節氣門全開時，經過空氣濾清器的細小塵粒，會以高速撞擊熱線而導致斷裂。解決積污的方法，有些型式設計在每次點火開關關閉的 4 秒鐘內，自動使熱線通電 1 秒鐘，熱線溫度升高到 1,000℃，以燒除污物。

⑶　分流計測法的優點

①　熱線裝在分流道上，不易積污。

②　可避免回火(Backfire)及氣體回流(Backflow)的影響。

③　調整文氏管喉管內徑的大小，即可適用不同排氣量的引擎。

3.　固定溫度型熱線式空氣流量感知器的作用原理

⑴　**熱線被加熱到比進氣溫度高固定溫度，約 160℃，進氣溫度由冷線感測或由進氣溫度感知器感測**。熱線及冷線加入在惠斯登電橋(Wheatstone Bridge)電路中，如圖 1.3.15 所示，由三個固定電阻器R_1、R_2、R_3與熱線電阻R_{HW}、冷線電阻R_{CW}組成；若是採用進氣溫度感知器，則電路中無冷線電阻R_{CW}。放大器(Amplifier)提供不同電流量給電橋電路。

⑵　當無空氣流動時，電壓V_A與V_B相等，即電橋在平衡狀態；**當空氣流經熱線時，熱線熱量被空氣帶走，熱量被帶走時所產生的電壓變化，依比例即可算出空氣的質量流量率(Mass Flow Rate)**。

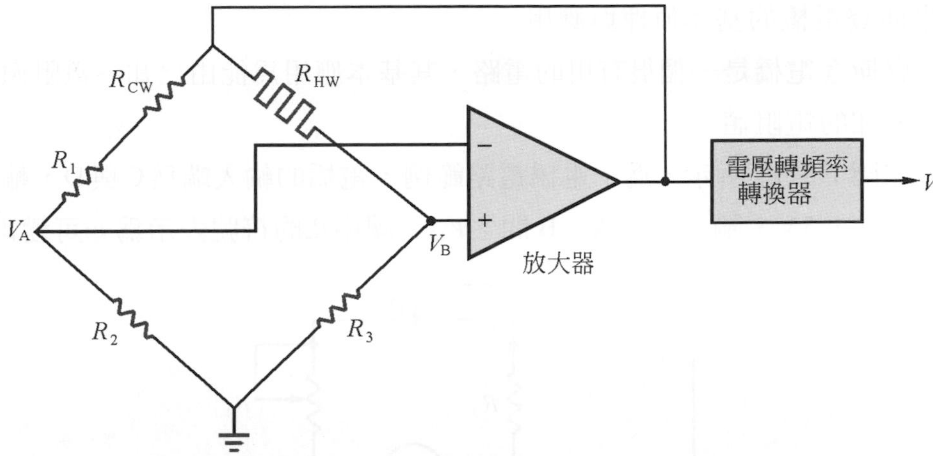

圖 1.3.15　熱線式空氣流量感知器的電橋電路(一)(Understanding Automotive Electronics, William B. Ribbens)

(3) 熱線被空氣帶走熱量時，熱線電阻R_{HW}變小，使V_B的電壓上升，改變電橋電路兩邊的平衡，電流發生流動。電橋電路的輸出電壓V_B送給放大器，V_B爲R_3兩端之間的電壓降，此信號送給ECM，即可判斷質量流量率。

(4) 另外放大器輸出端與電橋電路連接，故送出電流給電橋電路，不同空氣流量時，經R_{HW}的電流量也不一樣，R_{HW}溫度越低，電流量就越大，電流量約在0.5～1.2A間變化。

(5) R_1與R_2的電阻高，故電橋電路左半邊的電流很小，R_{CW}約500Ω的電阻，因空氣溫度而變化，可改變電路的電流量，以修正加熱電流量，亦即做溫度變化的補償。

(6) 如圖1.3.16所示，空氣流量越多時，送給ECM的電壓信號越高，爲非線性輸出，在處理上較困難。

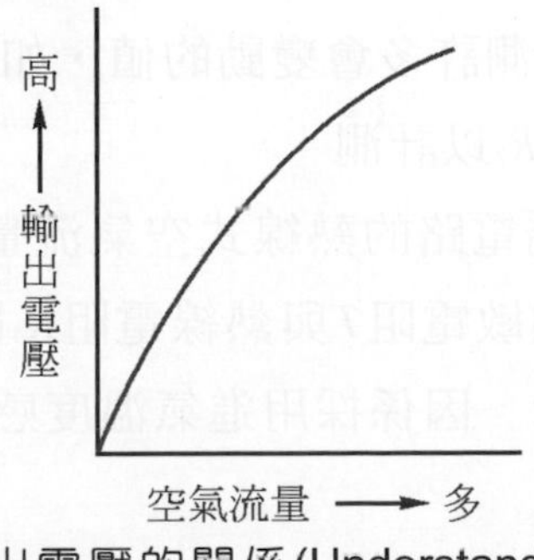

圖 1.3.16　空氣流量與輸出電壓的關係(Understanding Automotive Electronics, William B. Ribbens)

4. 惠斯登電橋的基本原理與應用

(1) 惠斯登電橋是一個很有用的電路，其基本應用爲能由已知各電阻值來計算未知的電阻值。

(2) 如圖 1.3.17 所示，爲一電橋電路範例，電橋的輸入端爲C與D，輸入電壓V_s爲 1.5V，輸出端爲 A、B 間之V_{AB}。圖中R_4的符號表示爲一可變電阻。

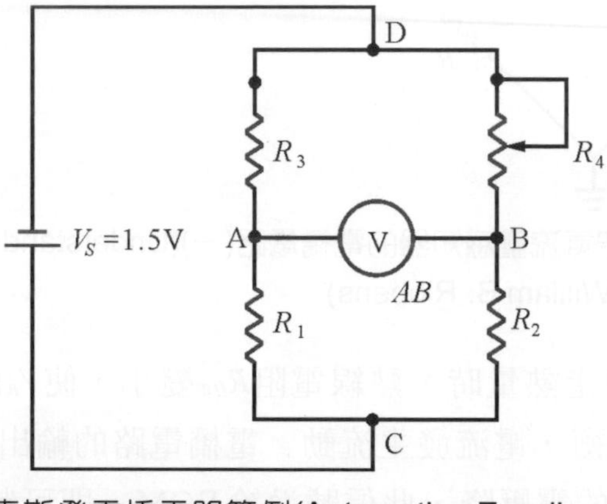

圖 1.3.17 惠斯登電橋電路範例(Automotive Excellence, Glencoe)

(3) 如果R_1與R_3和R_2與R_4有相同的比率(Ratio)，則電橋在平衡狀態，故V_{AB}爲零；同理，如果R_1等於R_3，則 R_2與R_4必須相等，使電橋平衡，V_{AB}爲零。以上兩種任一狀況電橋平衡時，則求出R_2的公式爲

$$R_2 = R_4 \times \frac{R_1}{R_3} \tag{1.3.1}$$

此一等式在平衡的電橋中，用來計算未知電阻(R_2)非常有用。

(4) 而不平衡電橋的輸出電壓，對R_4與R_2的電阻值差異非常敏感，因此不平衡的輸出電壓常用來計測許多會變動的值，如進氣量、溫度、燈光強度等，使用感知器代替R_4與R_2以計測。

5. 另一種應用惠斯登電橋電路的熱線式空氣流量感知器

(1) 進氣溫度感知器的熱敏電阻T與熱線電阻R_4置於分流道中，兩電路各自獨立，如圖 1.3.18 所示。因係採用進氣溫度感知器，故無冷線。

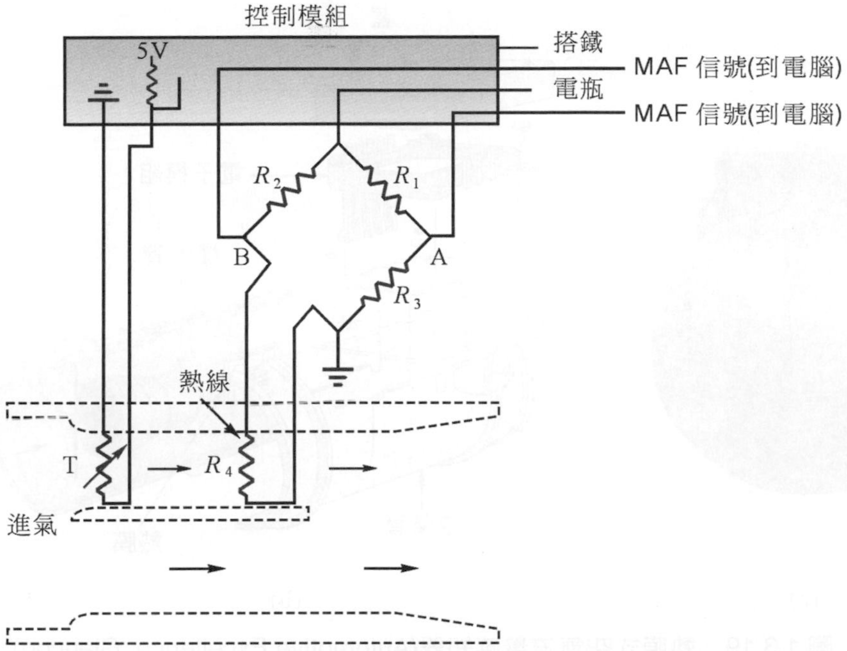

圖 1.3.18　熱線式空氣流量感知器的電橋電路(二)(Automotive Excellence, Glencoe)

(2)　控制模組提供電瓶電壓給電橋電路，R_1與R_3成串聯，R_2與R_4也成串聯，兩者再成並聯連接，A 點電壓等於R_3間之電壓降。由於R_1與R_3的電阻值是固定的，故 A 點電壓是一定的，僅會因電瓶電壓之變動而有少許的變化。

(3)　R_1與R_2的電阻值相同，當無空氣通過R_4時，R_4與R_3的電阻值也相同，故B點與 A 點的電壓是相同的。

(4)　當通過熱線R_4的空氣流量增加時，R_4的溫度降低，由於R_4是 PTC 型電阻，故溫度下降時，其電阻值也降低。由於$V_B=\frac{R_4}{R_2+R_4}\times 12$，$V_A=\frac{R_3}{R_1+R_3}\times 12$，故當$R_4$的電阻值降低時，$V_B$的的電壓也下降，電腦讀出$V_B$與$V_A$的電壓差異，由微處理器對比記憶體內的尋查表，即可將電壓值轉換成質量流量率，亦即可測出進氣量。

五、熱膜式空氣流量感知器

1.　利用熱膜取代熱線，以計測空氣量，如圖 1.3.19 所示，熱膜係固定在薄樹脂上，外表鍍耐高溫材料之金屬箔或鎳柵板，**其計測精度不受氣流脈動(Pulsation)、回流(Return Flows)及 EGR 等影響，且反應速度比熱線式快**。

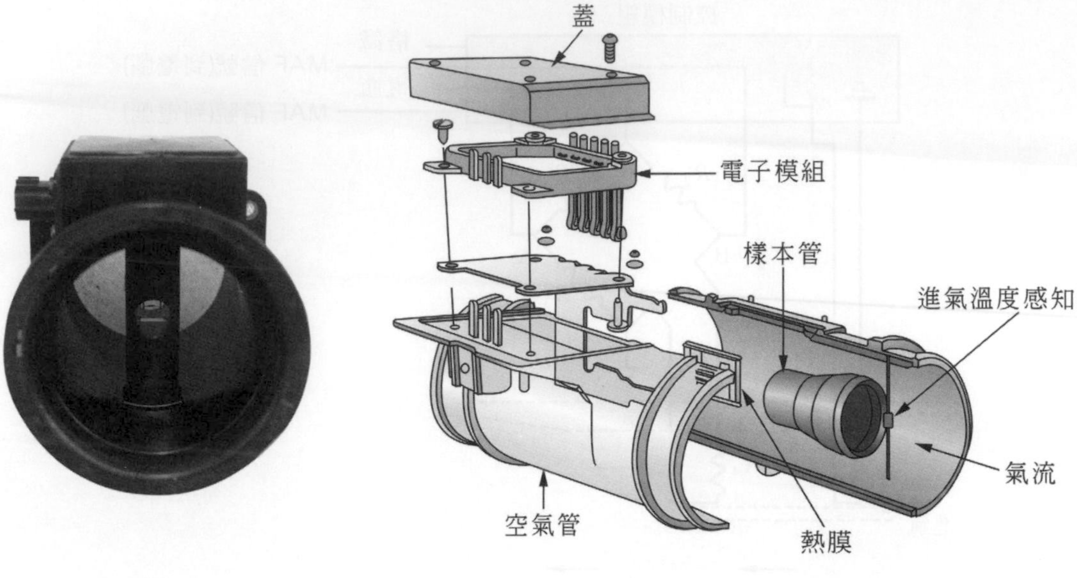

(a) (b)

圖 1.3.19 熱膜式空氣流量感知器(Automotive Excellence, Glencoe)

2. Bosch熱膜式空氣流量感知器

(1) Bosch所採用的熱膜式空氣流量感知器，如圖 1.3.20 所示。係一所謂微機械(Micromechanical)計測系統，並搭配混合電路(Hybrid Circuit)，整個控制電路位在基板上，熱膜是以白金製成。

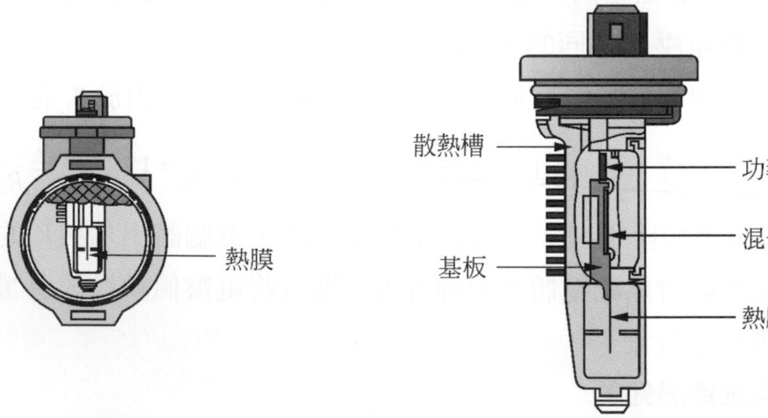

(a) 熱膜的安裝位置 (b) 感測元件的構造

圖 1.3.20 Bosch 所採用的熱膜式空氣流量感知器(Technical Instruction, BOSCH)

(2) 熱膜的輸出電壓提供質量空氣流量的信號，電子電路將此電壓轉換爲適合 ECU 所處理，如圖 1.3.21 所示，R_K爲溫度補償感知器，即進氣溫度感知器，t_L爲空氣溫度，R_s爲感知器電阻，R_H爲熱膜電阻，I_H爲送往熱膜電流，R_1、R_2、R_3爲電橋電路電阻。

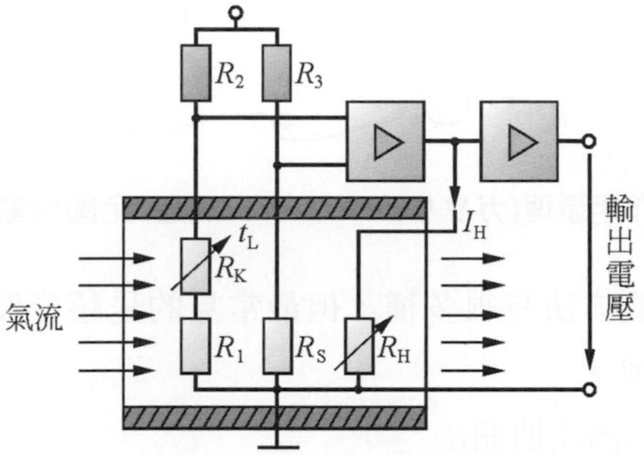

圖 1.3.21 Bosch 熱膜式空氣流量感知器的電橋電路(Technical Instruction, BOSCH)

(3) 由於污物被導引到整個裝置的邊緣，故本裝置不需要燒除程序，使用一段時間後仍能保持計測精度。

六、卡門渦流(Karman Vortex)式空氣流量感知器

1. 卡門渦流式空氣流量感知器的優點

(1) 空氣通道構造簡化，能降低進氣阻力。

(2) 感知器送出頻率的數位信號，ECM 可直接處理。

(3) 不同的空氣流量下，均能提供精確的輸出信號。

(4) 無運動零件，耐久性佳。

2. 卡門渦流式空氣流量感知器的作用原理

(1) 在均勻氣流的中間放置一個圓柱體或三角柱，圓柱體或三角柱又稱爲渦流產生器，當氣流通過渦流產生器後，在其下游會產生旋轉方向相反的渦流，稱爲卡門渦流，如圖 1.3.22 所示。設渦流的頻率爲f，空氣流速爲V，圓柱體的外徑爲d，則三者間之關係爲

$$f = S_t\frac{V}{d} = 0.2\frac{V}{d} \qquad (1.3.2)$$

S_t：史多哈爾(Strouhal)數，爲一常數，在一定雷諾(Reynolds)數的範圍內，其值爲 0.2。

⑵ 由 1.3.2 式可知，**卡門渦流的頻率與空氣流速成正比，因此偵測卡門渦流產生的頻率，即可知道空氣的容積流量**。

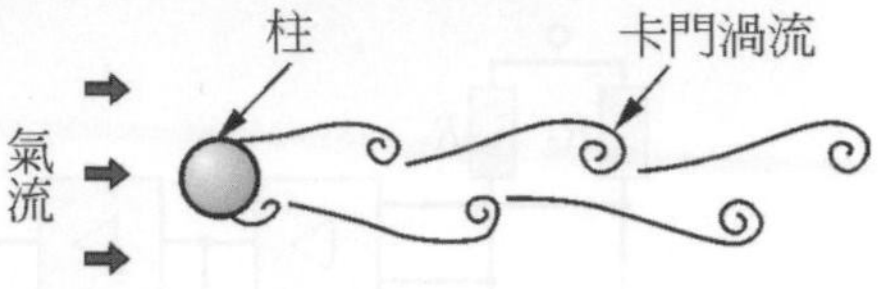

圖 1.3.22　卡門渦流的作用原理(ガソリン エンジン構造, 全國自動車整備専門學校協會編)

3. 卡門渦流的偵測方法有很多種，但最常見的是超音波(Ultrasonic)式與光學(Optical)式兩種。

⑴ 超音波式卡門渦流偵測法

① 爲Mitsubishi汽車所採用，如圖 1.3.23 所示。在渦流產生器下游設置超音波信號發射器與信號接收器，信號接收器接收的信號，經轉換電路轉換後送給 ECM。

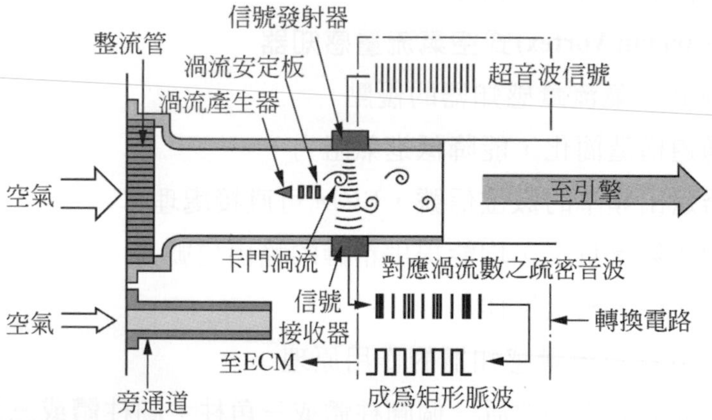

圖 1.3.23　超音波式卡門渦流空氣流量感知器的構造及作用

② 當引擎運轉時，空氣經過渦流產生器，產生順、逆向渦流，超音波信號經過順、逆向渦流時，會產生加、減速的作用，使到達信號接收器的時間有短、長的變化，正弦波式的波形經轉換電路，成爲頻率型數位矩形脈波，送給 ECM，以決定空氣的容積流量，即進氣量。進氣量少時，

各矩形波的距離長；進氣量多時，各矩形波的距離短。

⑵ 光學式卡門渦流偵測法

① 爲 Toyota 汽車所採用，如圖 1.3.24 與圖 1.3.25 所示。由卡門渦流所造成的壓力變化，經壓力導引孔傳至反射鏡，使鏡片產生振動；而LED與光電晶體的角度ϕ是一定的，當反射鏡因振動而發生角度θ的改變時，LED射出的光線折向光電晶體的比例也發生改變，故光電晶體產生的電流也發生變化，電流的變化即受到卡門渦流的影響，因此 ECM 偵測電流的變化，即可算出進氣量。

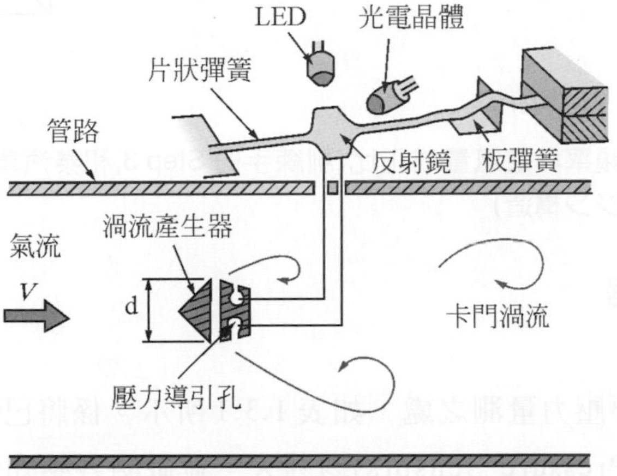

圖 1.3.24 光學式卡門渦流空氣流量感知器的構造及作用

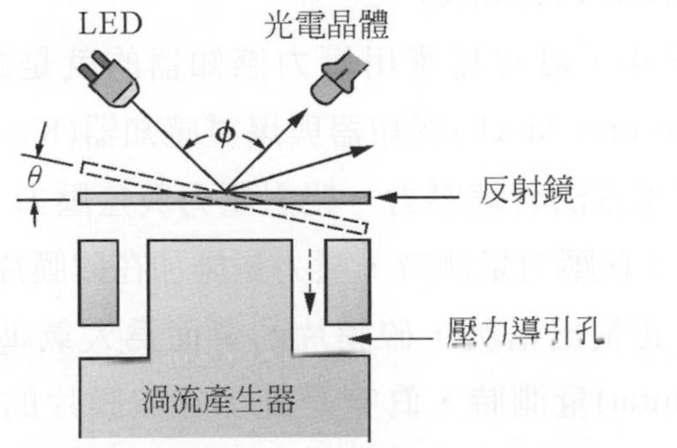

圖 1.3.25 反射鏡角度θ的變化(訓練手冊 Step 3, 和泰汽車公司)

② 送給 ECM 的脈波信號，當進氣量少時，信號的頻率較低；當進氣量多時，信號的頻率較高，如圖 1.3.26 所示。輸出頻率在怠速時約 50Hz，在全負荷時約 1kHz。

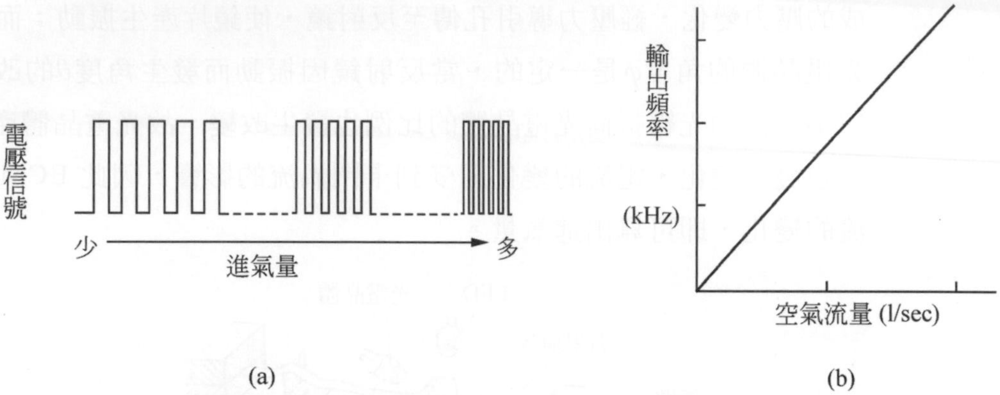

圖 1.3.26 脈波頻率與進氣量成正比(訓練手冊 Step 3,和泰汽車公司&ガソリンエンジン構造)

1.3.3.2 壓力感知器

一、概述

1. 汽油引擎需要壓力量測之處，如表 1.3.1 所示。係將已經在使用或研發中的壓力感知器(Pressure Sensors)均列入，並載明各感知器的壓力範圍及其量測的基本方法是錶壓力(Gage Pressure)、絕對壓力(Absolute Pressure)或差壓力(Differential Pressure)。
2. 引擎控制系統中，最常見應用壓力感知器的就是歧管絕對壓力(Manifold Absolute Pressure, MAP)感知器與爆震感知器(Knock Sensor, KS)兩種。
3. 壓力量測的基本方法有錶壓力、絕對壓力與差壓力三種。
   ⑴ 錶壓力量測：錶壓力量測時，壓力是施加在矽膜片的頂面，如圖 1.3.27(a)所示，產生正輸出信號，矽膜片的背面爲大氣壓力，是可變的。錶眞空(Gage Vacuum)量測時，眞空是施加在矽膜片的背面，也產生正輸出信號。錶壓力與錶眞空量測，都是單側的壓力(眞空)測量。
   ⑵ 絕對壓力量測：絕對壓力量測，是對應一個密封在感知器內的固定參考值(通常是眞空)所產生的壓力，如圖 1.3.27(b)所示。**因密封的真空值不會變，而錶壓力的大氣壓力值是可變的，故絕對壓力比錶壓力準確**，如圖

1.3.28 所示，這就是為什麼一般所稱的歧管絕對壓力感知器，名稱要取這麼長的原因。

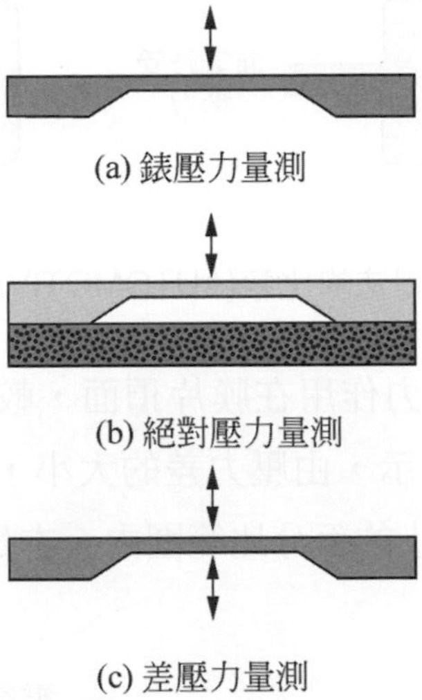

圖 1.3.27　各種壓力的基本量測(AUTOMOTIVE ELECTRONICS HANDBOOK, Ronald Jurgen)

表 1.3.1　汽油引擎各系統採用壓力感知器之處(AUTOMOTIVE ELECTRONICS HANDBOOK, Ronald Jurgen)

系統	項目	壓力範圍	量測基本方法
引擎控制	歧管絕對壓力	100kPa	絕對壓力
	渦輪增壓壓力	200kPa	絕對壓力
	大氣壓力	100kPa	絕對壓力
	EGR 壓力	7.5psi	錶壓力
	汽油壓力	15psi～450kPa	錶壓力
	汽油蒸氣壓力	3.75kPa	錶壓力
	燃燒壓力		差壓力
	排氣壓力	100kPa	錶壓力
怠速控制	AC 離合器開關	300～500psi	絕對壓力
	動力轉向壓力	500psi	絕對壓力

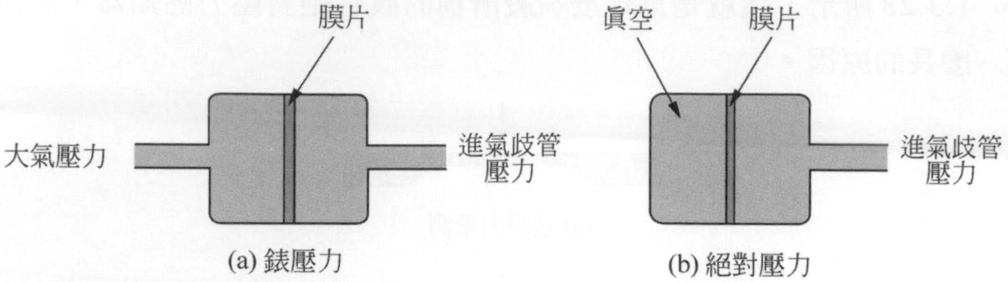

圖 1.3.28　錶壓力與絕對壓力量測法的比較(AUTOMOTIVE MECHANICS, Crouse、Anglin)

⑶　差壓力量測：較高壓力作用在膜片頂面，較低的參考壓力則作用在膜片背面，如圖 1.3.27(c)所示，由壓力差的大小，決定膜片的變形量，通常差壓力的大小只在一個很小的百分比範圍內。本量測方法為較早期汽車所採用。

二、壓力感知器的種類

壓力感知器的種類
- 電容式
- 壓阻式
- 壓電式

三、電容(Capacitive)式壓力感知器

1. 電容式壓力感知器有一塊板子(Plate)，與承受力量(壓力)的膜片連接，當板與板之間因所施加的壓力而改變距離時，因電容$C=\dfrac{Ae}{d}$，A是板的面積，e是導電係數，d是板與板間之距離，故極微小的電容之改變，d越大時，電容越小。
2. 常用的電容式壓力感知器有兩種，一為矽電容器(Silicon Capacitor)式，另一為陶瓷電容器(Ceramic Capacitor)式。
3. 矽電容器壓力感知器

⑴　矽電容器絕對壓力感知器的感知元件(Sensing Element)，如圖 1.3.29 所示，微機械(Micromachined)製矽膜片與耐熱玻璃材質接合，中間有被密封的真空與金屬化電極(Metalized Electrode)，玻璃材質並以薄膜堆積技術(Thin Film Deposition Techniques)予以金屬化。

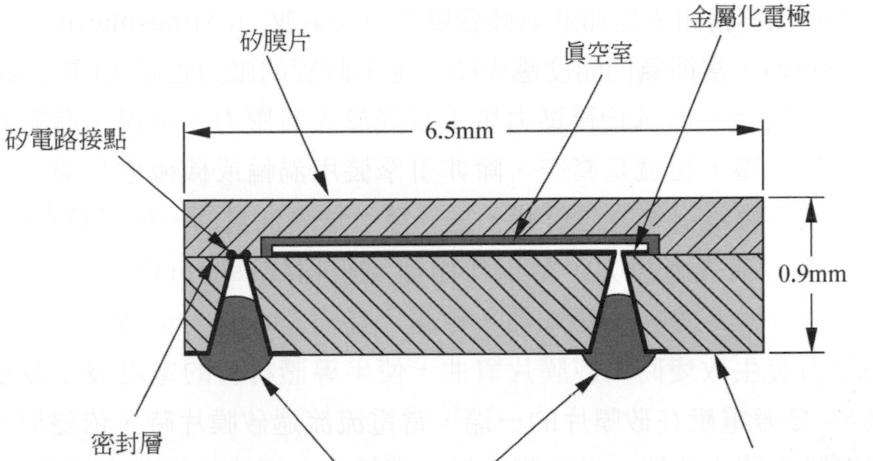

圖 1.3.29　矽電容器式壓力感知器的構造(AUTOMOTIVE ELECTRONICS HANDBOOK, Ronald Jurgen)

(2) 矽膜片承受17～105kPa的壓力時，電容值為32～39pF，呈線性變化。

(3) 本型式的優點為反應快(約1ms)。施加壓力時，感知器為頻率變化的輸出，使微處理器易於處理。

4. 陶瓷電容器式的作用及信號輸出與矽電容器式相同。

5. Ford汽車所採用的電容器式MAP感知器，將歧管壓力轉為可變頻率的數位信號，當節氣門開度大時，頻率增加。其MAP感知器是採用錶壓力式，作用時的頻率變化，如表1.3.2所示。

表 1.3.2　Ford 汽車電容器式 MAP 感知器的頻率變化

引擎狀況	進氣歧管真空	輸出頻率
怠速	18 inHg	95 Hz
節氣門大開	2 inHg	160 Hz

四、壓阻(Piezoresistive)式壓力感知器

1. 壓電元件(Piezoelectric Element)是由特殊半導體材料所製成的晶體(Crystal)，可分成兩種，**在承受機械應力(壓力或張力)時，壓阻式改變其電阻，而壓電式可產生電**。車用感知器中，**MAP與BARO感知器常採用壓阻式，而爆震感知器常採用壓電式**。

2. 壓力感知器常用來監測進氣歧管壓力與大氣壓力(Atmospheric or Barometric Pressure)。當節氣門開度越大時，進氣歧管的壓力也越大(眞空越小)；當節氣門全開時，進氣歧管壓力幾乎是等於大氣壓力。不過，進氣歧管壓力通常都是負壓，也就是眞空，除非引擎裝用渦輪或機械增壓器。進氣歧管壓力信號可轉爲引擎負荷信號，是計算引擎噴油量的一個很重要的信號。

3. 歧管壓力或大氣壓力，常以作用如電阻器(Resistor)的矽膜片量測，如圖1.3.30所示，爲MAP感知器，矽膜片寬約3mm，分隔成兩室。當從歧管來的壓力發生改變時，矽膜片彎曲，使半導體材料的電阻發生改變。電腦提供5V參考電壓在矽膜片的一端，當電流流過矽膜片時，依變形量的大小，電壓降也隨之改變，從矽膜片另一端輸出，經濾波電路，轉爲DC類比信號後送入電腦。

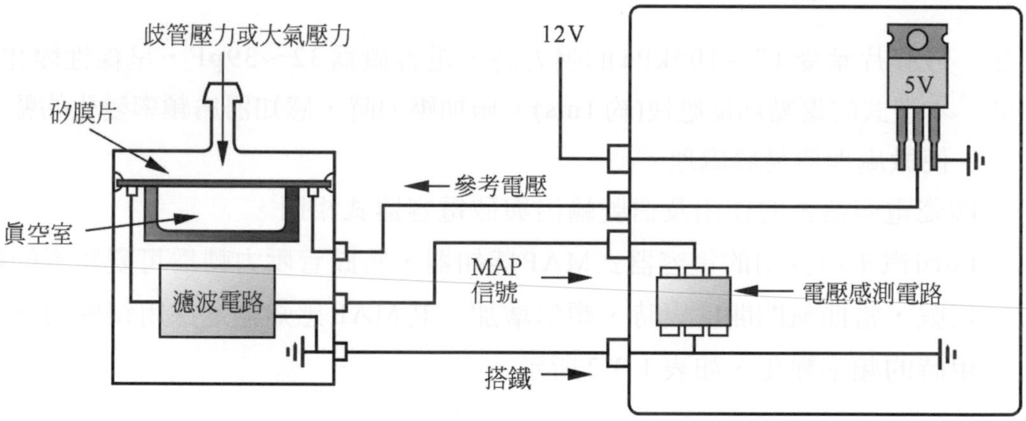

圖 1.3.30 壓阻式壓力感知器的構造及作用(COMPUTERIZED ENGINE CONTROLS, Steve V. Hatch and Dick H. King)

4. MAP感知器

(1) **MAP感知器也稱為真空感知器(Vacuum Sensor)或負荷感知器(Load Sensor)**。

(2) Toyota汽車所採用壓阻式MAP感知器的詳細構造及作用，如圖1.3.31所示。進氣歧管壓力加在矽晶片的一側，另一側爲眞空室的眞空；矽晶片因歧管壓力變化而變形，其電阻值因變形量而改變，電阻的變化由感知器內IC轉換爲電壓信號輸出，從怠速的1～1.5V，至節氣門大開的3.6V或有些引擎可達4.5V，如圖1.3.32及圖1.3.33所示。

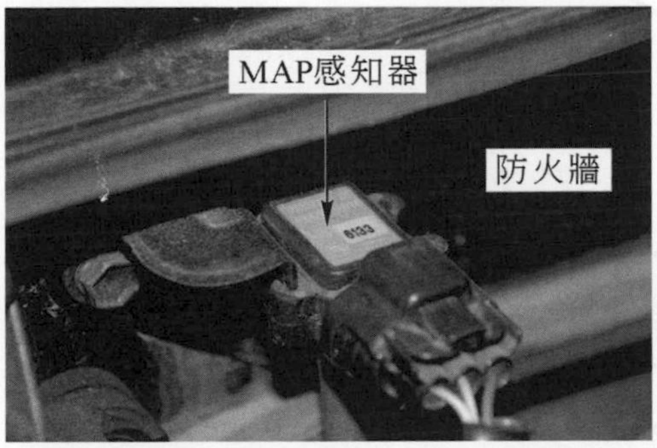

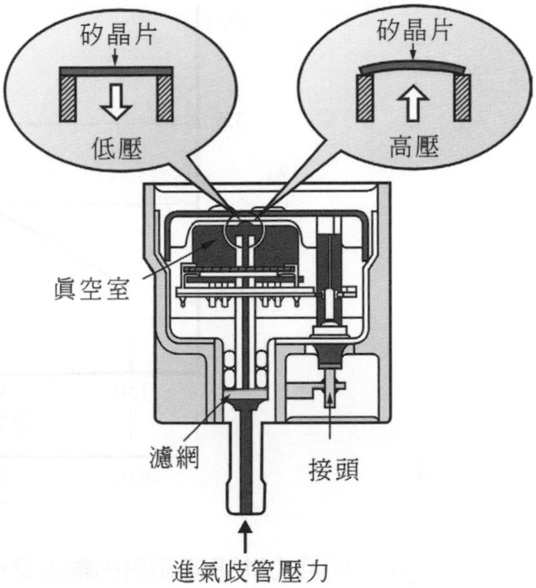

(a) 感知器裝在防火牆上　　(b)

圖 1.3.31　壓阻式 MAP 感知器的構造及作用(Automotive Solid-State Electronics, Toyota Motor Corporation)

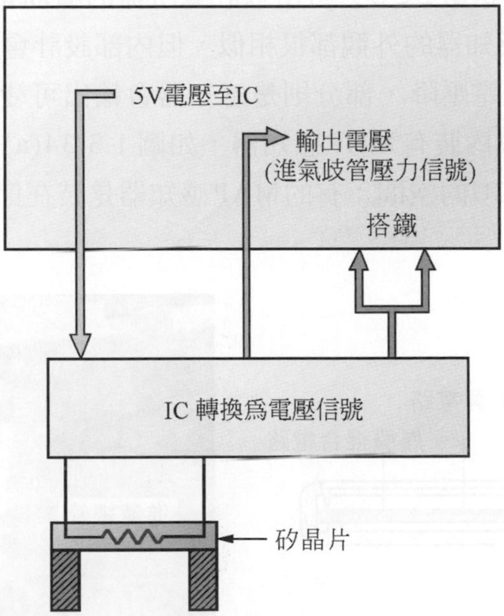

圖 1.3.32　壓阻式 MAP 感知器的電路(Automotive Solid-State Electronics, Toyota Motor Corporation)

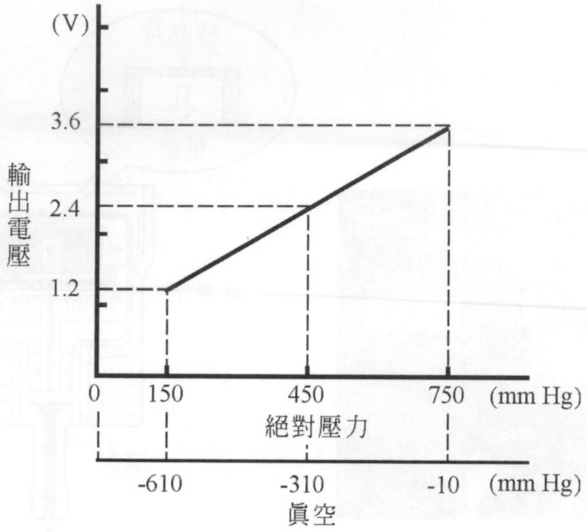

圖 1.3.33　壓阻式MAP感知器的輸出電壓(Automotive Solid-State Electronics, Toyota Motor Corporation)

⑶　**很多汽車的 MAP 感知器，也同時用來監測大氣壓力**。當點火開關 ON 引擎尚未發動時，進氣歧管內為大氣壓力，壓力會因地區高度及濕度之不同而變化，信號送給 ECU，可用以計算所需的噴油量。

⑷　大多數MAP感知器的外觀都很相似，但內部設計會有不同。通常是由ECU監測感知器的電壓降，部分則是感知器會輸出可變的頻率。

⑸　有些引擎ECU內裝有MAP感知器，如圖 1.3.34(a)所示，外部為細長型，以減少佔用ECU的空間；有的MAP感知器是裝在節氣門體上，如圖 1.3.34(b)所示。

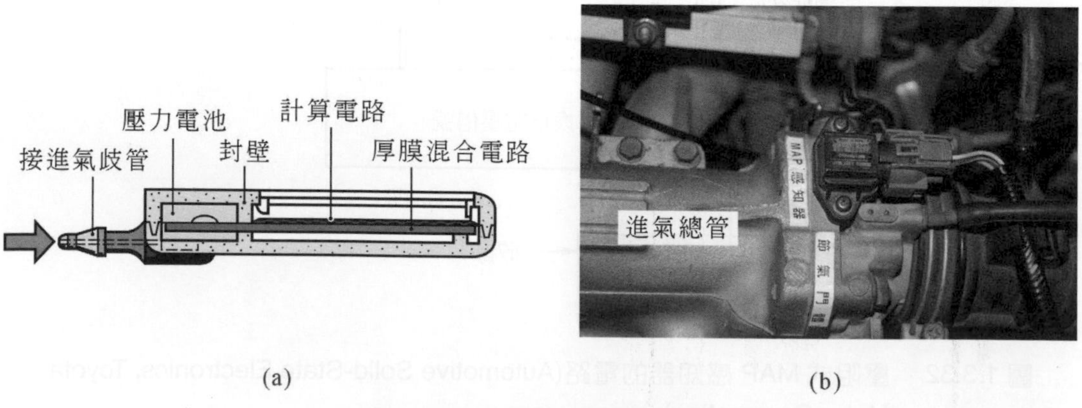

圖 1.3.34　兩種 MAP 感知器

(6) 採用MAP感知器的系統，稱爲速度密度(Speed Density)法，爲非直接計測(Indirect Measurement)空氣流量的方式，MAP感知器是量測進氣歧管內的壓力變化，而不是直接計測(Direct Measurement)空氣質量。因此速度密度法有一空氣密度的計算公式如下：

$$\text{汽缸內的空氣密度} = \frac{MAP \times VE \times EGR \times EP}{AT} \tag{1.3.3}$$

MAP：歧管絕對壓力

VE：容積效率(依節氣門位置，即引擎轉速而定)

EGR：EGR流量

EP：引擎參數(Engine Parameters)

AT：空氣溫度(Air Temperature)

5. 增壓壓力感知器(Boost Pressure Sensor)

現代汽車採用機械或渦輪增壓器時，會裝用本感知器以偵測進氣歧管壓力，來控制增壓壓力在一定値。本感知器的構造及作用與MAP感知器完全相同。

五、壓電(Piezoelectric)式感知器

1. **當壓力加在晶體或壓電薄膜(Piezoelectric Film)表面時，壓電式感知器會產生DC電壓變化**，此種特性適用於感測震動，故常做爲爆震感知器。

2. 爆震感知器(Knock Sensor, KS)

(1) 爆震感知器也稱爲Detonation Sensor，或稱加速計(Accelerometer)。

(2) 爆震感知器的安裝位置，如圖1.3.35所示。線列四缸引擎只有一個爆震感知器時，是裝在第二、三缸的中間；若是有兩個時，則分別裝在1、2缸及3、4缸的中間。不過，四缸引擎通常只裝一個爆震感知器，五缸或六缸引擎則裝兩個。

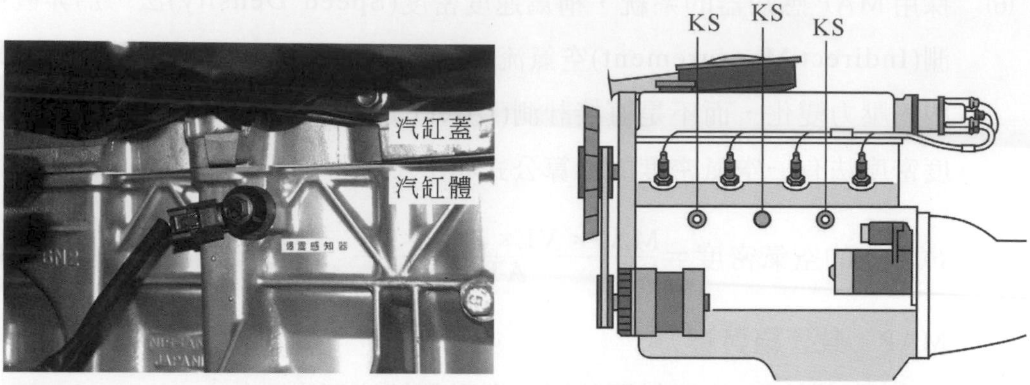

(a) (b)

圖 1.3.35 爆震感知器的安裝位置(Technical Instruction, BOSCH)

(3) 爆震感知器的種類及構造，如圖 1.3.36 所示。

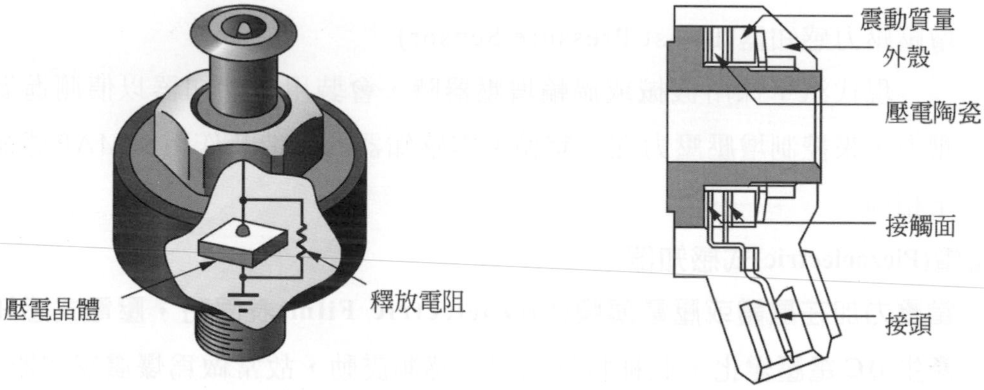

(a) 螺牙鎖入式(COMPUTERIZED ENGINE CONTROLS,Steve V. Hatch and Dick H. King)

(b) 螺絲固定式(Technical Instruction, BOSCH)

圖 1.3.36 爆震感知器的種類及構造

(4) 爆震感知器的作用：當引擎發生爆震時，汽缸的壓力或震動頻率在 5～10kHz 時，感知器被調整在此範圍的震動頻率時發生共振(Resonate)，使壓電元件變形而產生電壓輸出，如圖 1.3.37 所示。圖 1.3.38 所示，爲對應汽缸內的壓力波形，在無或有爆震時，爆震感知器輸出電壓之差異。

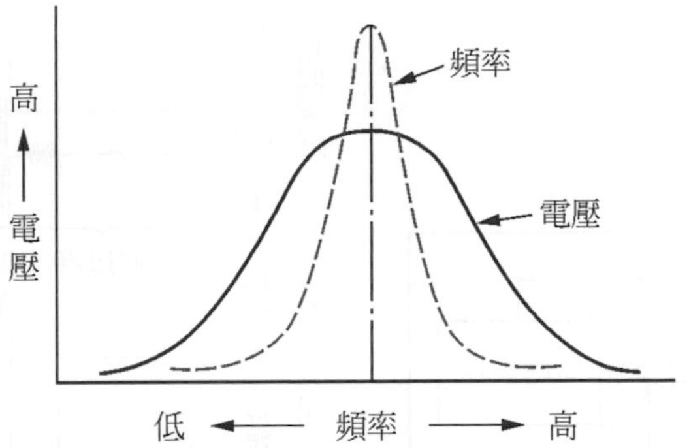

圖 1.3.37　震動頻率在某一範圍時輸出電壓最高(訓練手冊 Step 3, 和泰汽車公司)

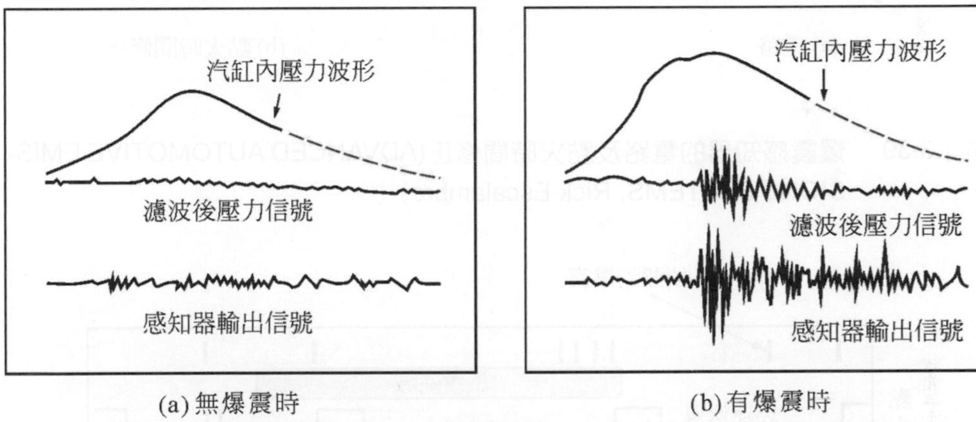

圖 1.3.38　無或有爆震時感知器輸出電壓之差異(Technical Instruction, BOSCH)

⑸　點火正時的修正：爆震感知器的電路及其點火時間的修正，如圖 1.3.39 所示。當震動頻率在 5～6kHz時，壓電元件產生 0.3V或更高的振盪電壓(Oscillating Voltage)信號，此信號一旦超過門檻電壓時，微處理器內的偵測電路(Detection Circuit)即判定為爆震，送出信號給點火器，使點火時間延後。另如圖 1.3.40 所示，為另一種方式的點火時間修正，當點火時間必須延後時，通常是每次 2°，不過，依爆震的嚴重與否，其延後、提前的角度及速度是有許多變化的。

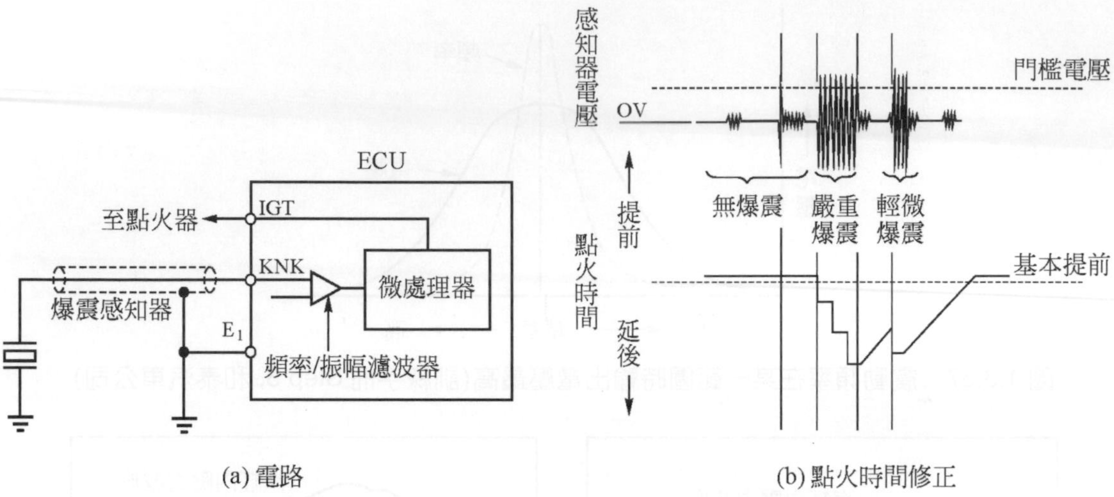

(a) 電路　(b) 點火時間修正

圖 1.3.39　爆震感知器的電路及點火時間修正(ADVANCED AUTOMOTIVE EMISSIONS SYSTEMS, Rick Escalambre)

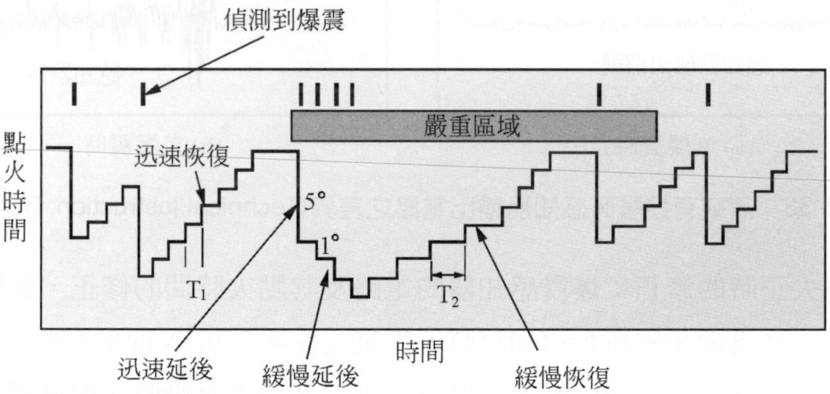

圖 1.3.40　點火時間修正(Automobile Electrical and Electronic Systems, Tom Denton)

1.3.3.3　溫度感知器

一、概述

溫度是汽車很多控制系統一個很重要的參數，如電腦控制汽油噴射系統作用時，冷卻水溫度、進氣溫度及含氧感知器溫度等，都是非常重要的信號，因此溫度感知器必須具備高可靠性。

二、溫度感知器的種類

- 溫度感知器的種類
  - 雙金屬開關式
  - 熱阻器式
    - 普通型
    - 改良型

三、雙金屬開關(Bimetallic Switch)式溫度感知器

1. 其基本構造是由兩片不同線性膨脹係數的金屬片焊連在一起，成為所謂的熱偶片。加熱熱偶片使其彎曲，改變接點的開或閉，以控制電路或指示燈的通斷。
2. 早期很多汽油噴射系統採用的熱時間開關(Thermo Time Switch)，即屬於雙金屬開關式溫度感知器，用在如Bosch的KE-Jetronic及L-Jetronic系統上，Bosch新型的Motronic系統已不再採用。
3. **熱時間開關是依引擎溫度，以控制冷車起動噴油器(Cold Start Valve)的持續噴油時間**。如圖1.3.41與1.3.42所示，分別是熱時間開關與冷車起動噴油器的構造；而圖1.3.43所示，為兩者的電路。

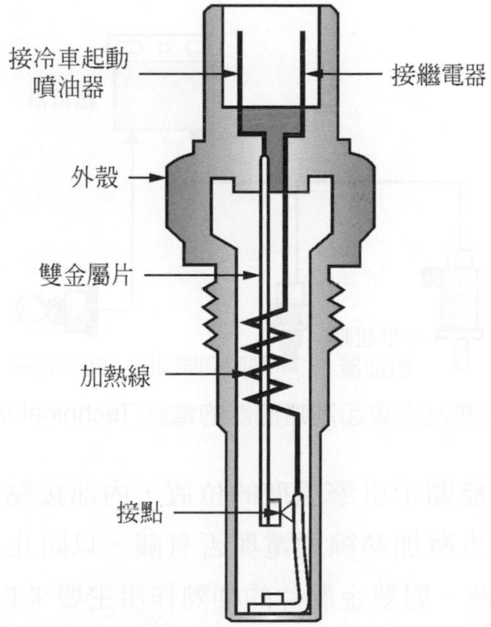

圖 1.3.41　熱時間開關的構造(Technical Instruction, BOSCH)

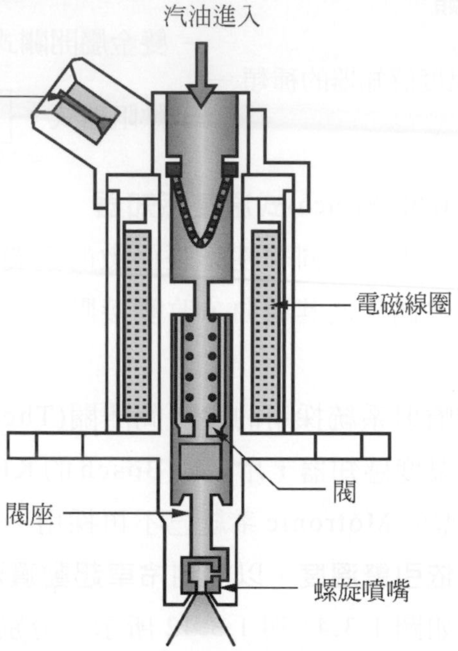

圖 1.3.42　冷車起動噴油器的構造(Technical Instruction, BOSCH)

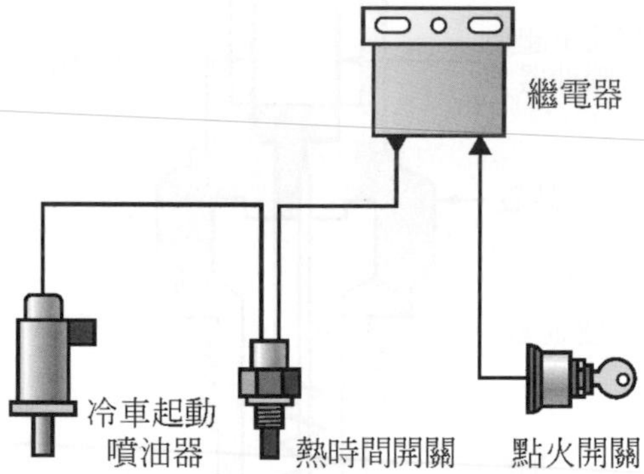

圖 1.3.43　熱時間開關及冷車起動噴油器的電路(Technical Instruction, BOSCH)

4. 熱時間開關裝在能顯示引擎溫度的位置，內部接點閉合的時間，除了跟引擎溫度有關外，也與加熱線通電與否有關，以防止冷車起動噴油器噴油過多。當冷車起動時，對雙金屬片的加熱作用主要來自加熱線，例如在－20℃時起動，約 7.5 秒鐘，接點即跳開，冷車起動噴油器通電中斷，閥關閉而停止向進氣歧管噴油；當引擎在熱車時起動，由於熱時間開關持續受到引擎溫度的影響，接點一直在打開狀態，故冷車起動噴油器不噴油。

四、普通型熱阻器(Thermistor)式引擎冷卻水溫度感知器(Engine Coolant Temperature Sensor, ECT Sensor)

1. 熱阻器式也常稱爲熱敏電阻式。引擎冷卻水溫度感知器常簡稱爲水溫感知器。
2. 熱阻器是依溫度而改變電阻之裝置，電腦利用熱阻器可偵測
   (1) 引擎冷卻水溫度。
   (2) 進氣溫度。
   (3) 壓力調節器內的汽油溫度。
   (4) 電瓶液溫度。
   (5) 排氣溫度。
3. 由於小量的溫度變化，就能有大幅度的電阻變化，故熱阻器式的敏感度非常高。
4. 熱阻器可分成兩種，負溫度係數(Negative Temperature Coefficient, NTC)型與正溫度係數(Positive Temperature Coefficient, PTC)型，NTC 型電阻的變化與溫度成反比，PTC 型電阻的變化與溫度成正比。由圖 1.3.44 可看出，PTC 型電阻會因溫度的改變而產生劇烈且不規則的變化，因此大部分的車用溫度感知器，都是採用 NTC 型。

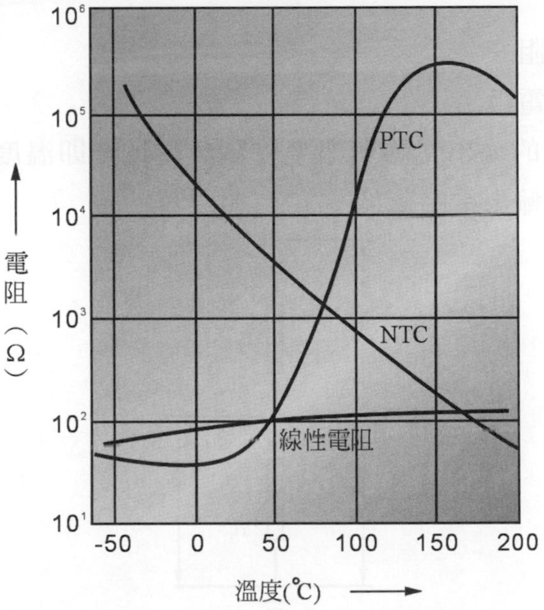

圖 1.3.44　NTC 與 PTC 型熱阻器電阻的變化(AUTOMOTIVE ELECTRONICS HANDBOOK, Ronald Jurgen)

(1) 例如NTC型水溫感知器，水溫−40℃時，電阻爲100,000Ω，當水溫升高到100℃時，電阻降低至100～200Ω，如表1.3.3所示。**極少溫度的變化，熱阻器電阻的變化就非常明顯，此種特性，使熱阻器成為量測水溫、氣溫或油溫的極佳工具**，故車用溫度感知器幾乎都是採用熱阻器式。

表1.3.3　典型NTC型熱阻器電阻值的變化

電阻(Ω)	溫度
100,000	−40℉(−40℃)
25,000	32℉(0℃)
1,000	100℉(37.7℃)
500	180℉(82.2℃)
150	212℉(100℃)

(2) NTC型熱阻器式溫度感知器的電路，如圖1.3.45所示，溫度感知器的輸出電壓

$$V_T = V \times \frac{R_T}{R_F + R_T} \tag{1.3.4}$$

R_F：固定電阻。

R_T：熱阻器電阻。

因此感知器的輸出電壓與溫度變化成反比，即溫度升高時，電阻變小，輸出變小，輸出電壓降低。

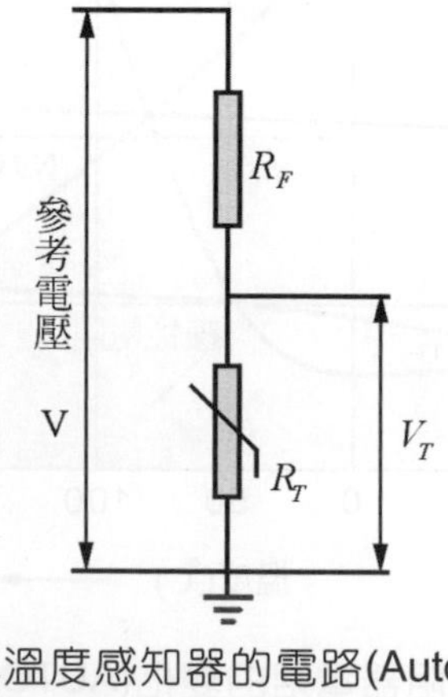

圖1.3.45　NTC型熱阻器式溫度感知器的電路(Automobile Electrical and Electronic Systems, Tom Denton)

5. 水溫感知器

⑴ 水溫感知器通常是裝在靠近調溫器外殼的冷卻水通道上。如圖 1.3.46 所示，爲水溫感知器的外型與構造；因水溫之變化，NTC型熱阻器的電阻值變化，如圖 1.3.47 所示。

⑵ 電腦利用水溫感知器的輸入信號，以

① 計算開迴路(Open Loop)與閉迴路(Closed Loop)時的空燃比。

② 計算點火正時曲線。

③ 使電磁閥 ON/OFF，以控制 EGR 流量、EEC 活性碳罐氣體流量。

④ 控制冷卻風扇繼電器作用。

⑤ 控制扭矩變換器鎖定離合器作用。

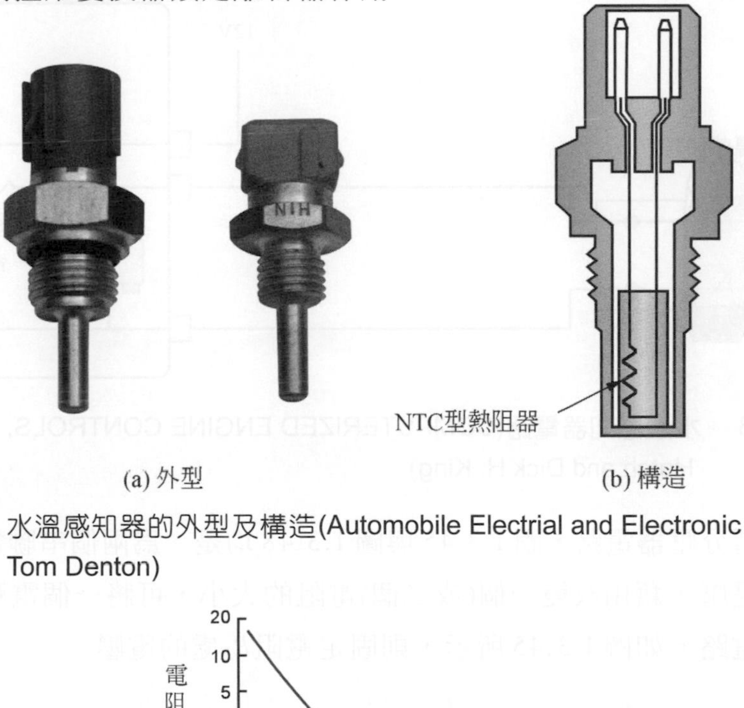

(a) 外型　　(b) 構造

圖 1.3.46　水溫感知器的外型及構造(Automobile Electrial and Electronic System, Tom Denton)

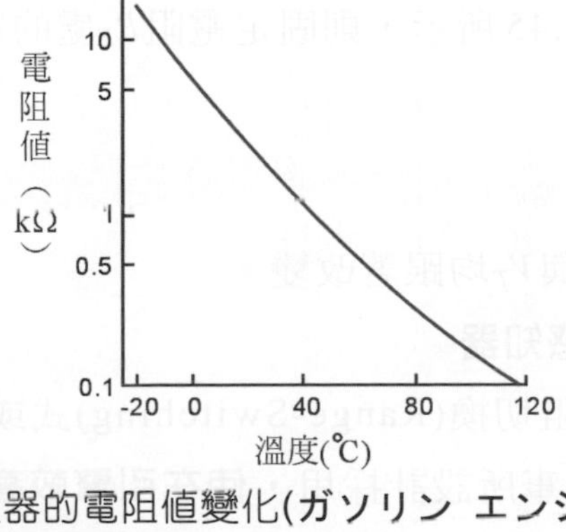

圖 1.3.47　NTC 型熱阻器的電阻值變化(ガソリン エンジン構造, 全國自動車整備專門學校協會編)

⑶ 水溫感知器電路，如圖 1.3.48 所示。PCM經一個固定電阻，送出5V的參考電壓給感知器，少量電流流經熱阻器後回到 PCM 搭鐵，這是一種分壓器電路(Voltage Divider Circuit，電流先經第一電阻，再流經第二電阻)，常用於溫度感測電路。由於熱阻器因溫度變化而改變電阻值，故電壓降也隨之改變，PCM 利用電壓偵測電路監測此一電壓值，即可得知實際的溫度值。例如，水溫低時感知器電阻高，較少電流流過電路，電壓降較小，故感知器兩端的電壓約為 4.5V；當水溫高時感知器電阻低，流過電流多，電壓約為 0.3V。

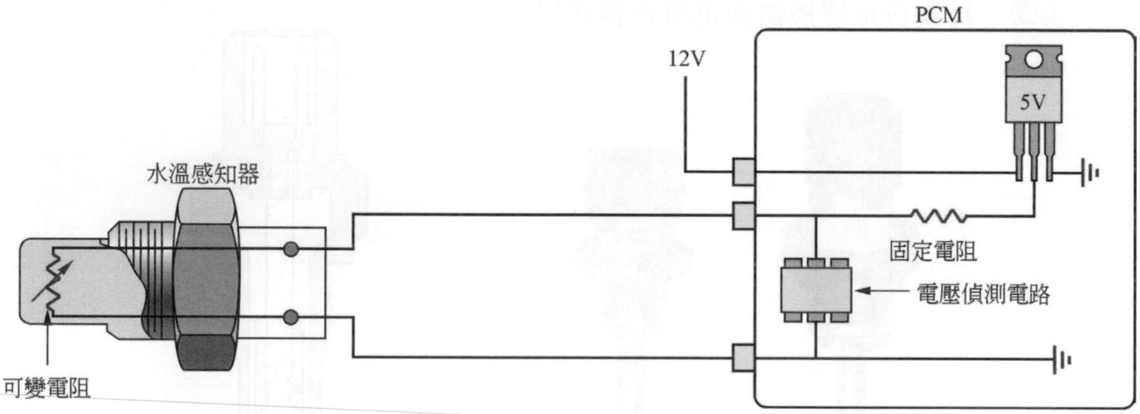

圖 1.3.48 水溫感知器電路(COMPUTERIZED ENGINE CONTROLS, Steve V. Hatch and Dick H. King)

⑷ 所謂分壓器電路，圖 1.3.45 與圖 1.3.48 均是。為兩個串聯電阻，分用了電源電壓，藉由改變一個(或二個)電阻的大小，可將一個電壓分成兩個電壓的電路。如圖 1.3.45 所示，則固定電阻R_F處的電壓

$$V_F = V \times \frac{R_F}{R_F + R_T} \tag{1.3.5}$$

故R_T改變時，V_F與V_T均跟著改變。

五、改良型熱阻器式水溫感知器

1. 本型式稱為固定電阻切換(Range-Switching)式或雙固定電阻(Dual Range)式，由 Chrysler 汽車所設計採用，**使在引擎較高工作溫度範圍時，熱阻器處的電壓變化範圍增大，讓 PCM 對空燃比與點火正時的控制更精確**。

2. 由表 1.3.4 可知Chrysler的用意，如果沒有採用固定電阻切換式，則在 125°F (51.6℃)以下的低溫區時，熱阻器處的電壓變化大；而超過 125°F以上的高溫區時，電壓變化小，這不符合PCM所需，PCM所需要的是在引擎工作溫度範圍(高溫區)時，能監測到較大的電壓變化。

表 1.3.4　固定電阻切換式各値間的差異(COMPUTERIZED ENGINE CONTROLS, Steve V. Hatch and Dick H. King)

溫度(°F)	熱阻器電阻	溫度變化	電阻變化	每度電阻變化	感知器處電壓	
−20	156,667Ω				4.7V	
		10°	50,338Ω	5038.8		
−10	106,279Ω				4.57V	
40	25,714Ω				3.6V	
		10°	6,302Ω	630.2		10,000Ω 固定電阻時
50	19,412Ω				3.3V	
110	4,577Ω				1.57V	
		10°	1,244Ω	124.4		
120	3,333Ω				1.25V	
140	2,388Ω				3.6V	
		10°	40.6Ω	40.6		
150	1,932Ω				3.4V	
200	839Ω				2.4V	
		10°	12.5Ω	12.5		909Ω 固定電阻時
210	714Ω				2.2V	
240	435Ω				1.62V	
		10°	6.45Ω	6.45		
250	371Ω				1.45V	

3. 固定電阻切換式水溫感知器的電路，如圖 1.3.49 所示。當水溫低於 125°F時，10kΩ的固定電阻與熱阻器串聯；約在 125°F時，PCM開啓 1kΩ的電阻與 10kΩ電阻成並聯，使固定電阻值成爲 909Ω，低於熱阻器電阻，因此由公式 1.3.5 可算出此時的電壓變化範圍較大，以利 PCM 的計算及較精確的控制。

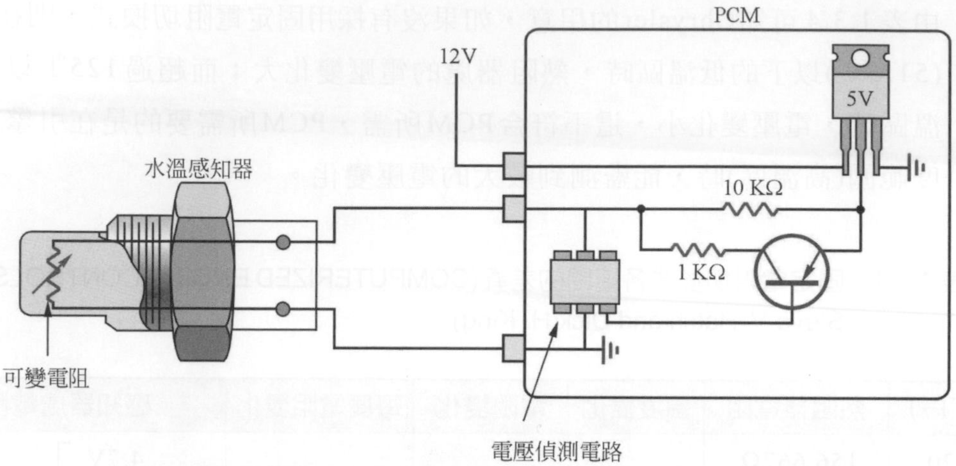

圖 1.3.49 固定電阻切換式水溫感知器的電路(COMPUTERIZED ENGINE CONTROLS, Steve V. Hatch and Dick H. King)

六、進氣溫度感知器(Intake Air Temperature Sensor, IAT Sensor)

1. 進氣溫度感知器的功能及電壓輸出，與水溫感知器相同，但感知器尖端是開放式，使熱阻器暴露在通過的空氣中。
2. 進氣溫度感知器可裝在空氣濾清器外殼、翼板式空氣流量感知器、進氣歧管通道或靠近電瓶的電腦內。進氣溫度感知器的安裝位置與構造，如圖1.3.50所示，熱阻器高電阻時，表示進氣溫度低，空氣密度大，需要較多噴油量；反之，則需要較少噴油量。

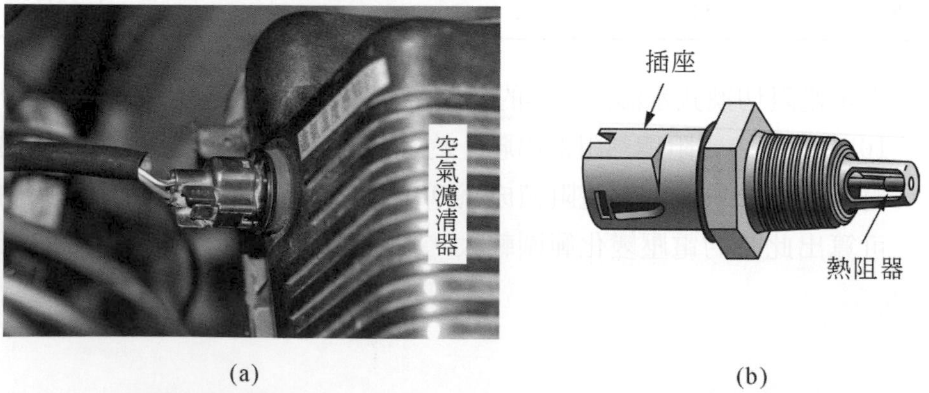

圖 1.3.50 進氣溫度感知器的安裝位置與構造(AUTOMOTIVE MECHANICS, Crouse、Anglin)

3. 知道進氣溫度的高低，能讓電腦微調空燃比，以補償空氣密度變化的影響。其控制有

(1) 增或減噴油的脈波寬度(Pulse Width)。

(2) 增或減點火提前，以控制NO_x排放。

(3) 依電瓶周圍的空氣溫度，以精確控制充電系統電壓。

1.3.3.4 曲軸位置感知器

一、概述

1. 曲軸位置感知器(Crankshaft Position Sensor, CKP Sensor)，爲OBD-II採用的標準名詞，本感知器屬於量測旋轉的角度位置(Angle Position)感知器。事實上，位置感知器也有量測線性位置(Linear Position)變化者，如Toyota VSC系統的減速感知器(Deceleration Sensor)，用來偵測運動中車輛的縱、橫方向移動。曲軸位置感知器的信號，是電腦的主輸入(Main Input)信號之一。

2. 曲軸位置感知器的稱呼有很多種，如引擎轉速感知器(Engine Speed Sensor)、轉速及位置感知器(Speed and Position Sensor)、曲軸感知器(Crankshaft Sensor)等，有些則直接稱爲磁電式、霍爾效應(Hall Effect)式或光電(Optical)式感知器。

3. 事實上，稱爲曲軸位置感知器，對初學者而言，可能會覺得奇怪，因爲目前仍有非常多的汽車，曲軸位置感知器是裝在分電盤內，而不是裝在曲軸皮帶盤處、曲軸中間或飛輪處。其實不論裝在何處，都是爲了計測引擎轉速，以控制汽油噴射量、點火提前角度及自動變速箱的換檔等；以及其他的特定信號，如第一缸活塞的壓縮上死點位置，做爲順序噴射或各缸獨立噴射正時用。

4. 現代汽車已逐漸採用無分電盤式點火系統，沒有分電盤的分火頭進行順序配電工作，故大部分裝用凸輪軸位置感知器(Camshaft Position Sensor, CMP Sensor)，ECU以其信號觸發正確汽缸的點火器，使點火線圈感應高壓電在火星塞跳火；未裝用凸輪軸位置感知器者，其信號可由曲軸位置感知器提供。凸輪軸位置感知器的構造及作用，與曲軸位置感知器完全相同，只是在功能上有部分差異而已，因此當曲軸位置感知器失效時，有些凸輪軸位置感知器能取而代之。

二、曲軸位置感知器的種類

曲軸位置感知器的種類
- 磁電式
- 霍爾效應式
- 光電式

三、磁電式曲軸位置感知器

1. 磁電式的稱呼有非常多種，如可變磁阻(Variable Reluctance)式、磁性(Magnetic)式、磁性磁阻(Magnetic Reluctance)式、磁性拾波(Magnetic Pickup)式、感應(Inductive)式、永久磁鐵(Permanent Magnet)式、磁性脈波產生器(Magnetic Pulse Generator)式等，因係磁通量的變化而感應產生類比 AC 電壓，故本章將之稱爲磁電式。
2. **磁電式感知器信號常做為計算引擎轉速、車速及輪速用，其信號也用來控制點火正時與噴射正時。**
3. 磁電式曲軸位置感知器的構造，如圖 1.3.51 所示。

(1) 永久磁鐵以拾波線圈(Pickup Coil)環繞後，與信號處理電路連接，鋼製轉子裝在曲軸前端，轉子上有 4 個凸齒(Tab)。

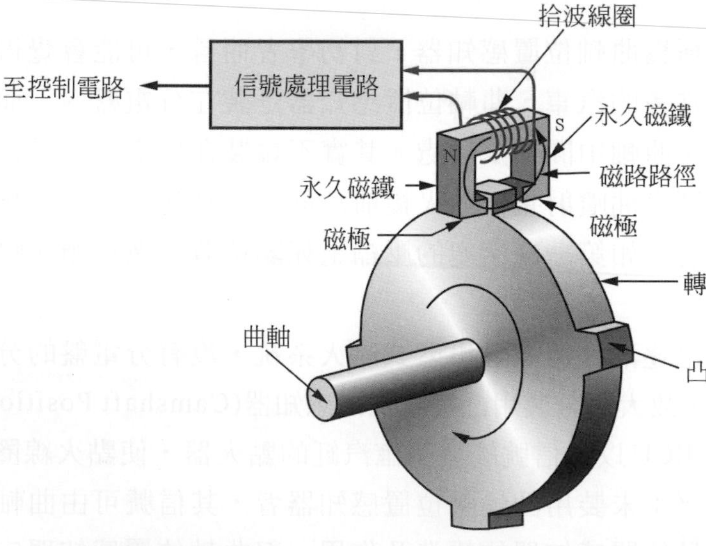

圖 1.3.51　磁電式曲軸位置感知器的構造(Understanding Automotive Electronics, William B. Ribbens)

⑵ 磁電式是利用磁路(Magnetic Circuit)的概念，磁路是通過磁性材料(鐵、鈷、鎳等)，並越過磁極間隙的一個閉迴路。磁場密度是以磁通量(Magnetic Flux)表示，而磁通量的強弱與磁阻(Reluctance)有關，磁阻的大小又與轉子上凸齒與磁極(Magnet Pole Piece)間的相對距離有關。簡而言之，**磁電式感知器產生電壓之大小，是取決於磁通量變化率的大小**。

4. 磁通量的路徑，如圖 1.3.52 所示。

⑴ 鋼的導磁性(Permeability)比空氣大數千倍，因此鋼的磁阻比空氣低很多，當轉子凸齒位於磁極間時，間隙被鋼片塡滿，磁阻最小，故磁通量最強；當凸齒不在磁極間時，間隙處爲空氣，磁阻最大，故磁通量最弱。

⑵ 實際上，由於轉子是在旋轉狀態，因此磁通量是逐漸變大或變小，當凸齒接進磁極時，磁通量逐漸增強，當凸齒離開磁極時，磁通量逐漸減弱。故通過磁路磁通量的強弱，是取決於凸齒的位置，也就是取決於曲軸或凸輪軸的角度位置。通常最強的磁通量位置，就是某一缸活塞的 TDC 位置。

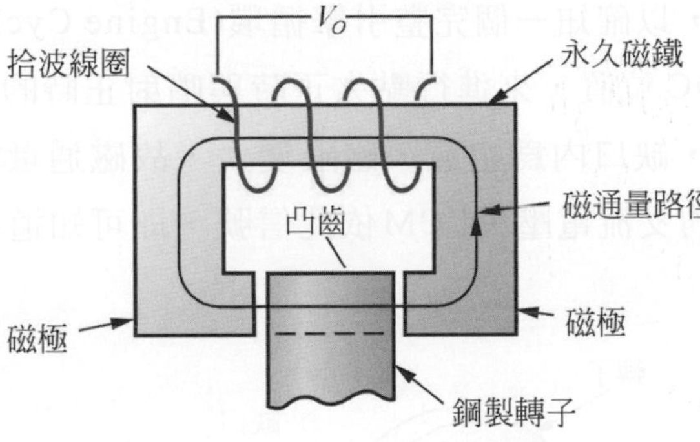

圖 1.3.52 磁阻最小磁通量最強時(Understanding Automotive Electronics, William B. Ribbens)

5. 磁通量的變化，在拾波線圈處會感應電壓 V_o，由於必須有磁通量的變化才會感應電壓，因此當引擎不轉時，輸出電壓爲零，引擎正時不易校準，是磁電式曲軸位置感知器的最大缺點。

6. **當凸齒在磁極間時，磁通量最強，但磁通量變化率是零，因此無感應電壓；當凸齒接近或離開磁極時，磁通量變化率最大，因此感應的交流電壓最高，**如圖 1.3.53 所示。

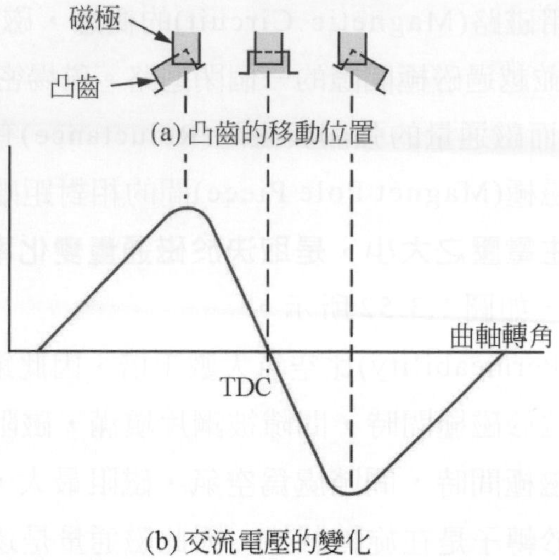

圖 1.3.53　交流電壓的變化情形(Understanding Automotive Electronics, William B. Ribbens)

7. 在凸輪軸位置感知器的轉子上，設計一個特殊的缺口(或凸齒)爲參考點，如圖 1.3.54 所示，以確知一個完整引擎循環(Engine Cycle)的開始，通常是第一缸活塞的 TDC 位置，來進行點火正時與噴射正時的控制。當缺口對正永久磁鐵鐵芯時，缺口內爲空氣，磁阻變大，故磁通量減弱，在拾波線圈內感應一個不同的交流電壓，ECM依此信號，即可知道第一缸活塞在TDC位置。

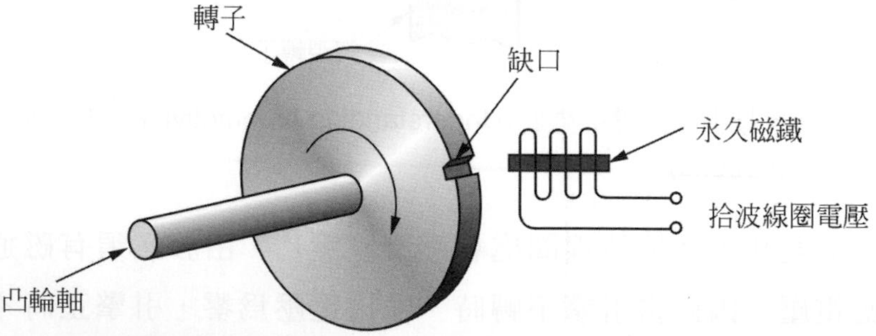

圖 1.3.54　TDC 位置的偵測(Understanding Automotive Electronics, William B. Ribbens)

8. 以GM汽車採用的磁電式曲軸位置感知器爲例，轉子裝在曲軸或凸輪軸上，轉子上缺口(Notch)通過磁電式感知器時，產生一個交流電壓，如圖 1.3.55 與圖 1.3.56 所示。轉子上有 7 個缺口，其中 6 個互相間隔 60°的缺口信號，用以計算引擎轉速，另一個同步缺口，用以計算點火正時。轉子上缺口數可為68個或254個，缺口數會有不同，但作用原理都是一樣的。

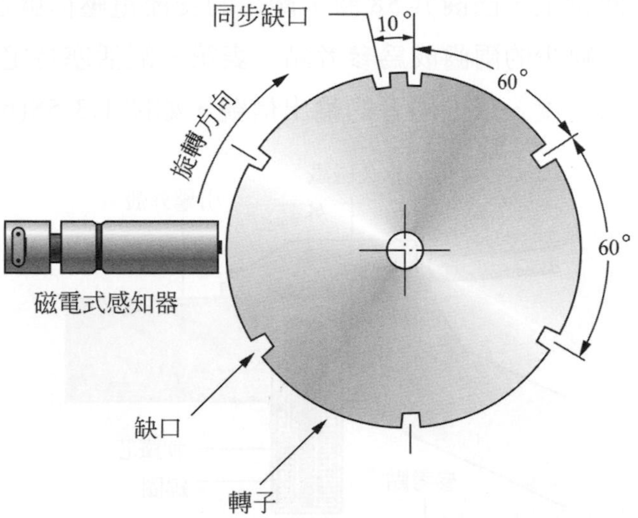

圖 1.3.55　GM 汽車採用磁電式曲軸位置感知器的構造

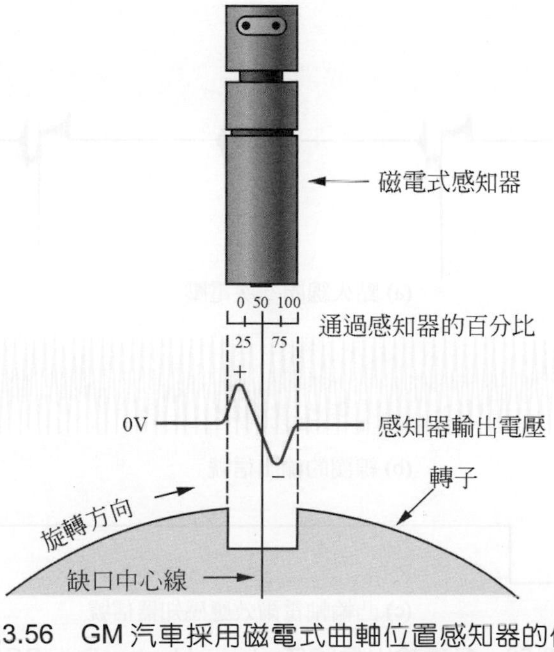

圖 1.3.56　GM 汽車採用磁電式曲軸位置感知器的作用

9. Bosch Motronic 汽油噴射系統採用的磁電式曲軸位置感知器，如圖 1.3.57 所示，Bosch 稱爲引擎轉速感知器。

(1) 轉子裝在曲軸上，凸齒共 58 齒，產生的交流電壓信號送給 ECU，以計算引擎轉速；缺少的兩齒成爲參考點，表第一缸活塞特定的曲軸位置，以計算點火提前角度。以上兩者的輸出信號，如圖 1.3.58(b)所示。

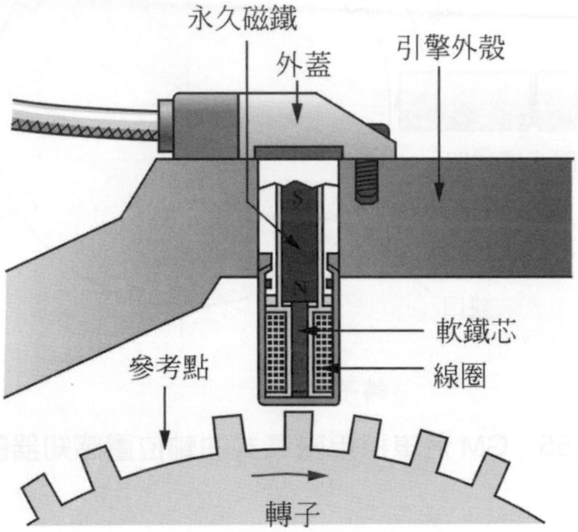

圖 1.3.57 Bosch Motronic 採用的磁電式引擎轉速感知器(Technical Instruction, BOSCH)

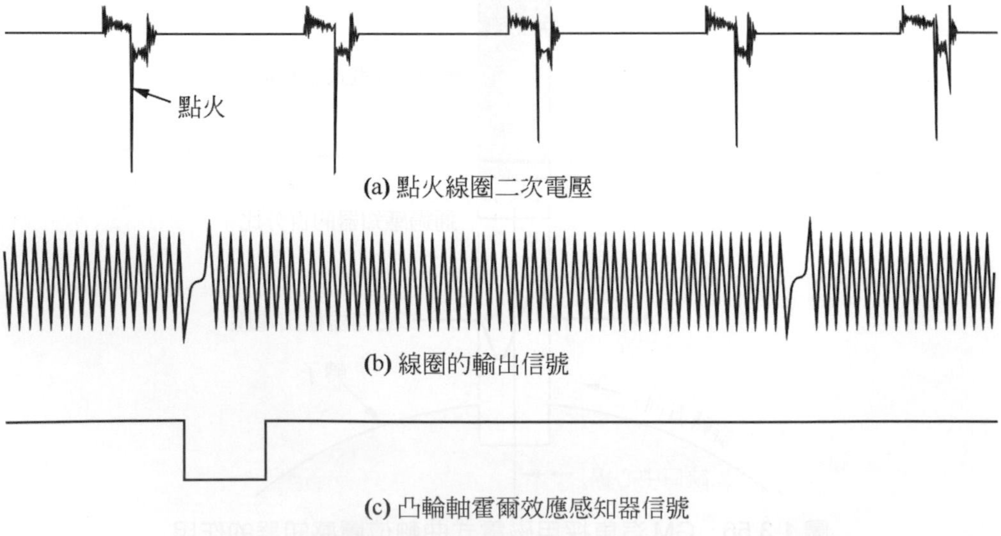

(a) 點火線圈二次電壓

(b) 線圈的輸出信號

(c) 凸輪軸霍爾效應感知器信號

圖 1.3.58 各種輸出信號(Technical Instruction, BOSCH)

⑵ 軟鐵芯以線圈環繞，磁場經凸齒後回到軟鐵芯，當曲軸旋轉時，由於間隙的變化，使磁通量發生改變，線圈感應交流電壓(AC Voltage)。

⑶ 由於 Motronic 汽油噴射引擎無分電盤，故必須在凸輪軸設感知器，以觸發正確汽缸的點火器，如圖 1.3.58(c)所示，Bosch在凸輪軸是裝設霍爾效應式感知器。本信號也用於個別汽缸的獨立噴射正時及順序噴射。

10. 裝在分電盤的磁電式曲軸位置感知器

⑴ Toyota 汽車將裝在分電盤內的磁電式曲軸位置感知器產生的信號分成兩種，NE信號與G信號，**NE 信號用以計算引擎轉速，G 信號是用以偵測各缸的 TDC 位置，以控制噴射正時與點火正時。**

⑵ Toyota汽車的車型很多，用在不同車型以產生NE及G信號的多種構造組合，如表 1.3.5 所示。從表中可看出，要產生NE信號的轉子齒數有 4 齒、24 齒兩種，而要產生 G 信號的轉子齒數有 1 齒、2 齒或 4 齒。其實，正時轉子齒數及拾波線圈數的多寡，各汽車製造廠均不相同，但是要獲得引擎轉速及控制噴射正時、點火正時的目的都是相同的。

表 1.3.5 Toyota 採用拾波線圈數與轉子齒數的組合(訓練手冊 Step 2, 和泰汽車公司)

種類	信號	拾波線圈數	轉子齒數
1	NE	1	4
2	NE	2	4
3	NE / G	1 / 1	4 / 1
4	NE / G	1 / 1	24 / 2
5	NE / G	1 / 1	24 / 4
6	NE / G	1 / 2	24 / 1
7	NE / G	2 / 1	4 / 1

⑶ Toyota 汽車採用的磁電式曲軸位置感知器

① 由G轉子與兩組拾波線圈，及NE轉子與一組拾波線圈等組成，裝在分電盤內；G轉子有1齒，NE轉子有24齒，如圖1.3.59所示，爲第6種組合方式。

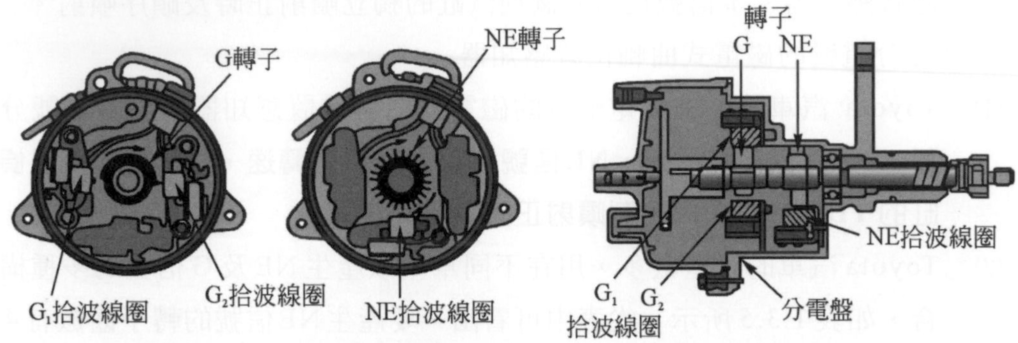

圖 1.3.59 Toyota 採用的磁電式曲軸位置感知器的構造(電子制御ガソリン噴射，藤沢英也、小林久德)

② G轉子與分電盤軸一起旋轉，分電盤軸轉一轉(相當於曲軸轉兩轉)，轉子的齒經過G_1與G_2兩拾波線圈，感應出兩次交流電壓，以偵測第一與第四缸壓縮上死點之位置，如圖1.3.60(a)所示，使在起動時，能在曲軸一轉內完成汽缸別判斷，來進行點火控制，以免影響起動性能。在曲軸兩轉內，有的曲軸位置感知器送一次G信號，有些則送二次或四次G信號。G信號送給ECM，以決定噴射正時與點火正時。

③ NE轉子上有24齒，分電盤軸轉一轉，在拾波線圈產生24個交流電壓，將波形送給ECM，以測定引擎轉速，如圖1.3.60(b)所示。有的四缸引擎，在曲軸兩轉內，送出的NE信號只有4個，有些引擎則有360個。

④ Toyota 汽車採用的另一種磁電式曲軸位置感知器，如圖1.3.61所示，爲第5種組合方式，構造雖有點不同，但其功能與上述的感知器是完全相同的。

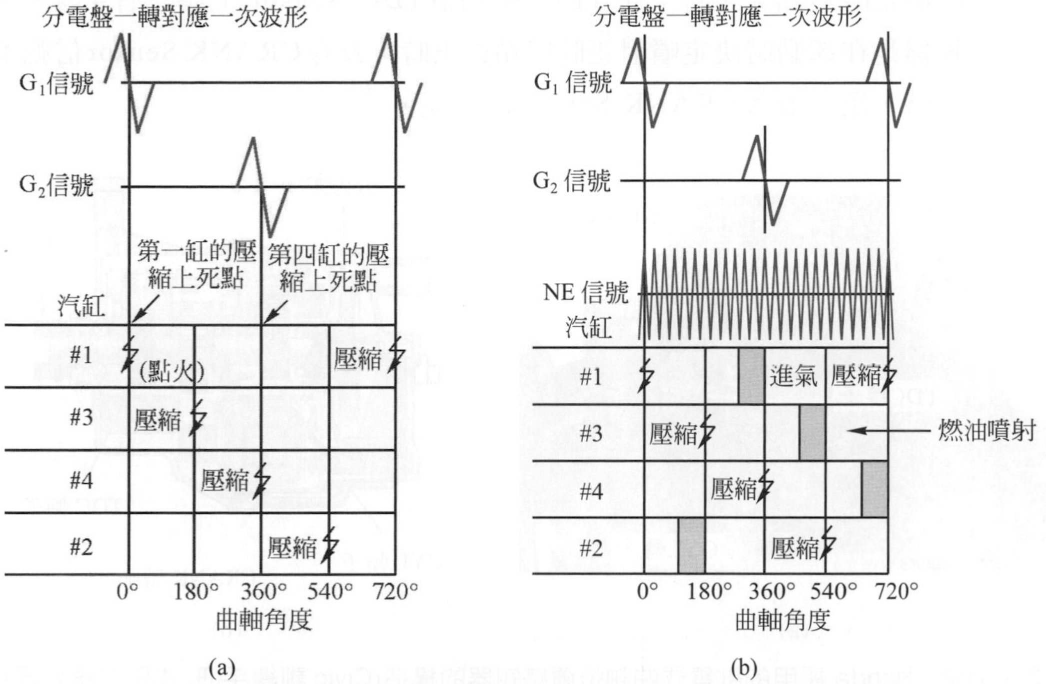

圖 1.3.60　G_1、G_2與 NE 信號(電子制御ガソリン噴射, 藤沢英也、小林久德)

圖 1.3.61　Toyota 汽車採用的另一種磁電式曲軸位置感知器

(4) Honda汽車在分電盤軸上另有一組汽缸感知器(CYL Sensor)，由一個齒的轉子與一組拾波線圈組成，偵測第一缸位置，以進行順序噴射，如圖 1.3.62 所示。而圖 1.3.63 所示，爲各感知器的交流電壓信號，其中曲軸位置感知器(CRANK Sensor)轉子有 24 齒，信號做爲偵測引擎轉速及決定每一缸的噴射正時與點火正時；而 TDC 感知器(TDC Sensor)的轉子有 4 齒，本感知器是在起動時決定噴射正時與點火正時，及在CRANK Sensor信號不正常時，用以取代 CRANK Sensor 的功能。

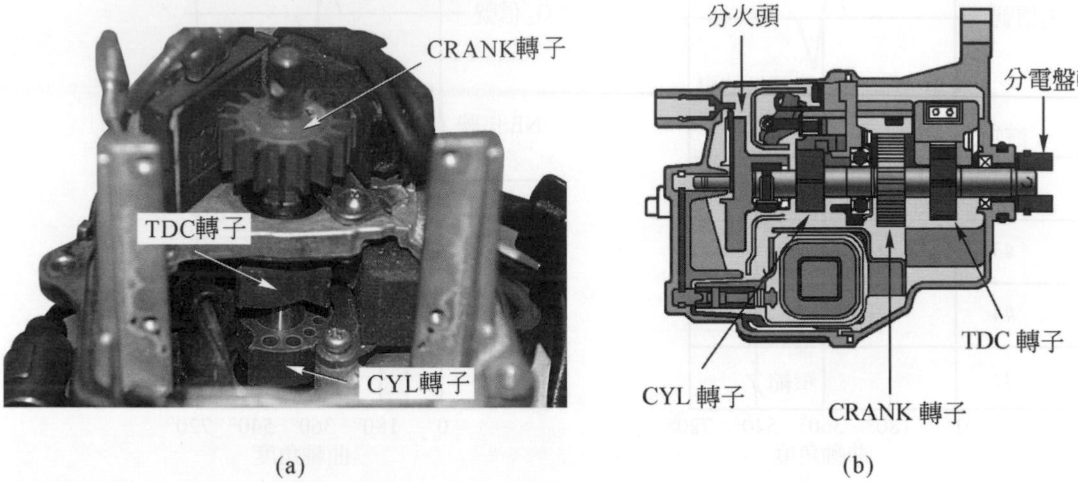

圖 1.3.62　Honda 採用的磁電式曲軸位置感知器的構造(Civic 訓練手冊, 本田汽車公司)

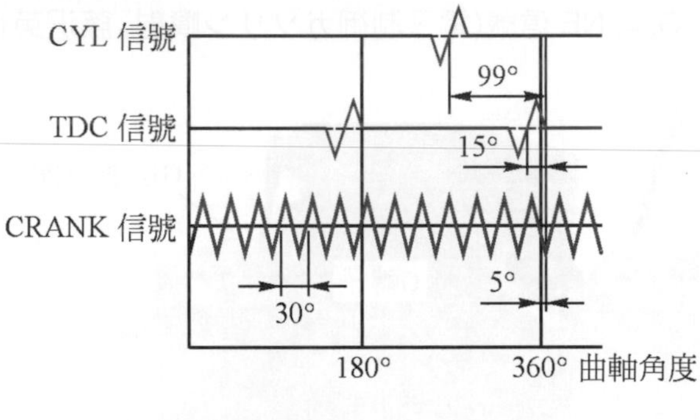

圖 1.3.63　各感知器的交流電壓信號(Civic 訓練手冊, 本田汽車公司)

四、霍爾效應(Hall Effect)式曲軸位置感知器

1. 霍爾效應式感知器，也常稱為霍爾效應式開關(Hall Effect Switch)，用於汽油噴射系統時，常裝在曲軸、凸輪軸、分電盤等處，**以計測引擎轉速、控制噴射正時與點火正時**。
2. 由於霍爾效應式感知器的內部電路能將感知器產生的微弱信號轉為數位信號輸出，故已普遍被採用。

3. 何謂霍爾效應？

(1) 這是由Dr.E.H.Hall所發現的簡單原理，如圖1.3.64所示，霍爾元件(Hall Element)是一個由半導體材料所製成的扁平小薄片，由外部電路提供穩定電流通過霍爾元件，當磁力線從與電流方向成垂直的方向進入晶體，則電子流動會被扭曲，結果在晶體的頂端與底端間產生一個微弱的電壓。這種因磁場變化而產生電壓的現象，稱爲霍爾效應(Hall Effect)，此電壓就叫做霍爾電壓。霍爾電壓的大小，與電流量及磁通量密度(Magnetic Flux Density)成正比。

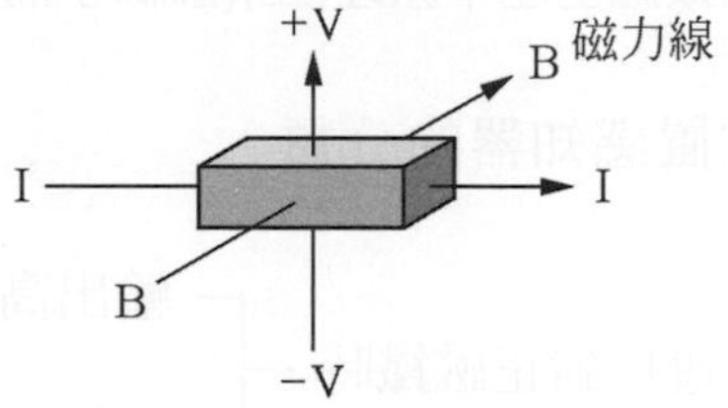

(a) 霍爾效應原理

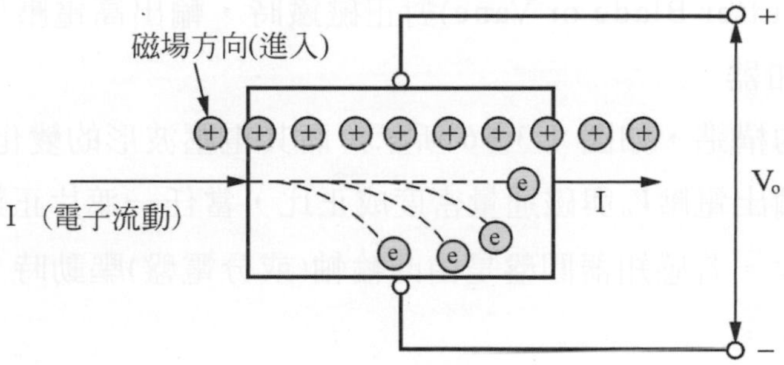

(b) 產生霍爾電壓

圖 1.3.64 霍爾效應的基本原理(一)(Understanding Automotive Electronics, William B. Ribbens)

(2) 霍爾效應的基本原理，也可參考圖1.3.65所示，當僅電流流經霍爾元件的半導體薄片時，不會產生垂直方向的電壓；但若有磁力線通過半導體時，將會產生小量電壓，稱爲霍爾電壓。以電壓之大小或頻率的高低，即可測知活塞位置及引擎轉速。

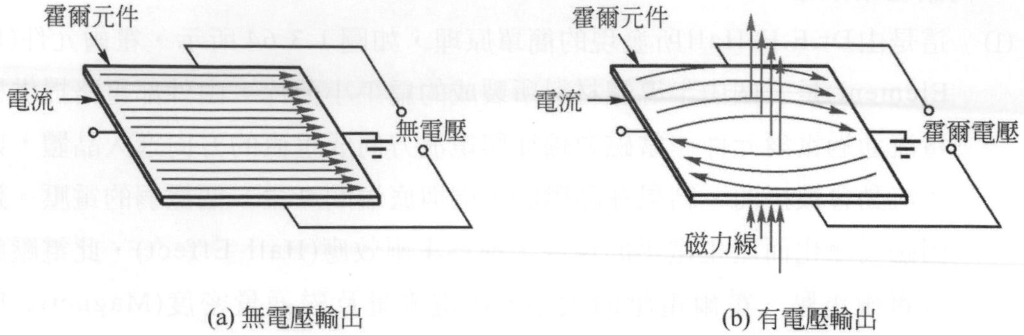

圖 1.3.65　霍爾效應的基本原理(二)(訓練手冊，福特六和汽車公司)

4. 霍爾效應式曲軸位置感知器的分類

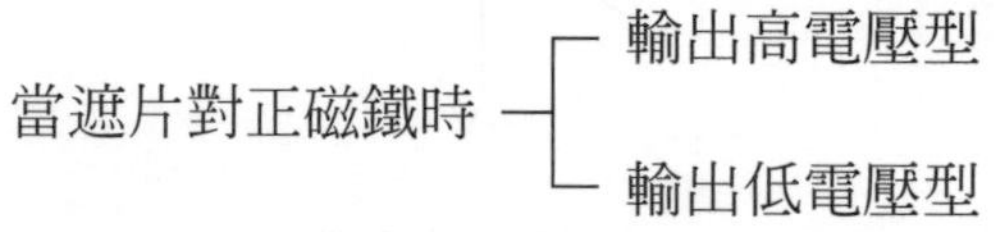

5. 當遮片(Shutter Blade or Vane)對正磁鐵時，輸出高電壓型的霍爾效應式曲軸位置感知器

(1) 感知器的構造，如圖 1.3.66 所示，而其電壓波形的變化，如圖 1.3.67 所示。因輸出電壓V_o與磁通量密度成正比，當任一遮片正對磁鐵時，輸出電壓V_o最大。若感知器圓盤是由凸輪軸(或分電盤)驅動時，則遮片數應與汽缸數相同。

(2) 由於不需要依賴轉動以產生信號，故當引擎停止時，霍爾效應式感知器的信號可用來調節引擎正時。

(3) 感知器若是用於汽油噴射系統，當遮片對正磁鐵時，通常就是某一缸活塞在 TDC 位置時。

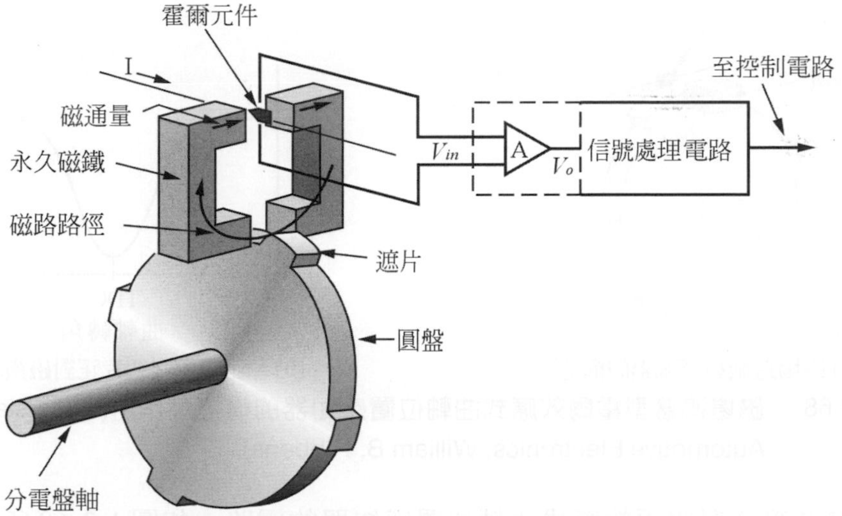

圖 1.3.66　霍爾效應式曲軸位置感知器的構造(Understanding Automotive Electronics, William B. Ribbens)

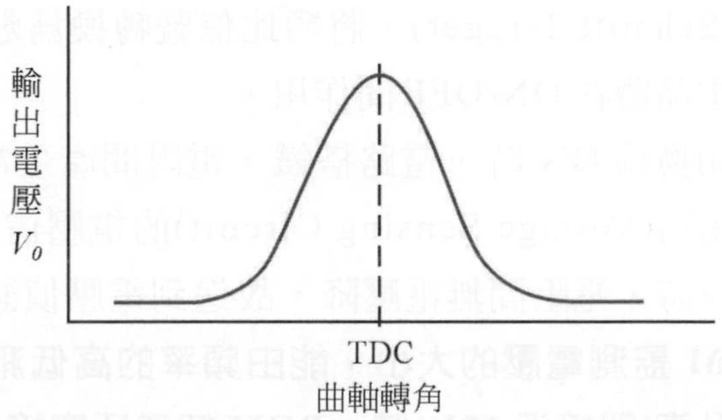

圖 1.3.67　輸出電壓在遮片正對磁鐵時最大(Understanding Automotive Electronics, William B. Ribbens)

6. 當遮片對正磁鐵時，輸出低電壓型的霍爾效應式曲軸位置感知器

(1) 另一種型式的霍爾效應式曲軸位置感知器，稱為磁場遮蔽(Shield-Field)型，如圖 1.3.68 所示，構造與上述的感知器不相同，使用較普遍。霍爾元件在永久磁鐵的正對面，當遮片轉到兩者的中間時，磁阻低，圓盤成為一個磁通量路徑，因此磁場不繞經霍爾元件，故感知器的輸出電壓V_o降到接近零。

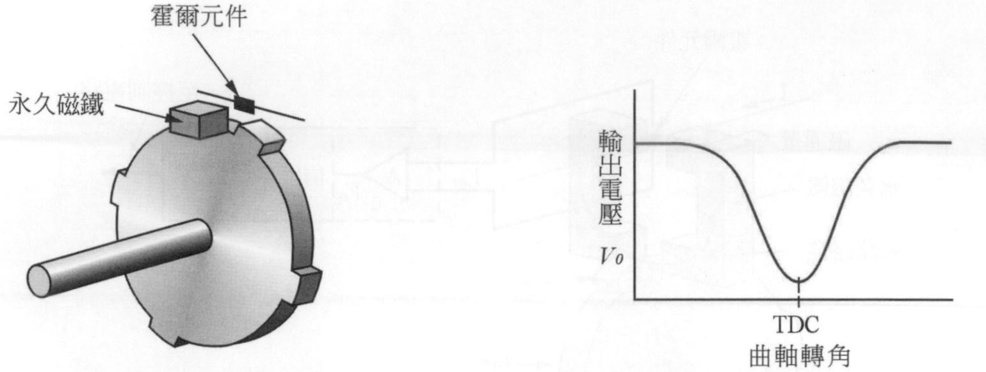

(a) 磁場遮蔽型感知器的構造　　(b) 輸出電壓在遮片正對磁鐵時最小

圖 1.3.68　磁場遮蔽型霍爾效應式曲軸位置感知器的構造及作用(Understanding Automotive Electronics, William B. Ribbens)

(2) 磁場遮蔽型霍爾效應式曲軸位置感知器的電路，如圖 1.3.69 所示。

① 感測元件為砷化鎵晶體(Gallium Arsenate Crystal)半導體材料，當圓盤轉動時，晶體送出微弱的高／低壓類比信號，經增強放大後，進入史密特觸發器(Schmitt Trigger)，將類比信號轉換為數位信號，送至切換電晶體，使電晶體在 ON/OFF 間作用。

② 當電晶體切換為 ON 時，電路搭鐵，電阻間產生電壓降，送到 PCM 內電壓偵測電路(Voltage Sensing Circuit)的電壓信號低於 1V；當電晶體切換為OFF時，電阻間無電壓降，故送到電壓偵測電路的電壓信號接近 12V。**PCM 監測電壓的大小，能由頻率的高低測定引擎轉速，以及每一次電壓升高(即接近 12V)時，PCM 知道活塞接近 TDC。**

③ 電路中的史密特觸發器，是一種修整類比信號，然後將之轉為數位信號的裝置。

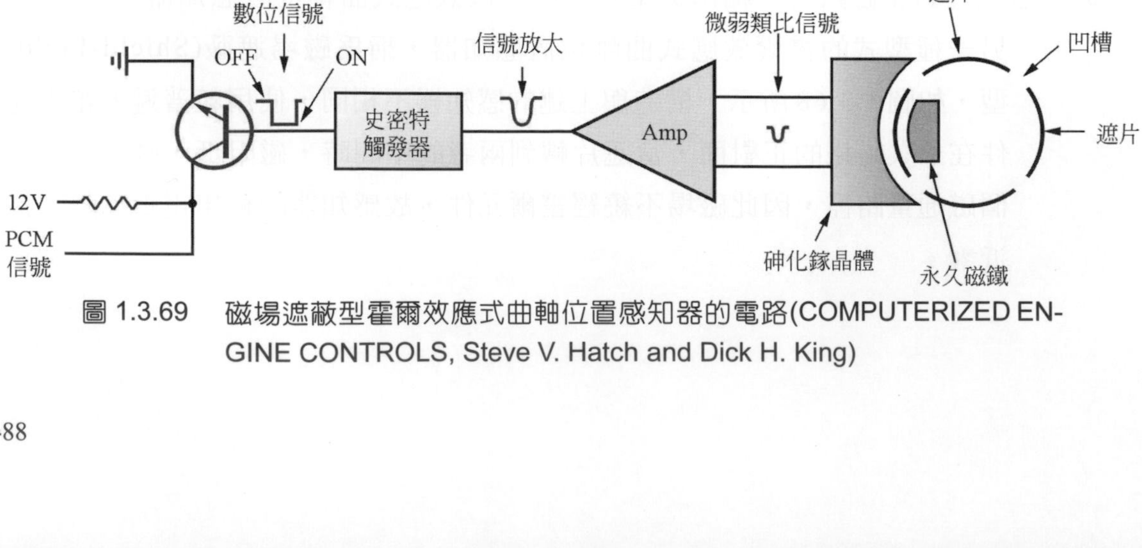

圖 1.3.69　磁場遮蔽型霍爾效應式曲軸位置感知器的電路(COMPUTERIZED ENGINE CONTROLS, Steve V. Hatch and Dick H. King)

(3) Ford汽車用來做為電子點火正時控制，裝在分電盤處的磁場遮蔽型霍爾效應式曲軸位置感知器

① 當遮片在永久磁鐵與霍爾元件之間時，無電壓輸出；當遮片不在永久磁鐵與霍爾元件之間時，有電壓輸出，如圖 1.3.70 所示。故當遮片離開空氣間隙的瞬間，產生霍爾電壓，**ECM 利用此信號計算正確的點火提前角度後，觸發點火模組，使一次電路中斷，產生高壓電送給火星塞。**

② 此種感知器遮片的寬度即代表閉角(Dwell)，也就是一次電路電流流動的時間，如圖 1.3.71 所示。

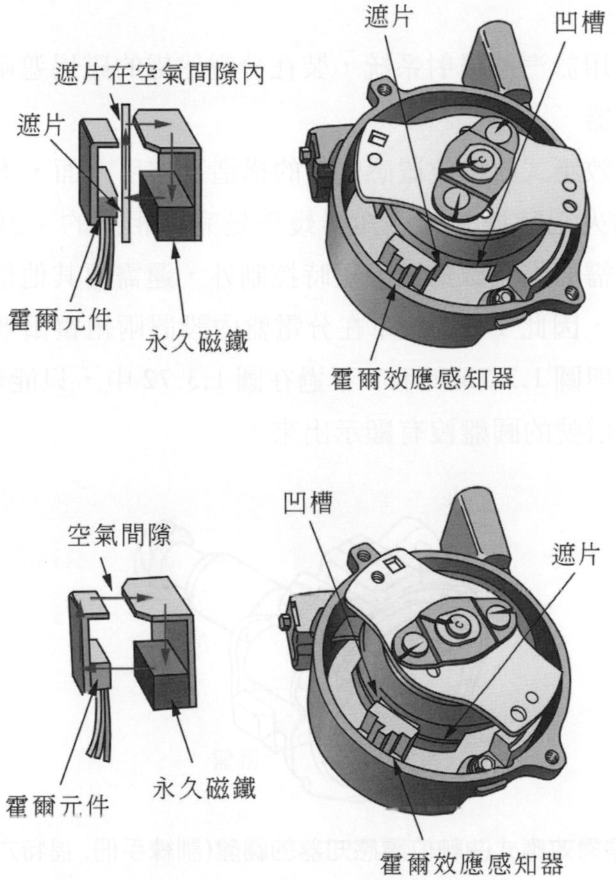

(b) 有電壓輸出

圖 1.3.70 點火正時控制用霍爾效應式曲軸位置感知器的作用(Automotive Mechanics,Crouse、Anglin)

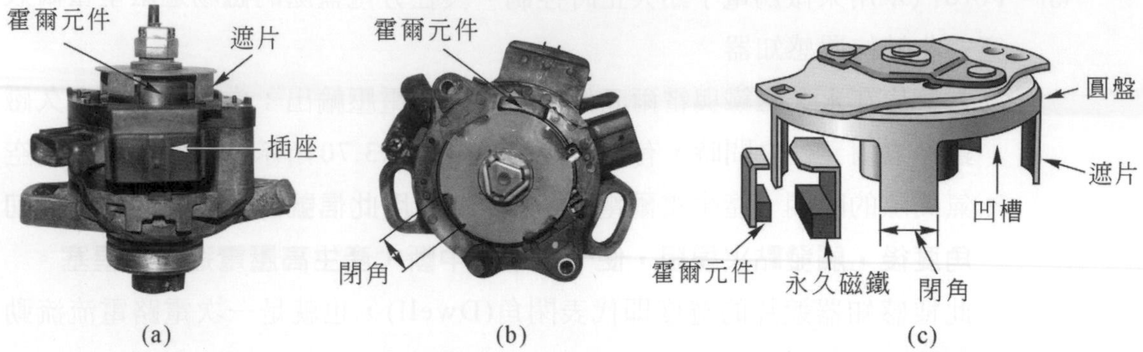

圖 1.3.71　遮片寬度即閉角(Automotive Mechanics, Crouse、Anglin)

(4) Ford汽車用於汽油噴射系統，裝在分電盤處的磁場遮蔽型霍爾效應式曲軸位置感知器

① 在霍爾效應式曲軸位置感知器的構造及作用方面，本感知器與上述Ford用在點火正時控制的感知器幾乎是完全相同的。但用在汽油噴射系統時，除需要信號做為點火正時控制外，還需要其他信號以進行順序噴射控制等，因此 Ford 汽車在分電盤內設置兩組霍爾效應式感知器，如圖 1.3.72 與圖 1.3.73 所示，不過在圖 1.3.72 中，只能看到送NE信號的圓盤，G信號的圓盤沒有顯示出來。

圖 1.3.72　霍爾效應式曲軸位置感知器的圓盤(訓練手冊, 福特六和汽車公司)

② 本感知器是用在線列四缸引擎，送出NE信號的圓盤有四個遮片(凹槽)。如果是用在六缸引擎，則線列六缸與V型六缸所用的圓盤構造不一樣，線列六缸引擎圓盤有六個遮片，V型六缸引擎圓盤則只有三個遮片。

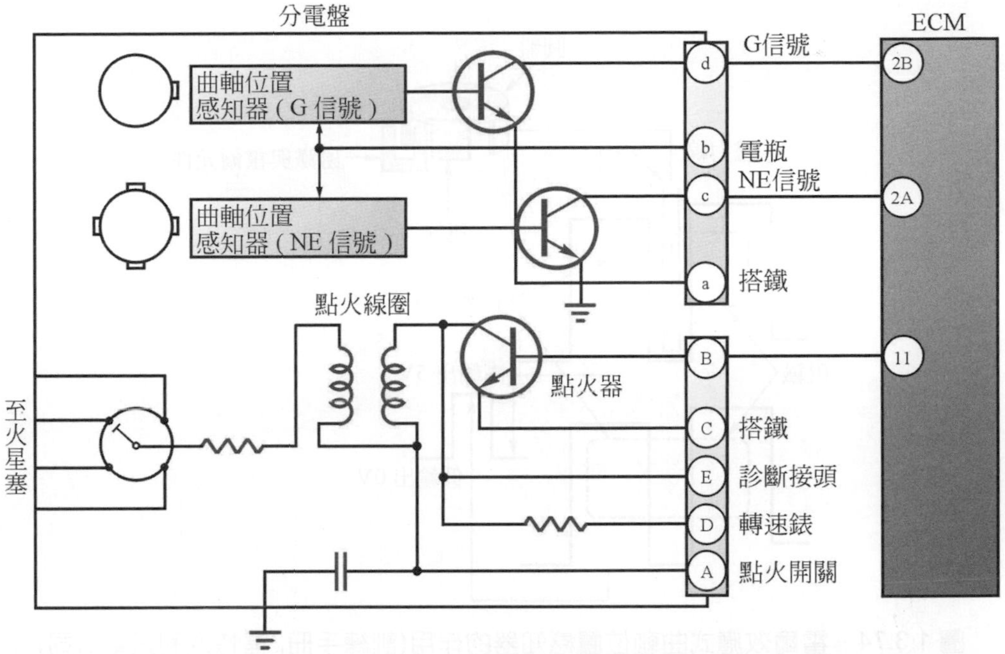

圖 1.3.73　Ford汽車霍爾效應式曲軸位置感知器的電路(訓練手冊，福特六和汽車公司)

③ 當圓盤隨分電盤軸旋轉，遮片在磁場與霍爾元件之間時，磁力線不繞經霍爾元件，無電壓產生；而當圓盤凹槽在磁鐵與霍爾元件之間時，磁力線可繞經霍爾元件，產生垂直電壓，經電子電路送出ON/OFF的矩形G及NE數位信號給ECM，如圖1.3.74所示。

④ NE及G的輸出信號，如圖1.3.75所示。**NE信號送給ECM，可測定引擎轉速，及控制一次電流的切斷，以改變點火提前角度；G信號可提供第一缸活塞在壓縮上死點位置，以進行順序噴射**。分電盤轉一圈，送出四個NE信號，一個G信號。

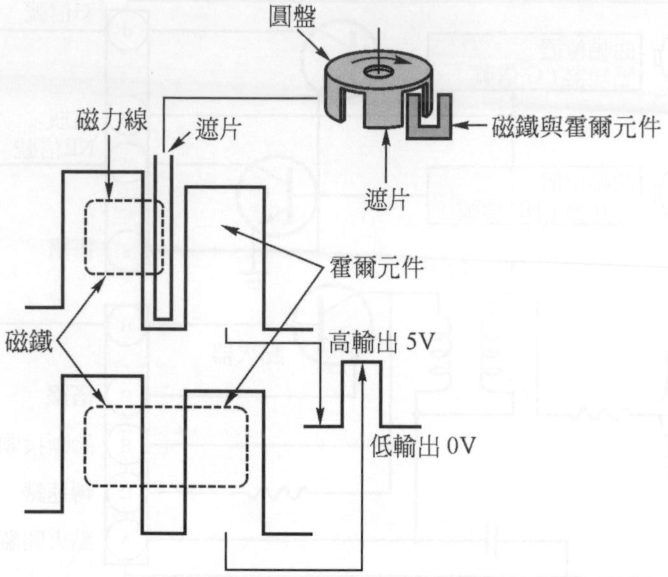

圖 1.3.74　霍爾效應式曲軸位置感知器的作用(訓練手冊，福特六和汽車公司)

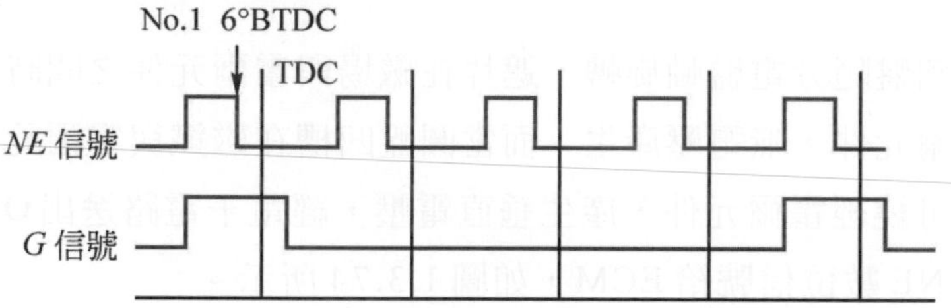

圖 1.3.75　NE 與 G 的輸出信號(訓練手冊，福特六和汽車公司)

⑸ GM 汽車 V6 引擎採用的霍爾效應式曲軸位置感知器

① 在汽油噴射系統做爲曲軸位置感知器使用時，圓盤上有三個遮片，如圖 1.3.76 所示，圓盤旋轉時，感知器產生 12V 或小於 1V 的電壓給 ECM，以計算引擎轉速的快慢、控制噴油量、點火提前角度及 A/T 換檔。

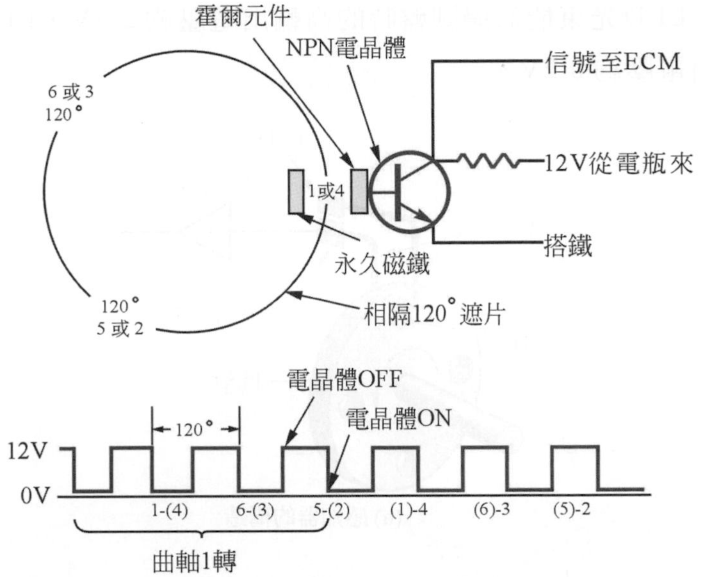

圖 1.3.76　GM 汽車所採用的霍爾效應式曲軸位置感知器(AUTOMOTIVE MECHANICS, Crouse、Anglin)

② 在雙輸出端點火線圈式無分電盤點火系統(請參考第 6 章)做爲曲軸位置感知器使用時，構造與圖 1.3.76 所示相同。當凹槽在磁鐵與霍爾元件之間隙時，磁場進入霍爾元件，產生的電壓使電晶體 ON，故送往點火模組(Ignition Module)的參考電壓(Reference Voltage)降低至接近 0V；當遮片進入間隙，磁場不進入霍爾元件，無霍爾電壓，故電晶體OFF，送往點火模組的參考電壓保持在 12V。0V 電壓信號使點火器內功率電晶體OFF，一次電流切斷，在二次線圈感應高壓電，然後在 1、4 或 2、5 或 3、6 等雙缸火星塞跳火。

五、光電(Optical)式曲軸位置感知器

1. 光電式又稱光學式，在引擎靜止時也有信號產生，且輸出信號波形振幅一定，不會因引擎轉速變化而改變，但使用環境必須十分乾淨，以免因油污而干擾光線的投射與接收。
2. 光電式曲軸位置感知器的構造，如圖 1.3.77(a)所示，由發光二極體(Light Emitting Diode, LED)、光敏電晶體(Phototransistor)與挖有圓孔或槽孔的圓盤所組成，用以偵測各缸活塞的TDC位置。如圖 1.3.77(b)所示，經放大

電路後，LED光束能通過圓盤時的高輸出電壓約2.4V，LED光束被阻斷時的低輸出電壓約0.2V。

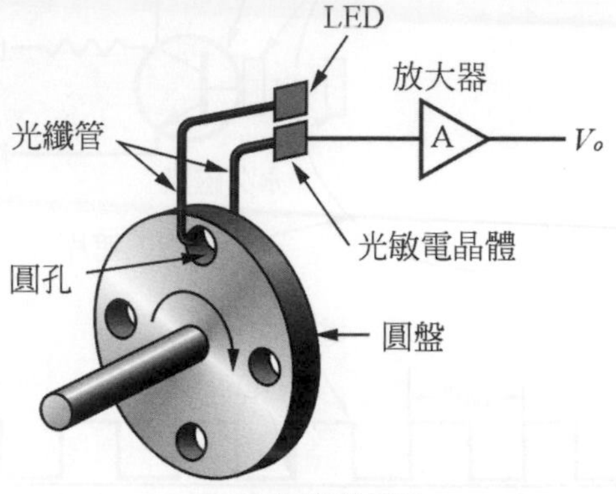

(a) 感知器的構造

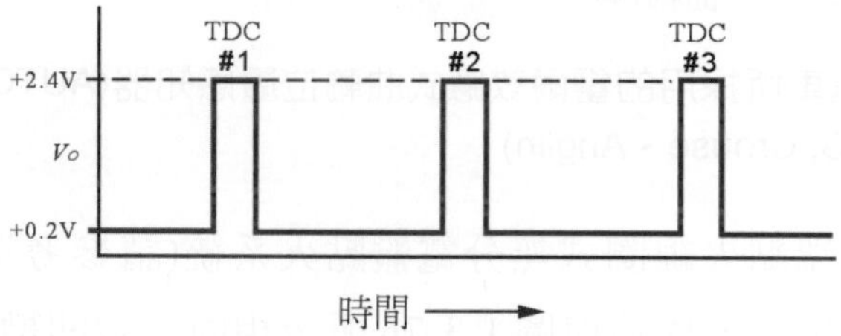

(b) 電壓輸出

圖 1.3.77　光電式曲軸位置感知器的構造及作用(Understanding Automotive Electronics, William B. Ribbens)

3. 裕隆汽車所採用的光電式曲軸位置感知器

(1) 用在New Sentra車型光電式曲軸位置感知器的構造，如圖1.3.78所示，由光束切斷圓盤與電子電路組成。光束切斷圓盤上有1°信號槽孔360個，180°信號槽孔4個，其中第一缸信號槽孔較寬，送出的信號寬度比其他三缸大，如圖 1.3.79 所示。電子電路上安裝發光二極體(LED)與光敏二極體，兩者隔著光束切斷圓盤相對。

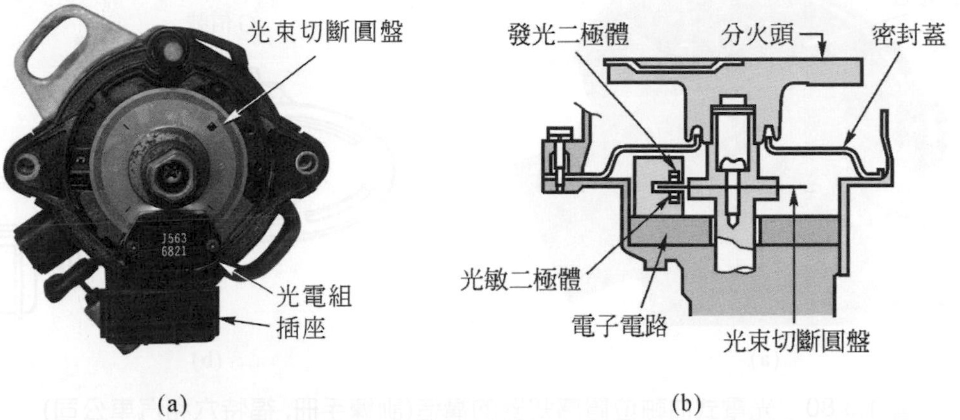

圖 1.3.78　光電式曲軸位置感知器的構造(Sentra 修護手冊, 裕隆汽車公司)

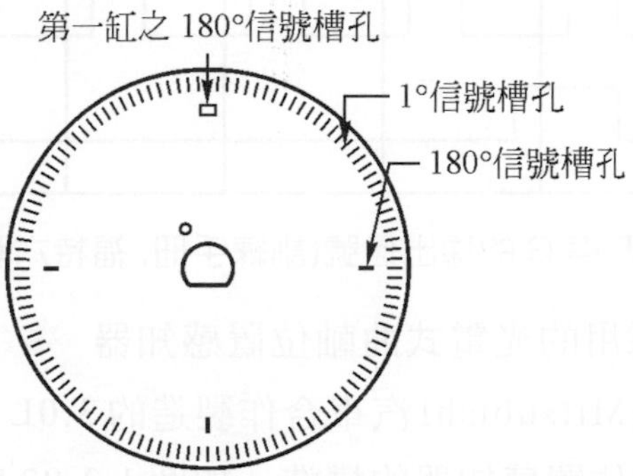

圖 1.3.79　光束切斷圓盤的構造(Sentra 修護手冊, 裕隆汽車公司)

⑵ 光束切斷圓盤隨著分電盤軸轉動，當 LED 的光束被切斷時，光敏二極體的電阻變大；當 LED 光束能通過槽孔時，光敏二極體的電阻變小。由電阻之改變，使電壓產生變化，再由電子電路處理成ON/OFF的矩形數位信號給 ECM。**LED 光束能通過時為高輸出，光束被切斷時為低輸出**。

4. Frod 汽車所採用的光電式曲軸位置感知器

⑴ 用在 New Telstar 車型光電式曲軸位置感知器的構造，如圖 1.3.80 所示，分電盤軸轉一圈時，G 信號有 1 個，NE 信號有 4 個。

⑵ **NE信號送給ECM，可測定引擎轉速，及控制一次電流的切斷，以改變點火提前角度；G信號可提供第一缸活塞在壓縮上死點位置，以進行順序噴射**，如圖 1.3.81 所示。

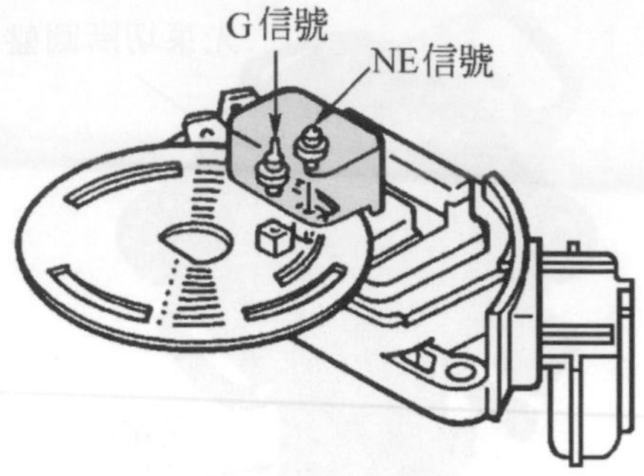

圖 1.3.80　光電式曲軸位置感知器的構造(訓練手冊, 福特六和汽車公司)

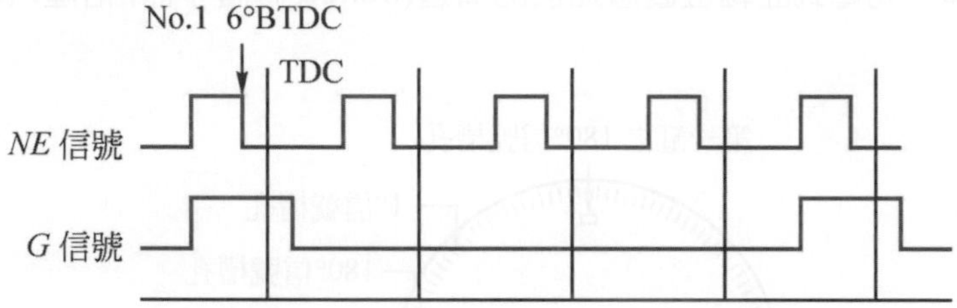

圖 1.3.81　NE 與 G 的輸出信號(訓練手冊, 福特六和汽車公司)

5. Chrysler汽車所採用的光電式曲軸位置感知器

(1) Chrysler汽車與Mitsubishi汽車合作製造的3.0L V6引擎，所採用的雙光電組光電式曲軸位置感知器的構造，如圖 1.3.82 所示。

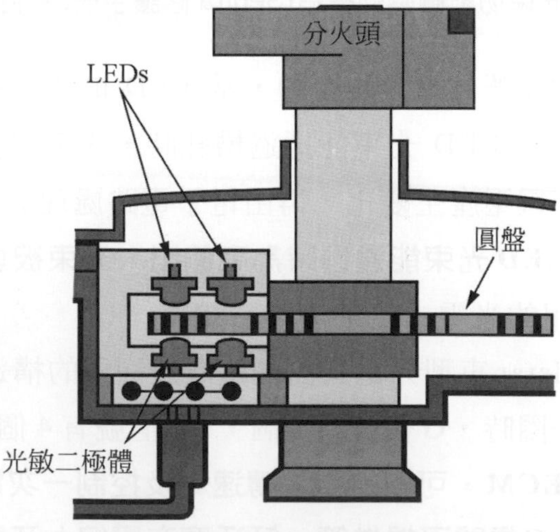

圖 1.3.82　雙光電組光電式曲軸位置感知器的構造(Automotive Computer Systems, Don Knowles)

(2) 圓盤內側有6個等距離的槽孔，點火開關ON時，PCM提供9.2V電壓給光電組，使LED產生光線，當圓盤切斷光線時，光敏二極體不能感應電流，故送給PCM的參考電壓爲5V；當圓盤讓光線通過，光線照射在光敏二極體時，光敏二極體感應電流，送給PCM的參考電壓爲0V。內側光電組是提供PCM曲軸位置及轉速信號用，如圖1.3.83所示。

(3) 圓盤外側有許多個槽孔，每個槽孔代表2°曲軸轉角。圓盤旋轉時，外側光電組送給PCM的參考電壓在0～5V間變化，此信號送給PCM各缸活塞在壓縮上死點前的特定角度，讓PCM計算並控制正確的點火提前角度。基本點火正時角度若是由整組槽孔的其中一個信號決定時，則基本點火正時角度是不能調整的。

(4) 圓盤外側槽孔中，有一寬約7/12"的距離中均無槽孔，此一位置是要送給PCM第一缸活塞位置信號，以進行噴油器作用控制，如圖1.3.83所示。

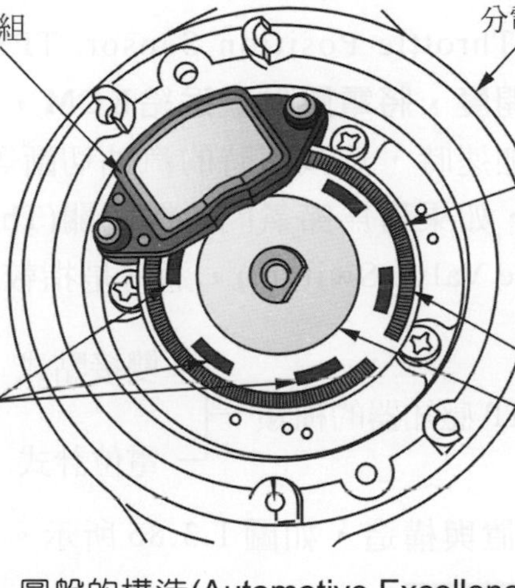

圖1.3.83 圓盤的構造(Automotive Excellence, Glencoe)

6. 由進氣凸輪軸驅動的光電式曲軸位置感知器

(1) 由進氣凸輪軸驅動的光電式感知器的外型及構造，如圖1.3.84所示。**內側槽孔是做為汽缸判別及上死點偵測用，外側槽孔是做為偵測曲軸角度位置用。**

(2) 汽缸判別用槽孔有長有短，信號讓ECM能判別出不同的汽缸。四個曲軸角度位置偵測用槽孔則等長，且互相間幅90°。

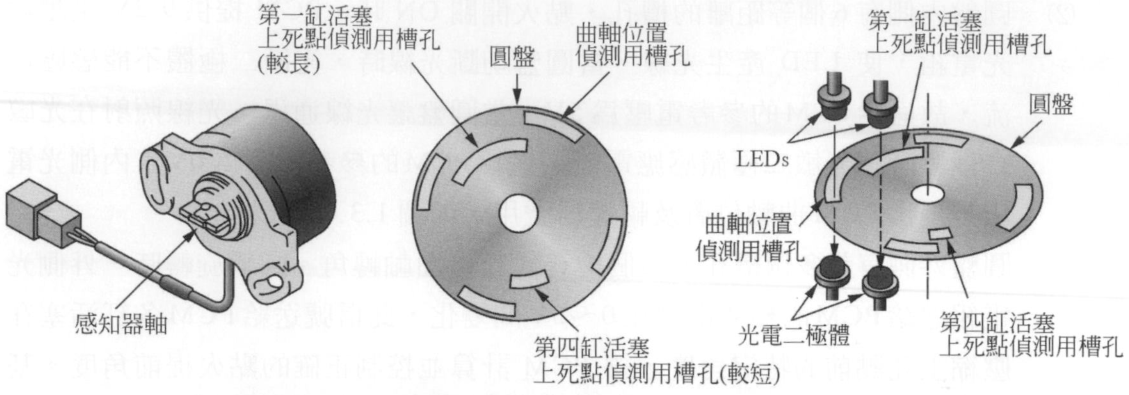

圖 1.3.84　由進氣凸輪軸驅動的光電式曲軸位置感知器(ガソリン エンジン構造，全國自動車整備專門學校協會編)

1.3.3.5　節氣門位置感知器

一、概述

1. 節氣門位置感知器(Throttle Position Sensor, TPS 或 TP Sensor)的功用，**是用以檢測節氣門開度，將電壓信號送給ECM，以控制對應節氣門開度的噴油量**，如減速與加速時，及減速時的汽油切斷等。
2. 節氣門位置感知器，如果稱爲節氣門位置開關(Throttle Position Switch)或節氣門開關(Throttle Valve Switch)，通常是指較舊型噴射系統所採用者。
3. TP 感知器的種類

   TP 感知器的種類 ─┬─ 雙接點式
   　　　　　　　　　└─ 電位計式

4. TP 感知器的安裝位置與構造，如圖 1.3.85 所示。

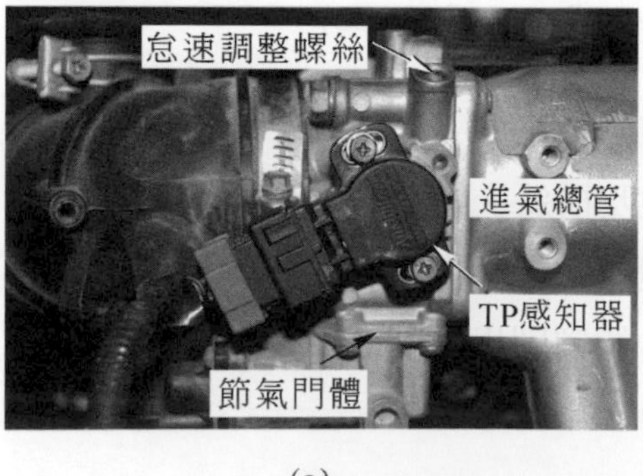

(a)

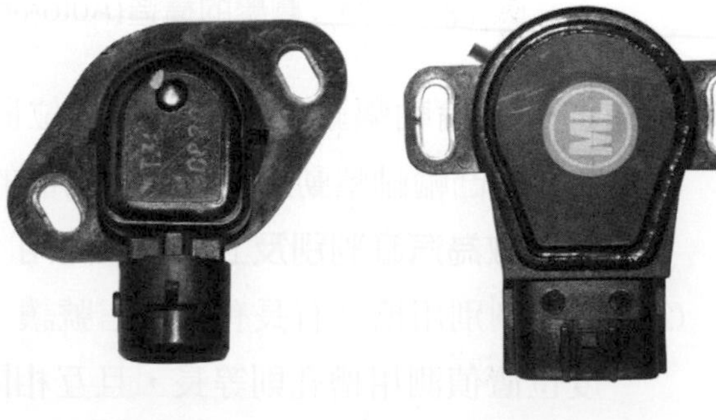

(b)

圖 1.3.85　TP 感知器的安裝位置與構造

二、雙接點式(Two Switch Type)TP 感知器

1. 雙接點式又稱雙開關式，或直接稱爲開關式TP感知器，**只提供節氣門在怠速位置及較重負荷(或節氣門全開)位置兩種信號給 ECM**。通常用在較舊型的汽油噴射系統，如 Bosch 的 L-Jetronic 系統。
2. 雙接點式節氣門位置感知器的構造及電路，如圖 1.3.86 所示。感知器裝在節氣門體旁，由沿著引導凸輪溝槽的活動接點、固定的強力(Power)接點與怠速接點等組成。引導凸輪與節氣門軸同軸固定。

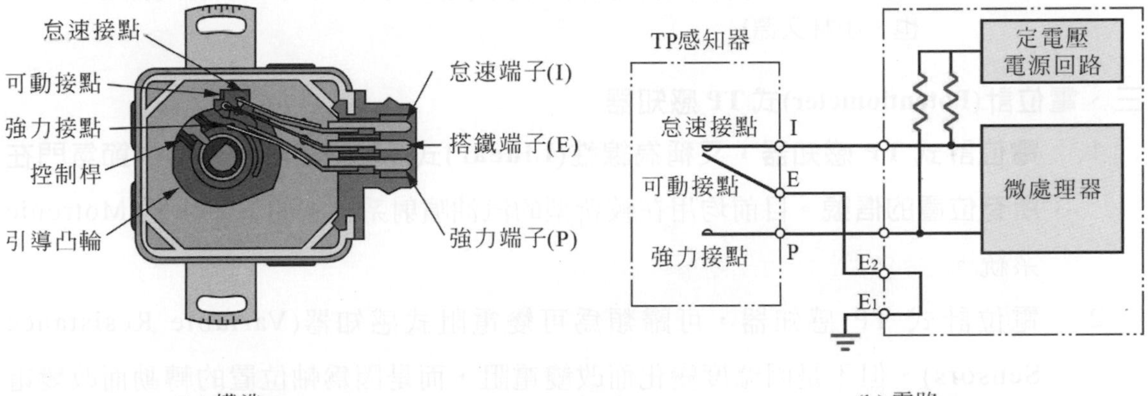

(a) 構造　　(b) 電路

圖 1.3.86　雙接點式 TP 感知器的構造及電路(ガソリン エンジン構造, 全國自動車整備專門學校協會編)

3. 當節氣門全關時，活動接點與怠速接點接觸，電壓送給 ECM，使 ECM 知道引擎在怠速狀態，此信號可做爲減速時切斷汽油供應用；當節氣門打開至約 50°時，活動接點與強力接點接觸，使 ECM 知道引擎在高負荷狀態，而進行汽油增量修正，使引擎馬力提昇；在其他位置時，白金接點不接觸。如圖 1.3.87 所示，爲雙接點式節氣門位置感知器的信號輸出情形。
4. 以上爲雙接點式的說明，即由怠速與強力接點偵測引擎的怠速與高負荷狀態。有的節氣門位置感知器另有稀薄燃燒開關接點，可做稀薄燃燒校正。

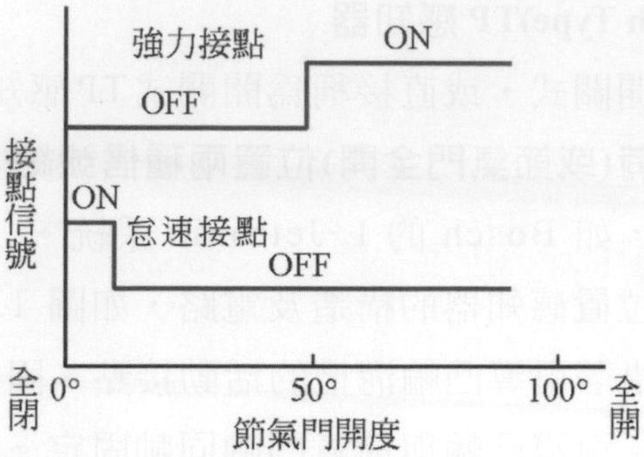

圖 1.3.87　雙接點式TP感知器的信號輸出情形(電子制御ガソリン噴射, 藤沢英也、小林久德)

三、電位計(Potentiometer)式 TP 感知器

1. **電位計式 TP 感知器，又稱為線性(Linear)式 TP 感知器，能提供節氣門在所有位置的信號。**目前均用在較新型的汽油噴射系統，如 Bosch 的 Motronic 系統。
2. 電位計式 TP 感知器，可歸類爲可變電阻式感知器(Variable Resistance Sensors)，但不是因溫度變化而改變電阻，而是因爲軸位置的轉動而改變電阻。
3. 裝在節氣門體總成側邊的TP感知器，能將節氣門從全關到全開的信號連續輸出。ECM 送出 5V 參考電壓給 B 線頭，E 線頭至 ECM 搭鐵，T 線頭依節氣門開启角度而改變輸入 ECM 的電壓值，I 線頭送出怠速接點閉合信號，如圖 1.3.88 所示，爲電位計式TP感知器的構造及電路；對應節氣門開启角度的線性輸出電壓，如圖 1.3.89 所示。此式構造較複雜，但能精確偵測節氣門開启位置。

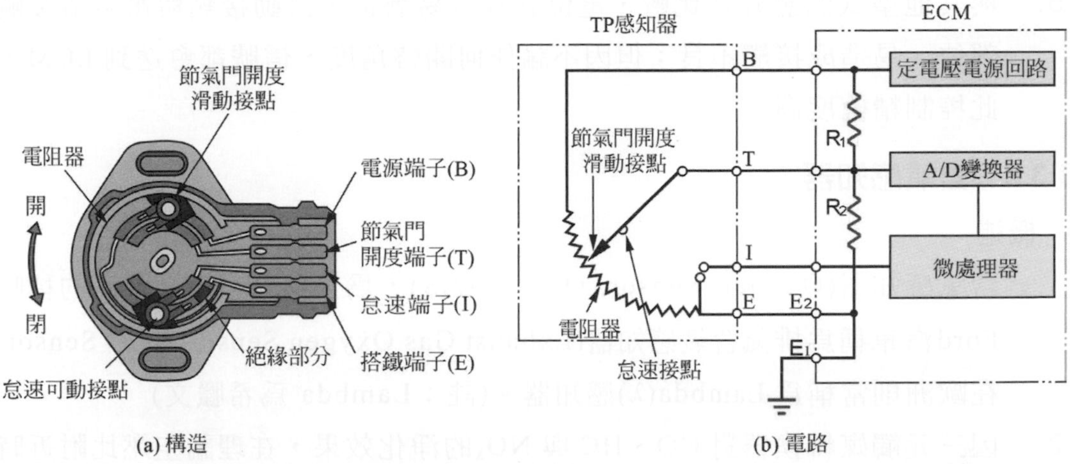

圖 1.3.88　電位計式 TP 感知器的構造及電路(ガソリン エンジン構造, 全國自動車整備専門學校協會編)

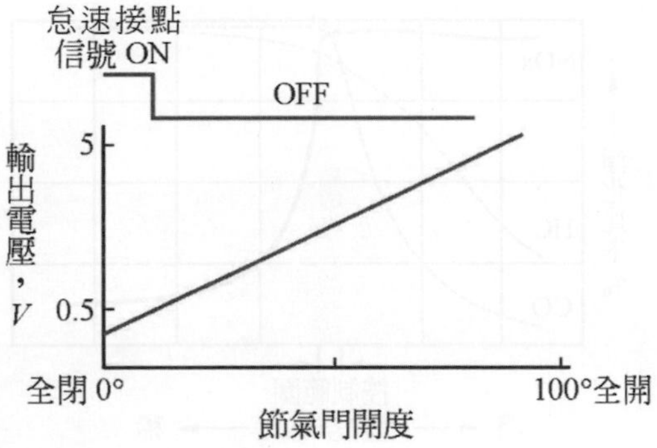

圖 1.3.89　電位計式 TP 感知器的線性輸出電壓(電子制御ガソリン噴射, 藤沢英也、小林久德)

4. 當節氣門打開時，節氣門軸轉動，帶動滑動接點沿著電阻器移動，ECM 送出 5V 參考電壓至 B 線頭。如果滑動接點靠近節氣門全開(Wide Opcn Throttle, WOT)側時，則在 B、T 間為低電壓降(低電阻)，而在 T、E 間為高電壓降；當滑動接點靠近怠速位置時，則在 B、T 間為高電壓降，而 T、E 間為低電壓降。ECM 監測 T、E 間之電壓降，即可知道節氣門的開度，通常 0.5V 的感知器輸出電壓，表示節氣門關閉；5V 的輸出電壓，表示節氣門全開；中間各電壓值的變化，則係對應節氣門的各種開度而定。

5. 與其他型式的感知器比較，電位計式容易磨損，滑動接點與電阻器接觸的部位，易造成接觸不良；但因不論任何開啓角度，信號都會送到ECM，因此控制精確度高。

1.3.3.6 含氧感知器

一、概述

1. 含氧感知器(Oxygen Sensor, O2S 或 O_2S)，為大部分汽車製造廠的稱呼，Ford汽車稱為排氣含氧感知器(Exhaust Gas Oxygen Sensor, EGO Sensor)，在歐洲則常稱為Lambda(λ)感知器。(註：Lambda 為希臘文)
2. 因三元觸媒轉換器對 CO、HC 與 NO_x的淨化效果，在理論空燃比附近時最高，如圖 1.3.90 所示。**含氧感知器就是用來檢測排氣中的氧氣濃度，將電壓信號送給ECM，以修正噴油量，將供應給引擎的空燃比控制在理論空燃比附近的狹小範圍內**。

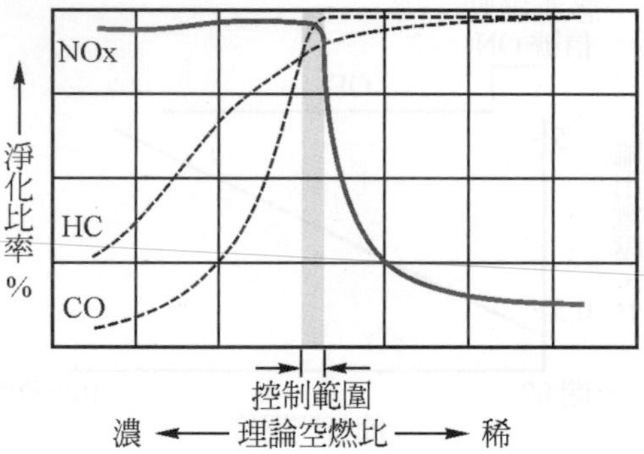

圖 1.3.90　三元觸媒轉換器的淨化特性(電子制御ガソリン噴射, 藤沢英也、小林久德)

3. 含氧感知器的種類

⑴ 依感知器的電線數分
- 單線式(本體搭鐵，單線為信號線)
- 雙線式(一條搭鐵線，一條信號線)

⑵ 依感知器為加熱式時的電線數分
- 三線式(原單線式，再加上加熱器的兩條線)
- 四線式(原雙線式，再加上加熱器的兩條線)

⑶ 依感知器的安裝位置分，如圖 1.3.91 所示

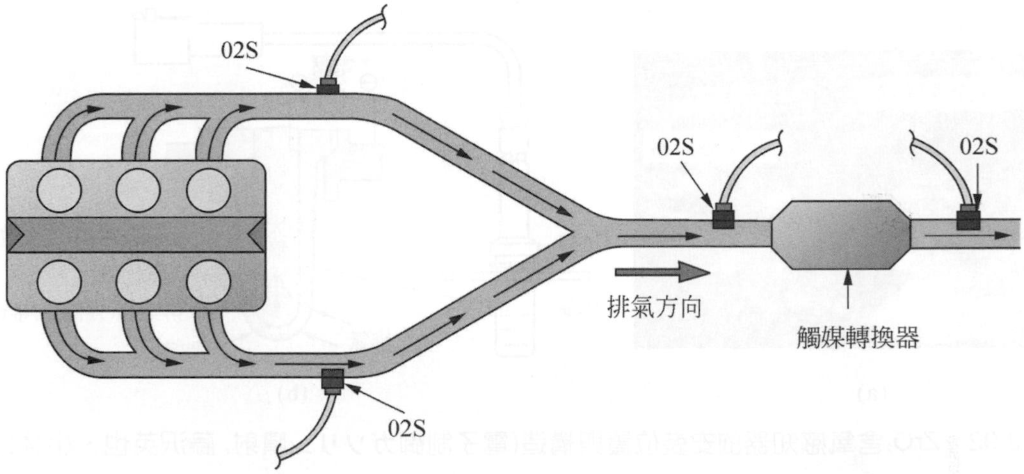

圖 1.3.91 含氧感知器的各種安裝位置(Automotive Excellence, Glencoe)

① 靠近引擎式：採用最多，主要用來幫助ECM維持正確的空燃比。

② 靠近觸媒轉換器入口式：稱爲觸媒前感知器(Pre-Cat Sensor)，僅用在OBD-II車輛，以監測觸媒轉換器的效率。

③ 靠近觸媒轉換器出口式：稱爲觸媒後感知器(Post-Cat Sensor)，也是僅用在OBD-II車輛，以監測觸媒轉換器的效率。

(4) 依感知器的使用材料分
- 二氧化鋯式
- 二氧化鈦式

二、二氧化鋯(Zirconium Dioxide, ZrO_2)式含氧感知器

1. 使用很廣的二氧化鋯(ZrO_2)式含氧感知器的構造，如圖 1.3.92 所示，由能產生電壓的二氧化鋯管組成，其內、外側均以白金被覆，外側白金有一層陶瓷，以保護電極；**二氧化鋯管內側導入大氣，外側則與排氣接觸**。因接近理論空燃比時的電動勢變化小，難以檢測出電壓，故利用具有觸媒作用的白金，可使電壓變化加大。

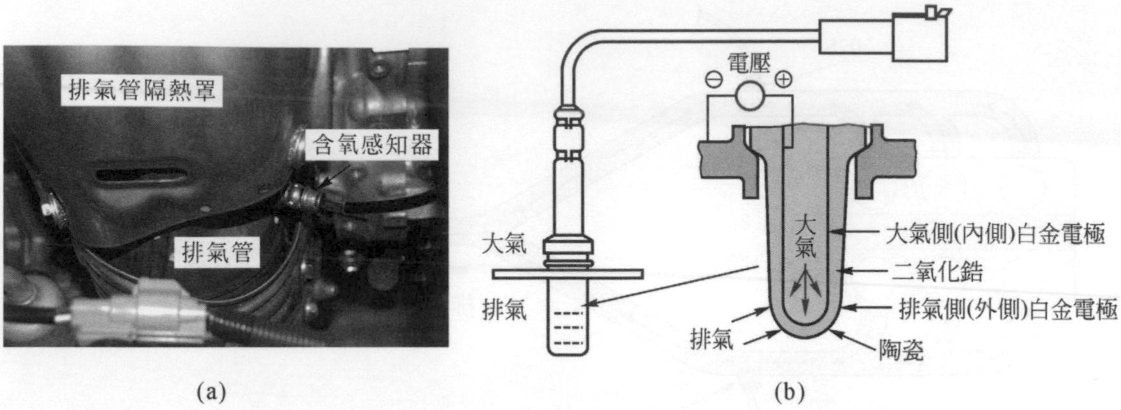

圖 1.3.92　ZrO_2含氧感知器的安裝位置與構造(電子制御ガソリン噴射, 藤沢英也、小林久德)

2. 濃混合氣燃燒後的排出廢氣，接觸到白金時，因白金的觸媒作用，使殘存的低濃度氧氣與排氣中的一氧化碳(CO)或碳氫化合物(HC)發生反應，故外側白金表面的氧氣幾乎不存在，因此含氧感知器內、外側的氧氣濃度差變成非常大，產生大約 0.9V 電壓，如圖 1.3.93 所示。

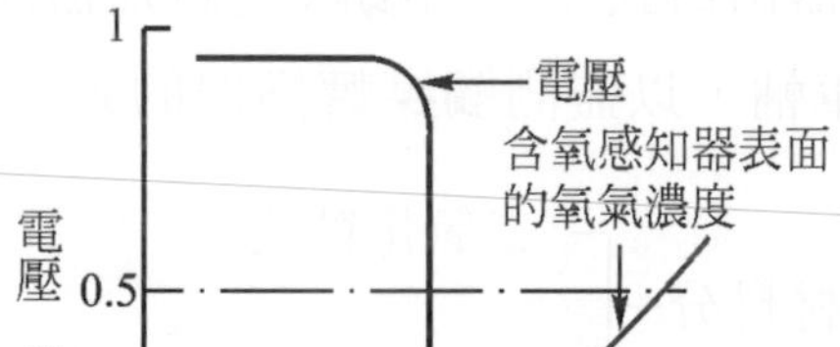

圖 1.3.93　ZrO_2含氧感知器產生的電壓(電子制御ガソリン噴射, 藤沢英也、小林久德)

3. 稀混合氣燃燒時，因排出廢氣中含有高濃度的氧氣(O_2)與低濃度的一氧化碳，即使一氧化碳與氧氣發生反應，也還剩下多餘的氧氣，因此二氧化鋯內、外側濃度差小，所以幾乎不產生電動勢，電壓約爲 0.1V。

4. 在電腦內設定有一比較電壓，約爲 0.45V，以判定混合比的稀濃。與從含氧感知器送來的信號電壓比較，當信號電壓比較高時，電腦判定供應的混合氣比理論混合氣濃，故電腦控制噴油器的通電時間縮短，使汽油噴射量減少，混合比回復到理論空燃比附近。通常低於300mV時，表示空燃比稀；高於600mV時，表示空燃比濃。

5. 含氧感知器在低溫時，其電壓變化小，且所需的反應時間又長，不利於感測作用，亦即在低溫時，含氧感知器的計測精度差，以二氧化鋯式含氧感知器爲例，在排氣溫度低於300℃時，其電壓變化非常微小。爲改善這種缺點，**現代汽車使用的含氧感知器，均已改用加熱式**。

三、加熱式二氧化鋯含氧感知器

1. 從90年代開始逐漸嚴格的排氣標準，迫使汽車製造廠必須縮短從引擎剛發動到含氧感知器達工作溫度的時間，因此設計加熱(Heated)式含氧感知器，簡稱HO2S。引擎起動後，感知器被持續加熱，直至能送出足夠的信號以供閉迴路控制(Closed Loop Control)爲止。所謂閉迴路控制，係指回饋(Feedback)信號有加入系統迴路中作用，因此當含氧感知器溫度低，無法送出充分有用的回饋信號給ECM時，此時爲開迴路控制(Open Loop Control)狀態，混合比無法控制在理論混合比附近，而造成排氣污染大增。

2. 三線式HO2S，如圖1.3.94所示。耗用電力約10W的陶瓷加熱元件，以縮短感知器達工作溫度的時間；且在長時間怠速運轉時，也可保持感知器一定的工作溫度。加熱式含氧感知器的加熱器並不是所有時間都在作用，以免感知器溫度超過850℃而損壞，由此可知，感知器不能裝在太靠近排氣門的歧管上。

(a)

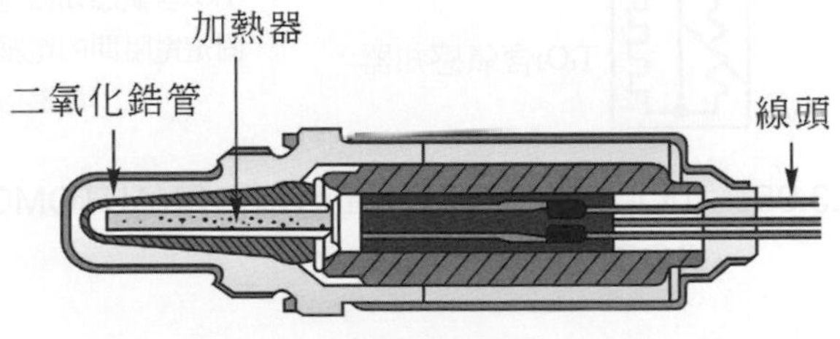

(b)

圖1.3.94 ZrO_2含氧感知器內安裝加熱器(電子制御ガソリン噴射，藤沢英也、小林久德)

四、二氧化鈦(Titanium Dioxide, TiO_2)式含氧感知器

1. 加熱式TiO_2含氧感知器的構造及作用，如圖1.3.95所示。TiO_2的作用原理與ZrO_2完全不相同，**TiO_2的作用原理類似水溫感知器**，當混合比在稀、濃間變化時，因O_2含量的改變，使TiO_2的電阻隨之改變，且電阻不是逐漸變化，而是非常迅速的改變。當混合比濃時電阻低於 1kΩ，當混合比稀時則高於20kΩ。
2. ECM 送出5V 參考電壓，經固定電阻及感知器後電壓之變化，即可監測空燃比。當混合比濃時電阻低，故電壓信號高，約 1.2V；當混合比稀時電阻高，故電壓信號低，約0.2V。
3. TiO_2與ZrO_2一樣，都是在濃混合比產生高電壓，稀混合比時產生低電壓，但**TiO_2的輸出電壓較高，且TiO_2是利用參考電壓，改變電阻後以變化輸出電壓，而ZrO_2是自己產生輸出電壓**。

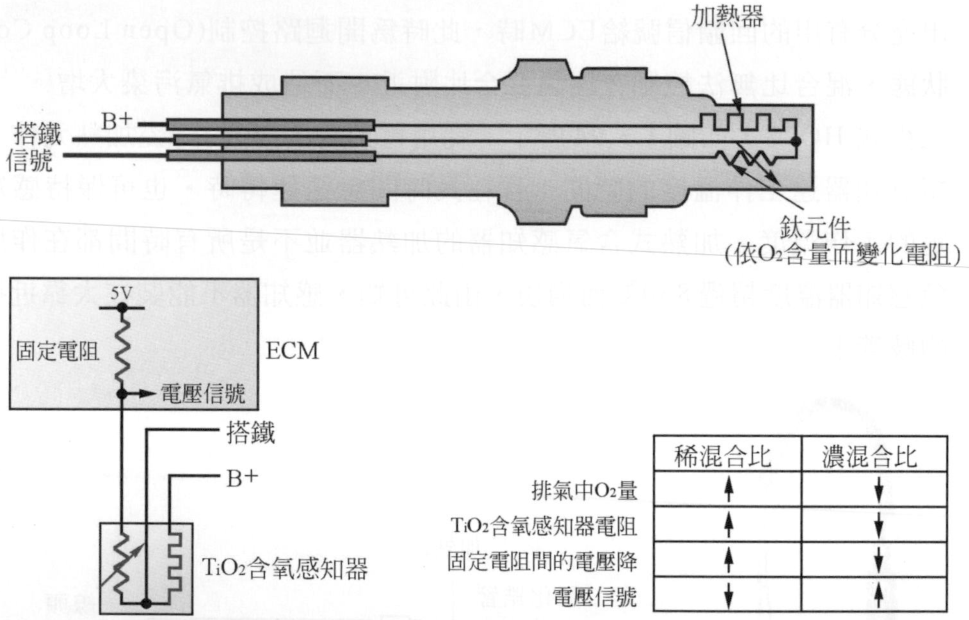

	稀混合比	濃混合比
排氣中O_2量	↑	↓
TiO_2含氧感知器電阻	↑	↓
固定電阻間的電壓降	↑	↓
電壓信號	↓	↑

圖 1.3.95　TiO_2含氧感知器的構造及作用(AUTOMOTIVE ELECTRONICS HAND-BOOK, Ronald Jurgen)

五、含氧感知器的使用

長久使用後，含氧感知器的敏感度會降低，反應變慢，造成 ECM 難以控制正確的混合比。含氧感知器會因堆積物而髒污，堆積物的來源爲

1. 混合比過濃。
2. 應使用無鉛汽油而加用含鉛汽油。
3. 冷卻劑洩漏。
4. 機油消耗。

1.3.3.7 車速感知器

一、概述

1. 車速感知器(Vehicle Speed Sensor, VSS)的信號送給 ECM，**做為 ISC、EEC、EGR 控制，及加速、減速時的空燃比控制等**。
2. 車速感知器的種類

   車速感知器的種類—磁電式／光電式

二、磁電式車速感知器

1. 磁電式車速感知器的構造及作用，與磁電式曲軸位置感知器大致相同。
2. 車速感知器的安裝位置，如圖 1.3.96 所示；而車速感知器的構造，如圖 1.3.97 所示，由線圈、磁鐵與驅動齒輪所組成。當驅動齒輪轉一圈時，線圈產生 8 個交流電壓，經儀錶板內電子電路處理後，成矩形 4 脈波輸出至 ECM，如圖 1.3.98 所示。

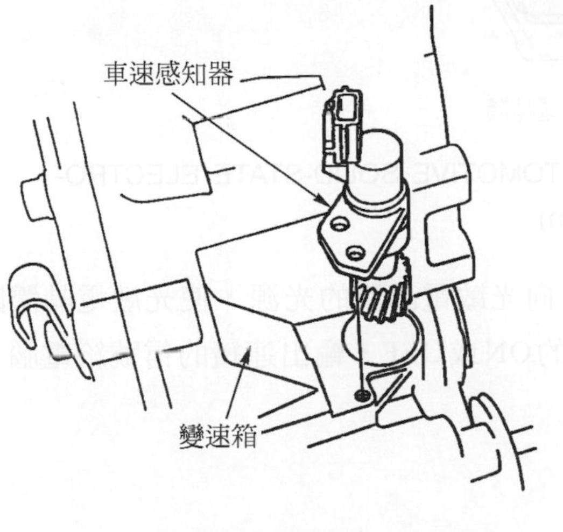

圖 1.3.96 車速感知器的安裝位置(訓練手冊, 福特六和汽車公司)

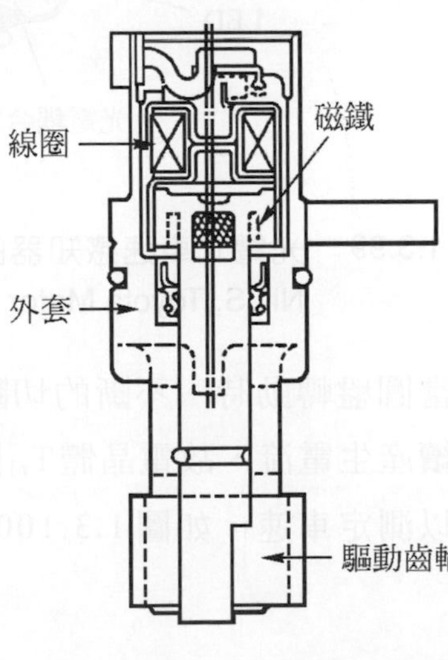

圖 1.3.97 車速感知器的構造(訓練手冊, 福特六和汽車公司)

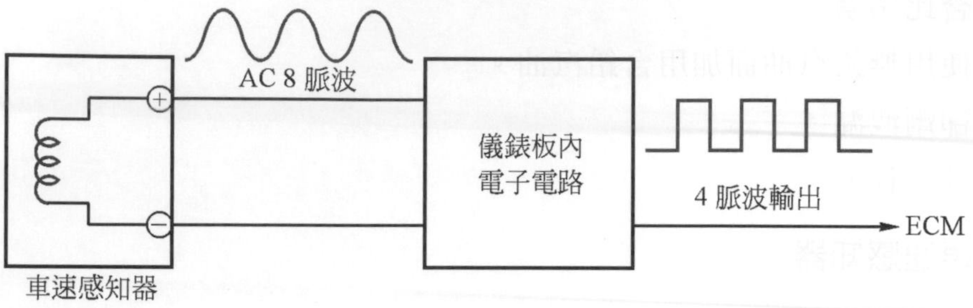

圖 1.3.98 車速感知器的電路(訓練手冊, 福特六和汽車公司)

三、光電式車速感知器

1. 光電式車速感知器的構造及作用，與光電式曲軸位置感知器大致相同。
2. 光電式車速感知器的構造，如圖 1.3.99 所示，圓盤由速率錶軟軸驅動，故圓盤轉速與車速成正比。

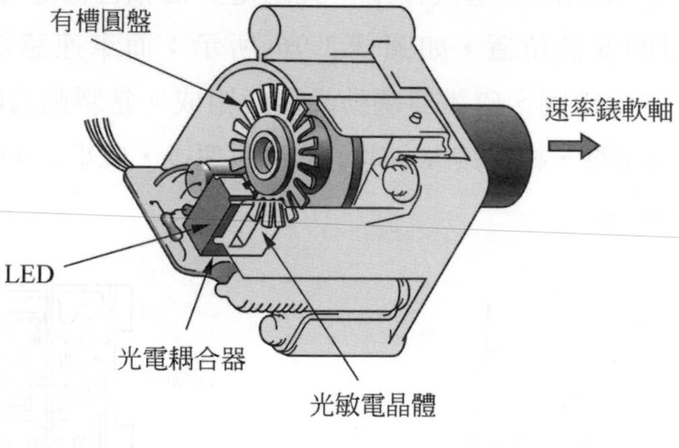

圖 1.3.99 光電式車速感知器的構造(AUTOMOTIVE SOLID-STATE ELECTRONICS, Toyota Motor Corporation)

3. 當圓盤轉動時，不斷的切斷 LED 射向光敏電晶體的光源，使光敏電晶體斷續產生電流，故電晶體T_{r1}間歇不斷的ON或OFF，輸出連續的信號給電腦，以測定車速，如圖 1.3.100 所示。

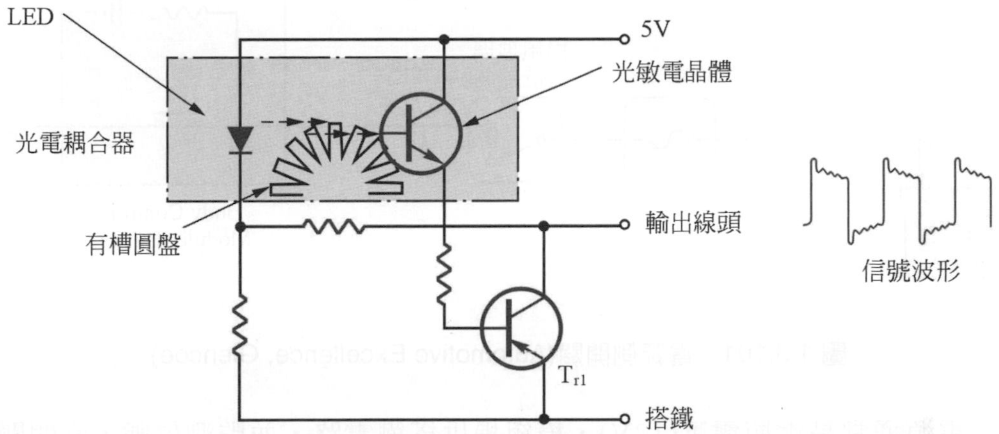

圖 1.3.100　光電式車速感知器的電路(AUTOMOTIVE SOLID-STATE ELECTRONICS, Toyota Motor Corporation)

1.3.3.8　開關

一、概述

1. 以上所介紹的感知器，都會產生可變的信號，但是**機械式或壓力作用式的開關(Switches)，僅會產生簡單的 ON 或 OFF 電壓信號給電腦**。
2. 大多數的控制系統都有數個簡單的開關，用來將信號送給電腦，如
   (1) 檔位開關：偵測自動變速箱是否入檔。
   (2) A/C 開關：偵測空調系統是否在 ON 狀態。
   (3) 煞車開關：偵測煞車踏板是否踩下。
   (4) 離合器開關：偵測離合器踏板是否踩下。
   (5) 強迫換檔開關：偵測加油踏板踩踏量是否已達降檔需求。
3 開關的種類

   依電路中開關所在位置可分
   - 電源側開關
   - 搭鐵側開關

二、電源側開關

1. 電源側開關位在電源與模組之間，如圖 1.3.101 所示，擋風玻璃清洗器開關即為電源側開關。由於開關閉合時，是使信號電壓升高，故又稱為升壓開關(Pull-up Switch)。空調系統的 A/C 開關屬於此式。

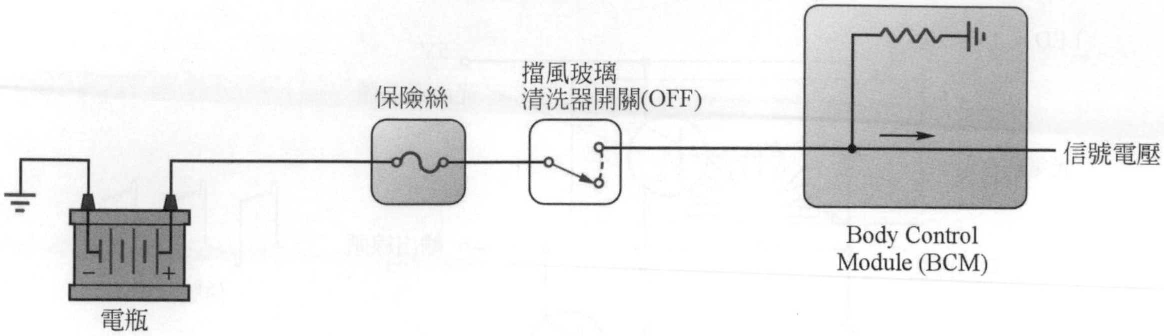

圖 1.3.101　電源側開關(Automotive Excellence, Glencoe)

2. 電源通常是電瓶電壓(12V)，模組提供搭鐵電路，並監測信號，當開關打開時，到模組的信號電壓爲零；當開關閉合時，到模組的信號電壓爲電源電壓。

三、搭鐵側開關

1. 搭鐵側開關的一端直接搭鐵，電源由模組供應，並監測電路信號，如圖 1.3.102 所示。空檔安全開關即爲搭鐵側開關，由於開關閉合時，是使信號電壓降低，故又稱爲降壓開關(Pull-down Switch)。此式採用較多。

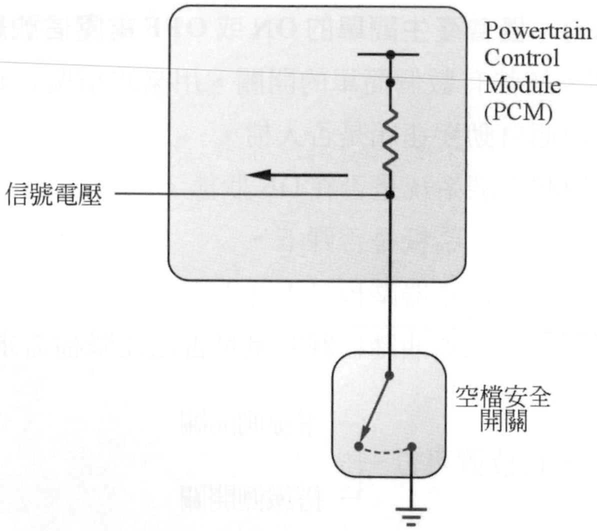

圖 1.3.102　搭鐵側開關(Automotive Excellence, Glencoe)

2. 當開關打開時，信號電壓爲最大值；當開關閉合時，電路搭鐵，信號電壓(電壓降)接近零。如圖 1.3.103 所示， 爲電源側開關與搭鐵側開關之比較。

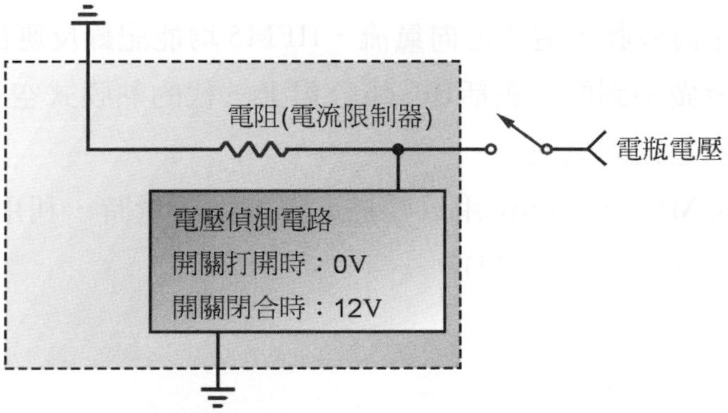

(a) 電源側開關

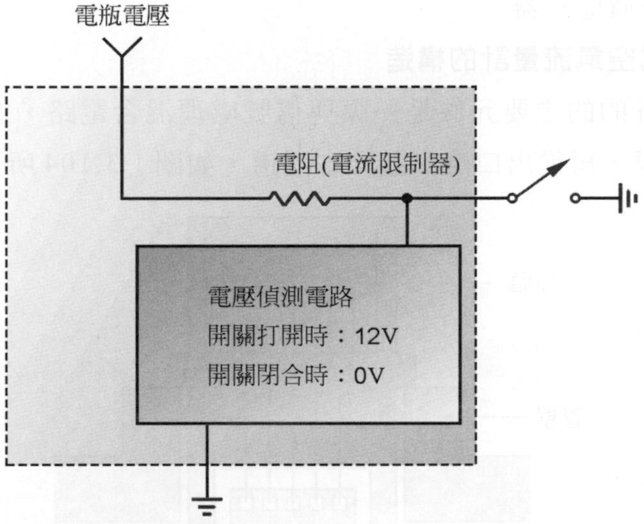

(b) 搭鐵側開關

圖 1.3.103 電源側開關與搭鐵側開關之比較(ADVANCED AUTOMOTIVE EMISSIONS SYSTEMS, Rick Escalambre)

1.3.3.9 Bosch 新型熱膜式空氣流量計

一、 概述

1. 在最少有害廢氣排放的要求下，最佳燃燒的前提，是引擎必須在任何工作狀況下，能精確計測任何時候進入引擎的空氣量(kg/h)。
2. Bosch公司用於新型ME-Motronic引擎管理系統的熱膜式空氣流量計HFM5，可非常精確的測量通過空氣濾清器之空氣量；HFM5甚至可計測因進、排氣門開閉所引起的氣流脈動與回流，及在高負荷時，由活塞引發在節氣門上游產生的逆向波動，這些逆向氣流，HFM5 均能記錄反應出來。這是一般空氣流量計所做不到的，包括Bosch公司上一代的熱膜式空氣流量計HFM2，也不能識別逆向的氣流。

3. Bosch 公司 ME-Motronic 用以監控引擎的進氣量時，利用的感知器有：
   (1) 熱膜式空氣流量計(HFM)。
   (2) 歧管壓力感知器。
   (3) 大氣壓力感知器。
   (4) 增壓壓力感知器。
   (5) 節氣門位置感知器。

二、HFM5 熱膜式空氣流量計的構造

1. 空氣流量計的的主要元件是熱膜與信號處理混合電路，進入引擎的部分空氣經過熱膜，再從出口流出進入主通道，如圖 1.3.104 所示。

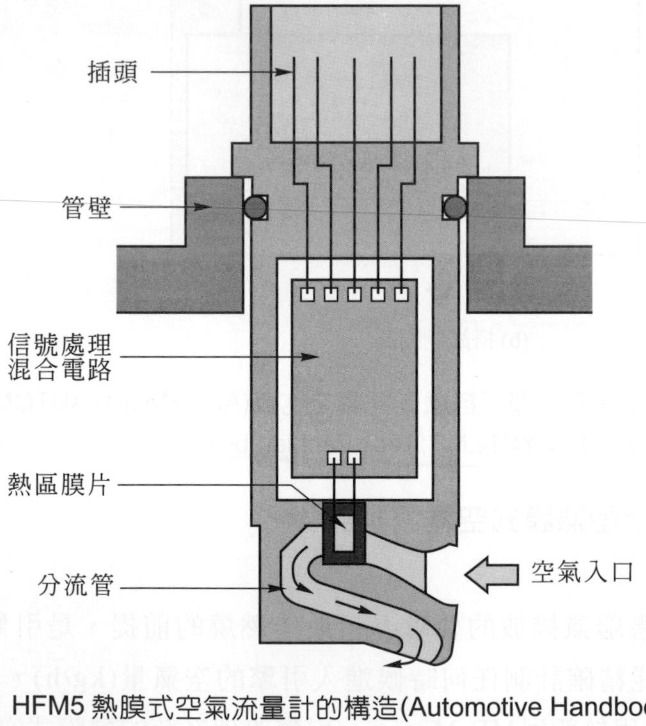

圖 1.3.104　HFM5 熱膜式空氣流量計的構造(Automotive Handbook，Bosch)

2. 本流量計的膜片，是一個極薄的微型電子機械膜片，它對溫度的變化，即空氣流量的變化反應非常快(＜15ms)，在強勁的脈動氣流中測量特別有利。如圖 1.3.105 所示，中間是整個熱膜的放大圖，上方則是有、無氣流時的溫度變化曲線模式。

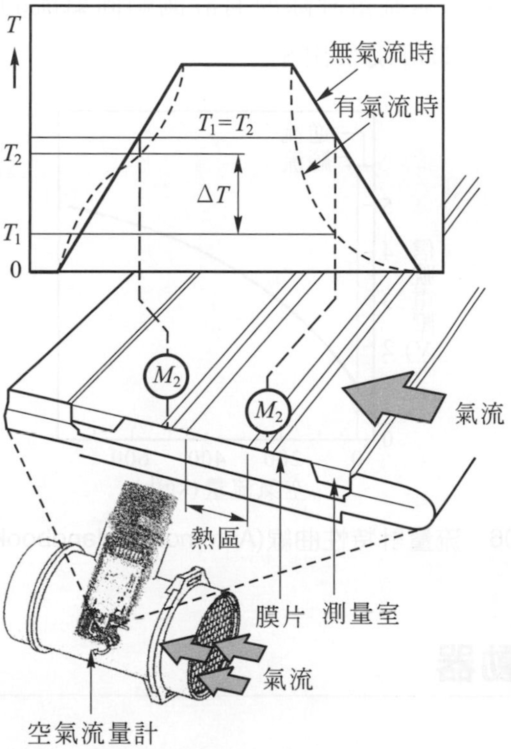

圖 1.3.105　HFM5 熱膜式空氣流量計的工作原理(Automotive Handbook，Bosch)

三、HFM5 熱膜式空氣流量計的工作原理

1. 加熱電阻加熱熱區的膜片，並使熱區膜片保持在一定溫度(在熱區膜片兩邊的溫度都會下降)；與加熱電阻對稱的，是置於熱區膜片的上、下游氣流中，隨進氣溫度變化的測量電阻 M1 與 M2，以檢測熱區膜片前後的溫度差異。
2. 在無氣流時，熱區膜片兩邊的溫度變化線是相等的，即T1 ＝T2。而有氣流時，膜片兩邊的溫度變化線是非線性且不相同的，在上游氣流側，因空氣的冷卻，使溫度變化線成陡升狀；在下游氣流(引擎)側，膜片先被冷卻，隨後又被加熱電阻加熱的空氣加熱，其相對溫度變高。因此有氣流時，在膜片兩邊溫度差異的變化，使在兩個測量點 M1 與 M2 間，產生溫差ΔT。

3. 溫差ΔT 經混合電路處理後，轉換為 0～5 V 的電壓信號，ECM 利用儲存的流量計特性曲線資料，如圖 1.3.106 所示，將量得的電壓信號換算成空氣流量值。

4. 圖 1.3.106 中也顯示本流量計除原有計測順向氣流的功能外，也可計測逆向氣流，從 T1 ＞ T2 即可反映出來。

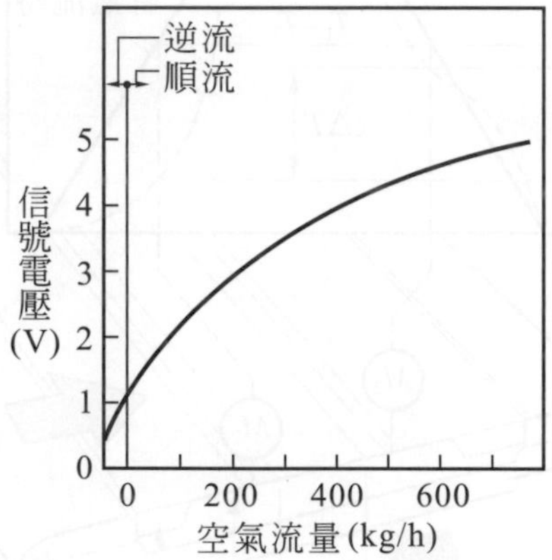

圖 1.3.106　流量計特性曲線(Automotive Handbook，Bosch)

1.4　作動器

1.4.1　概述

1. **感知器的輸入信號經電腦計算比較後，再使輸出裝置作用，這些裝置稱為作動器(Actuators)，以產生所需要的動作**。各種作動器用來控制汽車電路及零件，其任務包括

(1) 空燃比控制。

(2) 快怠速及怠速控制。

(3) 主繼電器／汽油泵控制。

(4) A/C 壓縮機離合器繼電器控制。

(5) EGR 控制。

(6) EEC 控制(或稱 EVAP 控制)。

2. ECM 輸出給大多數作動器的電壓爲 ON/OFF 或高／低之信號。

3. **由ECM控制電路的搭鐵側，以供應電瓶電壓給大多數的作動器，稱為搭鐵側切換(Ground Side Switching)**，如圖 1.4.1 所示，故 ECM 能以小電流搭鐵的電路，控制大電流之流動。ECM 是利用電晶體來控制搭鐵側切換，此電晶體稱爲驅動器(Driver)。

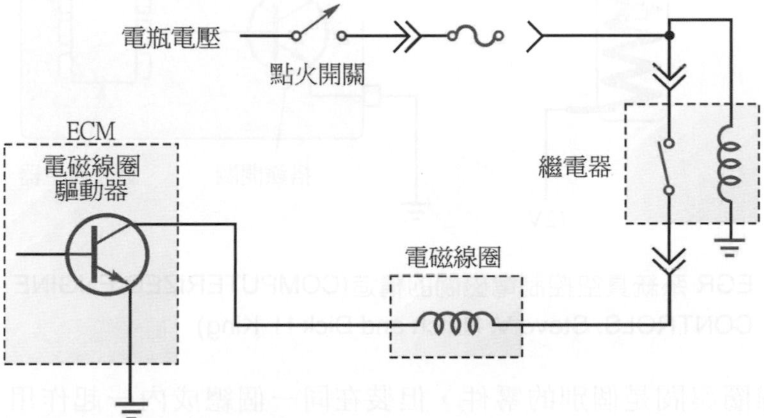

圖 1.4.1　ECM 控制電路的搭鐵側(ADVANCED AUTOMOTIVE EMISSIONS SYSTEMS, Rick Escalambre)

1.4.2 各種作動器的構造及作用

1.4.2.1 作動器的種類

作動器的種類
- 電磁線圈式
- 電動馬達式
- 繼電器式
- 感溫式

1.4.2.2 電磁線圈式作動器

1. 爲用途最廣的作動器，**是以電磁線圈(Solenoid)通電產生的吸力改變閥(Valve)的位置，以控制真空、燃油氣體(Fuel Vapor)、EGR氣體、氣流(Air Flow)、機油流動、水流、ATF 流動等，廣用於全車各控制系統**。

2. EGR系統眞空控制電磁閥的構造，如圖 1.4.2 所示，電磁閥爲常閉型，由線圈與可動鐵芯組成。當電腦使電磁閥電路搭鐵時，線圈通電，電磁吸力使可動鐵芯下移，眞空送往EGR閥。本電磁閥的控制，係採用PWM方式。

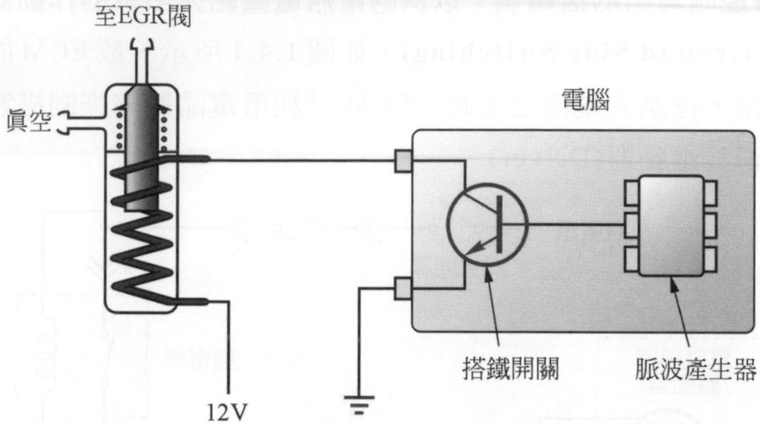

圖 1.4.2　EGR系統眞空控制電磁閥的構造(COMPUTERIZED ENGINE CONTROLS, Steve V. Hatch and Dick H. King)

3. 電磁線圈與閥是個別的零件，但裝在同一個總成內一起作用，彼此無法單獨運作。本書在敘述時，爲使描述更貼切，會分別採用電磁閥或電磁線圈的稱呼，但基本上是指同一個總成。

4. 電磁閥或電磁線圈的種類

電磁閥依未通電時閥的位置分
- 常開(Normally Open, NO)型
- 常閉(Normally Closed, NC)型

電磁線圈依控制方法分
- 固定頻率型
- 脈波寬度調節型
- 脈波寬度型

5. 固定頻率型電磁線圈控制

⑴ **即 ECM 送給電磁線圈的脈波電壓頻率是固定的，只改變工作週期(Duty Cycle)，即改變 ON/OFF 的時間比**。此型式電磁線圈使用最多 。

⑵ 以電腦控制回饋式化油器系統的混合比控制電磁線圈(Mixture Control Solenoid)爲例，工作週期依系統是閉迴路或開迴路而定，當在閉迴路時，

依含氧感知器的信號而改變電磁線圈的工作週期；當在開迴路時，依記憶體內的預設值而改變電磁線圈的工作週期。

(3) 福特汽車汽油噴射系統所採用的固定頻率型電磁閥，如圖 1.4.3 所示，做為怠速空氣控制(Idle Air Control, IAC)用。電腦依所需怠速轉速，控制工作週期在0～100%間變化，改變旁通空氣量，以獲得穩定的怠速轉速。

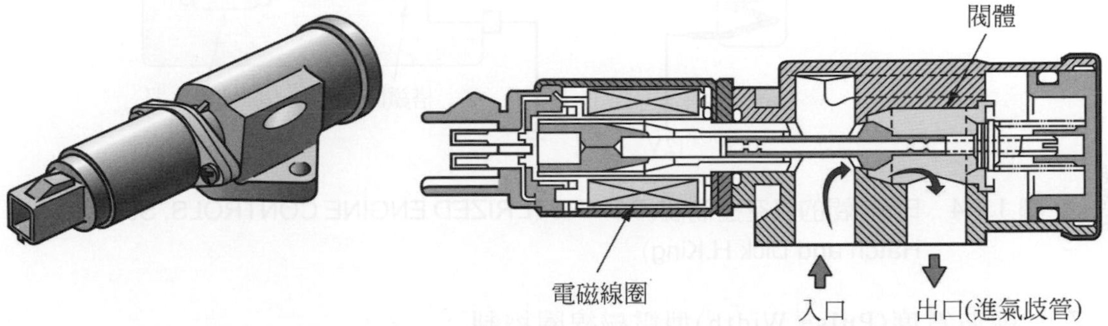

圖 1.4.3 福特汽車用 IAC 電磁閥(ADVANCED AUTOMOTIVE EMISSIONS SYSTEMS, Rick Escalambre)

(4) 此型式在英文資料中常稱為Duty Cycled。

6. 脈波寬度調節(Pulse Width Modulation, PWM)型電磁線圈控制

(1) **電磁線圈是由可變頻率及可變工作週期的脈波電壓所控制時，稱為脈波寬度調節或脈波寬度調變。**

(2) PWM型電磁線圈常用來控制EGR閥，當引擎需要排氣回流進氣歧管時，電腦改變電磁線圈的通電時間比例，當 0%工作週期時，表示 EGR 閥關閉，排氣回流量為零；當100%工作週期時，表示EGR閥全開，排氣回流量最多。

(3) EGR 閥的眞空控制閥，如圖 1.4.4 所示。假設 EGR 閥的開度應為60%，電腦從記憶體尋查表(Look-up-Chart)中選取正確的脈波寬度值送給眞空控制閥的電磁線圈，使眞空控制閥開啓一定程度，大氣壓力釋放至眞空管，讓恰好的眞空值送至EGR閥，使EGR閥開啓60%。

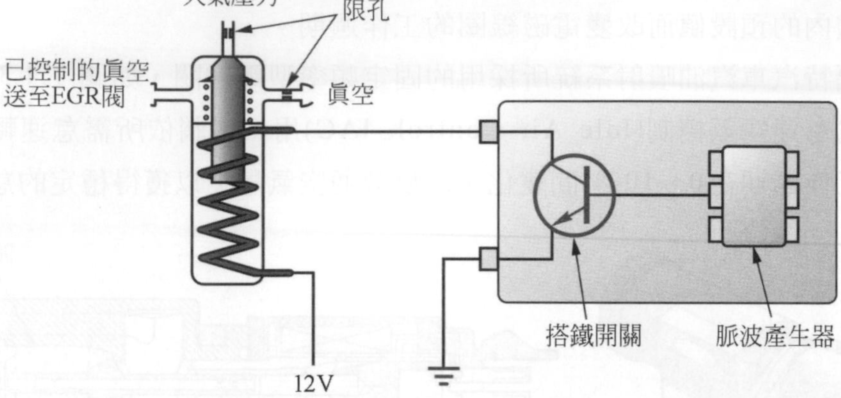

圖 1.4.4　EGR 閥的真空控制閥(COMPUTERIZED ENGINE CONTROLS, Steve V. Hatch and Dick H.King)

7. 脈波寬度(Pulse Width)型電磁線圈控制

(1) **脈波寬度型電磁線圈是以時間(ms)計測脈波寬度，即計測 ON 時間(ON-Time)之長短**。以汽油噴射系統的噴油器(Injectors)爲例，當噴油量必須增加時，脈波寬度的時間延長；當噴油量必須減少時，脈波寬度的時間縮短。

(2) 採用脈波寬度控制的電磁線圈式噴油器的構造，如圖 1.4.5 所示。針閥移動行程約在 0.1mm左右，針閥打開的時間也很短，在各種作用狀態下，約在 1.5～10ms 之間。如圖 1.4.6 所示，顯示在各種不同作用狀況下，脈波寬度變化時，噴油量隨之改變，例如加速時因節氣門開度大，空氣進入量多，需要更多的汽油時，ECM 會增加脈波寬度，使噴油器打開的時間變長，噴油量增加。

(a)

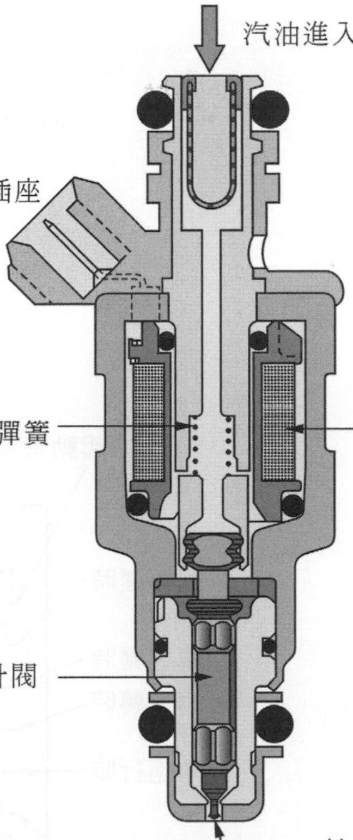

(b)

圖 1.4.5　電磁線圈式噴油器的構造(Automobile Electrical and Electronic Systems, Tom Denton)

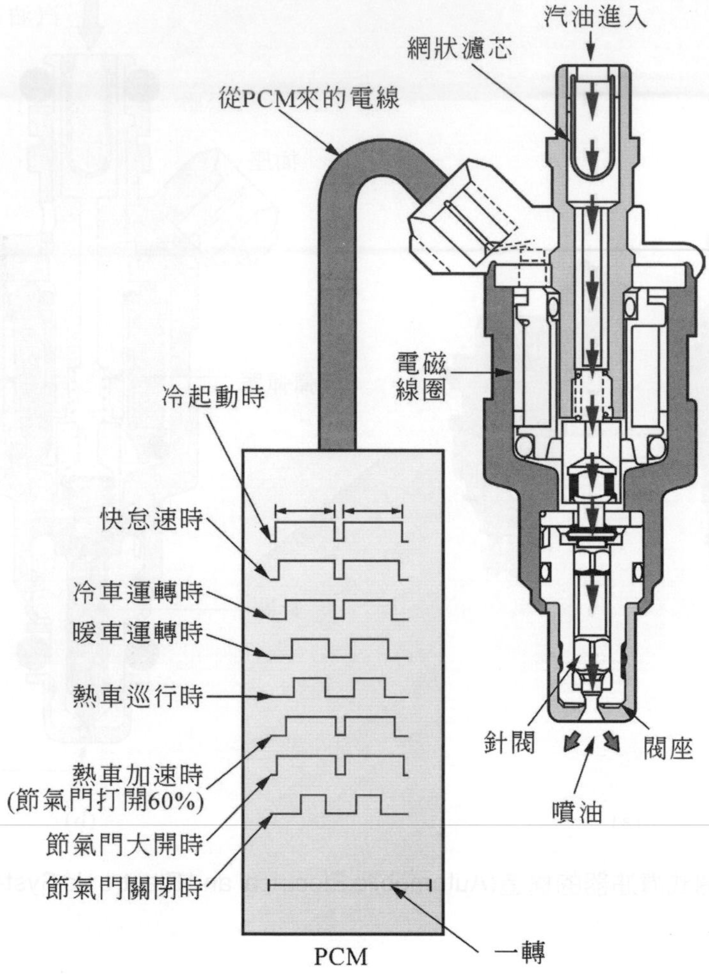

圖 1.4.6　PCM 送給噴油器不同的脈波寬度(Automotive Excellence, Glencoe)

1.4.2.3　電動馬達式作動器

1.　電動馬達(Electrical Motor)式作動器的種類

電動馬達式作動器的種類
- 永久磁鐵式
- 步進馬達式

2. 永久磁鐵(Permanent Magnet)馬達式作動器

(1) 控制怠速用永久磁鐵馬達式作動器的構造，如圖 1.4.7 所示。

① 由簡易型可逆轉 DC 馬達、永久磁鐵及驅動齒輪組所組成。

② 依馬達應轉的旋轉方向，電腦提供給電樞線圈不同的電壓極性，經驅動齒輪後，使與節氣門軸臂接觸的推桿移出或縮回，改變節氣門開度，以調節一定的怠速。

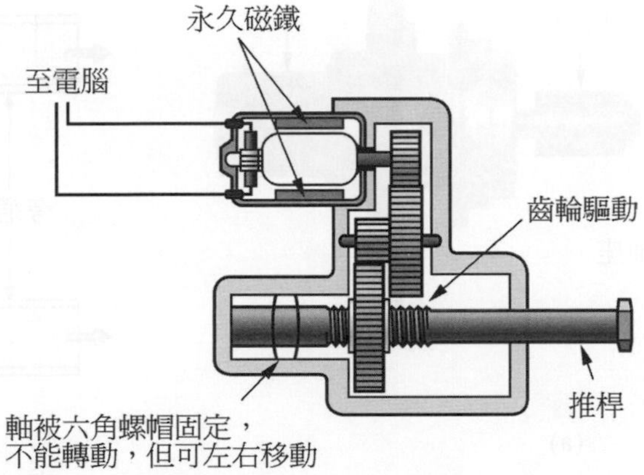

圖 1.4.7 怠速控制用永久磁鐵馬達式作動器的構造(Automobile Electrical and Electronic Systems, Tom Denton)

(2) Bosch Motronic 系統採用的永久磁鐵馬達式旋轉型怠速作動器(Rotary Idle Actuator)，如圖 1.4.8 所示。

① 藉由改變旁通空氣量，以調整怠速。

② 常用的有兩種基本型式，單線圈式有二個線頭，雙線圈式有三個線頭。單線圈式時，ECU 送出矩形脈波(Square Wave)信號給線圈，克服彈簧力使旋轉閥打開，而以彈簧力關閉；矩形脈波的 ON/OFF 比或工作週期，將決定旋轉閥的開度，進而調節怠速轉速。

③ 雙線圈式時，矩形脈波信號送給其中一組線圈，反信號送給另外一組線圈，當兩線圈的工作週期都是 50%時，旋轉閥不動，也就是馬達不轉；任一組線圈的工作週期比另一組大時，馬達會朝某一方向轉動，帶動旋轉閥，以調節一定的怠速轉速。

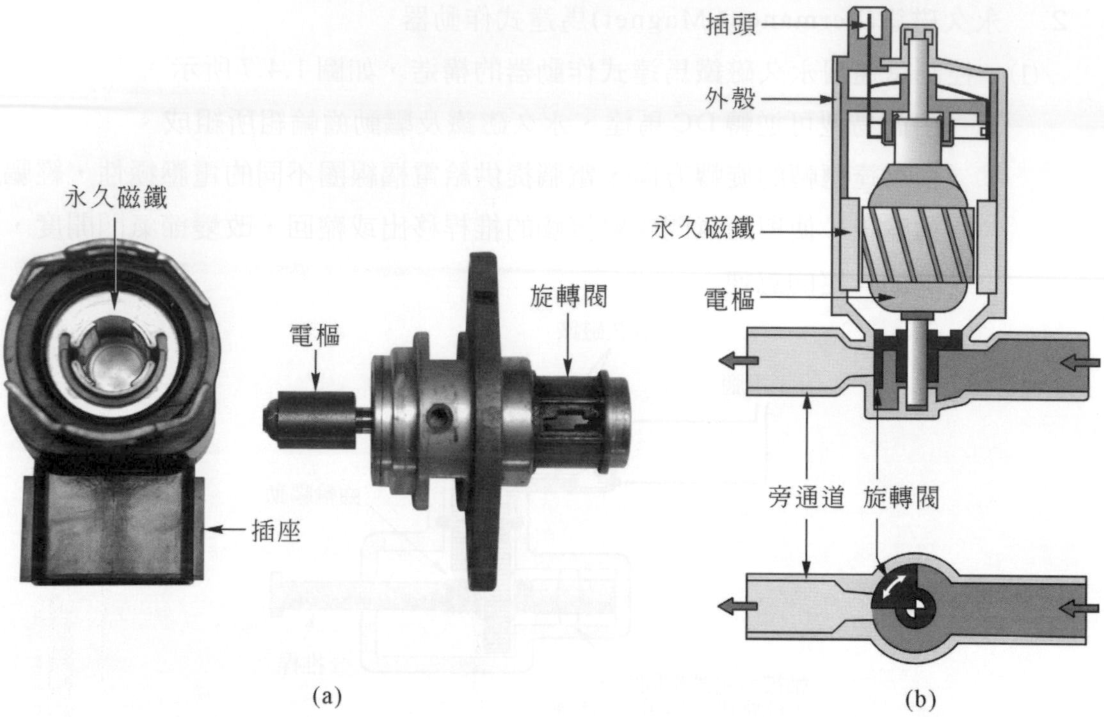

圖 1.4.8 Bosch Motronic 系統採用的永久磁鐵馬達式旋轉型怠速作動器(Technical Instruction, BOSCH)

3. 步進馬達(Stepper Motor)式作動器

(1) 步進馬達有數種型式，目前採用最多的是永久磁鐵式，具有較佳扭矩及保持扭矩的特性。各型式步進馬達的步進角度，可小至0.36°、0.75°或1.8°，大至15°、18°或45°等。

(2) 永久磁鐵式步進馬達的構造及作用，如圖1.4.9所示。

① 小型馬達是由脈波電壓所驅動，包含一個永久磁鐵電樞及兩組磁場線圈所組成，電腦會依序使脈波電流進入兩組電磁線圈，也會改變每一線圈的極性(Polarity)。每一次電腦使脈波電流進入一組線圈時，步進馬會旋轉一定角度；而改變極性時，則使馬達反向轉動。

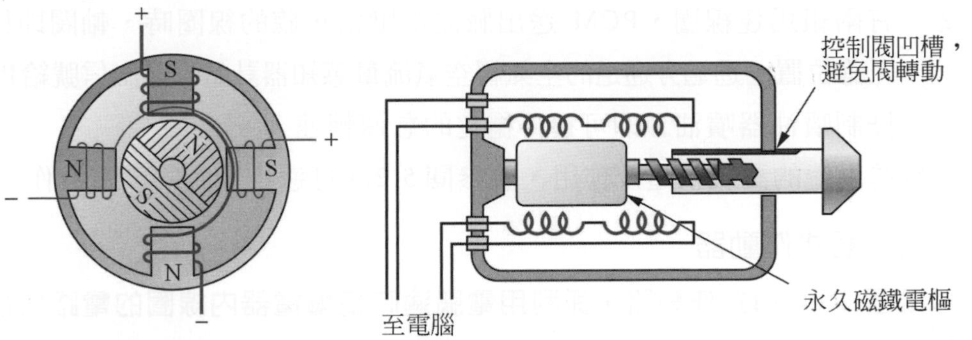

圖 1.4.9　永久磁鐵式步進馬達的構造及作用(COMPUTERIZED ENGINE CONTROLS, Steve V. Hatch and Dick H. King)

② 在電樞軸的一端設有螺旋(Spiral)，與控制閥連接。馬達向某一方向旋轉時，控制閥移出；馬達朝反方向旋轉時，控制閥縮回。電腦送出一系列的脈波至各磁場線圈，以達到所需要的控制閥位置，同時電腦可經由送出脈波數的計算，能知道控制閥的確實位置。

③ 步進馬達對閥的移動控制較精確，常用在空燃比與怠速控制。

(3) GM 汽車採用的永久磁鐵式步進馬達，用於汽油噴射系統的怠速空氣控制(IAC)閥，如圖 1.4.10 所示。

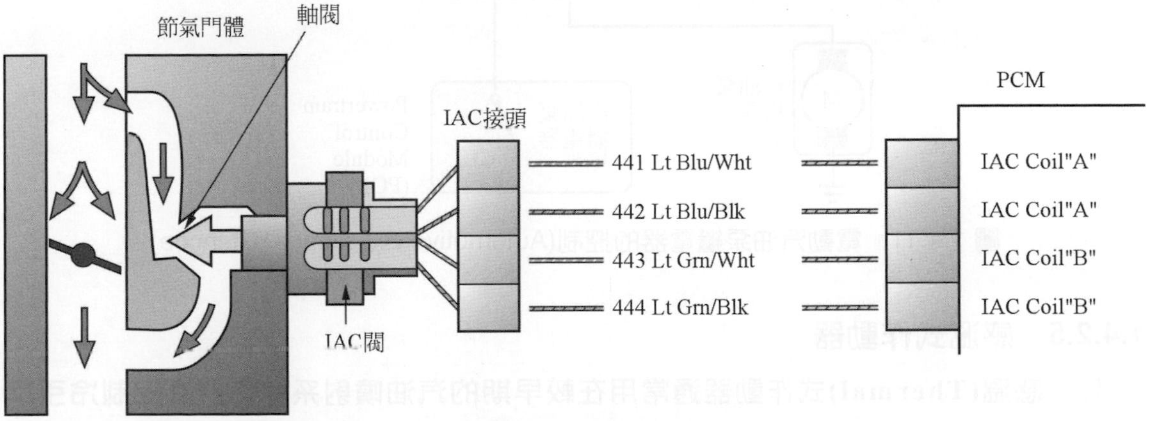

圖 1.4.10　GM 汽車 IAC 閥永久磁鐵式步進馬達(Automotive Excellence, Glencoe)

① IAC 閥爲一可逆式 DC 馬達在節氣門體內，軸閥(Pintle Valve)由馬達帶動，在節氣門全關時，用以改變空氣旁通道的大小。

② 有兩組馬達線圈，PCM 送出脈波電壓給正確的線圈時，軸閥即移動至正確位置，通過旁通道的空氣經空氣流量感知器計量，送出信號給PCM，控制噴油器噴油，即可獲得穩定的怠速轉速。

(4) 步進馬達的詳細構造及作用，請參閱 5.2.4 怠速控制閥的構造及作用。

1.4.2.4 繼電器式作動器

1. **繼電器(Relay)式作動器，係利用電腦適時使繼電器內線圈的電路搭鐵，讓較大電流進入需要動作的裝置**，常用於電動汽油泵、引擎冷卻風扇、空氣調節壓縮機離合器，或提供電源給電腦、噴油器、含氧感知器的加熱器等。
2. 電動汽油泵繼電器的控制，如圖 1.4.11 所示。大多數的繼電器為常開型，也就是由電腦控制線路的搭鐵，以決定電源之通斷與否。

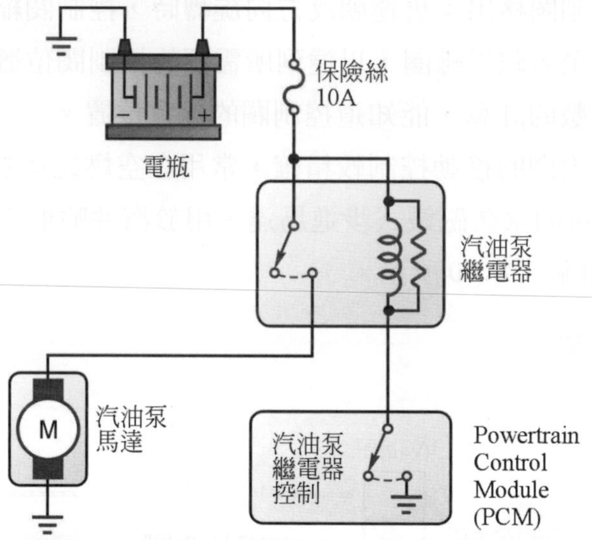

圖 1.4.11 電動汽油泵繼電器的控制(Automotive Excellence, Glencoe)

1.4.2.5 感溫式作動器

1. **感溫(Thermal)式作動器通常用在較早期的汽油噴射系統，做為控制冷引擎時的快怠速用**，稱為輔助空氣裝置(Auxiliary Air Device)，又稱為空氣閥(Air Valve)。
2. 輔助空氣裝置的構造及作用，如圖 1.4.12 所示，當引擎剛發動冷時，轉板上開口部分與旁通道相通，旁通空氣進入汽缸，使轉速提高；暖車時，熱偶片因通電加熱而彎曲，彈簧將轉板向逆時針方向拉動，使旁通道逐漸被轉板封閉；到引擎達工作溫度時，旁通道完全被封閉，快怠速作用停止。

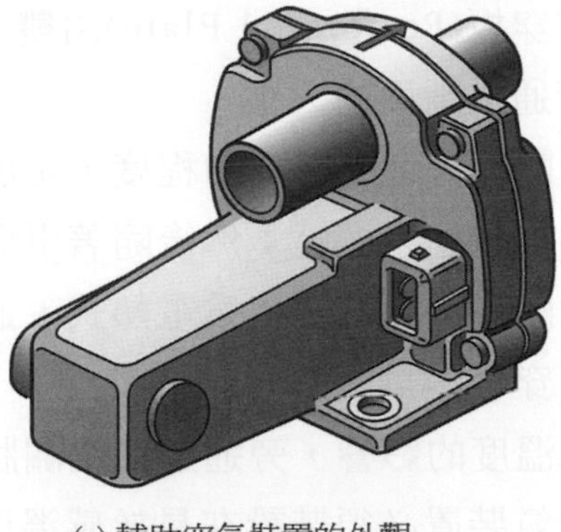

(a) 輔助空氣裝置的外觀

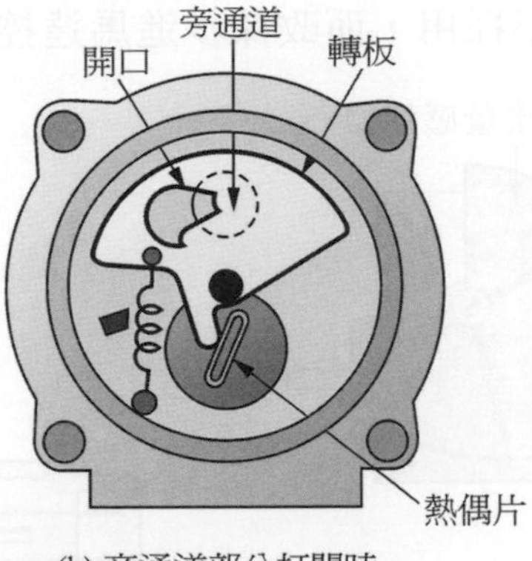

(b) 旁通道部分打開時

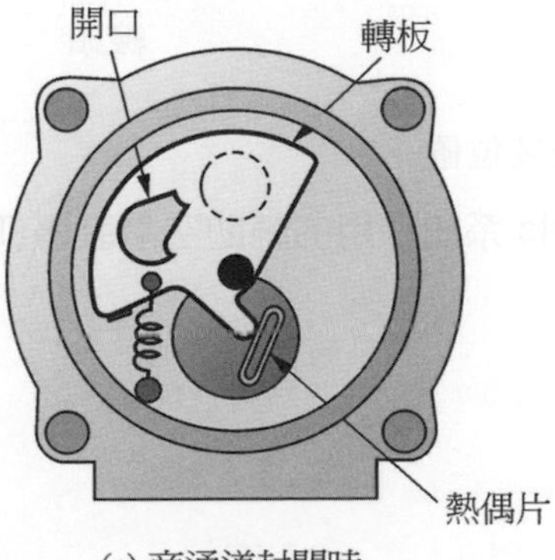

(c) 旁通道封閉時

圖 1.4.12　輔助空氣裝置的構造及作用(Automobile Electrical and Electronic Systems, Tom Denton)

3. Bosch L-Jetronic 系統所採用的輔助空氣裝置的安裝位置及構造，如圖 1.4.13 所示。

(1) 輔助空氣裝置的貫穿板(Perforated Plate)由雙金屬片(Bimetal Strip)的彎曲與否，以啓閉旁通道斷面的大小。

(2) 剛開始時，貫穿板開放旁通道斷面的程度，是由引擎溫度決定，故冷車起動時，適量的額外空氣進入汽缸；然後隨著引擎溫度的升高，旁通道斷面會逐漸被貫穿板封閉；而雙金屬片為電熱式，通電加熱後，再加上引擎溫度的作用，會使貫穿板提早關閉旁通道。

(3) 熱車後，由於引擎溫度的影響，旁通道在全關狀態，即輔助空氣裝置不作用，故此種輔助空氣裝置必須裝設在易於感溫引擎溫度之處。

(4) 由以上的構造及作用可以看出，此種裝置所控制的快怠速精確度較差，故現代汽油引擎已不採用，而改採步進馬達控制的 IAC 閥。

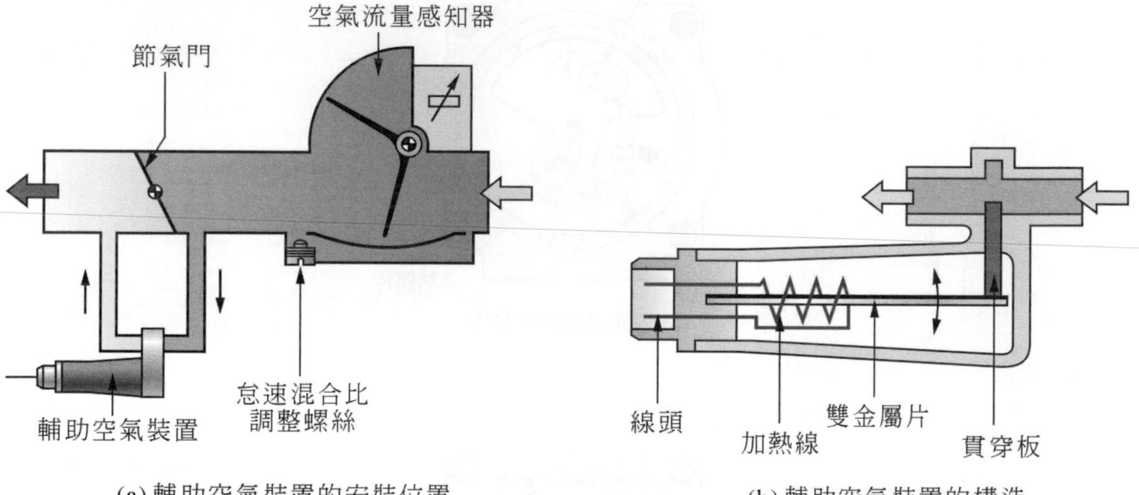

(a) 輔助空氣裝置的安裝位置　　(b) 輔助空氣裝置的構造

圖 1.4.13　Bosch L-Jetronic 系統採用的輔助空氣裝置(Technical Instruction, BOSCH)

1.5 多工(MUX)系統

1.5.1 概述

1. 多年來，當汽車製造廠要增加一項新的功能時，表示又要增加更多的電線，以配合電路所需；即使是電腦控制的系統，增加更多的功能，亦即增加更多的電腦、感知器、作動器，以及更多的電線做連結控制用。
2. 另外，許多電腦需要從各種相同功能的感知器輸入信號，例如很多舊型車輛，有三個冷卻水溫度感知器或開關，一個用來控制水箱電動風扇的作用，另一個用來控制水溫錶或警告燈，第三個用來做爲輸入信號給 PCM。
3. 如果我們能將感知器的信號只送給一個電腦，然後由此電腦將信號送給也需要相同訊息的其他電腦，此即多工(Multiplexing, MUX)的觀念。**MUX 省略了電線，可減輕車重，增加可靠性(Dependability)，提高電腦診斷能力，而且允許增加更多的功能**。
4. 事實上，要在全面MUX汽車上增加一個新功能，很簡單的方式，只要將多工網路(Multiplex Network)上相關控制模組的軟體更新即可，不需要新增電腦，也不需要新設電線。

1.5.2 多工概念

1. 硬線(Hard Wiring)
   (1) 硬線是一種以銅材料製成的電線，其全部時間只能進行一個訊息傳送，爲一般汽車傳統通信系統採用的電線。
   (2) 在應用 MUX 前，整個電路裝置，從感知器到每一個電腦，電腦到各作動器，以及電腦的電源及搭鐵線路，全部都是採用硬線，如圖 1.5.1 所示，爲傳統通信系統的連接，隨著信號數量的增加，電線束的數量也跟著增加，而且隨著車輛規格之不同而異。
   (3) 如圖 1.5.2 所示，也是傳統式數個不同ECU的連接方式，可以看出各ECU間的連接線路非常複雜。

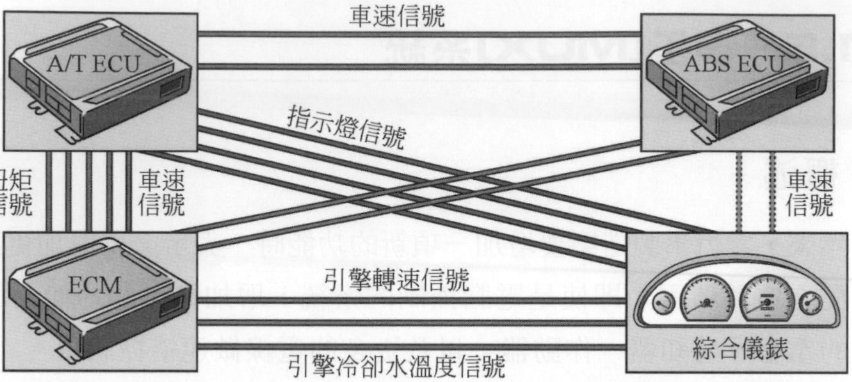

圖 1.5.1　汽車的傳統通信系統(Teana 技術訓練教材, 裕隆汽車公司)

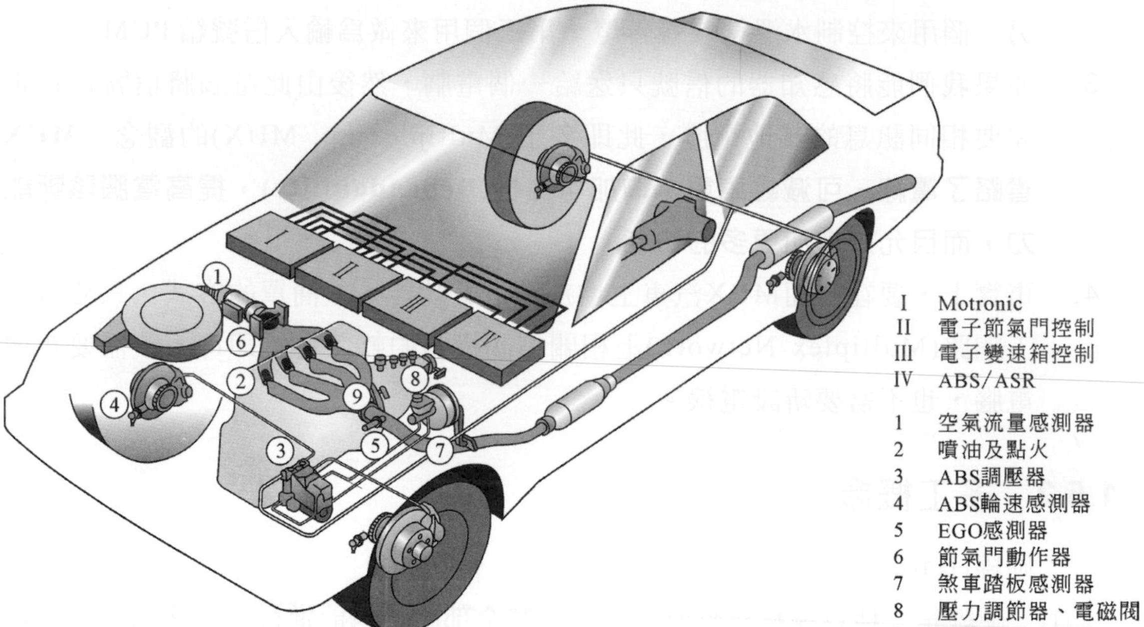

圖 1.5.2　動力傳動系統各 ECU 間傳統式的連接方式(Automobile Electrical and Electronic Systems, Tom Denton)

2. 淘汰硬線

(1) 多工電路可以讓一個以上的訊息進行通信，能代替多股硬線的功能，因此車上硬線已漸被淘汰。福特汽車早在1960年代中期，就已將MUX應用在其車速控制系統(Speed Control System)上。裕隆汽車在Teana車型上採用 CAN 通信系統的連接方式，CAN 包含一對 CAN-H 線路與 CAN-L 線路，所有 ECU 都連接在通信網路上，不使用一般的電線，簡化了許多，如圖 1.5.3 所示。

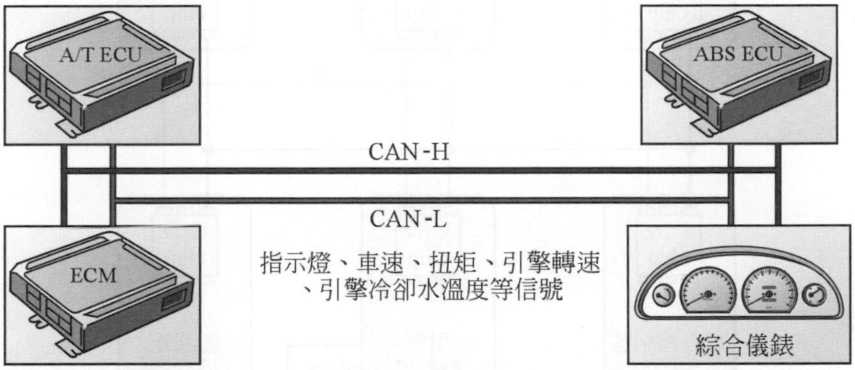

圖 1.5.3　汽車的 CAN 通信系統(Teana 技術訓練教材, 裕隆汽車公司)

(2) 現代的 MUX 系統，已不再簡單的使用電阻以變更訊息，而是以二進位碼(Binary Code, 雙碼)或稱串列資料(Serial Data, 連續數據)的數位化碼進行通信。**以串列資料在電路上的通信，稱為資料匯流排網路(Data Bus Network)，即控制器區域網路(Controller Area Network, CAN)**，如圖 1.5.4 所示，主控制器爲 BCM，控制 Data Bus，稱爲主奴工(Master Slave)，其他依靠 Data Bus 的電腦，稱爲奴工(Slave)。

(3) 與其他系統通信的介面(Interfaces)分成兩種，利用二進位碼信號方式已屬於傳統式，每一信號需要一條單線，當汽車各電子零件間的資料傳輸量增加時，傳統式介面不再有能力提供令人滿意的性能，且線束複雜難以管理，解決之道就是採用以串列資料傳輸的 CAN 方式，個別 ECU 以網路連結起來，可減少複雜的線路、感知器數量、ECU 插座的接腳數目，以及因傳輸速度快，能提升各單獨裝置潛在的優勢與性能。

(4) 任何在 Data Bus 進行通信的電腦，被稱爲 Node，如果 Node 具備多工器(Multiplexor)時，則具有送出(Send)訊息到 Data Bus 的能力；如果 Node 具備反多工器(Demultiplexor)時，則具有接收(Receive)與解譯訊息的能力。許多 Nodes 具備多工器與反多工器，因此同時具有接收與送出訊息的能力。

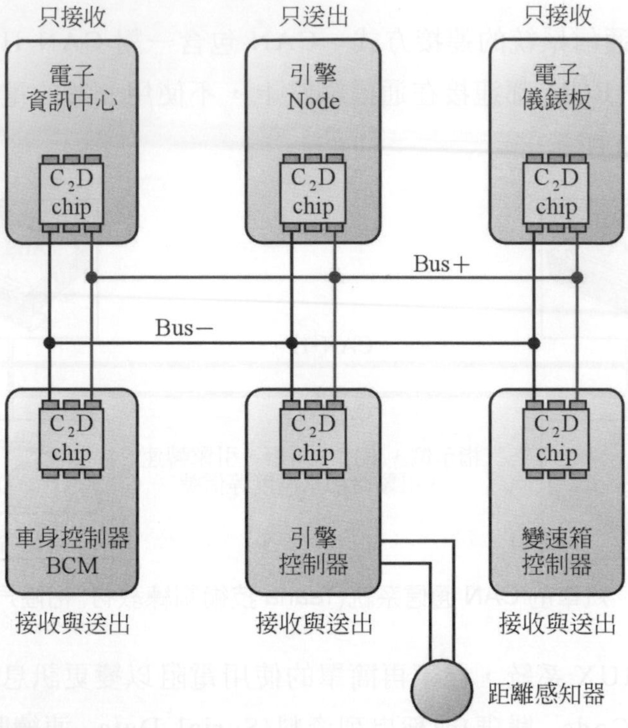

圖 1.5.4　資料匯流排網路示意圖(Computerized Engine Controls, Steve V. Hatch and Dick H.King)

(5) 雙 CAN Bus 系統，高速 CAN Bus 用於引擎、變速箱、ABS 等需要迅速傳輸的主要控制，低速 CAN Bus 則用於其他次要控制；高速資料傳輸速率在 100K～1M 鮑(Baud)之間，低速資料傳輸速率在 10K～100K 鮑之間，如圖 1.5.5 所示。Bosch 所採用連結各 ECU 的兩種方式，一爲利用線束(Cable Harness)，一爲利用 CAN Bus 的方式，如圖 1.5.6 所示。

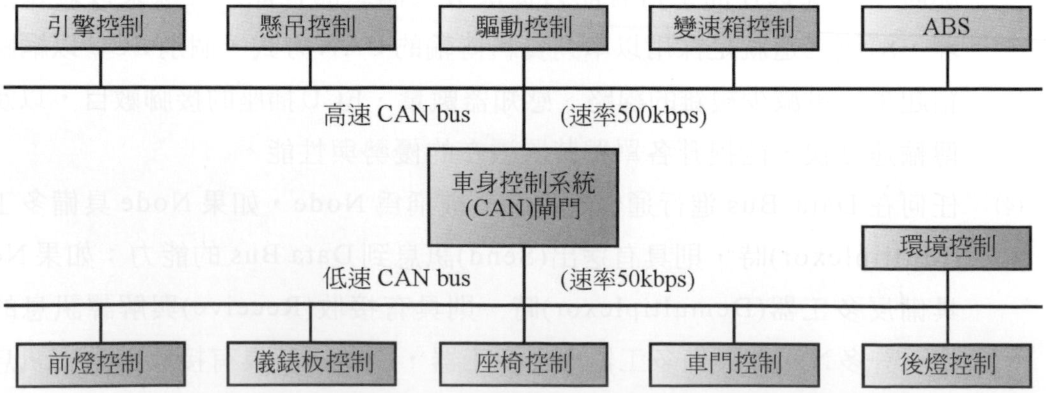

圖 1.5.5　雙 CAN Bus 系統(Automobile Electrical and Electronics Systems, Tom Denton)

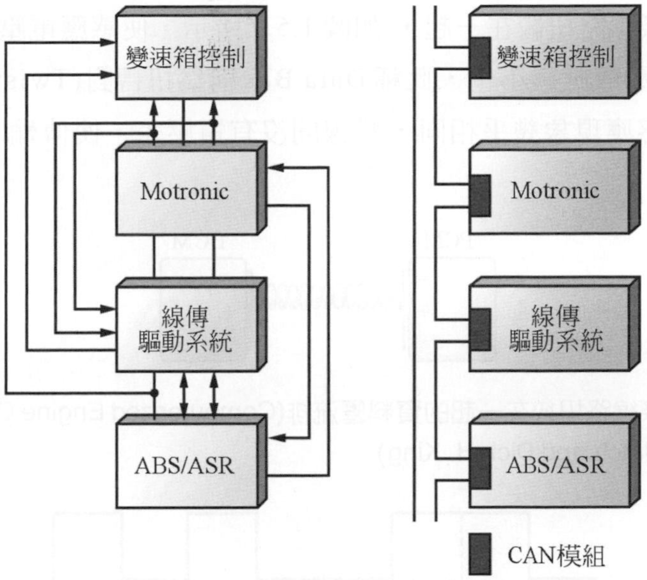

圖 1.5.6 Bosch 所採用兩種 ECU 的連結方式

3. MUX的普及性

汽車及非汽車用，MUX已廣用於現代電子裝置系統，如通信、數位影音裝置及各型電腦等，例如個人電腦在網路上運用相同的原理，與顯示器、鍵盤、印表機、掃瞄器及其他電腦進行往來通信。

1.5.3 多工系統設計

1. 在以往曾有一短暫時間，汽車的多工電路是利用光纖材料進行光的ON/OFF信號傳送，類似CD/DVD播放機與音響接收／放大器的連接。
2. 目前大多數汽車都是採用電壓ON/OFF(或高電壓／低電壓)信號傳送，將信號指定為“1”與“0”，1與0稱為一個位元資料(A Bit of Information)；串聯在一起即形成一個完整的字，或稱為位元組(Byte)。Bit是Binary Digit的簡寫，Byte是Binary Term的簡寫，而1 Kilobite表示1,024 Bytes資料，1 Megabyte表示1,048,576(1,024平方)Bytes資料。
3. 雙線資料匯流排(Two-Wire Data Bus)

   (1) 許多多工電路在各電腦間使用兩條線路進行傳輸，一為匯流排(+)側，一為匯流排(−)側，匯流排上與所有電腦連接的(−)線，使(+)線可得清晰信號，如同大多數點火系統點火模組與PCM間之連結。

(2) 然後兩條線路扭絞在一起，如圖 1.5.7 所示，使感應電壓(Induced Voltage, 誘導電壓)效應最小化，此種 Data Bus 稱爲扭轉對(Twisted Pair)。由於兩線路的感應現象幾乎相同，雙線間沒有電壓差，使傳輸的二進位碼不受影響。

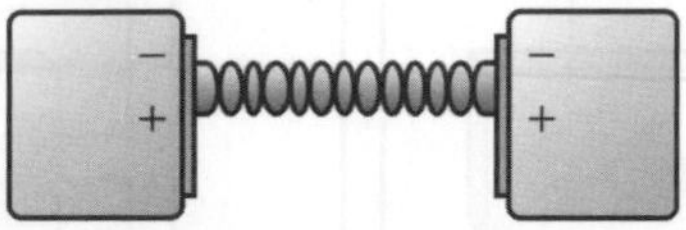

圖 1.5.7　兩條線路扭絞在一起的資料匯流排(Computerized Engine Controls, Steve V. Hatch and Dick H. King)

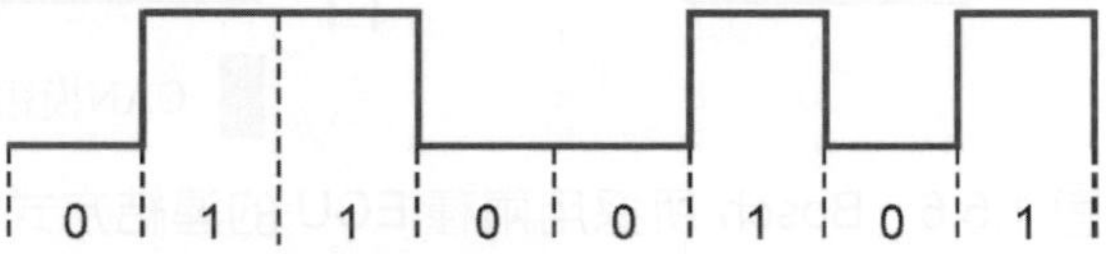

圖 1.5.8　由所有位元資料都是相同長度二進位碼形成的PWM串列資料(Computerized Engine Controls, Steve V. Hatch and Dick H. King)

(3) 基本上，使用二進位碼的雙線匯流排有固定的脈波寬度，即所有位元長度(Length)都是相同的，如圖 1.5.8 所示，因此在 Data Bus 上的串列資料，稱爲脈波寬度調節(Pulse Width Modulated, PWM)。

4. 單線資料匯流排(Single-Wire Data Bus)

(1) **爲了更進一步減少線路的複雜性，較新的 Data Bus 採用單線匯流排，將所有電腦連接在一起**，如圖 1.5.9 所示，圖中IPC表儀錶板控制器(Instrument Panel Controller)，ATCM 表自動變速箱模組(Automatic Transfer Case Module)，EBCM表電子煞車控制模組(Electronic Brake Control Module)。在此種設計時，串列資料基本上是可變脈波寬度(Variable Pulse Width, VPW)，亦即二進位碼的所有位元並不是都是等長的，數字 1 可能表示短高電壓脈波，也可能表示長低電壓脈波；反之，數字 0 可能表示短低電壓脈波或長高電壓脈波，因此每一位元資料允許在高電壓與低電壓間切換，如圖 1.5.10 所示。

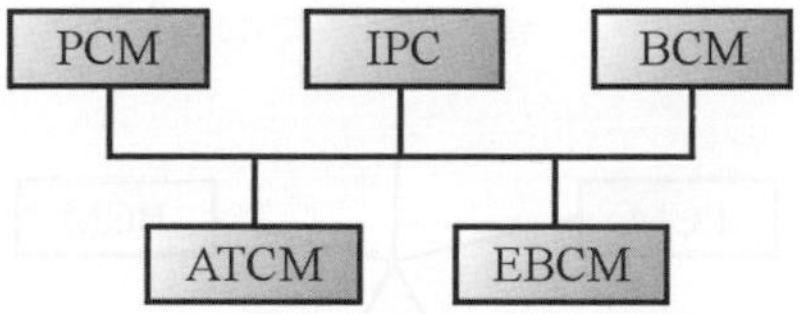

圖 1.5.9　單線資料匯流排(Computerized Engine Controls, Steve V. Hatch and Dick H. King)

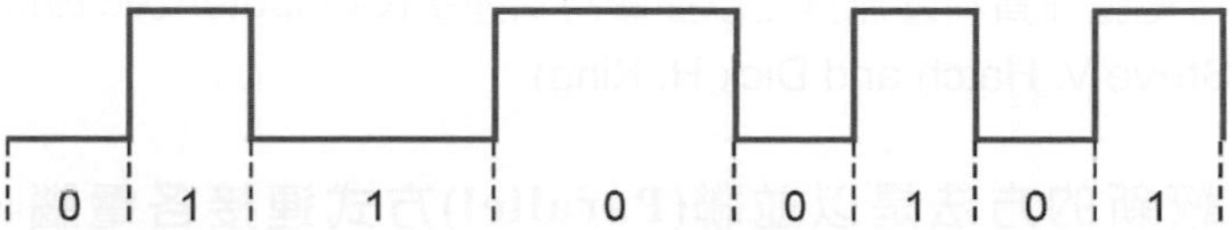

圖 1.5.10　由位元資料不同長度二進位碼形成的 VPW 串列資料(Computerized Engine Controls, Steve V. Hatch and Dick H. King)

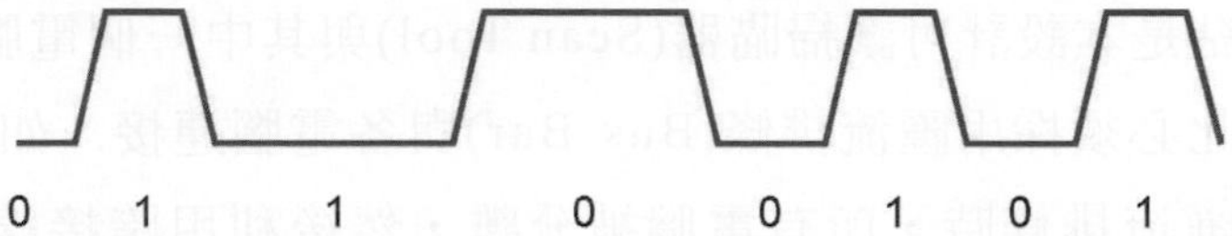

圖 1.5.11　VPW 串列資料波形成梯形(Computerized Engine Controls, Steve V. Hatch and Dick H. King)

(2) 如果使用示波器(Lab Scope)來觀察單線資料匯流排串列資料的波形(Waveform)，可以發現在各位元資料間波形並不是垂直變化，而是稍微成梯形，如圖 1.5.11 所示，如此可以讓在 Data Bus 上的電腦，能分辨出是串列資料，或是因附近電路而誘導電壓的較垂直波形。

5. 資料匯流排形狀(Data Bus Configuration)

(1) 較舊型汽車的 Data Bus，是以串聯(Series)方式連接各電腦，或稱環形(Loop Configuration)連接，如圖 1.5.12 所示。如果匯流排上其中一個電腦失去電力或搭鐵，可能會造成整個匯流排失效，而影響在匯流排上其他電腦的作用。

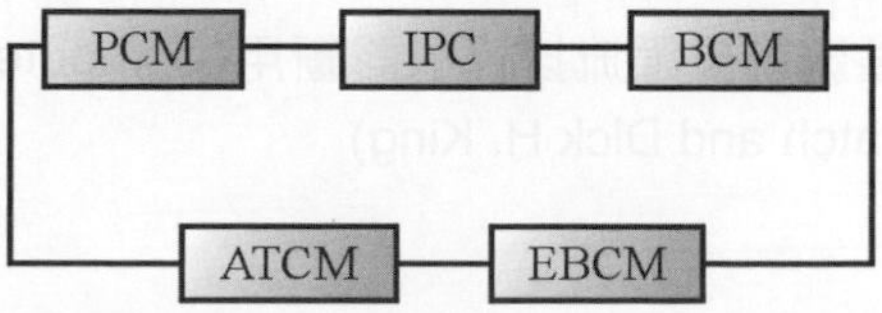

圖 1.5.12　各電腦在資料匯流排上以串聯方式連接(Computerized Engine Controls, Steve V. Hatch and Dick H. King)

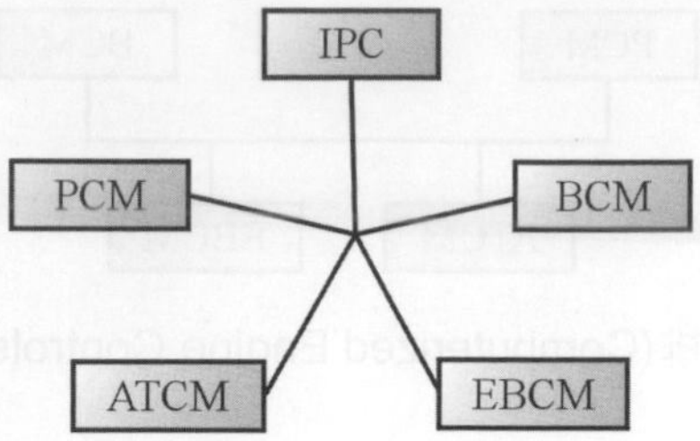

圖 1.5.13　各電腦在資料匯流排上以並聯方式連接(Computerized Engine Controls, Steve V. Hatch and Dick H. King)

(2) 因此，**較新的方法是以並聯(Parallel)方式連接各電腦，或稱星形(Star Configuration)連接**，如圖 1.5.13 所示，可縮短 Data Bus 到各電腦的距離，且匯流排上的電腦失去電力或搭鐵時，其他的電腦仍能正常作用；另一個優點是本設計可讓掃瞄器(Scan Tool)與其中一個電腦或選出的電腦連結，因此必須採用匯流排條(Bus Bar)與各電腦連接，如圖 1.5.14 所示，當拆開匯流排條時，所有電腦被分離，然後利用跨接線將資料連結接頭(Data Link Connector, DLC)與任一電腦連接，即可進行故障診斷作業。

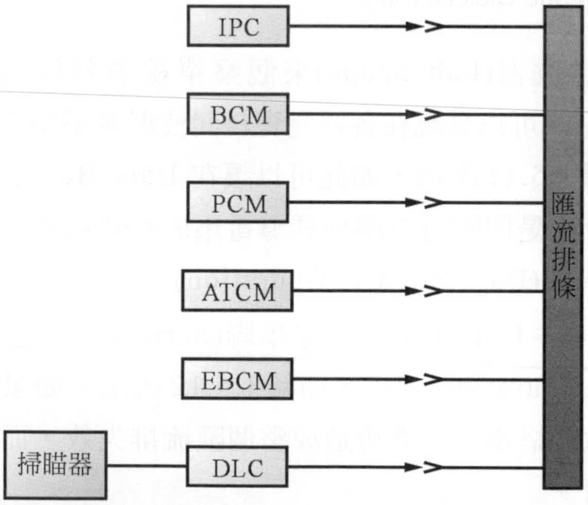

圖 1.5.14　星形資料匯流排設匯流排條供診斷用(Computerized Engine Controls, Steve V. Hatch and Dick H. King)

1.5.4 MUX 語言

1. MUX 語言(Multiplexing Protocols)

(1) Protocols意即電腦之間通信與資料傳送所遵守的規則，簡言之，Protocols是電腦語言，是各電腦間在 Data Bus 相互通信的語言。

(2) 此種語言，就是二進位碼，不同的語言會因鮑率(Baud Rate)而變化，也會是PWM或VPW而變化。鮑率是指電腦傳送資料的速率，單位爲bits/s (bits per second, 每秒位元數)，或寫成bps。

2. 語言等級(Protocol Classes)

(1) 依通信速度或鮑率，SAE將語言等級分成三種

① A級語言：爲低速率語言，鮑率爲10,000 bits/s(10kb/s)，通常用來控制燈光、電動窗、電動座椅及中央門鎖等。

② B級語言：爲中速率語言，鮑率爲100,000 bits/s(100kb/s)，通常用於電腦間分享彼此的資訊。

③ C級語言：爲高速率語言，鮑率爲1,000,000 bits/s(1mb/s)，通常用在需要即時控制(Real-Time Control)的選擇性功能，例如線傳驅動(Drive-By-Wire)等。C級語言的應用原理，稱爲控制器區域網路(CAN)，由德國人 Robert Bosch 在1980年初期所研發，鮑率達1mb/s，設計爲特殊系統的即時控制用。CAN語言已被歐洲接受爲ISO(International Standards Organization, 國際標準組織)語言，也已被美國所採用。

(2) **CAN 為具備高速傳輸能力，極佳的偵錯性能，及優異的防干擾性能之多工通信**，故現代汽車已漸進採用，將來車輛的線路將全面 CAN 化。採用 CAN 的多工通信，可減少線束及重量，並使所有車輛各系統的連接型式一致，構造更簡化，而且可以使用更多的 ECU。如圖 1.5.15 所示，爲裕隆汽車 Teana 車型採用CAN連結的感知器及ECU，包含ECM、BCM、TCM(變速箱控制模組)、VDC(車身動態控制)/TCS/ABS控制模組、轉向角度感知器、顯示器ECU、綜合儀錶及A/C ECU、引擎室的IPDM(智慧型電源分配模組)等。

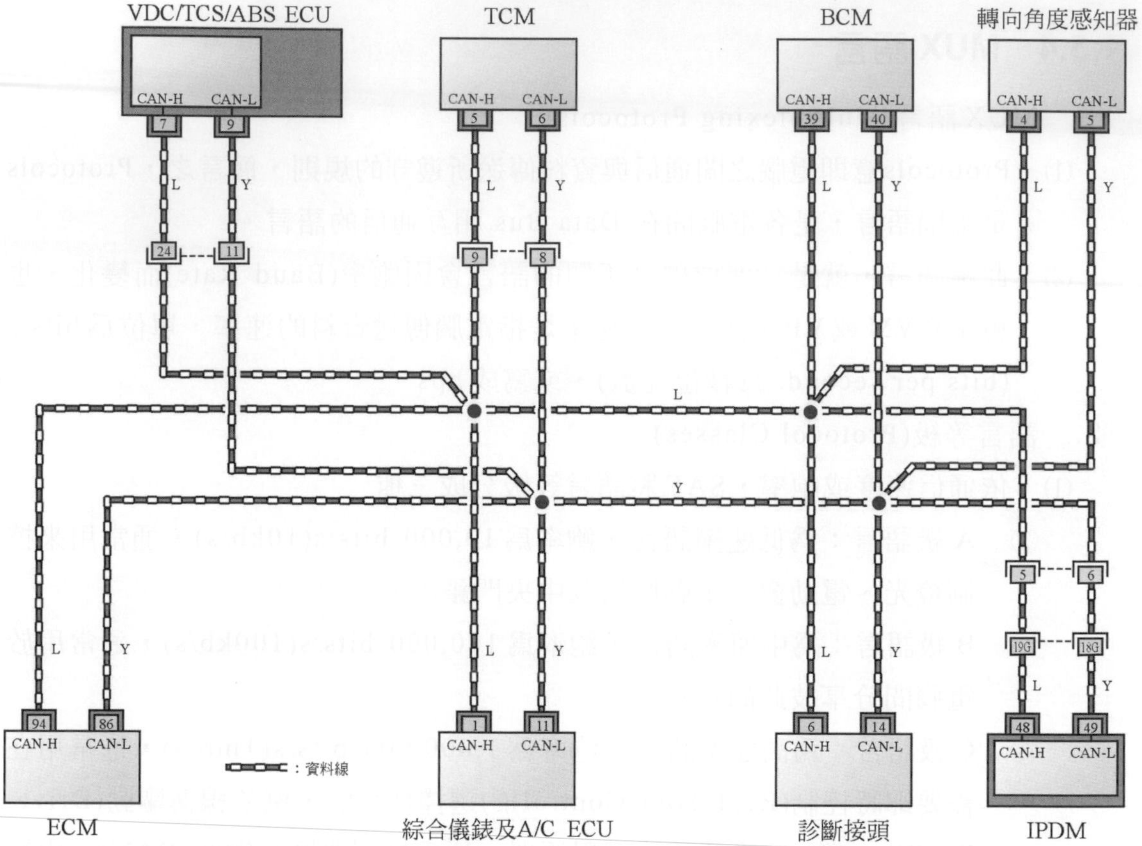

圖 1.5.15　各電腦採用 CAN 連結(Teana 技術訓練教材, 裕隆汽車公司)

1.5.5 MUX 的先進應用

1. 使感知器或開關成爲電子化裝置(Electronically Equipped)，將其感測值，在 Data Bus 以二進位碼方式與其他零件通信；另外，使作動器也成爲電子化裝置，在 Data Bus 接收從其他零件來的二進位碼，經轉換後成爲動作。以上的電子化零件，可稱爲聰明裝置(Smart Devices)。
2. 例如，現代汽車裝在方向盤總成前方或後方的駕駛控制開關(Driver Control Switches)，用來控制冷暖空調、音響或巡行裝置等。控制開關經 Data Bus 送出串列資料至控制模組，如果送出命令是提高音量，則二進位碼會由音響模組接收及驅動，其他模組不會作用。

第 1 章　學後評量

一、是非題

( )1. 電子控制單元又稱為電腦。

( )2. 一般所稱的矽晶片即IC。

( )3. 將輸入、輸出資料轉換成CPU、作動器能辨認的資料是I/O裝置。

( )4. 電腦內的放大器是為提高送給作動器的電壓信號。

( )5. 類比電壓信號，是一種突然升高或降低的電壓變化。

( )6. 二進位數即二進位碼，是0與1的數位信號。

( )7. 高頻率脈波，其波頂間的距離較長。

( )8. 所謂工作週期，是指在一個週期的時間中，OFF所佔時間之比率。

( )9. ECM控制電子零件的搭鐵端時，其ON-Time在下方，即0V線上。

( )10. ROM在電源關掉後儲存的資料會消失。

( )11. 部分電腦內的PROM是可拆卸更換的。

( )12. EEPROM不必從電路板上拆下，可直接抹除及再程式資料。

( )13. NTC型可變電阻式感知器，當溫度低時，其電阻小。

( )14. MAP與MAF感知器，均屬負荷感知器。

( )15. 熱線式空氣流量感知器的熄火後自動通電作用，是為燒除熱線上的污物。

( )16. 卡門渦流的頻率與空氣流速成反比，偵測卡門渦流產生的頻率，即可測知空氣流量。

( )17. 絕對壓力量測時，其所對應的是可變的大氣壓力值。

( )18. MAP感知器也可同時用來監測大氣壓力。

( )19. 線列四缸引擎只裝用一個爆震感知器時，是裝在第2、3缸的中間。

( )20. 當爆震感知器的壓電元件產生的振盪電壓低於門檻值時，CPU 的偵測電路判定為爆震，送出信號給點火器，使點火時間延遲。

( )21. PTC型熱阻器電阻的變化與溫度成正比。

( )22. 進氣溫度感知器的熱阻器高電阻時，表示進氣溫度高，空氣密度低。

( )23. 曲軸位置感知器，也稱為CMP Sensor。

( )24. 磁電式感知器產生電壓的大小，與磁通量變化率的大小有關。

(　)25. 磁電式曲軸位置感知器，當轉子凸齒在磁極間時，感應電壓最大。
(　)26. Bosch Motronic 系統採用的磁電式曲軸位置感知器產生的信號，可計算引擎轉速及點火提前角度。
(　)27. Toyota在分電盤內磁電式曲軸位置感知器的NE信號，用以控制噴射正時及點火正時。
(　)28. 霍爾效應式曲軸位置感知器，當圓盤的遮片對正磁鐵時，輸出高電壓。
(　)29. 裝在分電盤的磁場遮蔽型霍爾效應式曲軸位置感知器，如果是用來做爲電子點火正時控制用，則當遮片離開空氣間隙的瞬間，信號送給 ECM，以計算正確的點火提前角度。
(　)30. 光電式曲軸位置感知器是由 LED、光敏電晶體及挖有圓孔或槽孔的圓盤所組成。
(　)31. 雙接點式TP感知器，當怠速接點閉合信號送給ECM時，使ECM知道引擎在高負荷狀態，以進行汽油增量補正。
(　)32. 電位計式TP感知器，5V的輸出電壓，表示節氣門全關。
(　)33. 二氧化鋯式O2S，二氧化鋯管的內側是大氣，外側是引擎排氣。
(　)34. 無O2S信號時，爲開迴路控制，空燃比不會控制在理論混合比附近。
(　)35. 開關是用來產生線性輸出電壓給ECM。
(　)36. ECM控制搭鐵側電晶體的作用，能以小電流控制大電流流經作動器。
(　)37. 脈波寬度型電磁線圈，是計測頻率的高低來控制。
(　)38. 步進馬達對閥的移動控制較精確，常用在空燃比與怠速控制。
(　)39. 空氣閥是用來控制引擎的怠速用。
(　)40. CAN即控制器區域網路，也就是資料匯流排網路。
(　)41. 電腦若具備反多工器時，具有接收與解譯訊息的能力。
(　)42. 採用單線資料匯流排比雙線資料匯流排，可更減少線路的複雜性。
(　)43. 鮑率是10 kb/s的速率時，用來控制線傳驅動。
(　)44. 採用CAN Bus的多工通信，可使系統構造更簡化。
(　)45. 鮑率是指電腦的容量大小。

二、選擇題

( )1. 由許多電晶體、二極體、電容器、電阻器所組成的數個到數千個電路，植裝在矽晶片上，稱為 (A)CPU (B)IC (C)I/O (D)ALU。

( )2. 以下何者非微電腦的基本要件？ (A)中央處理單元 (B)記憶體 (C)I/O介面 (D)輸入／輸出裝置。

( )3. 參考電壓調節器提供給各感知器的參考電壓，通常約為 (A)3V (B)5V (C)9V (D)12V。

( )4. 脈波寬度佔一個週期的比率，稱為 (A)工作週期 (B)頻率 (C)循環 (D)振幅。

( )5. 將類比信號轉換為數位信號的是 (A)放大器 (B)輸出驅動器 (C)A/D轉換器 (D)D/A轉換器。

( )6. 一個位元組(Byte)有 (A)一個 (B)二個 (C)四個 (D)八個 位元(Bit)。

( )7. 對RAM的描述，何項錯誤？ (A)電源關掉後資料會消失 (B)稱為讀寫記憶體 (C)為非揮發性記憶體 (D)也稱隨機存取記憶體。

( )8. 必須從電路板上拆下，再以紫外線照射以抹除資料的是 (A)EPROM (B)PROM (C)KAM (D)EEPROM。

( )9. 以小電流觸發功率電晶體作用，得到大輸出電流，使作動器正常作用的是 (A)輸入介面 (B)輸出驅動器 (C)PROM (D)時計。

( )10. 下列何種型式感知器，不是採用可變電阻式？ (A)爆震 (B)水溫 (C)進氣溫度 (D)燃油溫度 感知器。

( )11. 下列何項非屬主動式感知器？ (A)含氧 (B)磁電式 (C)霍爾效應式 (D)節氣門位置 感知器。

( )12. 對翼板式空氣流量感知器的敘述，何項錯誤？ (A)內有電位計 (B)汽油泵開關在熄火時打開 (C)由進氣溫度感知器信號可測知進氣量 (D)怠速混合比調整螺絲設在旁通道上。

( )13. 下列何項非翼板式空氣流量感知器的缺點？ (A)體積大 (B)重量重 (C)容積效率較低 (D)非直接計測進氣量。

( )14. 光學式卡門渦流空氣流量感知器，ECM由 (A)光電晶體產生電流的變化 (B)超音波信號的快慢 (C)LED射出光線的強弱 (D)渦流產生器角度的

變化　即可計測空氣量。

(　)15. 對壓阻式壓力感知器的敘述，何項錯誤？ (A)是以作用如電阻器的矽膜片量測 (B)壓力使矽膜片彎曲，故半導體材料的電阻產生變化 (C)將矽膜片另一端的信號送給電腦 (D)常用於爆震感知器。

(　)16. 當汽缸的震動頻率在 (A)1～3 (B)5～10 (C)12～20 (D)任一值 kHz時，爆震感知器的壓電元件變形而產生電壓輸出。

(　)17. 對熱時間開關的敘述，何項正確？ (A)是壓力感知器的一種 (B)是由圈狀熱偶片組成 (C)用以控制汽車起動噴油器的持續噴油時間 (D)用於較新型的汽油噴射系統。

(　)18. 對熱阻器的敘述，何項錯誤？ (A)NTC型會因溫度的改變其電阻產生劇烈且不規則的變化 (B)車用溫度感知器大部分都是採用NTC型 (C)熱阻器又稱熱敏電阻 (D)NTC型電阻變化與溫度成反比。

(　)19. 水溫信號與下述何項控制無關？ (A)開迴路及閉迴路空燃比控制 (B)A/T鎖定離合器作用 (C)冷卻風扇繼電器作用 (D)充電系統電壓控制。

(　)20. 磁電式曲軸位置感知器 (A)轉子為非磁性材料製成 (B)轉子在磁極間時磁通量最小 (C)轉子裝在分電盤軸或曲軸 (D)拾波線圈信號為數位信號。

(　)21. 對磁電式曲軸位置感知器的敘述，何者錯誤？ (A)磁通量最強的位置，通常是某缸活塞在TDC (B)感知器係輸出交流電壓 (C)當轉子凸齒離開磁極時，感應電壓變小 (D)磁通量變化率最大時，感應電壓最高。

(　)22. Honda汽車在分電盤內，用以控制順序噴射的是 (A)CRANK Sensor (B)CYL Sensor (C)TDC Sensor (D)CMP Sensor。

(　)23. 當遮片對正磁鐵時，輸出低電壓的霍爾效應式曲軸位置感知器 (A)霍爾元件在永久磁鐵與遮片間 (B)係輸出交流電壓 (C)較少被採用 (D)當遮片在永久磁鐵與霍爾元件之間時，電壓輸出非常低。

(　)24. 對Ford汽車用於汽油噴射系統，裝在分電盤處的磁場遮蔽型霍爾效應式曲軸位置感知器的敘述，何項錯誤？ (A)分電盤轉一圈時送出一個NE信號，四個G信號 (B)線列四缸引擎圓盤有四個遮片 (C)NE信號做為計算引擎轉速及控制一次電流切斷用 (D)G信號做為控制順序噴射用。

( )25. 對光電式曲軸位置感知器的敘述，何項錯誤？ (A)使用環境必須乾淨 (B)由 LED 將信號送給 ECM (C)圓盤上可有不同型式的槽孔 (D)功能與霍爾效應式曲軸位置感知器相同。

( )26. 對電位計式 TP 感知器的敘述，何項錯誤？ (A)電壓為線性輸出 (B)為熱敏電阻式可變電阻感知器 (C)能送出節氣門所有角度位置信號 (D)構造比開關式複雜，且滑動接點有磨損、接觸不良之問題。

( )27. 三元觸媒轉換器對CO、HC及NO_x的淨化效果，在 (A)超稀薄 (B)稀薄 (C)理論 (D)較濃 空燃比附近最佳。

( )28. 對 O2S 種類的敘述中，何項正確？ (A)觸媒前 O2S，可幫助 PCM 維持正確的空燃比 (B)觸媒後O2S，可監測轉換器的溫度 (C)單線式O2S，電線為搭鐵線 (D)三線式 O2S，其中兩條為加熱器的電線。

( )29. 對ZrO_2式O2S的敘述中，何項錯誤？ (A)濃混合氣狀態的燃燒，O2S輸出低電壓 (B)O2S在溫度低時的計測精度差 (C)加熱式O2S，可縮短感知器達工作溫度的時間 (D)O2S回饋信號加入系統迴路中作用時，為閉迴路控制。

( )30. TiO_2式 O2S (A)濃混合比時，其輸出電壓約0.2V (B)輸出電壓比ZrO_2式低 (C)不能自己產生輸出電壓 (D)作用原理類似電位計式感知器。

( )31. 用途最廣的作動器型式是 (A)電動馬達式 (B)感溫式 (C)繼電器式 (D)電磁線圈式。

( )32. 可供應大電流給需要動作裝置的是 (A)電動馬達式 (B)感溫式 (C)繼電器式 (D)電磁線圈式 作動器。

( )33. 以串列資料傳輸的 CAN Bus，下述何項非其優點？ (A)傳輸速度快 (B)可減少複雜的線路 (C)可減少感知器的數量 (D)可減少作動器的數量。

( )34. MUX語言傳輸速率達 1 mb/s時，係用在 (A)需要即時控制的項目 (B)中央門鎖控制 (C)ECU間彼此分享資訊 (D)電動窗控制。

( )35. 下述何項非 CAN 本身具備的優點？ (A)優良的防干擾性能 (B)高速傳輸能力 (C)不需傳輸線 (D)極佳的偵錯性能。

三、問答題

1. 試述電腦應具備的功能。
2. 何謂ECM、PCM、BCM及TCM？
3. 何謂積體電路？
4. 微電腦的基本要件有哪三個？
5. 試述參考電壓調節器的功用。
6. 何謂頻率、週期及工作週期？
7. 試述A/D轉換器的功用。
8. 如何抹除及再程式EPROM？
9. EEPROM有何優點？
10. 何謂電位計式感知器、磁電式感知器及開關式感知器？
11. 試述翼板式空氣流量感知器的構造。
12. 寫出翼板式空氣流量感知器的缺點。
13. 試述固定溫度型熱線式空氣流量感知器的作用原理。
14. 試述卡門渦流式空氣流量感知器的作用原理。
15. 何謂絕對壓力量測？
16. 試述Toyota所採用壓阻式MAP感知器的構造及作用。
17. 試述壓電式感知器的特性及用途。
18. 電腦利用熱阻器可偵測什麼溫度？
19. Chrysler爲何要採用改良型熱阻器式水溫感知器？
20. 試述磁電式曲軸位置感知器的基本作用原理。
21. Bosch Motronic系統採用的磁電式曲軸位置感知器之功能爲何？
22. Toyota裝在分電盤的磁電式曲軸位置感知器之功能爲何？
23. Honda在分電盤內的TDC感知器有何功能？
24. 何謂霍爾效應？
25. 試述Ford裝在分電盤的磁場遮蔽型霍爾效應式曲軸位置感知器用來做爲點火正時控制的作用。
26. 試述Ford所採用光電式曲軸位置感知器的功能。
27. 寫出電位計式TP感知器的優缺點。
28. 試述二氧化鋯式含氧感知器在濃及稀混合氣下的作用。

29. 試述二氧化鈦式含氧感知器的作用原理。
30. 何謂固定頻率型電磁線圈控制？
31. 何謂PWM型電磁線圈控制？
32. 試述Bosch Motronic系統採用雙線圈永久磁鐵馬達式旋轉型怠速作動器的作用。
33. 何謂繼電器式作動器？常用於何處？
34. 試述Bosch L-Jetronic系統所採用輔助空氣裝置的作用。
35. MUX系統有何優點？
36. 採用以串列資料傳輸的CAN方式有何優點？
37. 各電腦在資料匯流排上以並聯方式連接的優點爲何？
38. 採用CAN的多工通信有何優點？

CHAPTER 2

汽油噴射系統概述

2.1 汽油噴射系統的發展過程

1. 早在1930年代，汽油噴射技術就已應用在航空發動機上。1934年德國成功研發裝用汽油噴射發動機的軍用戰鬥機；二次大戰末期，美國也將向汽缸內直接噴射汽油的發動機裝用在戰鬥機上。軍用飛機採用汽油噴射技術，主要是爲了避免化油器式發動機在高空會發生結冰之故障。
2. 1950年代時期，在提高引擎輸出及加速性能，而不計成本的要求下，大多數的賽車引擎均裝用汽油噴射系統。1952年，德國Daimler-Benz 300L型賽車裝用了德國 Bosch 公司的首批機械控制式汽油噴射裝置，向汽缸內直接噴射汽油。
3. 在1960年代以前，車用汽油噴射裝置大多採用機械柱塞式噴射泵，其構造及工作原理與柴油引擎的噴射泵非常相似，結構複雜，且價格昂貴，因此發展緩慢，僅用於賽車及少數追求高速及高輸出的豪華轎車上，故此時化油器式燃料裝置仍佔有絕對的優勢。
4. 從1960年代中期開始，在一些經濟發展較迅速的國家，隨著汽車數量的增加，汽車排氣所造成的污染日益嚴重，因此歐、美、日各國相繼制定了嚴格的污染氣體排放法規，限制 CO、HC、NO_x等有害物質的排放量；到了1970年代初期，受到能源危機的影響，各國又制訂了汽車燃油經濟性法規。兩種法規的要求並逐年提高，越來越嚴格，已達傳統機械式化油器及分電盤無法勝任的地步，迫使汽車製造公司尋求各種改良技術，以節省汽車的能源消耗及減少排氣污染。
5. 比機械柱塞式噴射泵結構更簡單，控制更方便，且不需驅動的機械式低壓汽油控制系統，爲改良的目標。1967年，德國 Bosch 公司成功研發了機械式K-Jetronic汽油噴射系統，由電動泵供應5 bar壓力的汽油，經汽油分配器，送往各缸進氣歧管上的機械式噴油器，向進氣口連續噴射汽油；接著再改良爲機械電子式的KE-Jetronic汽油噴射系統，是在K-Jetronic的汽油分配器上增設一個電磁油壓作動器，以控制計量槽前、後的壓力差，故能迅速、大幅的調節汽油量，提高操縱的靈活性，並增加控制功能。

6. 接著，由於電子技術的蓬勃發展，汽車電子化爲各汽車製造公司的重要發展方向。1962年，Bosch公司已開始研究電子控制汽油噴射技術；1967年，Bosch公司研發出D-Jetronic系統，係利用進氣歧管絕對壓力感知器檢測進氣量，爲各汽車製造公司所採用；然後隨著污染氣體排放法規越來越嚴格，要求提高控制精度，及使控制功能更完善，1972年，Bosch公司在D-Jetronic系統的基礎上，改良發展出L-Jetronic，使用翼板式空氣流量計直接檢測進氣量，以控制空燃比，比使用進氣歧管絕對壓力的間接檢測方式的精度高，且穩定性佳。

7. Bosch公司研發的L-Jetronic系統是採用翼板式空氣流量計，接著由其他原理所設計的空氣流量計也實用化了。1980年，日本三菱電機公司研發出卡門渦流式空氣流量計；1981年，日本日立製作所及Bosch公司相繼研發出熱線式空氣流量計，可直接檢測進氣的質量流量，不需要附加裝置以補償大氣壓力及溫度變化的影響，且進氣阻力小，加速反應快。

8. 在符合排放法規的前提下，要實現最佳的燃油經濟性目標時，只採用單項電子控制裝置已無法達到要求，因此 Bosch 公司發展出電子點火與電子控制汽油噴射一起控制的 Motronic 集中控制系統。同期間，美國及日本各大汽車製造公司也相繼研發與各自車型配合的集中控制系統，如美國 GM 公司的DEFI系統，Ford公司的EEC-Ⅲ系統，以及日本Nissan公司的ECCS系統，Toyota 公司的 TCCS 系統，及 Honda 公司的 PGM-FI 系統等，這些系統能夠對空燃比、點火時間、怠速、排氣再循環等各方面進行綜合同時控制，使控制精度更高，控制功能也更完善。

9. 爲了將電子控制汽油噴射系統推廣應用在一般的轎車上，GM 公司在 1980 年首先成功研發一種構造簡單、價格低廉的節氣門體噴射(TBI)系統；Bosch公司也在1983年推出汽油壓力100kPa(1bar、1.02kg/cm^2)的Mono-Jetronic系統。與化油器式相比較，這些單點噴射系統在進氣總管原先安裝化油器的部位，裝用一個電磁控制的中央噴油器，能使汽油迅速通過節氣門，不會或減少在節氣門上方發生汽油附著在管壁的現象，消除了因此而引起的混合氣延遲燃燒，縮短供油與空燃比訊息回饋間的時間間隔，控制精度提高，故改善廢氣排放；同時，利用節氣門轉角及引擎轉速來控制空燃比，省略了空氣流量計。因此整個系統的結構及控制方式均較簡單，能兼顧到性能與成本的要求，引擎結構的改變也較小，故為排氣量2.0 L以下的普通轎車引擎所普遍採用。

10. 但隨著電子與機械技術的進步，電子零件成本的降低與可靠性，以及多點噴射系統的多變化性，現代汽油引擎採用多點噴射系統已經越來越普遍。以台灣為例，由於各汽車製造廠間的競爭非常激烈，所生產的單點汽油噴射系統汽車微乎其微，絕大多數都是從化油器式引擎，直接晉級為多點汽油噴射式引擎。

11. 多點進氣歧管汽油噴射系統為目前的主流，且將持續被採用。雖然缸內汽油噴射引擎具備省油、高動力輸出的優勢，但要完全取代多點進氣歧管汽油噴射引擎，可能需要一段時間，而兩者在電腦控制系統方面非常相似，僅控制噴油軟體差異較大而已。

2.2 汽油噴射系統的優點

與化油器式燃料系統相比較，汽油噴射系統的優點為：

1. 汽油噴射系統可直接或間接檢測進氣量，以精確計量燃燒所需的汽油量，並根據引擎負荷、溫度等參數進行修正，以精確控制引擎在各種工作狀況下的空燃比，故可有效提高引擎的動力輸出、經濟性及排氣淨化效果。
2. 無喉管之設計，空氣流動阻力大為降低，可增加容積效率；且因可採用較大的氣門重疊角度，有利於廢氣排出，故也可增加容積效率，因而提高引擎的動力輸出。
3. 由於進氣管不需要造成高速氣流，故進氣歧管可依最佳的流體力學設計，有利於改善容積效率。特別是採用進氣諧振控制系統，即可變進氣系統時，可依引擎轉速改變進氣歧管的有效長度，利用進氣諧振增壓效應，可更增加容積效率，而提高引擎的動力輸出。
4. 由於汽油的霧化良好，不需採用進氣管加熱方法來促進汽油蒸發，故汽缸內吸入的混合氣溫度較低，可增加容積效率；且因不易爆震，故點火提前角度可增加，及壓縮比可較高，都能提高引擎的動力輸出。

5. 汽車加速行駛時，由於空燃比控制能立即反應，無汽油供應遲滯現象，故可大幅提高加速性能。
6. 由於汽油是在一定壓力下以霧狀噴出，因此冷起動時汽油的霧化基本上不受影響，故低溫起動性良好。
7. 引擎可在較稀混合氣條件下運轉，不但能減少有害氣體排放，並可減少油耗。
8. 汽油噴射系統的斷油設計，不但能消除急減速時所產生的污染，也可節省能源。
9. 各缸可得均匀的混合氣，可提高引擎的穩定性，減少廢氣中CO與HC的排放量。
10. 在回饋控制的基礎上，增加了學習控制功能，再與三元觸媒轉換器配合使用，可大幅減少CO、HC與NO_x的排放量。

2.3 汽油噴射系統的分類

一、依空氣量的檢測方法分

- 依空氣量的檢測方法分
  - 直接檢測方法 — 質量－流量方式
  - 間接檢測方法
    - 速度－密度方式
    - 節氣門－速度方式

1. 質量－流量(Mass Air Flow, MAF)方式
   (1) 是利用空氣流量計(Air Flow Meter)直接計測吸入的空氣量，再參考引擎轉速，以計算汽油噴射量，如圖2.3.1(a)所示。
   (2) 空氣流量計有翼板式(L-Jetronic)、熱線式(LH-Jetronic)、熱膜式及卡門渦流式(Karman Vortex)等數種，另機械式的K-Jetronic與KE-Jetronic也屬之。
2. 速度－密度(Speed Density)方式
   (1) 是以引擎轉速與進氣歧管壓力來計算每一循環所吸入的空氣量，以此空氣量為基準，來計算汽油噴射量，如圖2.3.1(b)所示。
   (2) 速度－密度方式即歧管絕對壓力(Manifold Absolute Pressure, MAP)式，Bosch 公司稱為 D-Jetronic，本田汽車的 PGM-FI(Programmed Fuel

Injection)與豐田汽車的D型EFI(Electronic Fuel Injection)均屬之。

3. 節氣門－速度(Throttle Speed)方式

(1) 是以節氣門開度與引擎轉速，來計測每一循環所吸入的空氣量，以此空氣量為基準，來計算汽油噴射量，如圖2.3.1(c)所示。

(2) 由於直接檢測節氣門開度，過渡反應性良好，應用於賽車上。但由於不易測出空氣量，僅用在如Bosch Mono-Jetronic等系統上。

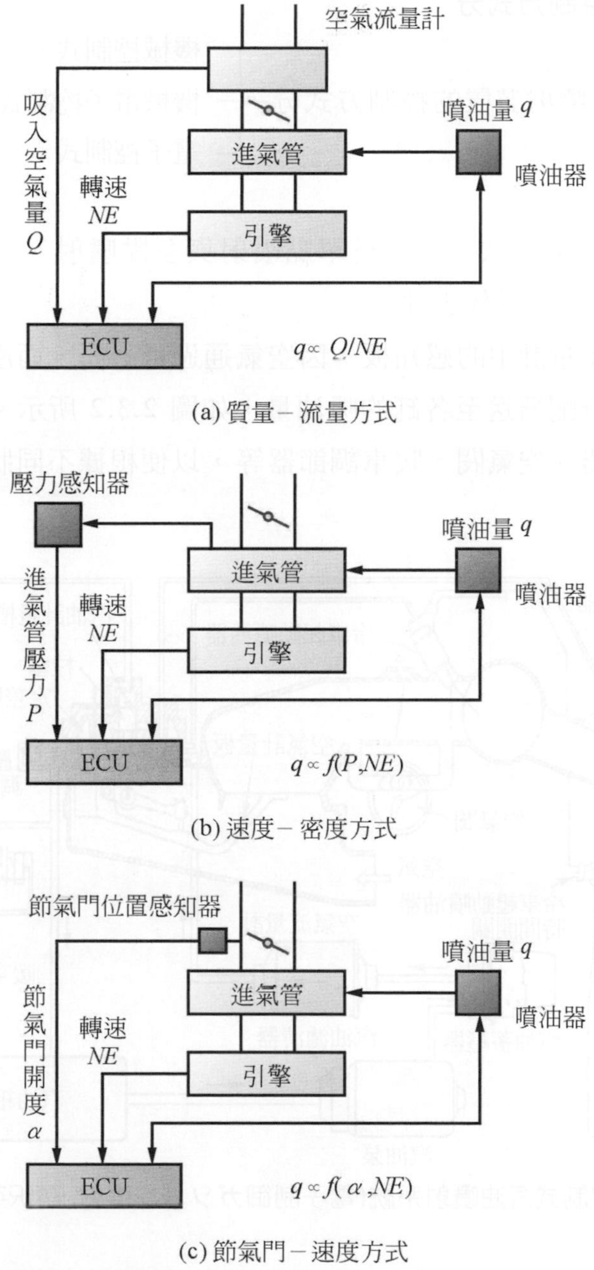

圖 2.3.1　各種空燃比控制系統(電子制御ガソリン噴射, 藤沢英也、小林久德)

二、依噴射裝置的控制方式分

依噴射裝置的控制方式分——機械控制式 / 機械電子控制式 / 電子控制式

1. 機械控制式

(1) 採用連續噴射方式，可分為單點噴射與多點噴射。以 Bosch 公司的 K-Jetronic系統最具代表性。

(2) 由在空氣流量計中的感知板，因空氣通過量不同，而產生位置之變化，以改變汽油分配器送至各缸的噴油量，如圖 2.3.2 所示。系統中並設有冷車起動噴油器、空氣閥、暖車調節器等，以便根據不同狀況對基本噴油量進行修正。

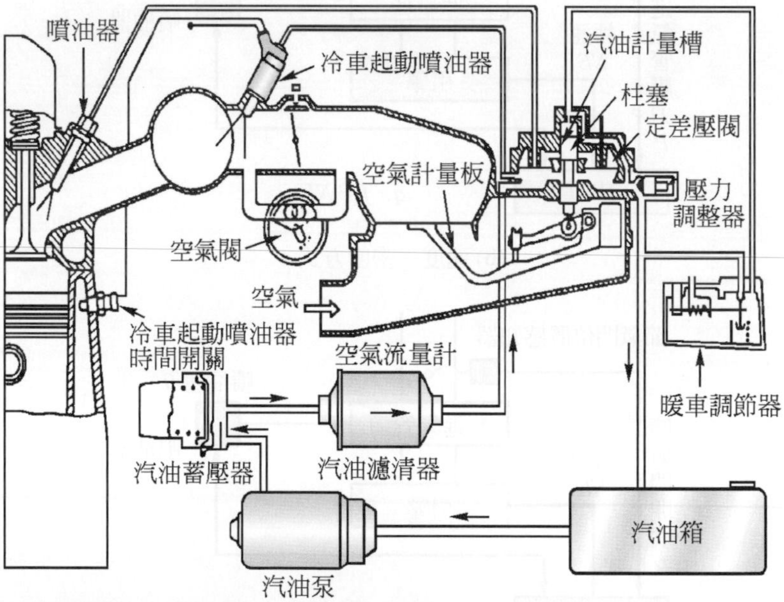

圖 2.3.2　機械控制式汽油噴射系統(電子制御ガソリン噴射, 藤沢英也、小林久德)

2. 機械電子控制式

(1) Bosch 公司的 KE-Jetronic 系統屬於此式。

(2) KE 系統係以 K 系統爲基礎加以改良而成，其特點是增加了一個電子控制單元(ECU)，ECU 可根據水溫感知器、節氣門位置感知器等信號，以控制電磁油壓作動器的作用，來對不同工作狀況下的空燃比進行修正，而達到減少排氣污染之要求，如圖 2.3.3 所示。

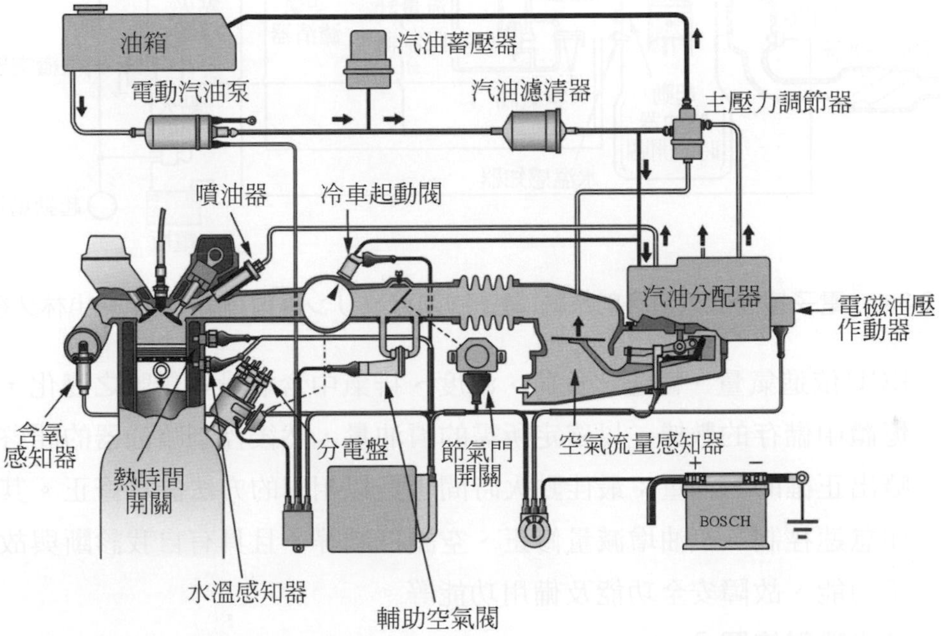

圖 2.3.3 機械電子控制式汽油噴射系統(Technical Instruction, BOSCH)

3. 電子控制式

(1) 電子控制汽油噴射(Electronic Fuel Injection, EFI)系統，如圖 2.3.4 所示。在 1960 年代及 1970 年代時，大多只控制汽油噴射，到了 1980 年代時，開始與點火控制一起合併爲集中控制系統。

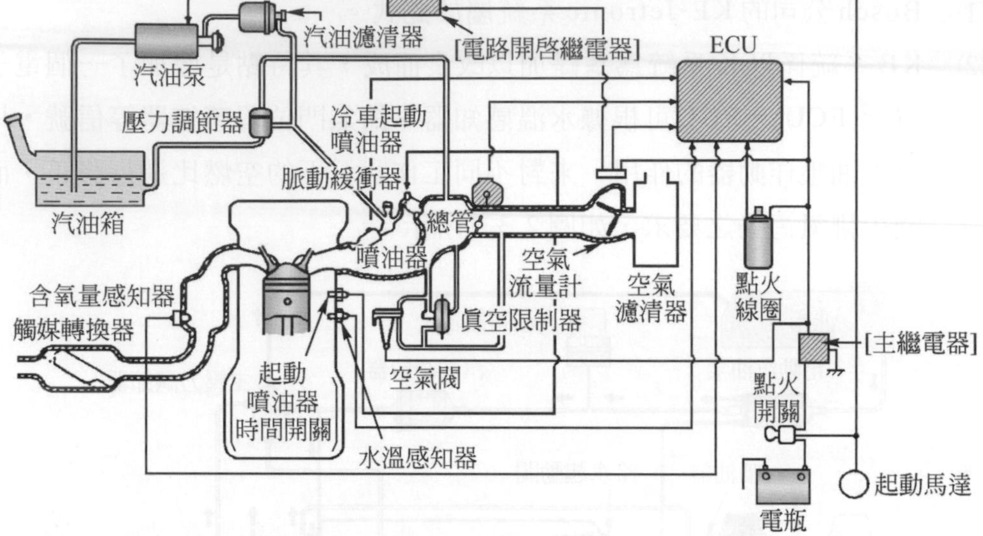

圖 2.3.4　電子控制式汽油噴射系統(電子制御ガソリン噴射, 藤沢英也、小林久德)

(2) ECU依進氣量、轉速、負荷、溫度、排氣中含氧量等信號之變化，配合記憶體中儲存的數據，以確定所需的噴油量，然後控制噴油器的開啓時間，噴出正確的汽油量；最佳點火時間也是以相同的方法計算修正。其他控制如怠速控制、汽油增減量修正、空調控制等，且具有自我診斷與故障碼顯示功能、故障安全功能及備用功能等。

三、依汽油的噴射位置分

依汽油的噴射位置分
- 缸內噴射式
- 缸外噴射式
  - 進氣總管噴射式
  - 進氣口噴射式

1. 缸內噴射式

(1) 1950年代，Bosch公司根據柴油引擎用噴射泵之原理，所發展的缸內噴射裝置，如圖2.3.5所示，用於朋馳300SL汽車上。但因機油易被沖淡，且噴油器暴露在高溫高壓下無法克服而停用。

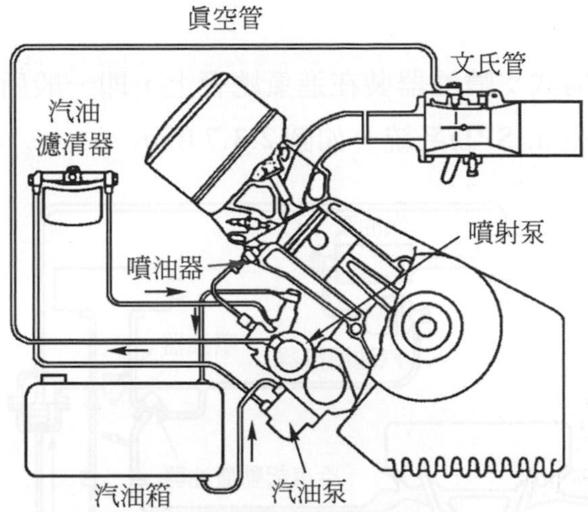

圖 2.3.5 朋馳 300SL 的缸内噴射裝置(電子制御ガソリン噴射, 藤沢英也、小林久德)

(2) 現代汽油引擎採用的缸內噴射裝置，常稱爲缸內汽油直接噴射系統，比一般的進氣口汽油噴射引擎，更省油，且動力更大。如圖 2.3.6 所示，爲 Toyota缸內汽油直接噴射D-4引擎系統，各缸的高壓渦流噴油器裝在汽缸蓋上，將汽油直接噴入汽缸內。

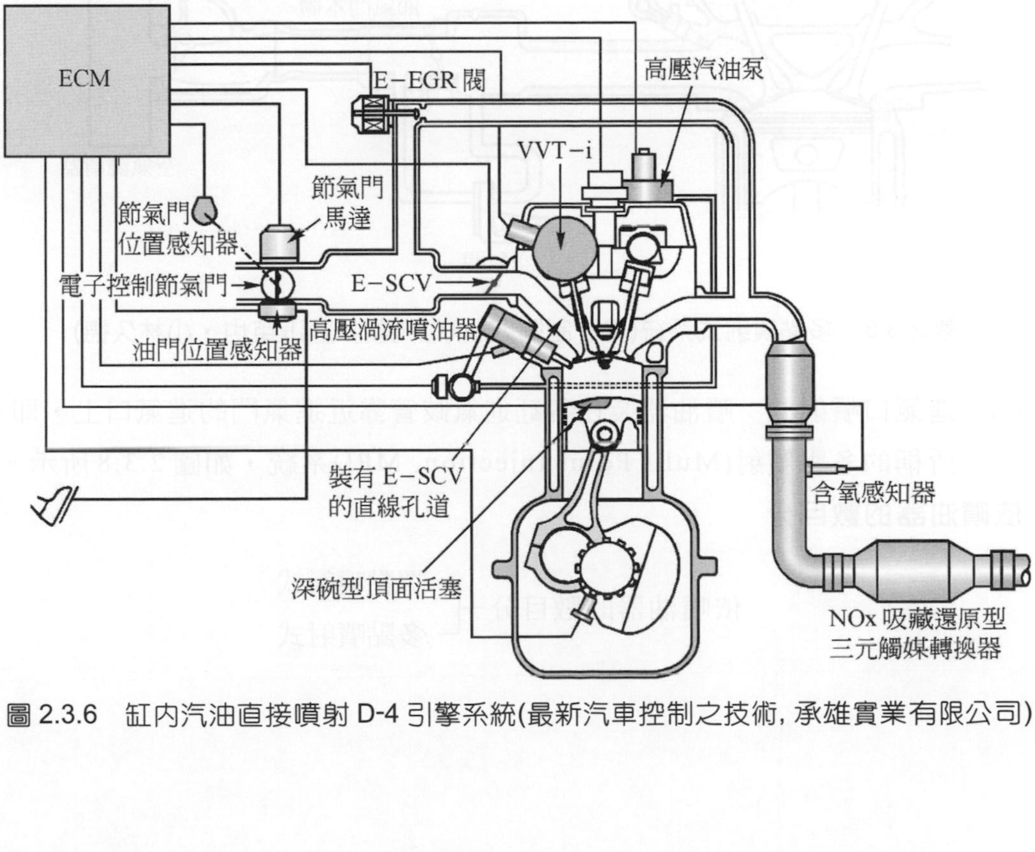

圖 2.3.6 缸内汽油直接噴射 D-4 引擎系統(最新汽車控制之技術, 承雄實業有限公司)

2. 缸外噴射式

(1) 進氣總管噴射式：噴油器裝在進氣總管上，即一般所稱的單點噴射(Single Point Injection, SPI)系統，如圖 2.3.7 所示。

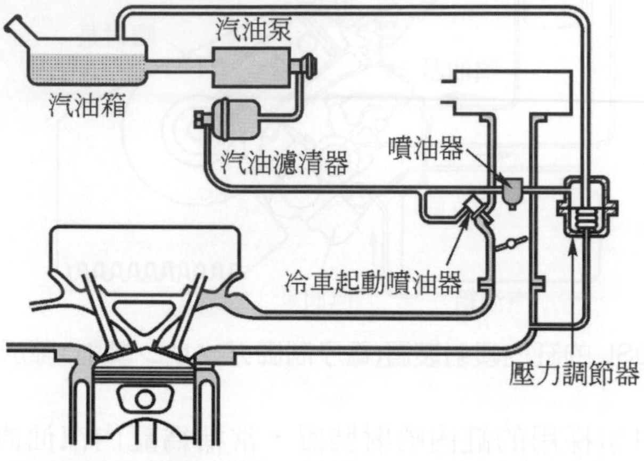

圖 2.3.7 單點噴射式系統(電子制御ガソリン噴射, 藤沢英也、小林久德)

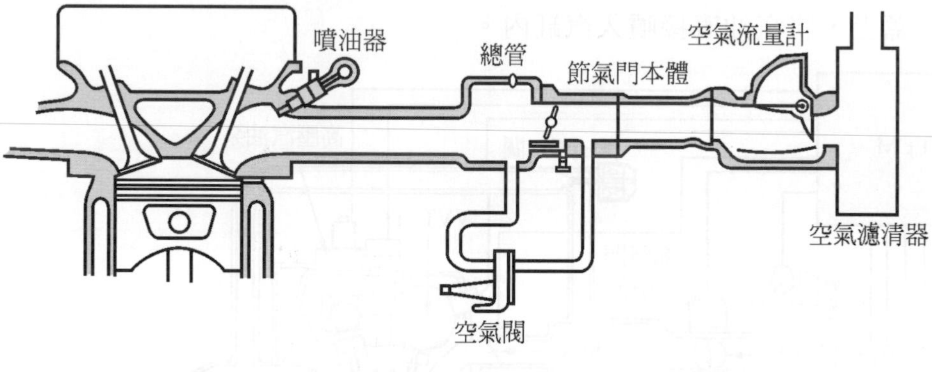

圖 2.3.8 多點噴射式系統(電子制御ガソリン噴射, 藤沢英也、小林久德)

(2) 進氣口噴射式：噴油器裝在各缸進氣歧管靠近進氣門的進氣口上，即一般所稱的多點噴射(Multi Point Injection, MPI)系統，如圖 2.3.8 所示。

四、依噴油器的數目分

依噴油器的數目分
- 單點噴射式
- 多點噴射式

1. 單點噴射(SPI)式

(1) 單點噴射系統是在進氣總管節氣門的上方安裝一個中央噴射裝置，使用一個或兩個噴油器向進氣總管噴射，形成混合氣，在進氣行程時再吸入各缸汽缸內，如圖 2.3.9 所示。此種噴射系統也常稱爲節氣門體噴射(Throttle Body Injection, TBI)系統或中央噴射系統，Bosch公司則稱爲Mono-Jetronic。

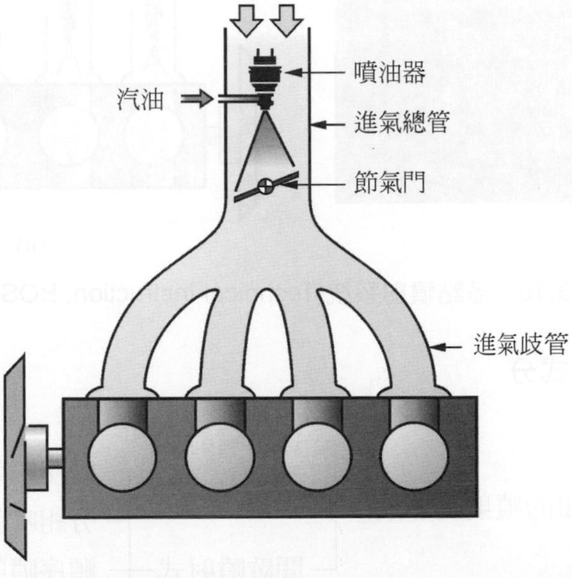

圖 2.3.9 單點噴射系統(Technical Instruction, BOSCH)

(2) **單點噴射系統的性能低於多點噴射系統，但其優點為結構簡單，成本低，故障率低，引擎的更動少，且維修方便**。因此在 90 年代時，一般小排氣量轎車及貨車曾廣泛採用。

2. 多點噴射(MPI)式

(1) 多點噴射系統是在每個汽缸進氣門附近的進氣歧管上安裝一個噴油器，噴出汽油與空氣混合，在進氣行程時再吸入汽缸內，如圖2.3.10所示。

(2) 由於各缸間混合氣量平均及混合均勻，且設計進氣歧管時可充分利用空氣慣性的增壓效果，故可得高輸出。

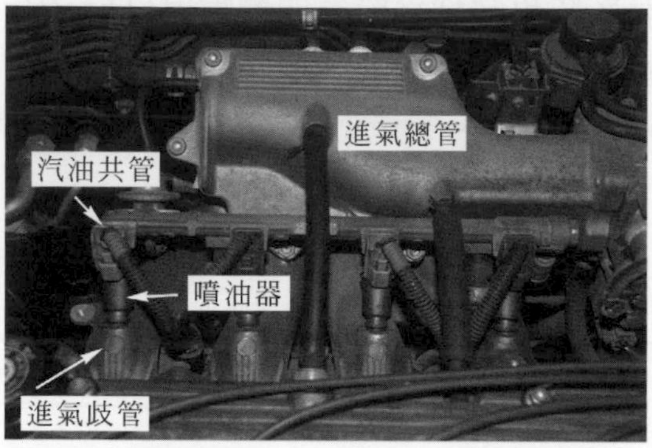

(a)

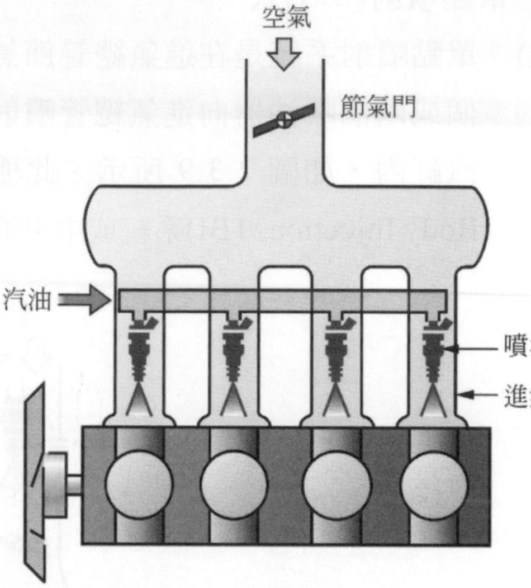

(b)

圖 2.3.10　多點噴射系統(Technical Instruction, BOSCH)

五、依汽油的噴射方式分

- 依汽油的噴射方式分
  - 連續噴射式
  - 間歇噴射式
    - 同步噴射式
    - 分組噴射式
    - 順序噴射式
    - 混合噴射式
    - 變動噴射式

1. 連續噴射(Continuous Injection, CI)式

(1) 又稱爲穩定噴射。在引擎運轉期間係連續噴射汽油，如 Bosch 公司的 K-Jetronic 系統與 KE-Jetronic 系統。

(2) 連續噴射都是噴入進氣歧管內，而且大部分的汽油是在進氣門關閉時噴射的，因此大部分的汽油是在進氣歧管內蒸發。由於連續噴射系統不需要考慮引擎的工作順序及噴油時機，故控制系統較簡單。

2. 間歇噴射(Timed Injection)式

又稱爲脈衝噴射。噴射是以脈衝方式在某一段時間內進行，因此有一定的噴油持續期間。間歇噴射的特點是噴油頻率與引擎轉速同步，且噴油量取決於噴油器的開啓時間(噴油脈波寬度)，故 ECU 可根據各感知器所獲得的引擎運轉參數動態變化的情況，精確計量引擎所需噴油量，再由控制脈波寬度而得到各種工作狀況之空燃比。由於間歇噴射方式的控制精度較高，故爲現代集中控制系統所廣泛採用。

⑴ 同步噴射式

① **是指引擎在運轉時，各缸噴油器同時開啓且同時關閉**，由電腦的統一指令控制所有噴油器同時動作。

② 同步噴射用於年份較舊的汽車上，或現代新型汽車在冷車起動或系統故障時，也有採用所有噴油器同步噴射的方式。依設計之不同，曲軸每轉180°、360°或720°，每缸同時噴油一次，通常以360°噴油一次最常見。如圖 2.3.11 所示，爲六缸引擎同步噴射之作用，由於各缸一起噴油，因此多數汽缸不是在進氣行程時噴油。

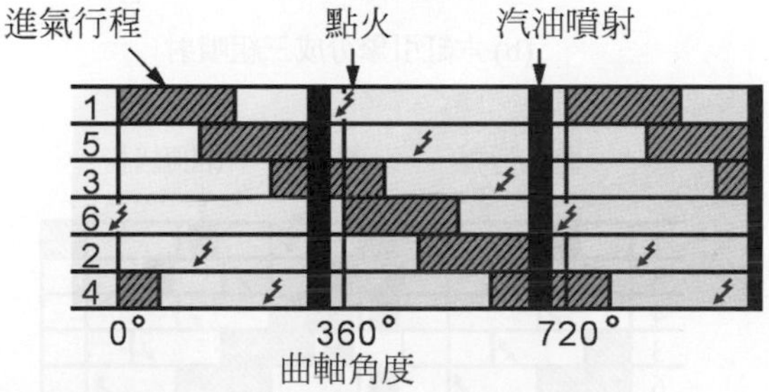

圖 2.3.11　同步噴射作用的噴射正時(訓練手冊 Step 3, 和泰汽車公司)

⑵ 分組噴射式

① **分組噴射是將噴油器依引擎每個工作循環分成若干組，交替進行噴油作用**，常用在缸數較多的引擎。

② 分組噴射常分成 2 組、3 組或 4 組，如圖 2.3.12(a)所示，爲六缸引擎分成 2 組，每 360°其中一組噴油；而圖 2.3.12(b)所示，爲六缸引擎分成 3 組，前 360°一組噴油，後 360°二組噴油；另如圖 2.3.12(c)所示，爲八缸引擎分成 4 組，每 360°其中二組噴油。

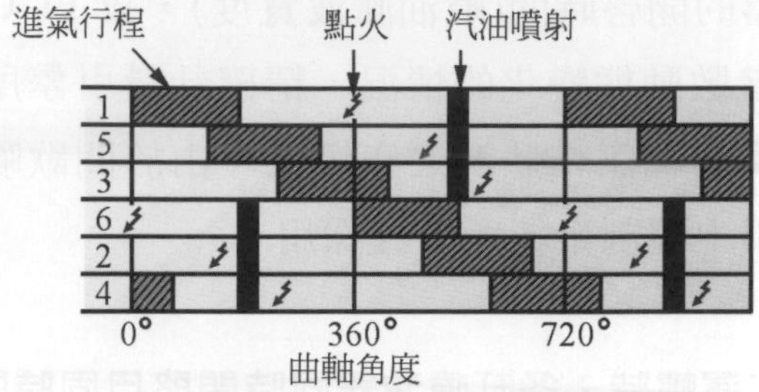

(a) 六缸引擎分成二組噴射

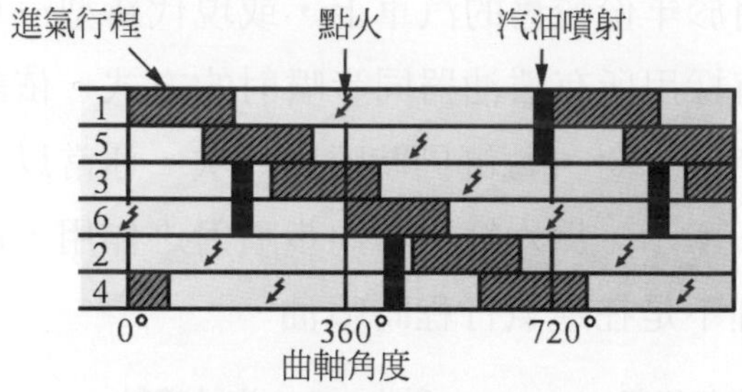

(b) 六缸引擎分成三組噴射

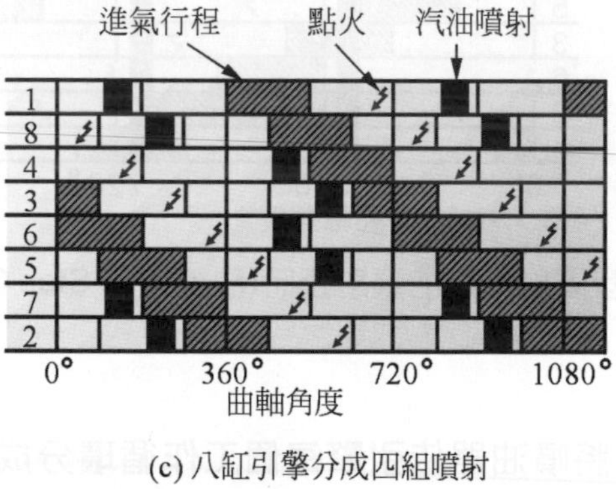

(c) 八缸引擎分成四組噴射

圖 2.3.12　各種分組噴射作用的噴射正時(訓練手冊 Step 3, 和泰汽車公司)

(3)　順序噴射式

① **順序噴射是指噴油器依引擎的工作順序依次進行噴射**，具有噴射正時，是由 ECU 依曲軸位置感知器的信號，以判斷各缸的進氣行程，適時送出各缸的噴油脈波信號。順序噴射也常稱爲獨立噴射。

② 現代汽車引擎採用順序噴射非常普遍，曲軸轉角 720°內，各缸依點火順序噴油一次。如圖 2.3.13 所示，爲四缸引擎採用順序噴射，各缸都在進氣行程開始前就已噴油。

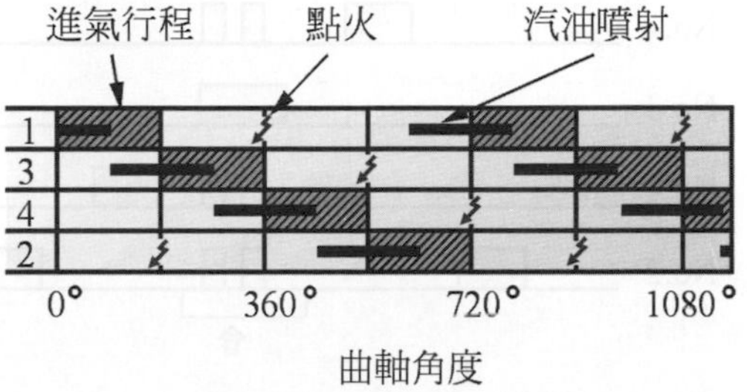

圖 2.3.13　順序噴射作用的噴射正時(訓練手冊 Step 3, 和泰汽車公司)

(4) 混合噴射式

① **混合噴射即混合了同步噴射與順序噴射兩種作用**，通常在起動、加速或系統故障時爲同步噴射作用，而在一般行駛時爲順序噴射作用，現代汽油噴射引擎常採用。

② 本田汽車公司PGM-FI系統混合噴射的設計作用，如圖 2.3.14 所示。平時爲順序噴射，在進氣行程前噴油；起動時，第一次噴射，TDC信號使所有噴油器同步噴射，第二次噴射以後，則依 CYL 信號各噴油器順序噴射。

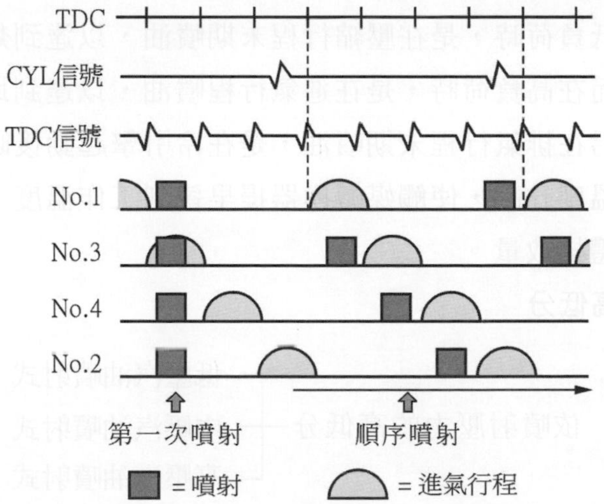

圖 2.3.14　混合噴射作用的噴射正時(一)(SERVICE TRAINING TEXTBOOK, 本田汽車公司)

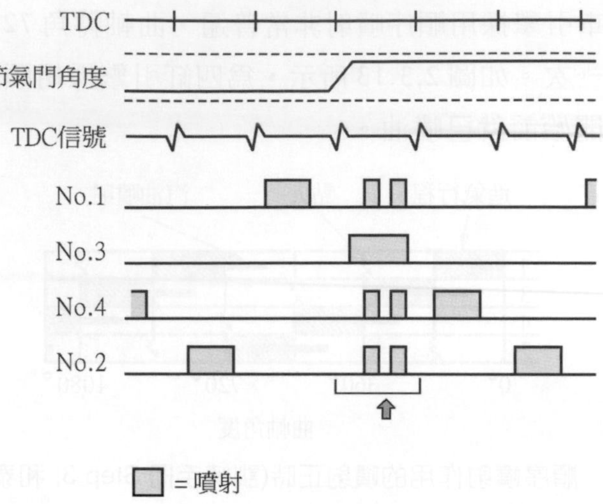

圖 2.3.15　混合噴射作用的噴射正時(二)(SERVICE TRAINING TEXTBOOK, 本田汽車公司)

③　當節氣門突然大開時，所有噴油器同步噴射，節氣門開啓速度越快，噴油持續時間越長；同步噴射後，接著又轉爲順序噴射，如圖 2.3.15 所示。

⑸　變動噴射式

①　**變動噴射是指噴油器的噴射可在進氣行程初期、壓縮行程末期或排氣行程末期等**，爲缸內汽油直接噴射系統所採用。

②　引擎在低負荷時，是在壓縮行程末期噴油，以達到類似柴油引擎之油耗節省；而在高負荷時，是在進氣行程噴油，以達到比其他引擎出力高的特質；另在排氣行程末期噴油，是在冷引擎起動後暖車期間才有作用，讓排氣溫度升高，使觸媒轉換器提早達到工作溫度，以減少暖車期間的不良氣體排放量。

六、依噴射壓力的高低分

依噴射壓力的高低分
- 低壓汽油噴射式
- 中壓汽油噴射式
- 高壓汽油噴射式

1.　低壓汽油噴射式

汽油壓力在 1.0 kg/cm^{2}左右，如進氣總管噴射的單點噴射系統即是。

2. 中壓汽油噴射式

汽油壓力在2.5～3.5 kg/cm^{2}之間，如進氣歧管噴射的多點噴射系統與KE-Jetronic系統即是。

3. 高壓汽油噴射式

汽油壓力在50 kg/cm^{2}以上，如缸內汽油直接噴射系統即是。

七、依控制模式分

依控制模式分
- 開迴路控制式
- 閉迴路控制式
- 開迴路與閉迴路一起控制式

1. 開迴路控制(Open Loop Control)式

(1) 是將引擎各種運轉狀況所對應的最佳供油量實驗數據，事先儲存在電腦中，引擎在實際運轉過程中，主要是根據各感知器的輸入信號，判斷引擎的工作狀況，再找出最佳供油量，然後送出控制信號，經功率放大器放大後，驅動噴油器作用，以精確控制空燃比。

(2) 因此開迴路控制系統，是由引擎運轉狀況參數的變化，依事先設定在記憶體中的實驗資料而控制作用。其優點爲簡單易行，缺點是其精度直接依賴所設定的基準數據，當感知器及噴油器的性能發生變化時，空燃比就無法正確的保持在原預定值，故對引擎及控制系統各組成零件的精度要求高，系統本身抗干擾能力較差，且當使用狀況超出預定範圍時，就無法實現最佳控制。

2. 閉迴路控制(Closed Loop Control)式

(1) **閉迴路控制，是在排氣管上加裝了含氧感知器**，能根據排氣中含氧量的變化，計算出汽缸內混合氣的空燃比值，輸入電腦中與所設定的目標空燃比值進行比較，其誤差信號經放大後送給噴油器，使空燃比保持在所設定的目標值附近。

(2) 因此閉迴路控制系統，可以得到較佳的空燃比控制精度，並可消除因產品差異及磨損所引起的性能變化，抗干擾能力強，穩定性佳。

3. 開迴路與閉迴路一起控制式

⑴ 當採用三元觸媒轉換器淨化排氣時，爲使淨化效果保持在最佳狀態，故要求混合氣應保持在理論空燃比附近。

⑵ 但是，對某些特殊的運轉狀況，如暖車、怠速、加速、重負荷等，需要增濃混合氣時，仍需採用開迴路控制，以充分發揮引擎的動力性能。所以，開迴路與閉迴路一起控制爲現代汽油引擎所普遍採用的方式。

八、依引擎配置噴射系統的數目分

1. 單噴射系統：即不論是單點噴射、多點噴射或直接噴射，引擎只採用一套噴射系統。

2. 雙噴射系統：例如Toyota的D-4S系統，是採用進氣口噴射與直接噴射兩個系統，相互搭配作用。

第2章　學後評量

一、是非題

(　) 1. Bosch的Motronic系統是集中控制系統，將汽油噴射與點火提前合併一起控制。

(　) 2. 化油器的喉管設計，會增加空氣的流動阻力，降低容積效率。

(　) 3. 速度－密度方式，是屬於直接檢測空氣量的方法。

(　) 4. 本田汽車的PGM-FI系統，是屬於直接檢測空氣量的方法。

(　) 5. Bosch的KE-Jetronic是屬於機械控制式汽油噴射系統。

(　) 6. 進氣口噴射方式，即MPI系統。

(　) 7. 節氣門體噴射系統就是單點噴射系統，就是Bosch的Motronic系統。

(　) 8. 連續噴射系統噴油時不需考慮引擎的工作順序及噴油時機。

(　) 9. 間歇噴射的特點是噴油頻率與引擎轉速同步，而噴油量是取決於噴油孔的數目及大小。

(　) 10. 同步噴射，通常以360°各缸同時噴一次汽油最常見。

(　) 11. 分組噴射方式，常用在線列四缸引擎。

(　) 12. 缸內汽油噴射系統，可在進、壓、動、排的任一行程或任一時間噴油。

(　) 13. Bosch的Mono-Jetronic系統，汽油壓力約在1.5～2.5 kg/cm^{2}之間。

(　) 14. 開迴路控制系統，缺點是其控制精度係依賴事先所設定的基準數據。

二、選擇題

(　) 1. 整個系統的結構及控制方式較簡單，能兼顧性能與成本的是　(A)化油器系統　(B)單點汽油噴射系統　(C)多點汽油噴射系統　(D)集中控制系統。

(　) 2. 下述何項非汽油噴射系統比化油器式系統的優點？　(A)低污染　(B)省油性佳　(C)動力輸出高　(D)成本低。

(　) 3. 汽油噴射系統的低溫起動性良好，是因為　(A)汽油是在一定壓力下霧化噴出　(B)汽油經冷卻水間接加熱　(C)進氣歧管較短　(D)空燃比較大。

(　) 4. 不能提高引擎動力輸出的是　(A)以稀薄混合氣運轉　(B)採用較大的氣門重疊角度　(C)進氣歧管不加熱，進氣溫度較低　(D)點火提前角度較多。

(　)5. 非屬直接檢測空氣量的系統是　(A)KE-Jetronic　(B)D-Jetronic　(C)LH-Jetronic　(D)卡門渦流式。

(　)6. 現代汽油引擎採用的缸內汽油直接噴射系統　(A)機油易被沖淡　(B)比一般噴射系統耗油　(C)噴油器裝在汽缸蓋上　(D)噴油器不耐高溫。

(　)7. 下述何項非單點噴射系統的優點？　(A)引擎的更動少　(B)成本低　(C)可得高輸出　(D)結構簡單。

(　)8. 順序噴射　(A)也常稱爲分組噴射　(B)曲軸轉角 360°內各缸噴油一次　(C)各缸在動力行程時噴油　(D)各缸在進氣行程前開始噴油。

(　)9. 混合噴射方式，順序噴射作用是在　(A)一般行駛時　(B)起動時　(C)加速時　(D)控制系統故障時。

(　)10. 多點汽油噴射系統的噴射壓力約在　(A)1.0～1.5　(B)2.5～3.5　(C)5.0～9.5　(D)50～120　kg/cm^2。

(　)11. 下述何項非閉迴路控制系統的優點？　(A)穩定性佳　(B)可得較佳的空燃比控制精度　(C)可消除因感知器問題所引起的性能變化　(D)不需利用O2S的信號。

(　)12. 下述何種運轉狀況不採用開迴路控制？　(A)暖車時　(B)怠速時　(C)熱車巡行時　(D)引擎重負荷時。

三、問答題

1. 採用質量－流量方式空氣量檢測法的空氣流量計有哪些？
2. 何謂多點噴射及其優點？
3. 何謂順序噴射？
4. 何謂混合噴射？
5. 何謂變動噴射？
6. 何謂開迴路控制？
7. 閉迴路控制有何優點？
8. 爲何要採用開迴路與閉迴路一起控制式？

CHAPTER 3

單點汽油噴射系統

3.1 概述

1. 單點汽油噴射(Single Point Injection, SPI)系統，Bosch 公司稱為 Mono-Jetronic Fuel Injection System，在美國常稱為節氣門體噴射(Throttle Body Injection, TBI)系統。本章專門介紹Mono-Jetronic汽油噴射系統。
2. Mono-Jetronic 是一種電腦控制、低壓、單點噴射系統。在 KE-Jetronic、L-Jetronic等孔口噴射系統(Port Injection Systems)，每個汽缸都有一個噴油器；而Mono-Jetronic是由單一、中央安裝、電磁控制的噴油器供油給所有汽缸。
3. Mono-Jetronic 系統的心臟部分是中央噴射器(Central Injection Unit)，使用一個電磁控制噴油器，在節氣門上方進行間歇噴射，再由進氣歧管分配汽油至各汽缸。
4. 本系統使用各種感知器，以監測引擎的作用狀況，提供必要的控制參數，以獲得適當的混合比修正。
   (1) 節氣門角度。
   (2) 節氣門全關及全開位置。
   (3) 引擎轉速。
   (4) 進氣溫度。
   (5) 引擎溫度。
   (6) 排氣含氧量。
   (7) 自動變速箱、空調設定及A/C壓縮機離合器狀態。
5. Mono-Jetronic 系統的組成，如圖3.1.1所示；其作用可分成汽油供應、作用資訊取得及作用資訊處理三大部分，如圖3.1.2所示。

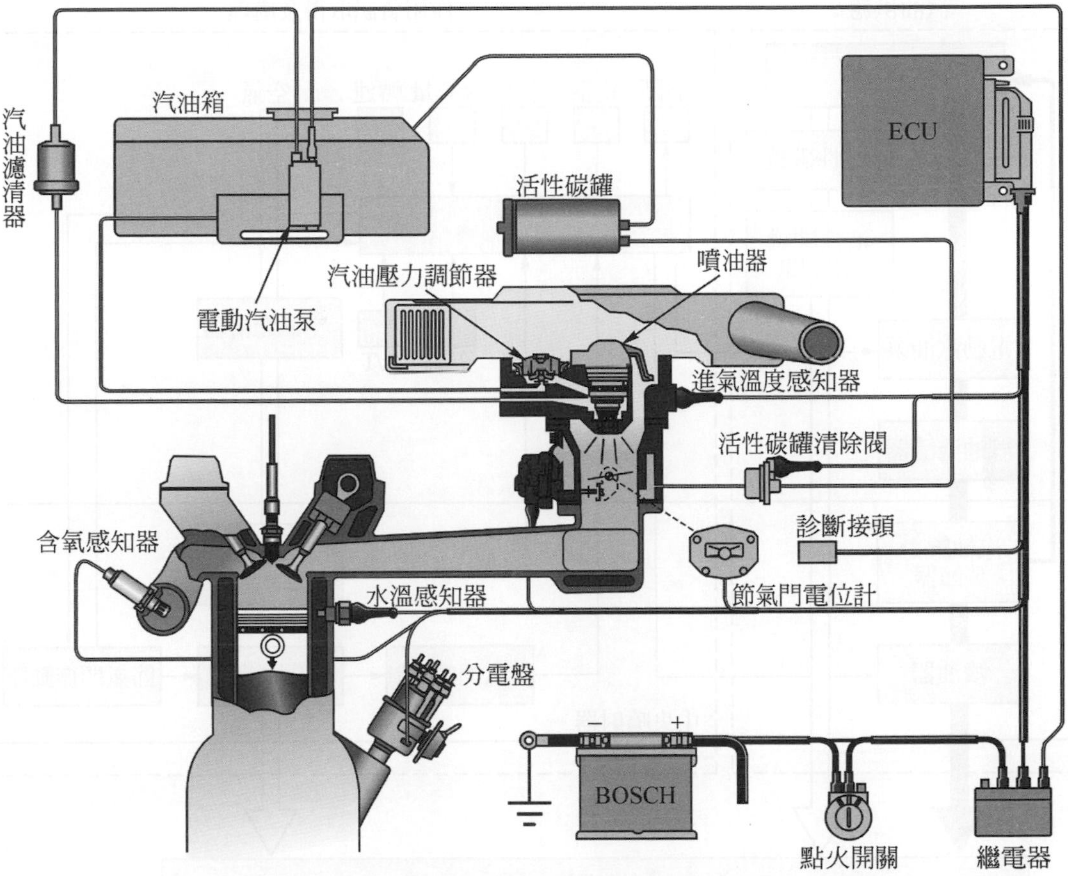

圖 3.1.1　Mono-Jetronic 系統的組成(Technical Instruction, BOSCH)

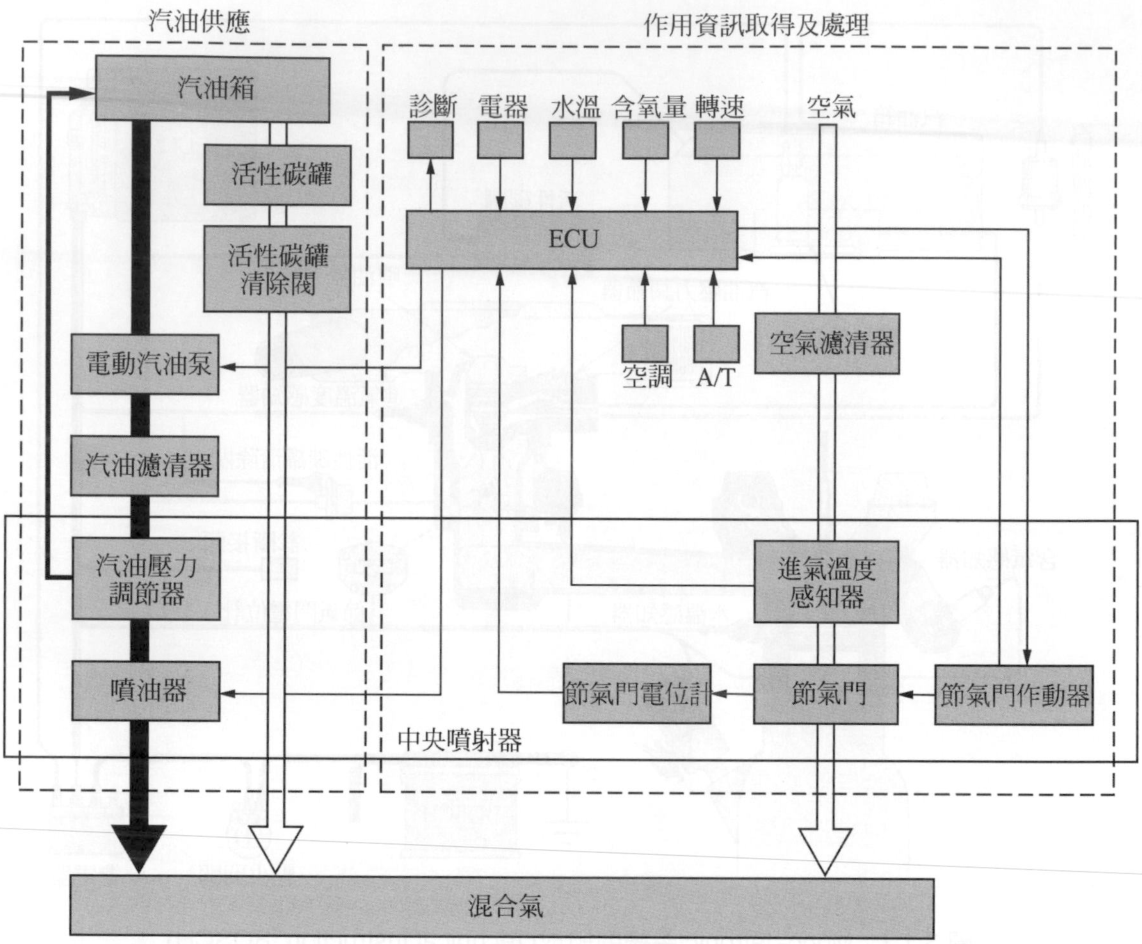

圖 3.1.2　Mono-Jetronic 系統的作用(Technical Instruction, BOSCH)

3.2　汽油供應系統

3.2.1　概述

1. 汽油供應系統，由電動汽油泵將汽油壓經汽油濾清器，送入中央噴射器的電磁控制式噴油器內，如圖 3.2.1 所示。

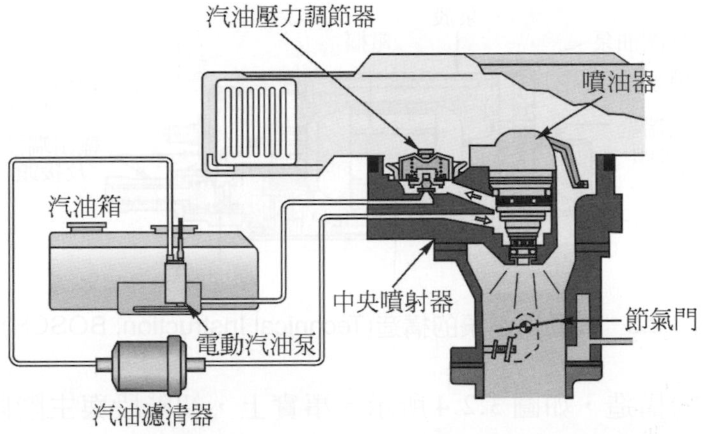

圖 3.2.1　汽油供應系統的組成(Technical Instruction, BOSCH)

2. 電動汽油泵可為箱內(In-Tank)式或箱外(In-Line)式，Mono-Jetronic系統通常是採用箱內式。

3.2.2 電動汽油泵

1. 電動汽油泵裝在塑膠外殼內，上下以膠環支撐，入口處有濾網，如圖 3.2.2 所示。

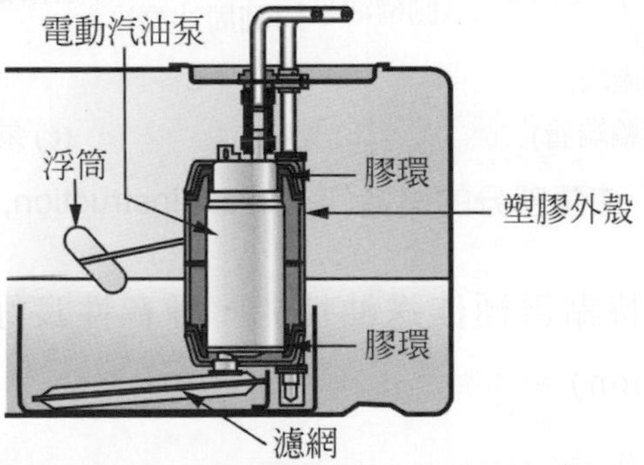

圖 3.2.2　電動汽油泵的安裝(Technical Instruction, BOSCH)

2. 電動汽油泵的構造，如圖 3.2.3 所示，為一種兩段流動式汽油泵。側槽油泵(Side Channel Pump)係做為初階段(Preliminary Stage)用，而周圍油泵(Peripheral Pump)則做為主階段(Main Stage)用，兩階段均整合在一個葉輪(Impeller Wheel)內；輸出端蓋上的單向閥(Check Valve)，在電動汽油泵停止作用後，可保持油壓一段時間。

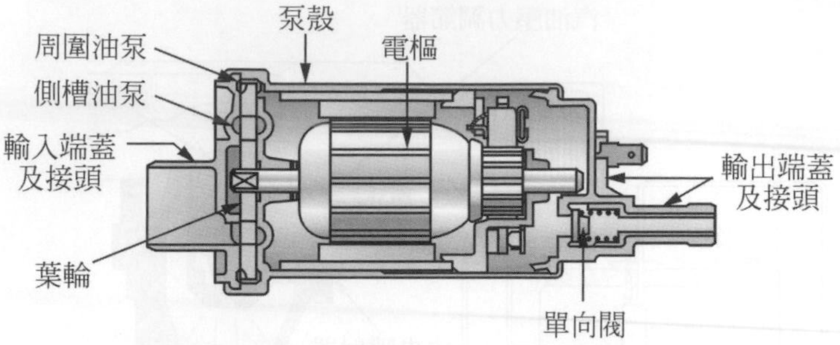

圖 3.2.3 電動汽油泵的構造(Technical Instruction, BOSCH)

3. 油泵部分的構造，如圖 3.2.4 所示。事實上，初階段與主階段的功能是完全相同的，差別之處，是葉輪與油槽的設計形狀不同而已。本油泵可迅速送出油壓。

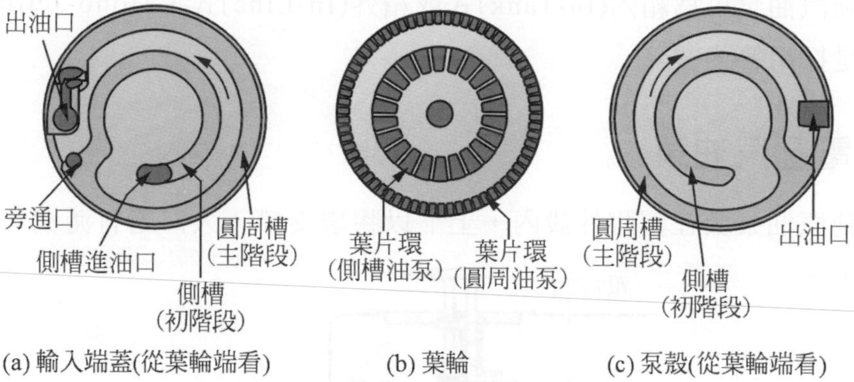

圖 3.2.4 油泵部分的構造(Technical Instruction, BOSCH)

4. 本電動汽油泵的特點爲極佳送油性能，靜音性良好，及幾乎沒有壓力脈動(Pressure Pulsation)。

3.2.3 汽油濾清器

1. 汽油濾清器內紙濾芯的孔徑爲 10 μm，爲了將未過濾與過濾後的汽油完全隔離，因此封環是密合在耐衝擊塑膠外殼的內部。如圖 3.2.5 所示，爲汽油濾清器的構造。

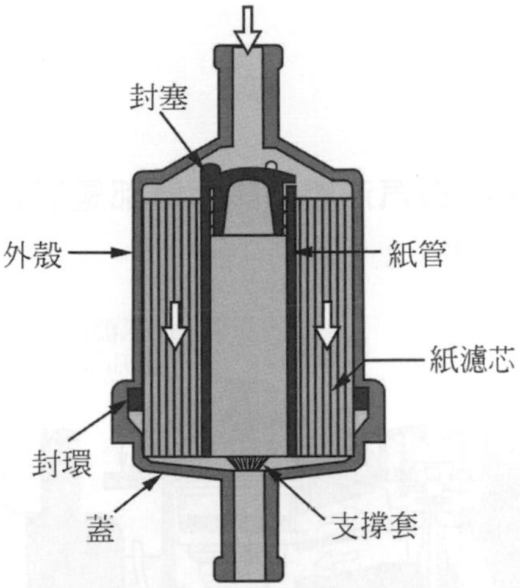

圖 3.2.5　汽油濾清器的構造(Technical Instruction, BOSCH)

2. 依汽油的清淨度與濾清器的大小，汽油濾清器的更換里程約在30,000～80,000公里之間。

3.2.4 汽油壓力調節器

1. **汽油壓力調節器(Fuel Pressure Regulator)用以維持管路壓力一定，約在100 kPa**。Mono-Jetronic系統的汽油壓力調節器是裝在中央噴射器上，如圖 3.2.1 所示。

2. 汽油壓力調節器的構造，如圖 3.2.6 所示，由膜片隔成上、下室，上室內有彈簧，並與大氣壓力相通，下室爲電動汽油泵的送油壓力；閥板(Valve Plate)、閥定位組(Valve Holder)與膜片合爲一體移動。

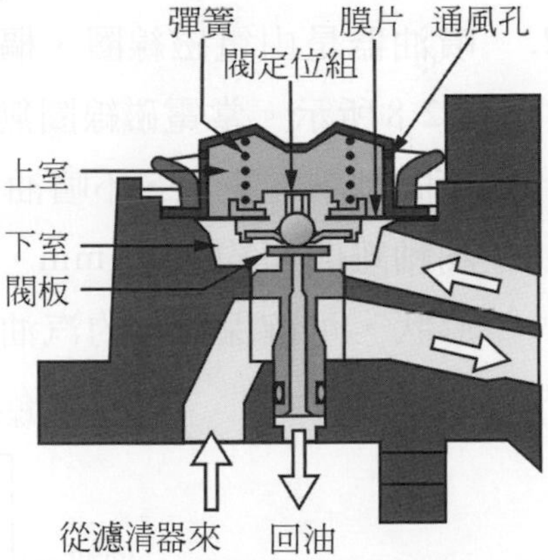

圖 3.2.6　汽油壓力調節器的構造及作用(Technical Instruction, BOSCH)

3. 當電動汽油泵送出汽油時，若油壓大於膜片上方彈簧的力量時，閥板向上，多餘的汽油流回油箱，使上、下室間的差壓保持在100 kPa。當電動汽油泵不作用時，閥板關閉回油出口，而電動汽油泵的單向閥也關閉，因此管路內的壓力可以保持一段時間。

3.2.5 噴油器

1. **噴油器(Fuel Injector)與汽油壓力調節器都是裝在中央噴射器的上段部位，節氣門的正上方**，如圖 3.2.7 所示。

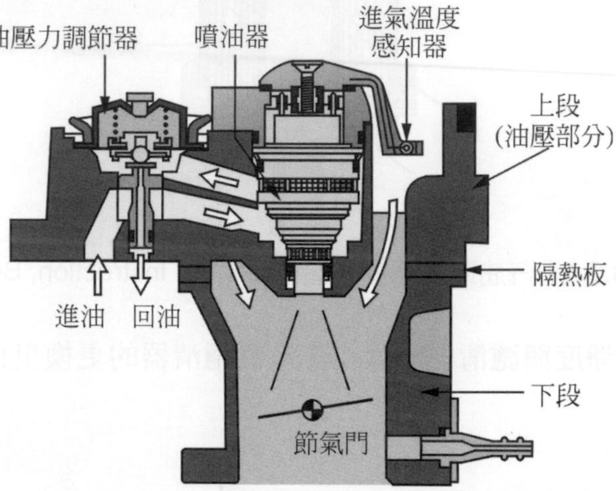

圖 3.2.7 噴油器的安裝位置(Technical Instruction, BOSCH)

2. 噴油器是由電磁線圈、樞軸(Armature)、閥軸(Valve Needle)等組成，如圖 3.2.8 所示。當電磁線圈無電壓時，汽油壓力加上樞軸上方螺旋彈簧的力量，使閥軸壓在座上，不噴油；當電壓加在電磁線圈時，電磁吸力使樞軸向上，閥軸離開座約 0.06 mm，汽油經環狀間隙噴出。在閥軸前端的針閥(Pintle)形狀，可確保極佳的汽油霧化。

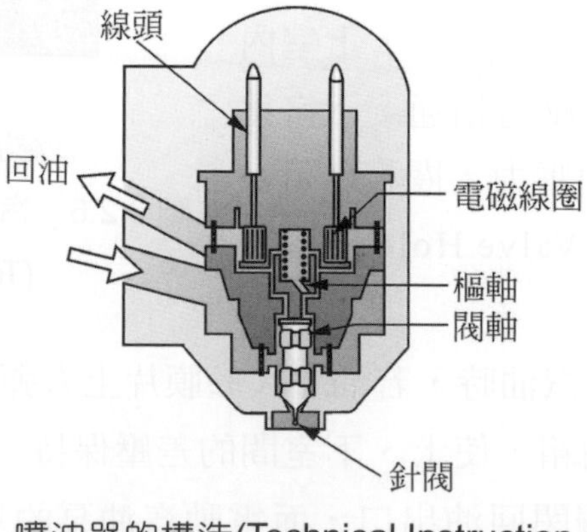

圖 3.2.8 噴油器的構造(Technical Instruction, BOSCH)

3.3 各種作用資訊取得

一、進氣量

1. Mono-Jetronic系統的進氣量(Air Charge)爲非直接(Indirect)計測，**是利用節氣門角度α與引擎轉速n的座標訂出相對進氣量**，如圖3.3.1所示。因此節氣門處各零件間必須精密配合，也就是節氣門總成是一個非常精密的裝置，能提供精確的節氣門角度信號給ECU；而引擎轉速信號係由點火系統取得，也就是Mono-Jetronic系統無曲軸位置感知器，亦即Bosch常稱的引擎轉速感知器(Engine Speed Sensor)，必須等到改良爲Mono-Motronic系統時，才有安裝引擎轉速感知器。

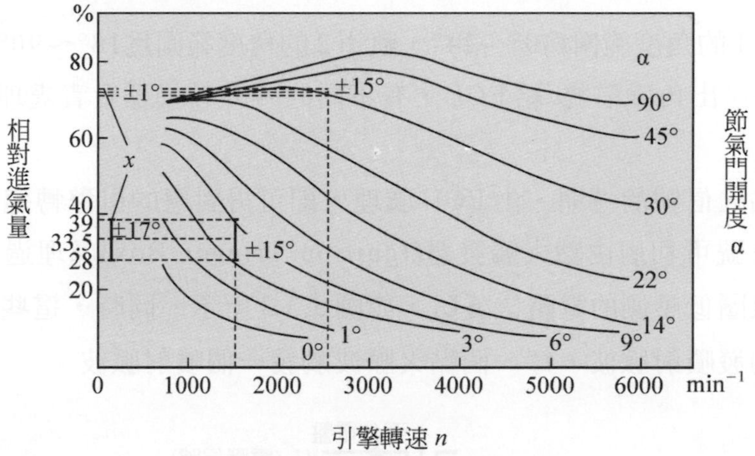

圖 3.3.1　Mono-Jetronic系統的相對進氣量(Technical Instruction, BOSCH)

2. 節氣門電位計(Throttle Valve Potentiometer)

(1) 節氣門電位計負責將節氣門開度信號送給ECU。

(2) 電位計的轉動臂固定在節氣門軸上，接觸片使各組的電阻軌道與蒐集軌道相連接，5 V參考電壓信號從電阻軌道經蒐集軌道送出，如圖3.3.2所示。

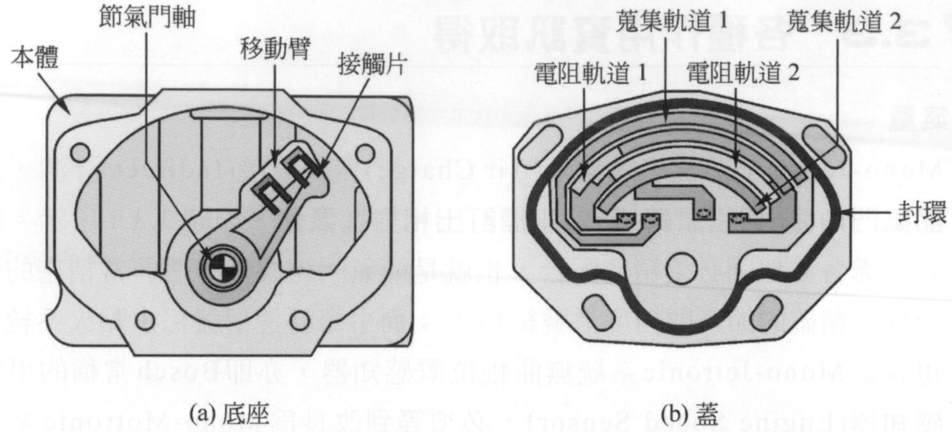

圖 3.3.2 節氣門電位計的構造(Technical Instruction, BOSCH)

(3) 軌道 1 的角度範圍為0°～24°，軌道 2 的角度範圍為18°～90°，每一組軌道分別送出角度信號α給 ECU，有不同的 A/D 轉換器負責處理。

二、引擎轉速

1. 監測點火信號的週期，由 ECU 處理，即可得對應的引擎轉速。
2. 點火信號可利用由點火觸發器(Ignition Trigger Box)處理過的脈波T_D，或點火線圈低壓側的電壓信號U_s，如圖 3.3.3 所示。同時，這些點火信號也可用來觸發噴射脈波，每一個點火脈波觸發一個噴射脈波。

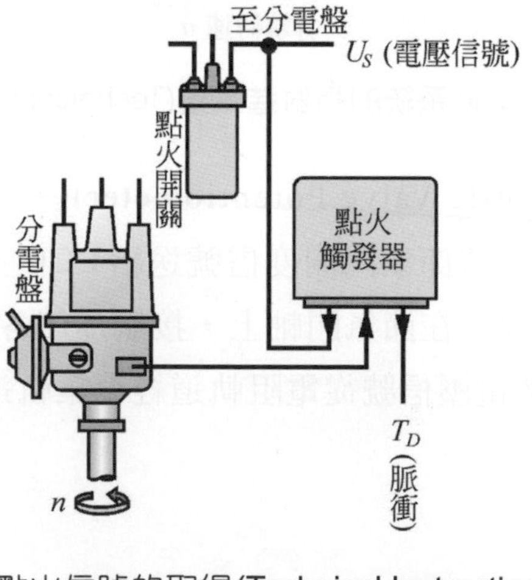

圖 3.3.3 點火信號的取得(Technical Instruction, BOSCH)

三、水溫與進氣溫度

1. 水溫感知器也是採用NTC電阻。
2. 進氣密度會因溫度而變化，因此在噴油器旁的進氣通道上安裝進氣溫度感知器，也是採用NTC電阻，如圖3.3.4所示。

四、怠速與全負荷

1. 怠速與全負荷狀態必須準確偵測，使汽油噴射量最適當化。
2. 怠速信號是由在節氣門作動器(Throttle Valve Actuator)的怠速開關(Idle Switch)送出，如圖 3.3.5 所示，當節氣門關閉時，柱塞使怠速接點閉合，送出閉合信號給ECU。
3. 全負荷信號則是由節氣門電位計送出。

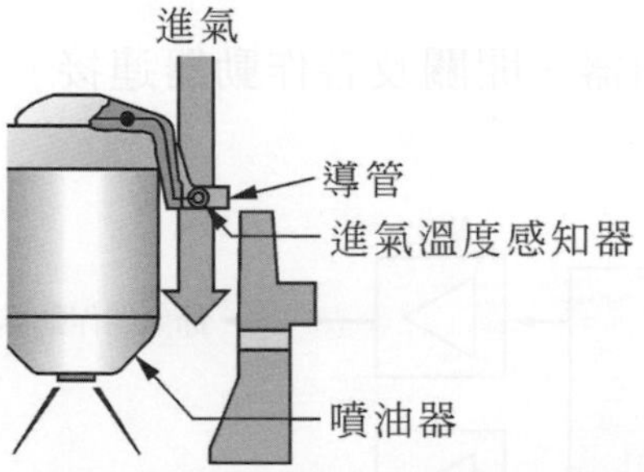

圖 3.3.4　進氣溫度感知器的安裝位置
(Technical Instruction, BOSCH)

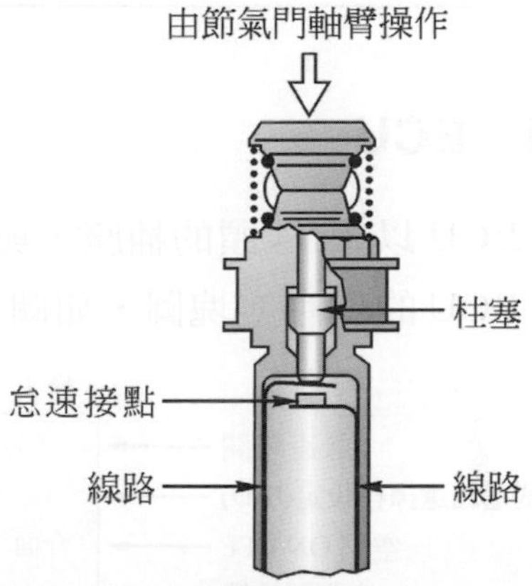

圖 3.3.5　在節氣門作動器內的怠速開關
(Technical Instruction, BOSCH)

五、電瓶電壓

1. 電磁式噴油器的作用與結束時間會受到電瓶電壓變化的影響。如果在引擎運轉期間系統電壓發生變化，ECU 會調整噴射時間，以補償噴油器在反應時間上的延遲。
2. 另外，在低溫起動低電瓶電壓時，ECU也會使噴油器的噴射時間延長。
3. 電瓶電壓係經A/D轉換器後，數位信號再送入微處理器。

六、空調作用與變速箱入檔

當空調ON或變速箱入檔，引擎負荷增加使轉速降低時，ECU會補償使怠速轉速提高。

七、排氣含氧量

1. 要達到有效的閉迴路控制，無加熱式含氧感知器的排氣溫度必須達350℃以上，而加熱式含氧感知器的排氣溫度則須達200℃以上。
2. Mono-Jetronic 系統也採用加熱式含氧感知器，其優點爲
   (1) 在低排氣溫度，即起動後暖車或怠速時，具有可靠的閉迴路控制。
   (2) 冷車起動後，能最少延遲，迅速反應，達到有效的閉迴路控制。
   (3) 由於感知器所需反應時間短，故廢氣排放量少。
   (4) 由於感知器不是靠排氣加溫，故安裝位置選擇性多。

3.4 資訊處理及控制

3.4.1 ECU

1. ECU以25線頭的插座，與電瓶、各感知器、開關及各作動器連接。
2. ECU的作用方塊圖，如圖3.4.1所示。

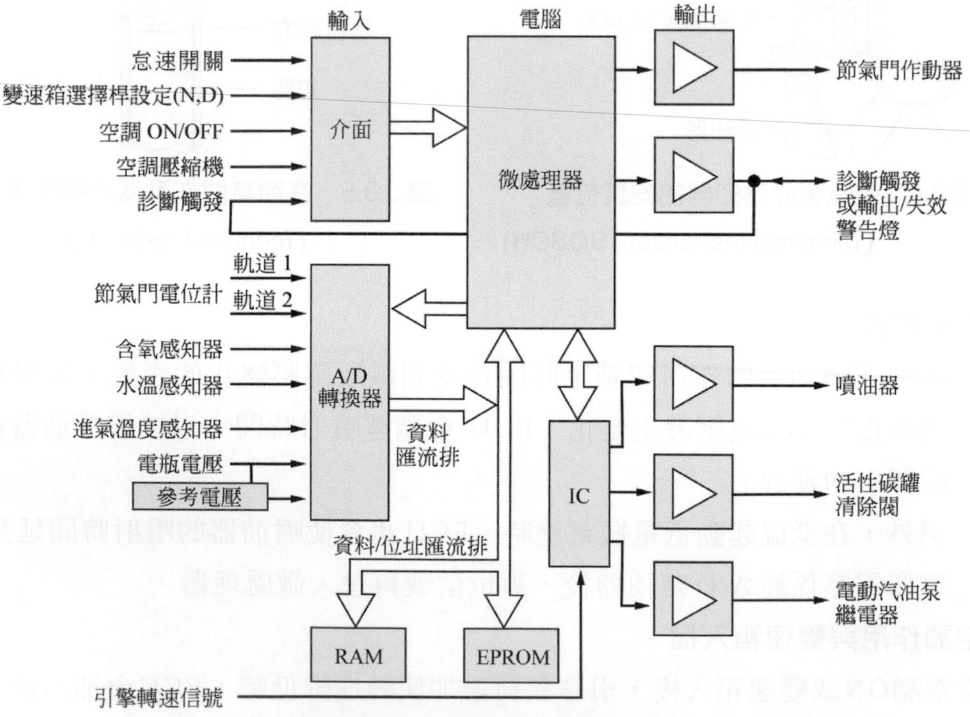

圖 3.4.1　ECU 的作用方塊圖(Technical Instruction, BOSCH)

3.4.2 各項特殊控制

一、冷引擎起動時空燃比修正

1. 冷引擎時，汽油的蒸發會受到冷空氣溫度、冷進氣歧管壁溫度、高進氣歧管壓力、低空氣流速等的影響，而在歧管內壁堆積一層汽油膜，如圖 3.4.2 所示。汽油膜甚至也會堆積在汽缸壁上。

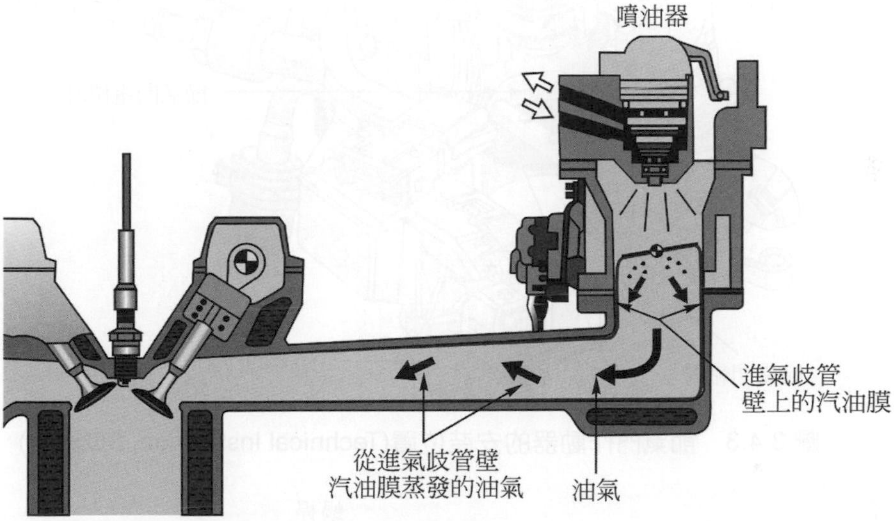

圖 3.4.2 冷引擎時的汽油膜堆積(Technical Instruction, BOSCH)

2. 因此在冷引擎起動時，噴油器的持續噴油(Injection Duration)時間會延長，以提供足夠的可燃混合氣。
3. 而在冷引擎起動時，若引擎起動轉速快，則空氣流速快，堆積在管壁的汽油會變少，因此噴油器的持續噴油時間會縮短。

二、怠速控制

1. 怠速控制，以降低及穩定怠速，並在引擎整個使用壽命內，維持怠速一定。Mono-Jetronic 系統不需要調整怠速或怠速混合比，此部分係免保養(Maintenance Free)。
2. 在各種不同工作狀況下，如電路系統重負載、空調開關ON、變速箱入檔或動力轉向最大負荷等，**ECU 均會控制節氣門作動器，使節氣門打開一定角度，以維持正確的怠速轉速**。

3. 節氣門作動器(Throttle Valve Actuator)

⑴ 節氣門作動器的安裝位置，如圖 3.4.3 所示。節氣門作動器的構造，如圖 3.4.4 所示，由一組 DC 馬達，經蝸桿及蝸齒輪，以驅動作動軸。

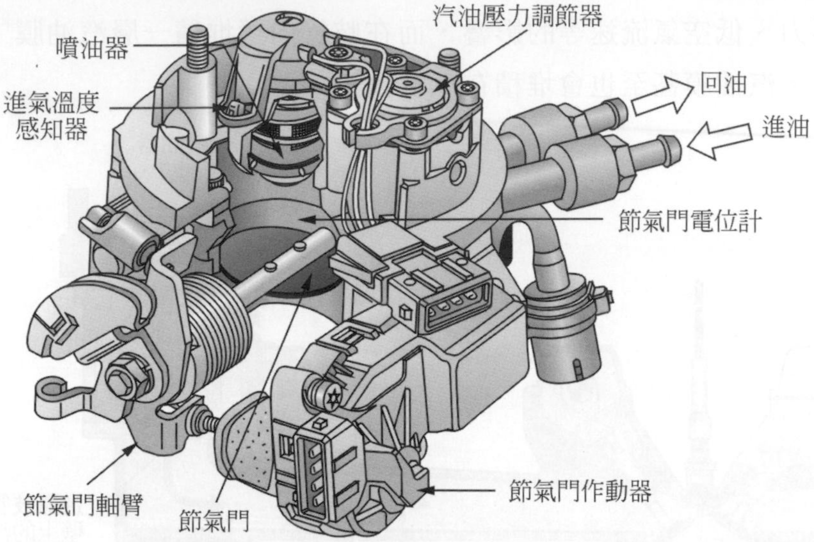

圖 3.4.3 節氣門作動器的安裝位置(Technical Instruction, BOSCH)

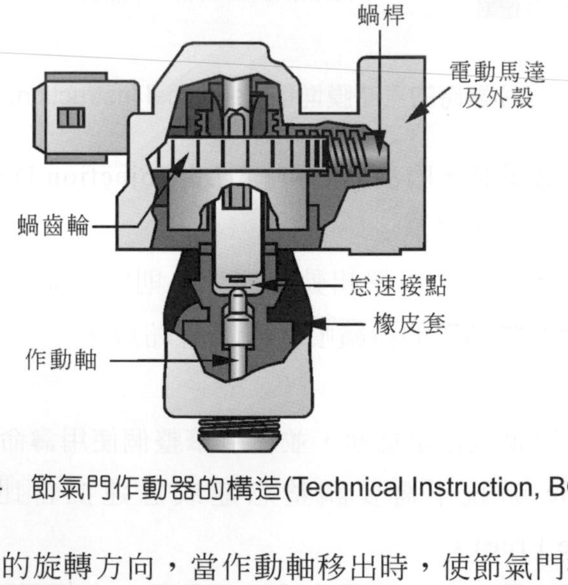

圖 3.4.4 節氣門作動器的構造(Technical Instruction, BOSCH)

⑵ 依電動馬達的旋轉方向，當作動軸移出時，使節氣門打開；當作動軸縮回時，使節氣門關閉。作動軸上有怠速接點，當節氣門軸臂緊壓作動軸時，怠速接點閉合，送出怠速信號給 ECU。

3.5 Mono-Motronic 系統

1. 大家都知道Bosch的Motronic是一種集中控制系統，那麼將Mono與Motronic放在一起，意即**Mono-Motronic的引擎管理系統，是將汽油噴射與電子點火整合在一起控制**，如圖 3.5.1 所示。與 Mono-Jetronic 系統的不同處，為沒有分電盤，採用無分電盤電子點火系統，並有 EGR 控制與爆震控制等。

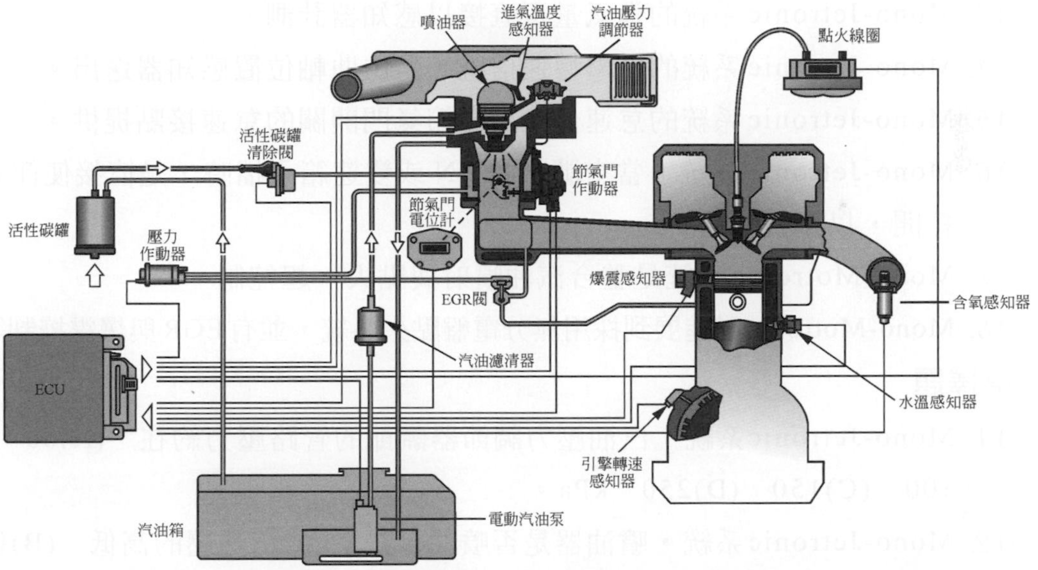

圖 3.5.1 Mono-Motronic 系統的組成(Technical Instruction, BOSCH)

2. Mono-Motronic系統整合了汽油噴射與點火兩個副系統(Subsystem)一起控制，可得最精確的汽油計量與點火提前控制；同時因只採用一個 ECU 做控制，故成本較低，且可靠性高。
3. Mono-Motronic 系統的優點
   (1) 精確計量汽油噴射量，並在暖車運轉時，依水溫修正點火提前，使耗油減少。
   (2) 在所有運轉狀態精確修正點火角度，使耗油減少及排氣污染降低。
   (3) 由於動態點火正時(Dynamic Ignition Timing)的作用，使怠速穩定。
   (4) 加速或減速時，由於點火時間的調節，使駕駛舒適性提高。
   (5) 由於點火時間的調節，改善自動變速箱的換檔震動。

第 3 章　學後評量

一、是非題

( ) *1.* 單點汽油噴射系統是電腦控制、低壓、節氣門上方間歇噴射的系統。

( ) *2.* Mono-Jetronic系統，汽油壓力調節器、噴油器及進氣溫度感知器，均裝在中央噴射器的上段部位。

( ) *3.* Mono-Jetronic系統的進氣量可直接以感知器計測。

( ) *4.* Mono-Jetronic系統的引擎轉速信號，是由曲軸位置感知器送出。

( ) *5.* Mono-Jetronic系統的怠速信號是由節氣門開關的怠速接點提供。

( ) *6.* Mono-Jetronic系統，當空調開關ON或變速箱入檔時，是直接使節氣門打開，以調整怠速。

( ) *7.* Mono-Motronic系統是整合汽油噴射與點火一起控制。

( ) *8.* Mono-Motronic已進展到採用無分電盤點火系統，並有EGR與爆震控制等。

二、選擇題

( ) *1.* Mono-Jetronic系統，汽油壓力調節器調節的管路壓力約在　(A)60　(B)100　(C)150　(D)250　kPa。

( ) *2.* Mono-Jetronic系統，噴油器是否噴油，是　(A)依油壓的高低　(B)依回油量的多寡　(C)依電磁線圈的通電與否　(D)依噴油器的安裝位置。

( ) *3.* Mono-Jetronic系統的進氣量　(A)以翼板式空氣流量計直接計測　(B)以歧管絕對壓力感知器間接計測　(C)以熱線式空氣流量計計測　(D)以節氣門開度及引擎轉速算出相對進氣量。

( ) *4.* 要達到有效的閉迴路控制，有、無加熱式含氧感知器的排氣溫度分別必須達　(A)200、350　(B)150、200　(C)350、200　(D)200、100　℃以上。

( ) *5.* 進氣歧管內壁較不易堆積油膜的情況是　(A)低空氣流速　(B)冷空氣溫度　(C)高進氣歧管壓力　(D)低進氣歧管壓力。

( ) *6.* Mono-Jetronic系統的怠速控制，是靠　(A)空氣閥　(B)節氣門作動器　(C)IAC閥　(D)冷車起動噴油器。

三、問答題

1. Mono-Jetronic 系統使用的感知器信號有哪些？
2. 試述汽油壓力調節器的作用。
3. Mono-Jetronic 系統的進氣量是如何計測得之？
4. 寫出 Mono-Jetronic 系統採用加熱式含氧感知器的優點。
5. Mono-Jetronic 系統在各種不同工作狀況下如何控制怠速？
6. 何謂 Mono-Motronic 系統？與 Mono-Jetronic 系統有何不同處？

CHAPTER 4

多點汽油噴射系統

4.1 概述

4.1.1 集中控制系統概述

1. 在省油與動力輸出兼顧，及符合日趨嚴格的排放法規要求下，汽油噴射系統從 1980 年代開始進展為集中控制(Integrated Control)方式，也就是ECU除了控制汽油噴射外，同時還控制點火提前、怠速等，並具備自我診斷、故障安全及備用功能。
2. 事實上，集中控制系統發展至今，除了上述各種控制外，並與其他獨立系統的 ECU 互通訊息，以進行更進一步的必要控制，已經進展到綜合控制的階段，如圖 4.1.1 所示，為Toyota公司的TCCS(Toyota Computer-Controlled System)綜合控制。以 TRC(Traction Control)即 TCS 控制為例，當驅動輪打滑時，除增加驅動輪煞車分泵的煞車壓力外，也可同時使引擎進氣管的副節氣門關閉，以降低引擎的輸出扭矩，來減少驅動輪的打滑，在 TRC ECU、Engine ECU 以及 ABS ECU 間均隨時互通訊息，以進行各自必要的控制。圖中ESA表電子火花提前(Electronic Spark Advance)，ECT表電子控制變速箱(Electronically-Controlled Transmission)，TEMS 表豐田電子調節懸吊(Toyota Electronically-Modulated Suspension)。

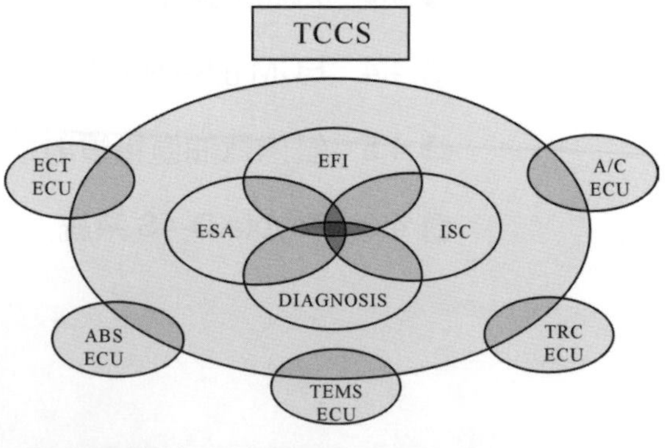

圖 4.1.1　TCCS 的綜合控制(訓練手冊 Step 3, 和泰汽車公司)

3. 今天，Bosch 公司的 Motronic(M-Motronic、ME-Motronic)、Nissan 公司的 ECCS(Electronic Concentrated Control System)、Honda 公司的 PGM-FI(Programmed Fuel Injection)、Ford 公司的 EEC(Electronic Engine Control)等集中控制系統，依年份或車型，也都已進展到綜合控制階段了。

4.1.2 進氣歧管多點汽油噴射系統概述

1. 進氣歧管多點汽油噴射系統，可分爲進氣系統、汽油供應系統及電子控制系統三部分，如圖 4.1.2 所示。本章主要介紹進氣系統、汽油供應系統及各種附屬控制功能，有關電子控制系統的電腦、感知器及作動器，除必要的補充敘述外，其他詳細內容請參閱第 1 章的說明。

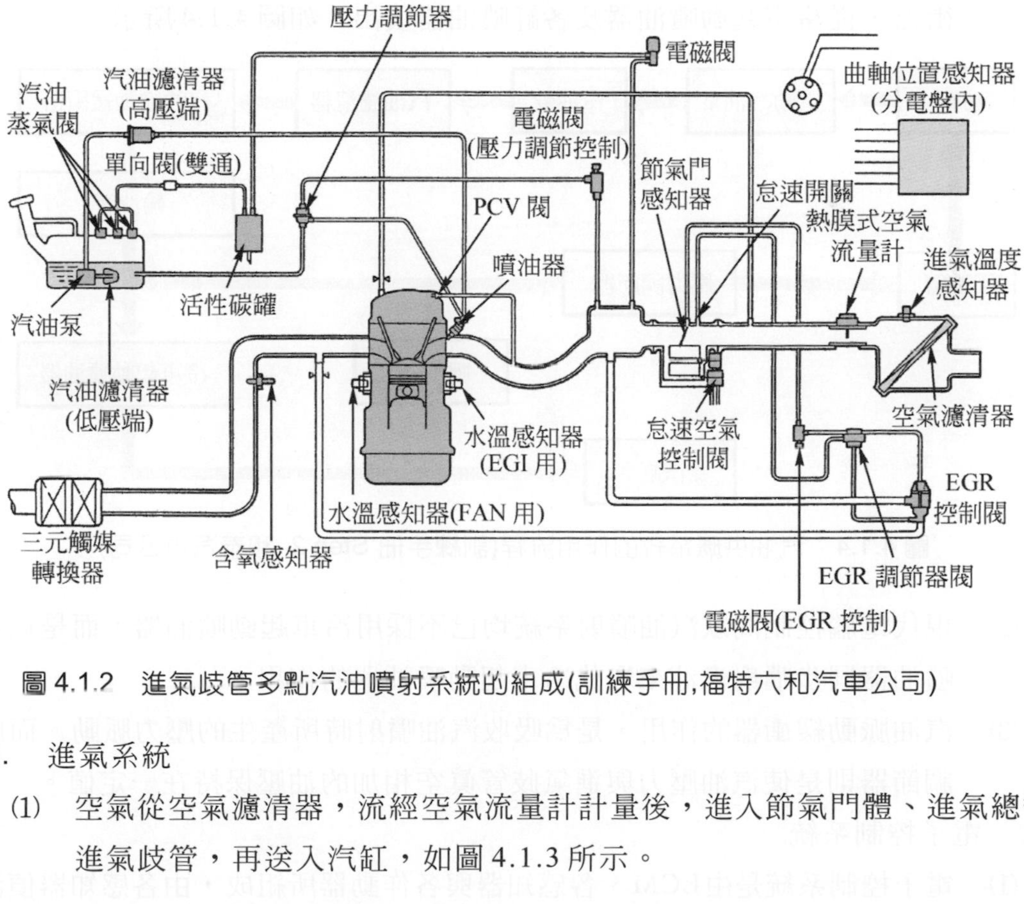

圖 4.1.2 進氣歧管多點汽油噴射系統的組成(訓練手冊,福特六和汽車公司)

2. 進氣系統

(1) 空氣從空氣濾清器，流經空氣流量計計量後，進入節氣門體、進氣總管及進氣歧管，再送入汽缸，如圖 4.1.3 所示。

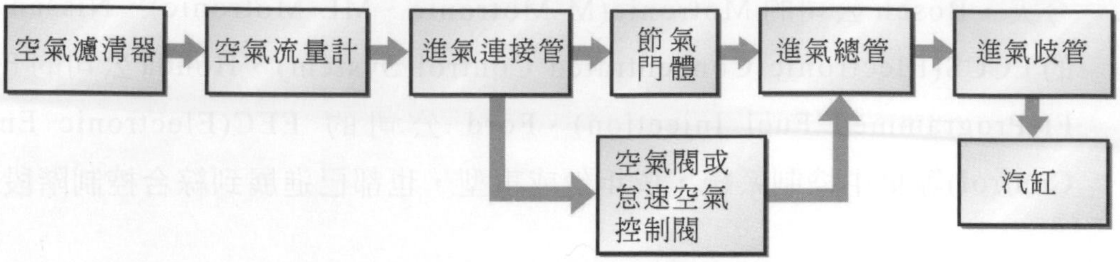

圖 4.1.3　進氣系統的作用流程(訓練手冊 Step 2, 和泰汽車公司)

(2)　流經空氣閥或怠速空氣控制閥的空氣也經過空氣流量計計量，以提供引擎在起動、暖車、動力轉向或空調時的怠速轉速控制。

3.　汽油供應系統

(1)　汽油從油箱被電動汽油泵送出，以一定壓力送經汽油濾清器、汽油脈動緩衝器，從冷車起動噴油器及各缸噴油器噴出，如圖 4.1.4 所示。

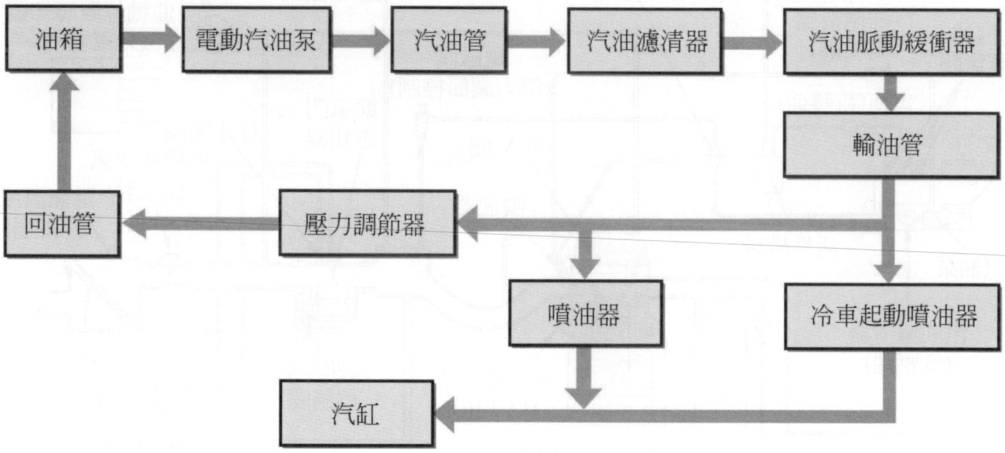

圖 4.1.4　汽油供應系統的作用流程(訓練手冊 Step 2, 和泰汽車公司)

(2)　現代電腦控制間歇汽油噴射系統均已不採用冷車起動噴油器，而是以各缸噴油器同步噴射汽油來取代冷車起動噴油器的作用。

(3)　汽油脈動緩衝器的作用，是為吸收汽油噴射時所產生的壓力脈動。而壓力調節器則是使汽油壓力與進氣歧管真空相加的油壓保持在一定值。

4.　電子控制系統

(1)　電子控制系統是由ECM、各感知器與各作動器所組成，由各感知器偵測引擎的各種狀況，將信號送給 ECM，由 ECM 進行各種不同的控制作用。

⑵ ECM接收曲軸位置感知器、爆震感知器、空氣流量計、冷卻水溫度感知器、節氣門位置感知器、車速感知器、含氧感知器等信號，**以進行噴射正時與噴油量控制、點火時間控制、怠速轉速控制、汽油泵控制、加速期間空調控制、EGR閥與EVAP活性碳罐清除控制等**，如圖 4.1.5 所示。

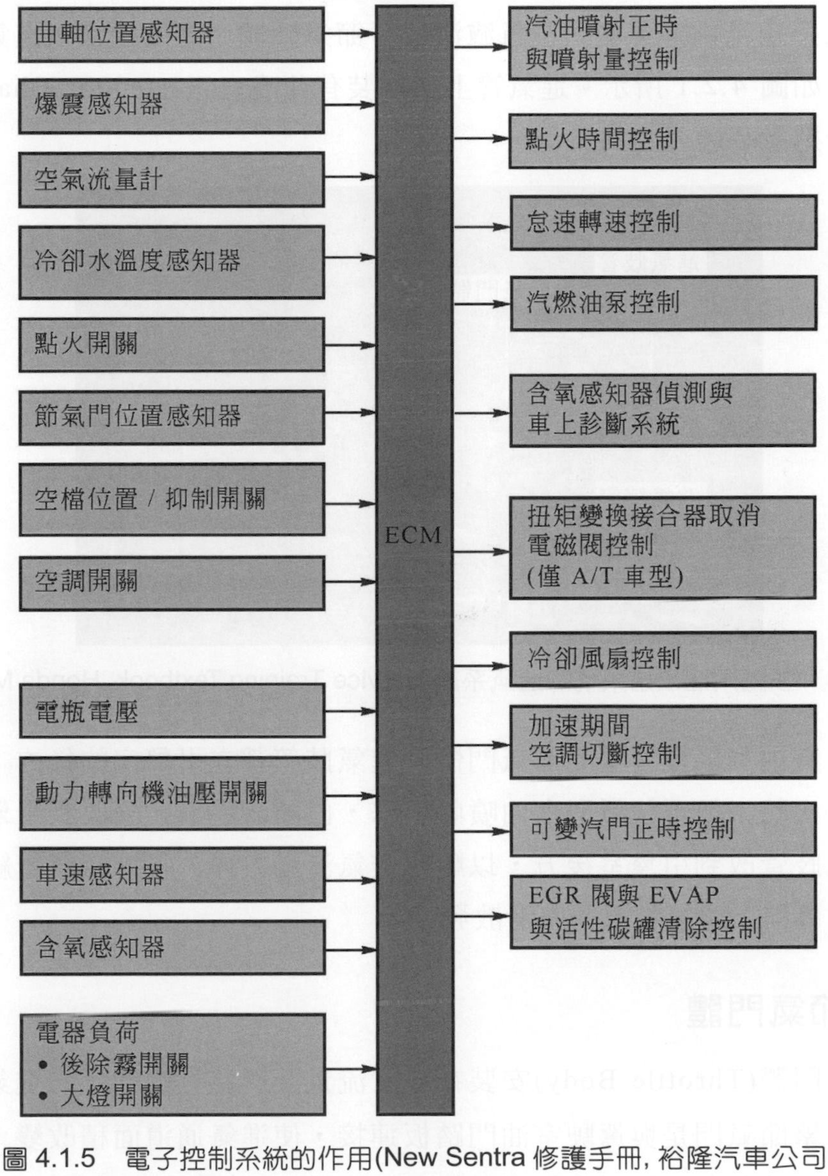

圖 4.1.5 電子控制系統的作用(New Sentra 修護手冊, 裕隆汽車公司)

4.2 進氣系統

4.2.1 概述

1. 進氣系統是由進氣管、空氣濾清器、節氣門體、進氣總管、進氣歧管等組成，如圖 4.2.1 所示。進氣管上通常裝有共鳴室(Resonator Chamber)，以減少進氣時所產生的噪音。

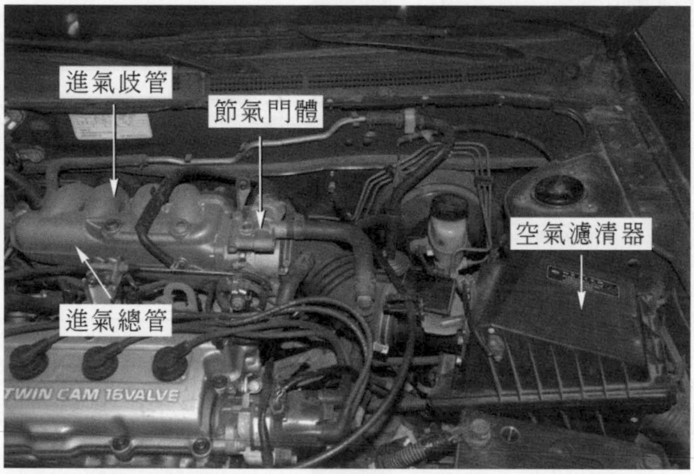

圖 4.2.1　多點汽油噴射系統的進氣系統(Service Training Textbook, Honda Motors)

2. 大多數線列橫置引擎的節氣門體及進氣歧管都在引擎室的後方，也就是靠近防火牆；但現代新型汽油噴射引擎，已漸將進氣歧管改到引擎室前方，排氣歧管改到引擎室後方，以順應空氣流動方向，將排氣歧管總成的熱量向下導引，直接從車子底下散發。

4.2.2 節氣門體

1. 節氣門體(Throttle Body)安裝在空氣流量計與進氣總管間的進氣管上。一般引擎節氣門是與駕駛室油門踏板連接，使進氣通道面積改變，以操縱引擎的運轉狀態；但現代新型引擎，節氣門已漸改採電子控制，在節氣門與加油踏板間的鋼製導線已經不需要了，稱爲電子節氣門控制(Electronic

Throttle Valve Control, ETC)。

2. 節氣門體的基本構造，如圖 4.2.2 所示，旁通道及其調整螺絲為早期引擎所採用，引擎怠速可由調整通過旁通道的空氣量而改變，順時針轉動調整螺絲，使通過旁通道的空氣量減少，引擎怠速轉速降低；逆時針轉動，則增加旁通空氣量，引擎怠速轉速升高。

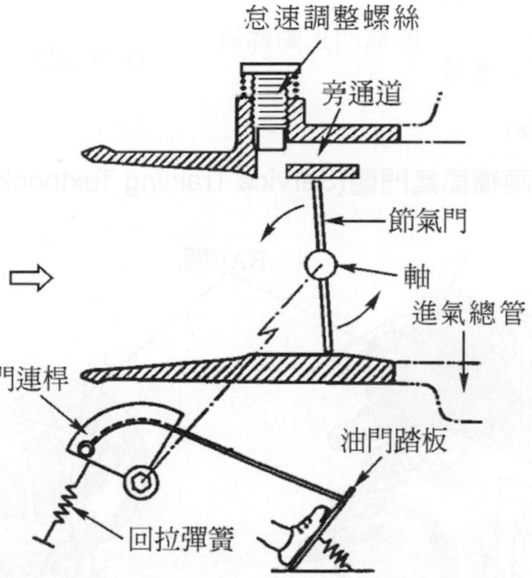

圖 4.2.2　節氣門體的基本構造(電子制御ガソリン噴射, 藤沢英也、小林久德)

3. 較新型且目前仍普遍使用引擎的節氣門體，如圖 4.2.3(a)所示，為本田汽車所採用，上面裝有節氣門角度感知器、怠速調整螺絲、冷卻水通道及不可調整的節氣門止動螺絲等；另圖 4.2.3(b)所示，為另一種型式的節氣門體。而圖 4.2.4 所示，為福特汽車所採用，用來調整快怠速與怠速的旁通空氣控制(Bypass Air Control, BAC)閥就裝在節氣門體上，BAC 閥包含有空氣閥與ISC閥；怠速開關係用以送出節氣門關閉，引擎在怠速狀態時之信號給ECM。

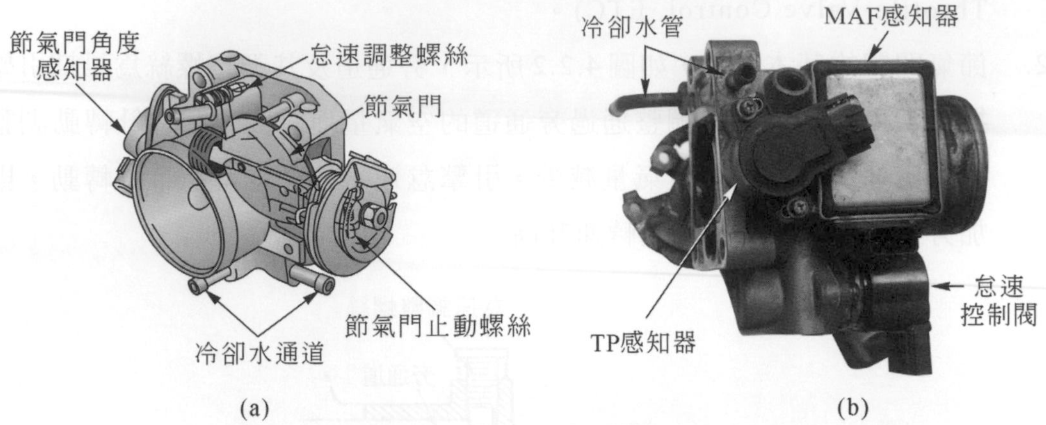

圖 4.2.3　兩種節氣門體(Service Training Textbook, Honda Motors)

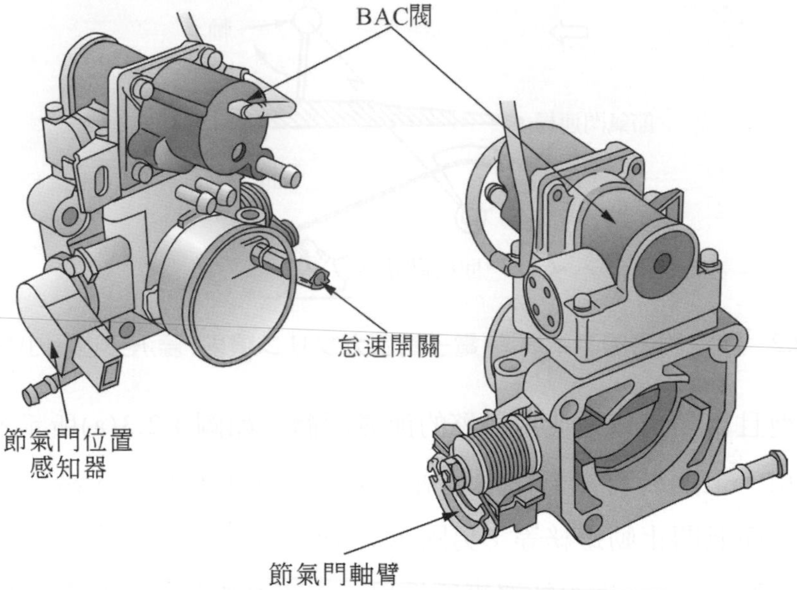

圖 4.2.4　福特汽車採用的節氣門體(訓練手冊, 福特六和汽車公司)

4. 由ECM控制怠速控制閥，以調節通過旁通道空氣量，來改變怠速轉速的引擎，節氣門體上若設有怠速調整螺絲者，在原廠時是設定在全關位置；目前新型引擎通常都不設怠速調整螺絲。

4.2.3 進氣總管及歧管

1. 由於空氣是間歇吸入汽缸，此種進氣脈動會使採用翼板式空氣流量計的翼板產生震動，導致空氣計量不準確，因此進氣總管必須有相當的空間，以緩和空氣的脈動，如圖 4.2.5 所示。

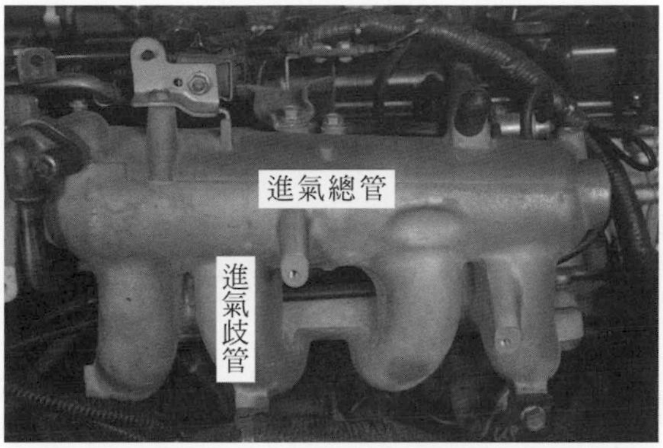

(a)

(b)

圖 4.2.5　進氣總管與歧管的構造(訓練手冊 Step 2, 和泰汽車公司)

2. **現代汽油噴射引擎許多均採用上吸式進氣歧管，可減少氣流阻力，提高進氣量**，如圖 4.2.6 所示。

(a)

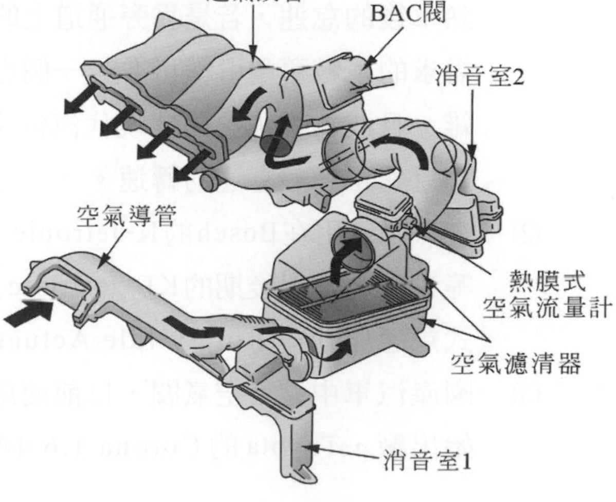

(b)

圖 4.2.6　上吸式進氣歧管(訓練手冊, 福特六和汽車公司)

3. 進氣總管與歧管之總成，以往都是以鋁合金製成，但部分現代新型引擎改以玻璃纖維(Glass Fiber)製成的塑膠式(Plastic Type)進氣歧管總成如圖 4.2.5 (b)所示。Honda Civic 及 Toyota Corolla Altis 等均採用，可減輕車重，提高省油性；且不會傳熱給空氣及油氣，故可提高容積效率，提昇引擎的扭矩及馬力；並可改善熱車起動性能。

4.2.4 怠速控制閥的構造及作用

4.2.4.1 概述

1. 不論引擎的新舊或怠速控制閥的型式，怠速控制閥不是裝在節氣門本體上，就是裝在連通節氣門前、後的空氣旁通道上，因此本節針對怠速控制閥做詳細的介紹。
2. 依怠速控制閥的新舊及是否爲ECM控制式，可分爲早期的空氣閥(Air Valve)，又稱輔助空氣裝置(Auxiliary Air Device)，及較新的怠速控制(Idle Speed Control, ISC)閥，又稱怠速空氣控制(Idle Air Control, IAC)閥。

依怠速控制閥的新舊及有無ECM控制分
- 空氣閥(無 ECM 控制)
- ISC 閥或 IAC 閥(ECM 控制)

(1) 事實上，空氣閥是做爲快怠速(Fast Idle)調節用，引擎熱車後即停止作用；熱車後的怠速，若是靠旁通道上的怠速調整螺絲調節，是無法符合引擎的需求的；較舊型引擎再增設一個專門調節怠速的控制閥，如此使構造變複雜，且成本增加。因此現代汽油引擎均裝設一個 ISC(IAC)閥，以調節從快怠速至一般怠速的轉速。

(2) 空氣閥裝用在Bosch的K-Jetronic、KE-Jetronic、L-Jetronic、L3-Jetronic等系統上，但後期的KE-Jetronic及LH-Jetronic系統，就已開始改用迴轉式怠速作動器(Rotary Idle Actuator)。

(3) 國產汽車中裝用空氣閥，目前使用中車輛數目仍有少數的，如 1991 年開始出廠，Toyota的Corona 1.6 4A-FE引擎。

4.2.4.2 空氣閥的構造及作用

一、空氣閥的功用

使冷引擎以快怠速運轉，以維持穩定運轉及迅速加溫引擎。

二、空氣閥的安裝位置

空氣閥係裝在節氣門體下方，或裝在連通節氣門前、後的空氣旁通道上，如圖4.2.7所示。

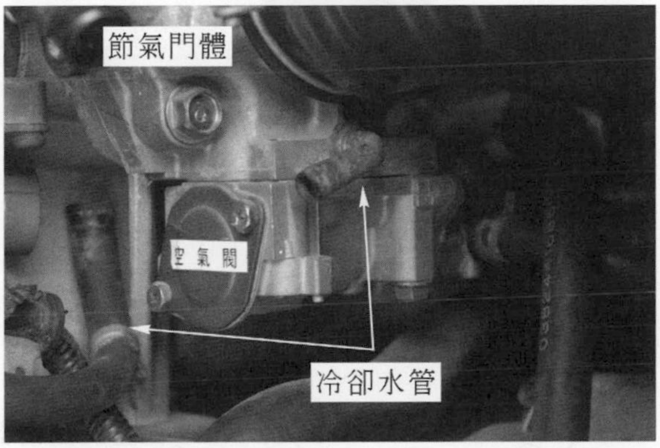

(a)

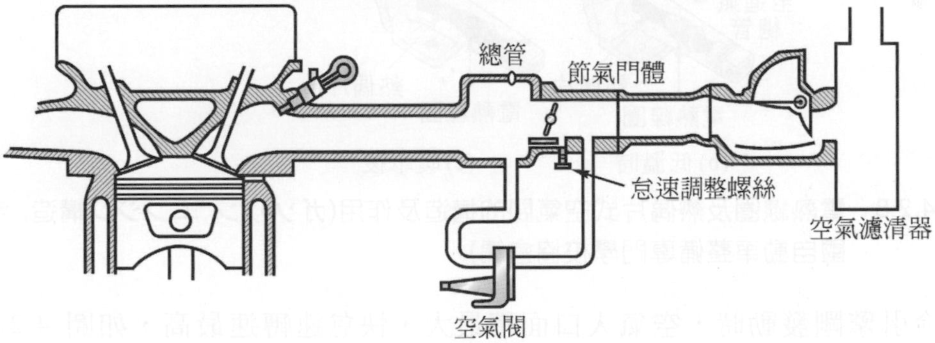

(b)

圖 4.2.7 空氣閥的安裝位置(電子制御ガソリン噴射, 藤沢英也、小林久德)

三、空氣閥的種類

空氣閥的種類
- 電熱線圈及熱偶片式
- 臘球式

四、電熱線圈及熱偶片式空氣閥

1. 由熱偶片(Bimetal)、電熱線圈、入口閥及回拉彈簧等組成，如圖 4.2.8 所示。入口閥的下端與熱偶片連接，熱偶片彎曲時會使入口閥旋轉，使空氣入口面積變小。

(a)

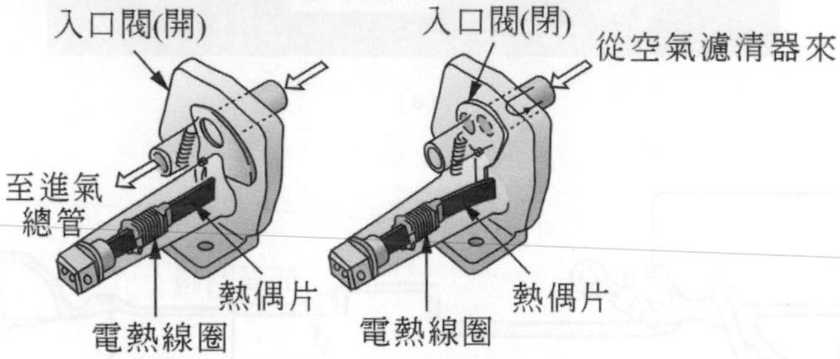

(b) 低溫時　　(c) 暖車後

圖 4.2.8　電熱線圈及熱偶片式空氣閥的構造及作用(ガソリン エンジン構造, 全國自動車整備專門學校協會編)

2. 冷引擎剛發動時，空氣入口面積最大，快怠速轉速最高，如圖 4.2.8(b)所示；隨著電熱線圈加熱，熱偶片因熱而慢慢向右彎曲時，入口閥逐漸關閉旁通空氣入口，至全關時，快怠速停止作用，如圖 4.2.8(c)所示。

五、蠟球式空氣閥

1. 由感溫蠟球(Wax)、彈簧及提動閥等組成，如圖 4.2.9 所示，引擎冷卻水引入感溫蠟球處。此式是依冷卻水溫度，以控制旁通道的面積，採用較多。

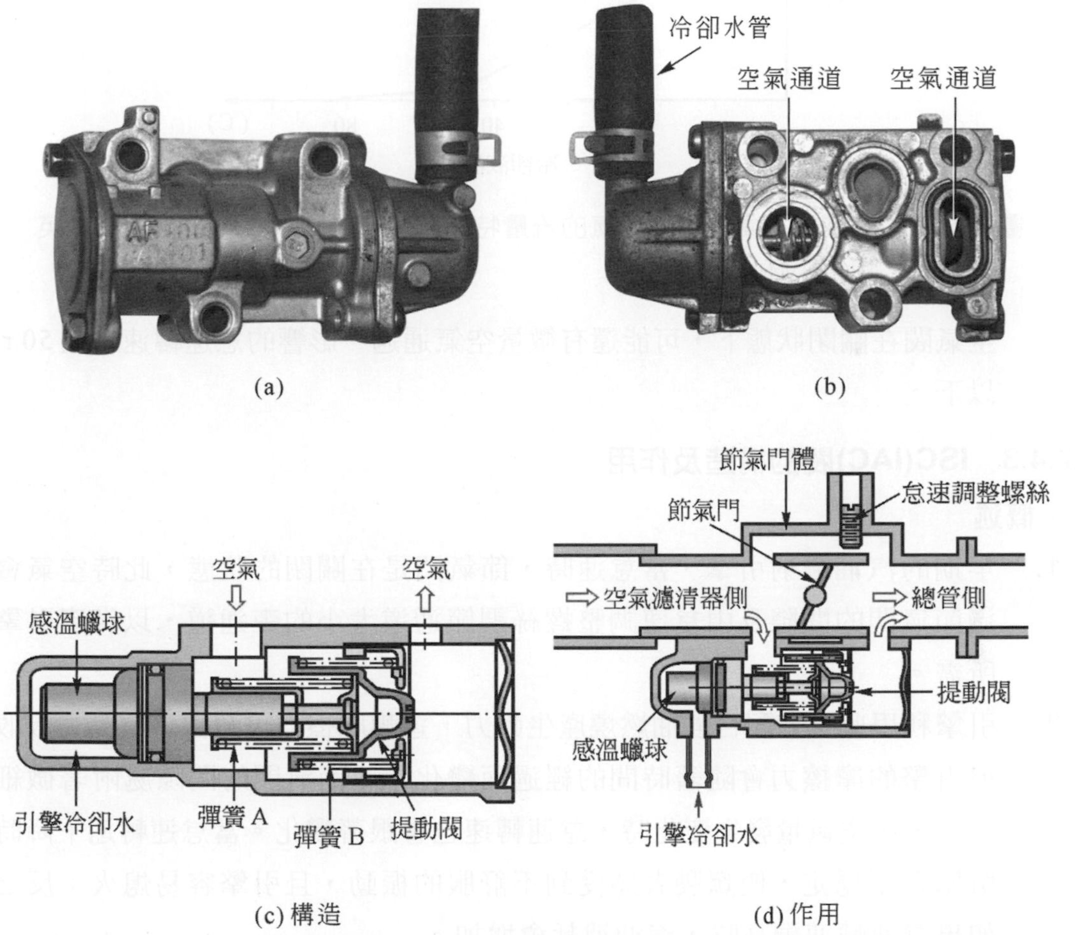

圖 4.2.9　蠟球式空氣閥的構造及作用(電子制御ガソリン噴射，藤沢英也、小林久德)

2. 引擎冷卻水溫度低時，感溫蠟球收縮，彈簧 B 將提動閥向左推，旁通空氣通道面積最大，引擎以快怠速運轉；隨著冷卻水溫度上升，蠟球膨脹，加上彈簧*A*的力量，使提動閥向右逐漸關閉，快怠速轉速作用結束。其旁通空氣的流量特性，如圖 4.2.10 所示，水溫超過 80℃時，空氣閥完全關閉。

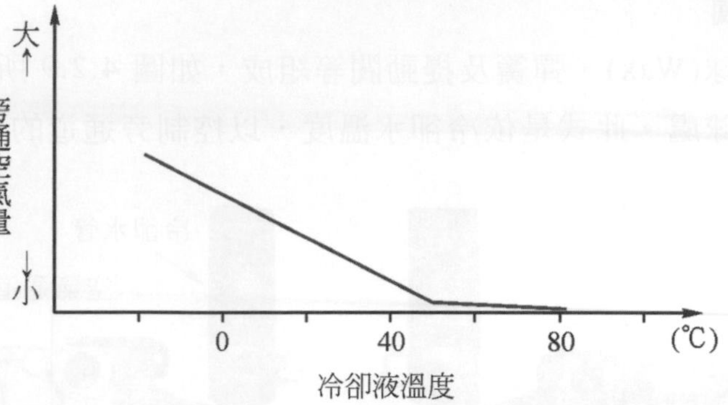

圖 4.2.10　蠟球式空氣閥旁通空氣的流量特性(電子制御ガソリン噴射, 藤沢英也、小林久德)

3. 空氣閥在關閉狀態下，可能還有微量空氣通過，影響的怠速轉速約在 50 rpm 以下。

4.2.4.3　ISC(IAC)閥的構造及作用

一、概述

1. 早期的汽油噴射引擎，當怠速時，節氣門是在關閉的狀態，此時空氣會通過節氣門的間隙及由怠速調整螺絲調節通道大小的旁通道，以供應引擎之所需。
2. 引擎利用此空氣配合噴油燃燒產生動力，運轉摩擦力可藉由爆發動力吸收，但引擎的摩擦力會隨著時間的經過而變化，或節氣門的間隙處附著微細的灰塵，使空氣量發生變化時，怠速轉速也會跟著變化。當怠速轉速下降時，引擎會不穩定，使駕駛者感受到不舒服的振動，且引擎容易熄火；反之，如果怠速轉速調高時，汽油消耗會增加。
3. 爲避免上述的情形發生，及配合行車狀況，如空調、動力轉向或電器負荷作用等，因此怠速轉速必須做適當的控制。例如，隨著引擎冷卻水溫度越低時，控制轉速越高，以達到快怠速的作用，且通常不必再使用空氣閥。另外，很多引擎會對應空氣調節壓縮機作用時，提高控制轉速，以避免因引擎負荷增加，造成怠速下降而抖動；有些甚至在節氣門急速關閉的瞬間，增加空氣量，使具有緩衝器(Dash Pot)的功能。

二、ISC(IAC)閥的不同名稱

本控制閥各汽車廠的稱呼各有不同，但功能都是相同的。本節的稱呼以OBD-II的名詞為準。

1. 怠速控制(Idle Speed Control, ISC)閥：OBD-II名詞。
2. 怠速空氣控制(Idle Air Control, IAC)閥：OBD-II名詞。
3. 電子空氣控制閥(Electronic Air Control Valve, EACV)：Honda汽車採用。
4. 怠速控制(Idle Speed Control, ISC)閥：Toyota汽車採用。
5. 旁通空氣(Bypass Air Control, BAC)閥或ISC閥：Ford汽車採用。
6. 怠速空氣控制閥(Idle Air Control Valve, IACV)：Nissan汽車採用。
7. ISC閥或IAC閥：General Motor汽車採用。
8. 自動怠速(Automatic Idle Speed, AIS)閥：DaimlerChrysler汽車採用。

三、ISC(IAC)閥的功用

由ECM控制ISC(IAC)閥通電時間的長短或通電的方向，改變旁通空氣量，以進行引擎在各種運轉狀況時的怠速轉速修正。

四、ISC(IAC)閥的種類

ISC(IAC)閥的種類
- 節氣門直接驅動式作動器
- 旁通空氣控制式
  - 步進馬達式ISC閥
  - 旋轉式ISC閥
  - 線性移動式ISC閥

五、節氣門直接驅動式作動器

1. 節氣門直接驅動式的方式，如圖4.2.11(a)所示。由於節氣門直接驅動式在控制時的力量，必須大於節氣門關閉方向回拉彈簧的彈力，故只有部分引擎採用此種體積較大的作動器，大部分都是採用旁通空氣控制式，如圖4.2.11(b)所示。

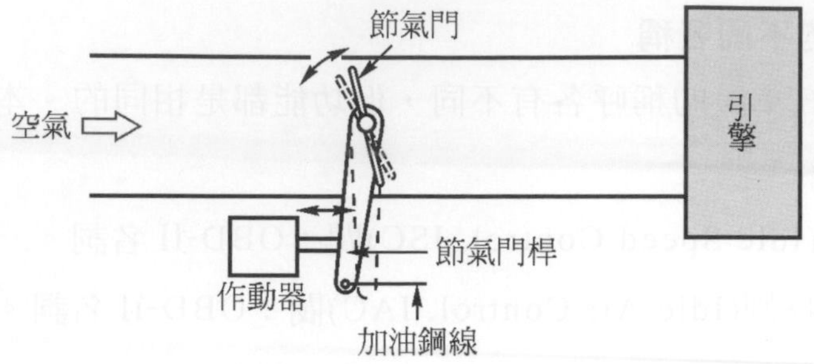

(a) 節氣門直接驅動式

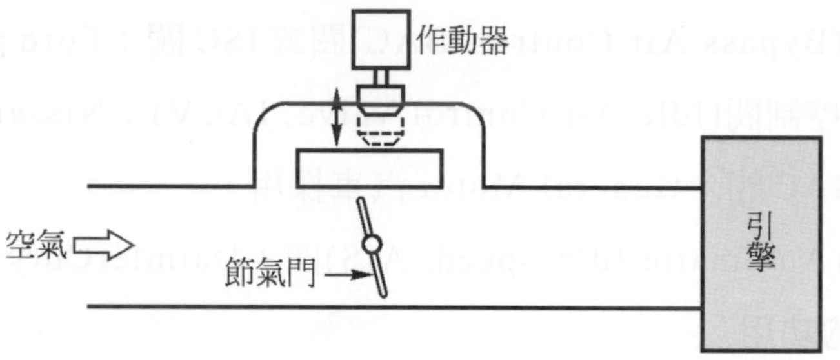

(b) 旁通空氣控制式

圖 4.2.11　兩種怠速空氣控制的方法(電子制御ガソリン噴射, 藤沢英也、小林久德)

2. 用在單點噴射系統，與中央噴射器組合為一體的節氣門直接驅動式作動器，如圖 4.2.12 所示，當作動器在節氣門全閉位置時，作動桿會左右移動，以調節節氣門的通道面積。作動器是由產生旋轉力量的直流馬達，增加旋轉力量的減速齒輪，及將旋轉動作改變為作動桿的直線動作之螺旋桿等所組成。

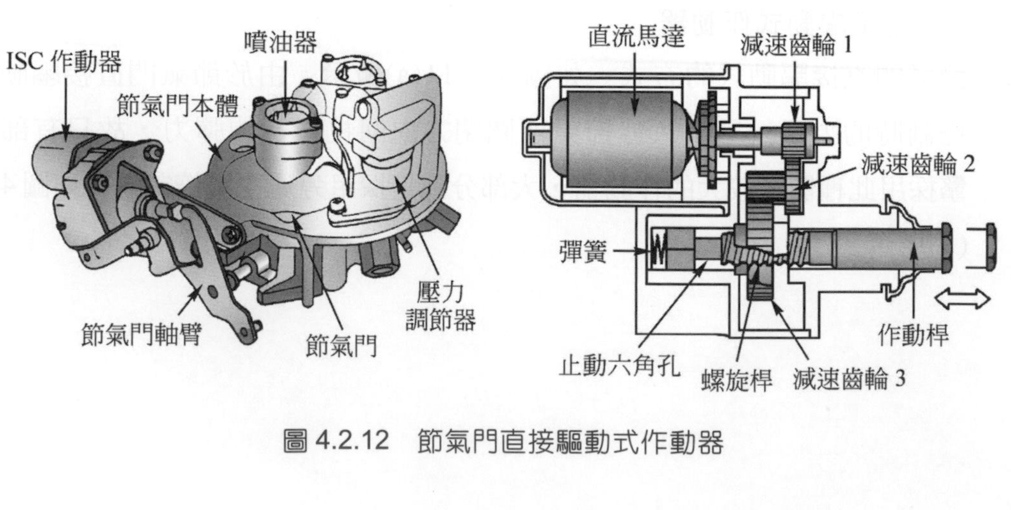

圖 4.2.12　節氣門直接驅動式作動器

3. 採用此種方法雖然有強大的作用力及良好的控制位置穩定性，但由於減速機構所造成的位移速度會減慢，因此控制反應性較差。

六、步進馬達式 ISC 閥

1. 在ISC閥內有一步進馬達，由ECM控制，讓轉子順向或逆向旋轉，使閥門上下或左右移動，改變閥門與閥座間的間隙，調節通過旁通道的空氣量，以改變怠速轉速，使用很普遍。因**步進馬達式 ISC 閥通過的空氣流量大，故也可用來控制快怠速，因此不必再使用空氣閥**。
2. 步進馬達式 ISC 閥的構造，是由永久磁鐵製轉子、二或四組靜子線圈、螺旋桿、閥門及閥座等組成，如圖 4.2.13(a)所示。步進馬達的靜子，是由兩組有 16 極的鐵芯，互相以半個磁極交錯而成；每一鐵芯上纏繞兩組線圈，其纏繞方向相反，故兩組鐵芯總共有四組靜子線圈，如圖 4.2.13(b)與 4.2.14 所示。而步進馬達的轉子，是由 16 極的永久磁鐵所組成，磁極數目因引擎型式而定，如圖 4.2.13(b)所示。

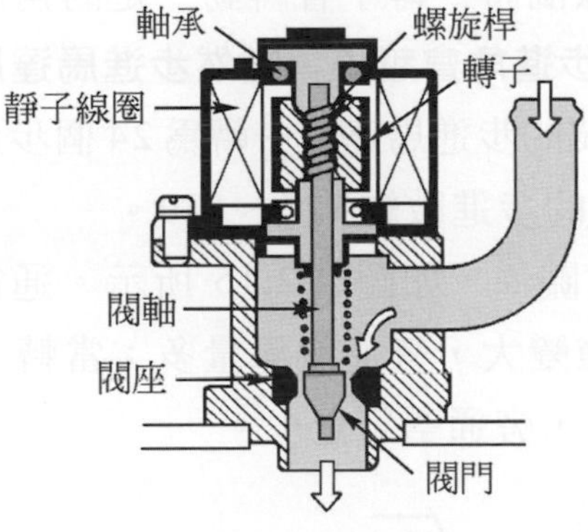

(a)

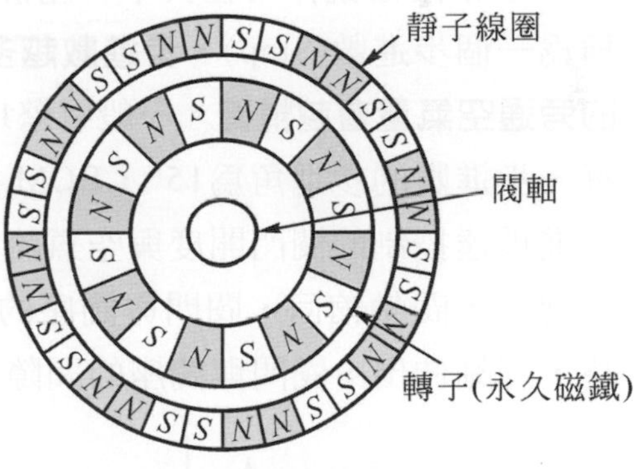

(b)

圖 4.2.13　步進馬達式 ISC 閥的構造(電子制御ガソリン噴射, 藤沢英也、小林久德)

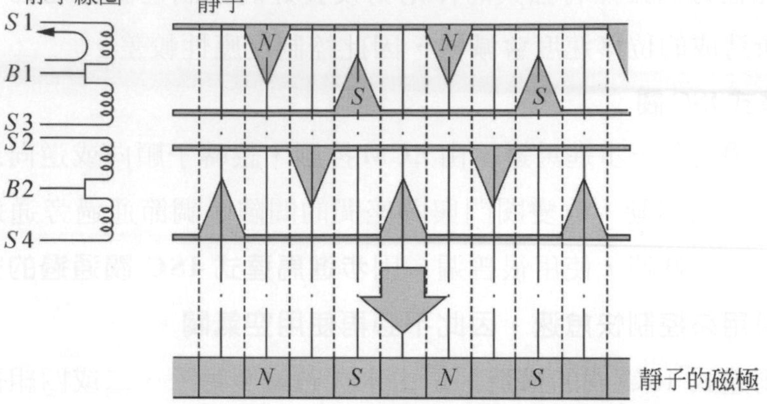

圖 4.2.14　兩組 16 極鐵芯以半個磁極交錯而成靜子(訓練手冊 Step 3, 和泰汽車公司)

3. 步進馬達轉子旋轉方向的改變，是由ECM變化送往四組靜子線圈脈波的順序。如果靜子與轉子是16磁極式時，則脈波每次送給一組線圈，轉子會轉1/32轉，即11.25°，此角度稱爲步進角(Step Angle)。當靜子線圈數多且磁極數多時，步進角會越小，控制作用會越精確。
4. 亦即當脈波信號作用在其中一組靜子線圈時，轉子會轉動一定的角度值，稱爲一個步進數(Step)，**步進數越多，步進角會越小，當然步進馬達所控制的旁通空氣量會越精確**。一般引擎ISC閥的步進馬達，一轉爲24個步進數，每一步進數的步進角爲15°，ECM控制的步進數約125～130。
5. 步進馬達控制的閥門開度與空氣流量的關係，如圖 4.2.15 所示。通常轉子順轉時，閥軸縮回，閥門與閥座的間隙變大，旁通空氣量多；當轉子逆轉時，閥軸伸出，閥門與閥座的間隙變小，旁通空氣量少。

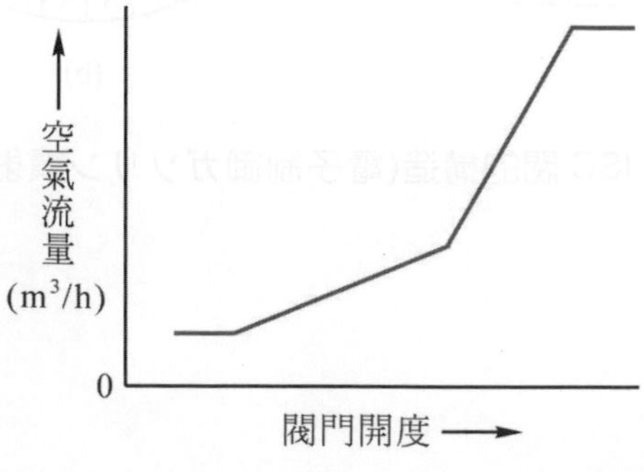

圖 4.2.15　閥門開度與空氣流量的關係(電子制御ガソリン噴射, 藤沢英也、小林久德)

6. 步進馬達的順轉及逆轉作用原理

(1) 步進馬達本體，由轉子、靜子 I 、靜子 II 、線圈 A1、A2 及線圈 B1、B2 等組成，如圖 4.2.16 所示，為三菱汽車 GDI 引擎 ISC 閥所採用。

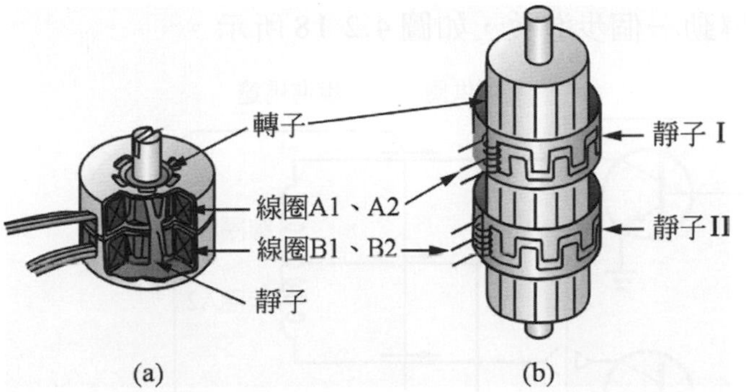

圖 4.2.16 三菱汽車採用步進馬達本體的構造(4G93 GDI Training Book, Mitsubishi Motors)

(2) 0 步進數時：ECM控制電流送給線圈A1及B1激磁時，靜子 I 與II的上側均為*N*極，而轉子永久磁鐵下側均為*S*極，靜子與轉子的*N*、*S*極會相互吸引，故轉子保持不動，為0步進數，如圖 4.2.17 所示。

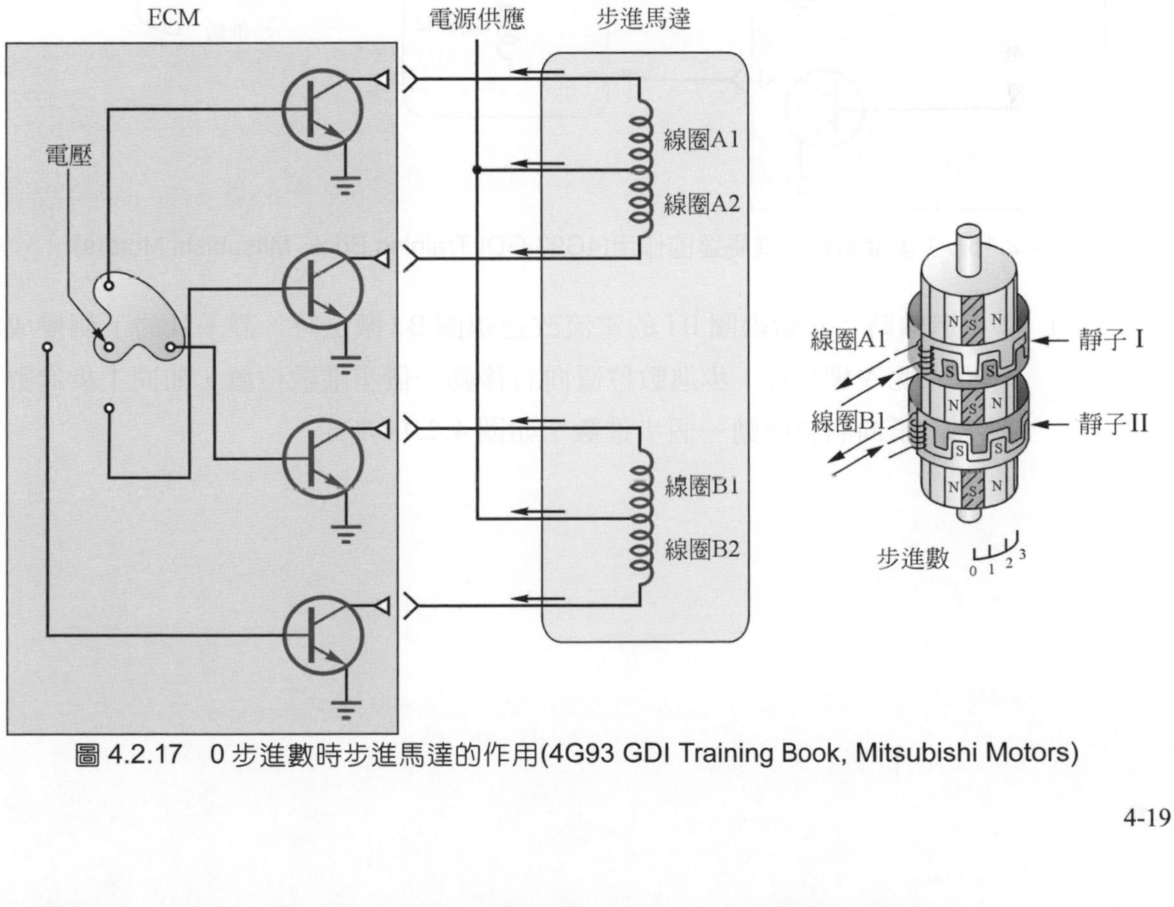

圖 4.2.17 0 步進數時步進馬達的作用(4G93 GDI Training Book, Mitsubishi Motors)

(3) 1 步進數時：送給線圈 A1 的電流改送線圈 A2 激磁時，靜子 I 的下側變成 *N* 極，此 *N* 極是從 0 步進數位置向右移動一個步進數位置，由於靜子與轉子上相同的極性會排斥，結果轉子的 *S* 極被吸引向右一個步進數，亦即轉子向右轉動一個步進數，如圖 4.2.18 所示。

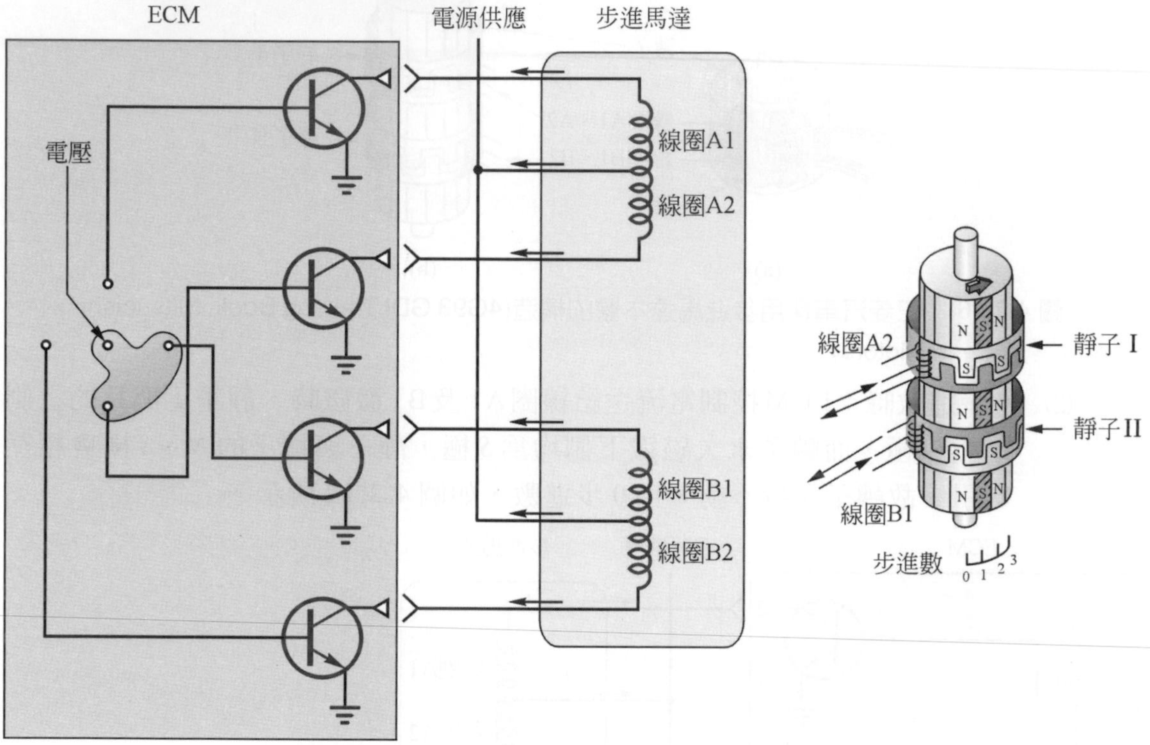

圖 4.2.18　1 步進數時步進馬達的作用(4G93 GDI Training Book, Mitsubishi Motors)

(4) 2 步進數時：送給線圈 B1 的電流改送線圈 B2 激磁時，靜子 II 的下側變成 *N* 極，此 *N* 極是從 1 步進數位置向右移動一個步進數位置，如同 1 步進數般，轉子向右再轉動一個步進數，如圖 4.2.19 所示。

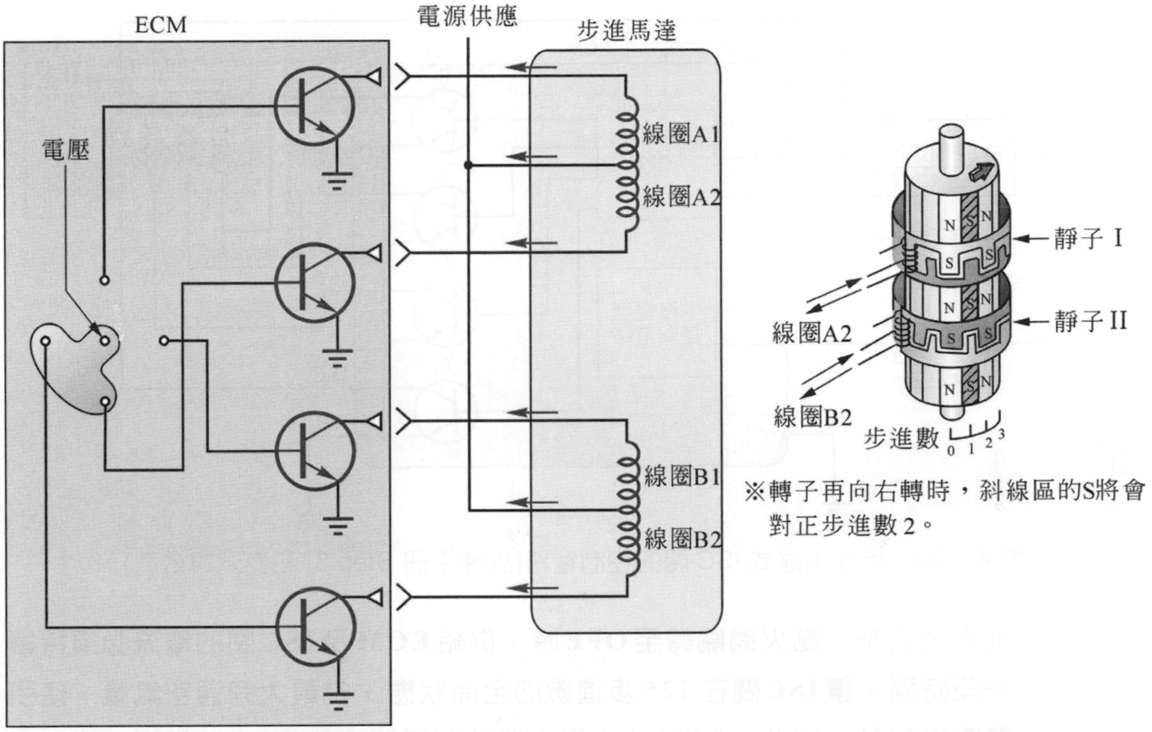

圖 4.2.19　2 步進數時步進馬達的作用(4G93 GDI Training Book, Mitsubishi Motors)

⑸　亦即，線圈激磁從A1、B1→B1、A2→A2、B2→B2、A1→A1、B1持續改變時，轉子逆時針轉動；若線圈激磁從B1、A1→A1、B2→B2、A2→A2、B1→B1、A1持續改變時，轉子順時針轉動。

⑹　由以上的說明可以瞭解，步進馬達的作用，就是由ECM控制改變流經四組線圈電流的順序，使二組靜子的*N*、*S*極位置改變，當與轉子的磁極為*N*與*S*極相對時，會互相吸引，故轉子不動；當與轉子的磁極為*N*與*N*或*S*與*S*極相對時，會互相排斥，故轉子順時針或逆時針轉動一個步進數。

7.　步進馬達式ISC閥的控制電路及作用

⑴　步進馬達式ISC閥的電路，如圖4.2.20所示，為Toyota汽車所採用。各種冷卻水溫度及空調等負載作用時，所設定的怠速轉速都儲存在ECM的記憶體內。ECM依節氣門位置感知器與車速感知器信號，判斷引擎是否在怠速狀態，再輸出控制信號，依序觸發各電晶體ON，使電流流入各線圈，直至達到目標怠速為止。

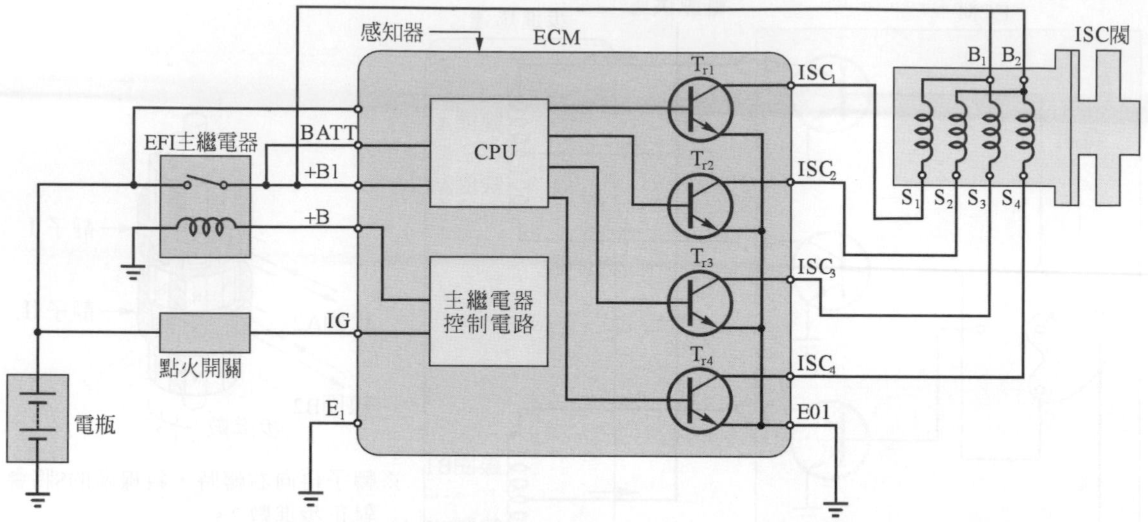

圖 4.2.20　步進馬達式 ISC 閥的控制電路(訓練手冊 Step 3, 和泰汽車公司)

(2)　熄火後控制：**點火開關轉至OFF時，供給ECM及ISC閥的電流必須持續一段時間，讓ISC閥在125步進數的全開狀態，為最大旁通空氣量，使引擎容易起動**。因此，ECM的主繼電器控制電路會輸出12 V電壓，使主繼電器保持在ON狀態，直至ISC閥在全開位置，ECM才切斷主繼電器線圈的電流。

(3)　起動後控制：起動後依冷卻水溫度的高低，ISC 閥由第125步進數關閉到一定的步進數，如圖 4.2.21 所示，在水溫 20℃時，由全開的*A*點，逐漸關閉到*B*點。

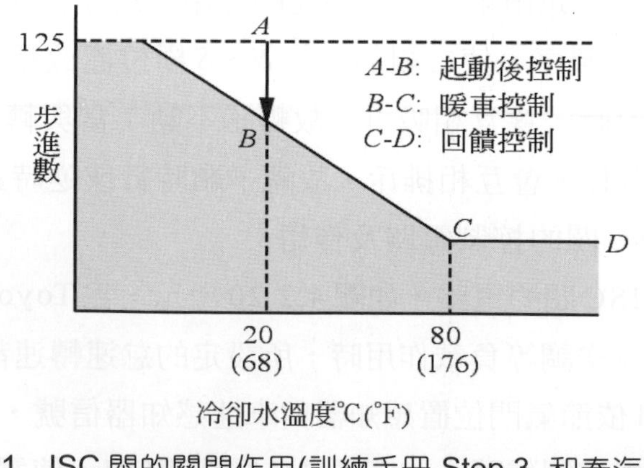

圖 4.2.21　ISC 閥的關閉作用(訓練手冊 Step 3, 和泰汽車公司)

(4)　暖車控制：冷卻水溫度逐漸上升時，ISC 閥也漸漸關閉。當冷卻水溫度達到 80℃時，ISC 閥的快怠速控制在*C*點結束。

(5) 回饋控制：當怠速接點ON、車速低於設定值及冷卻水溫度超過80℃時，回饋控制作用，當實際轉速與目標轉速相差超過20 rpm時，ECM送出控制信號至ISC閥，以增加或減少旁通空氣，使實際轉速與目標轉速相等。

(6) 負荷變化轉速控制：因入檔、A/C開關ON等負荷增加時，在怠速改變前，ECM送出信號到ISC閥，開啓定量的旁通道；另因電器負荷而導致電瓶電壓降低時，送至ECM的＋*B*端子電壓降低，ECM會使ISC閥提高怠速轉速。

七、旋轉式ISC閥

1. **旋轉式ISC閥，是由ECM所送出的工作時間比率(Duty Ratio)脈波信號，使馬達的電樞轉動，帶動旋轉閥打開旁通空氣通道**。此種ISC閥小型、重量輕，且旁通空氣流量大，因此不需與空氣閥搭配使用，採用也很普遍。
2. 旋轉式ISC閥常採用永久磁鐵馬達式，依電樞上的線圈數可分單線圈型與雙線圈型兩種。
3. 單線圈型旋轉式ISC閥

(1) 單線圈型旋轉式ISC閥，是由永久磁鐵、電樞、線圈及旋轉閥等組成，如圖4.2.22所示。

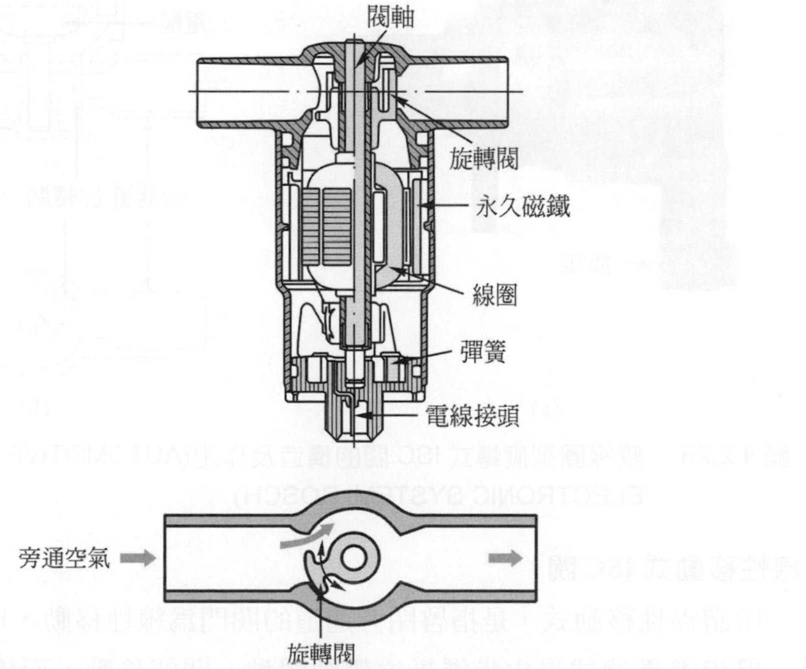

圖4.2.22 單線圈型旋轉式ISC閥的構造及作用(電子制御ガソリン噴射，藤沢英也、小林久德)

(2) 其作用為依 ON 的時間長短，即工作時間比率大小，馬達電樞旋轉一定轉數，然後帶動旋轉閥轉動，打開旁通空氣通道，以調節一定的怠速轉速。

4. 雙線圈型旋轉式 ISC 閥

(1) 雙線圈型的構造與單線圈型大致相同，但電樞上有兩組線圈，因此作用方式也略有不同。

(2) Bosch Motronic系統的怠速控制，單線圈型及雙線圈型旋轉式ISC閥均有採用。如圖 4.2.23 所示，為雙線圈型旋轉式ISC閥的構造及作用，依兩組線圈工作時間比率誰大誰小，電樞就朝某一方向轉動，因而帶動旋轉閥打開或關閉旁通空氣通道。

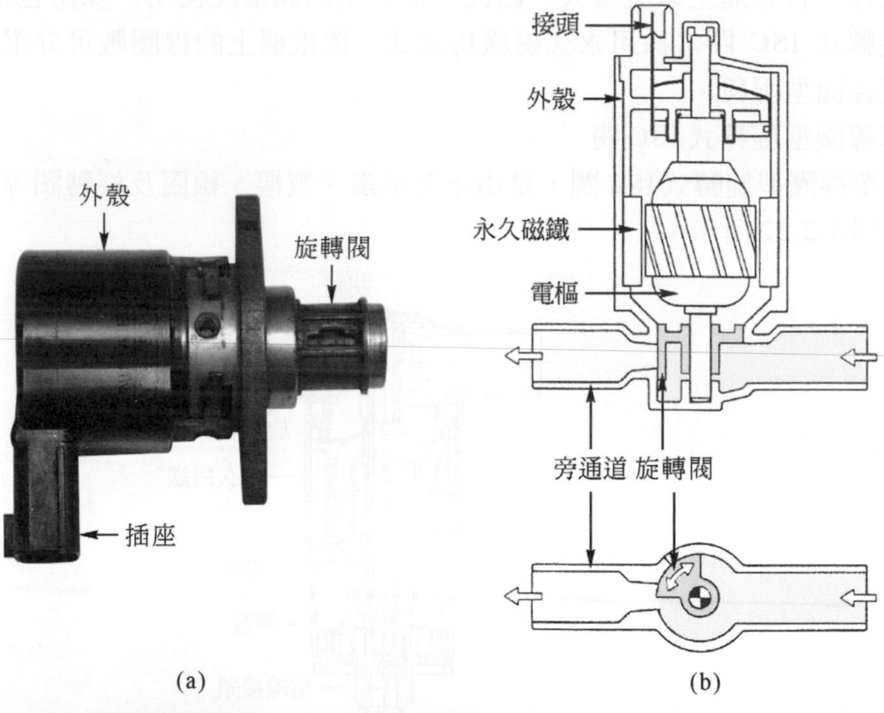

圖 4.2.23　雙線圈型旋轉式 ISC 閥的構造及作用(AUTOMOTIVE ELECTRIC/ELECTRONIC SYSTEM, BOSCH)

八、線性移動式 ISC 閥

1. 所謂線性移動式，是指啓閉旁通道的閥門為線性移動，與步進馬達式相同，但步進馬達式是由步進馬達帶動閥軸、閥門移動，而線性移動式是利用電磁線圈。本型式通過的空氣量較少，故必須與控制快怠速的空氣閥配合使用。

2. 線性移動式ISC閥(EACV)的構造及安裝位置，如圖4.2.24及圖4.2.25所示，爲本田汽車所採用。

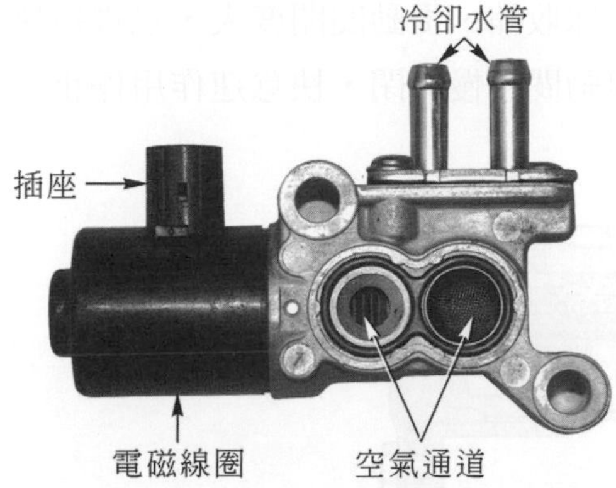

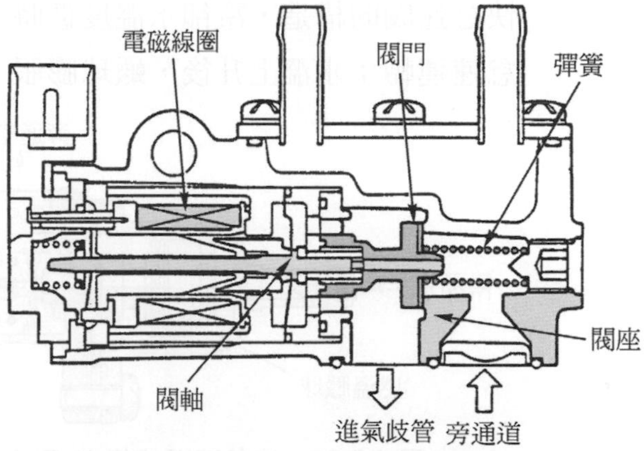

(a) (b)

圖 4.2.24　線性移動式 ISC 閥(EACV)的構造(Civic 訓練手冊, 本田汽車公司)

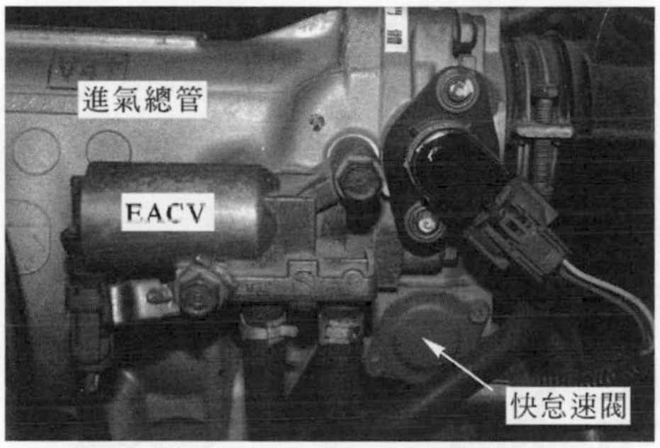

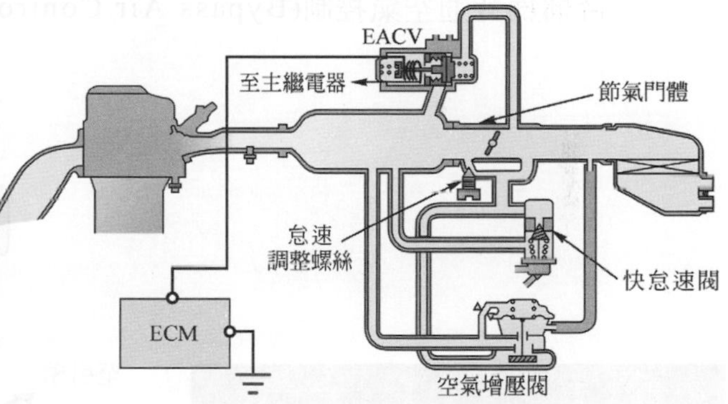

(a) (b)

圖 4.2.25　線性移動式ISC閥(EACV)的安裝位置(Service Training Textbook, Honda Motors)

(1) EACV是由電磁線圈、閥軸、閥門、閥座及彈簧所組成。**由ECM控制工作時間比率的大小，使電磁線圈產生電磁吸力，閥門打開一定的程度，讓旁通空氣通過，以控制怠速轉速**。電磁線圈通電時間越長，閥門的開度就越大，怠速轉速越高。

(2) 與EACV配合使用的快怠速閥(Fast Idle Valve)，就是空氣閥，其構造及作用與感溫(Thermal)式的蠟球式空氣閥完全相同。如圖 4.2.26 所示，為快怠速閥的構造，冷卻水溫度低時，蠟球收縮，提動閥開度大，以維持快怠速運轉；水溫上升後，蠟球膨脹，提動閥慢慢關閉，快怠速作用停止。

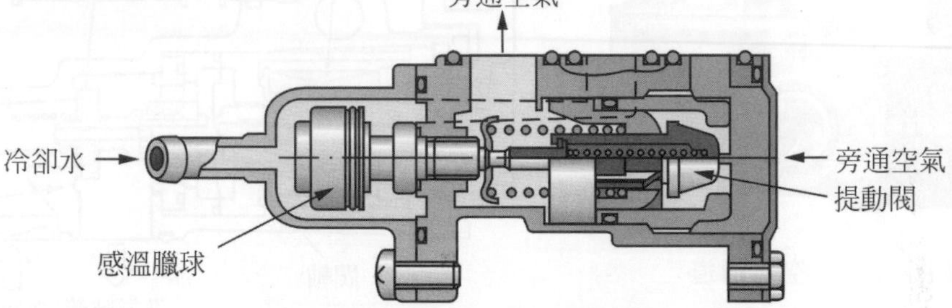

圖 4.2.26 快怠速閥的構造(Civic 訓練手冊, 本田汽車公司)

3. 另一種線性移動式ISC閥的安裝位置，如圖 4.2.27 所示，與空氣閥配合使用，合稱為旁通空氣控制(Bypass Air Control, BAC)閥，為福特汽車所採用。

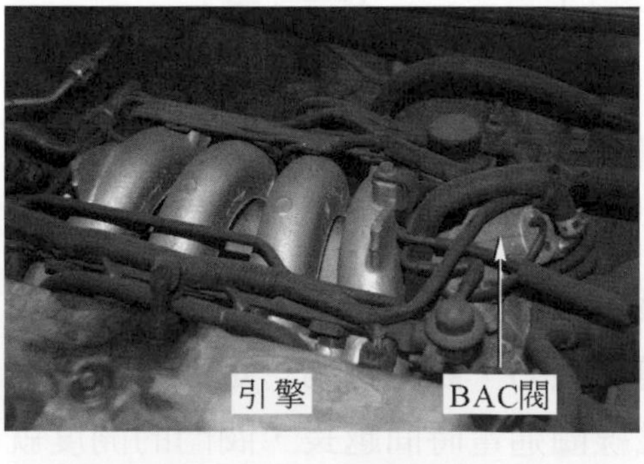

(a)

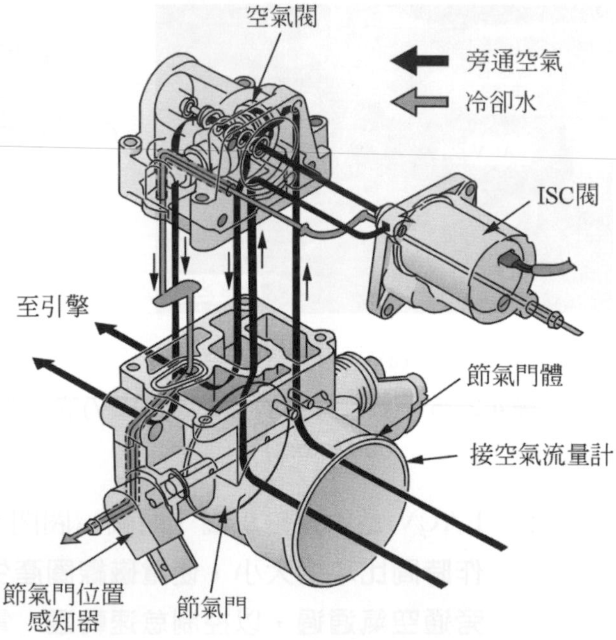

(b)

圖 4.2.27 BAC 閥的組成及作用(New Telstar 訓練手冊, 福特六和汽車公司)

(1) ISC閥依引擎負荷的大小，以調節旁通空氣量，如圖4.2.28所示。

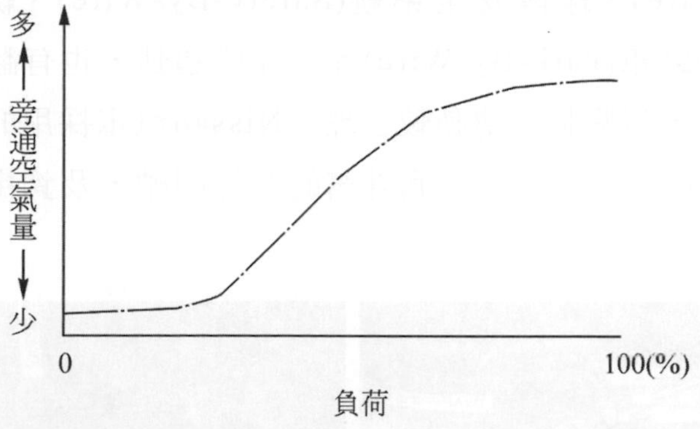

圖4.2.28 ISC閥調節旁通空氣量的特性(訓練手冊，福特六和汽車公司)

(2) 空氣閥也是感溫蠟球式，水溫高於80℃時，閥門全關，快怠速停止作用，由ISC閥繼續控制一般怠速，如圖4.2.29所示。

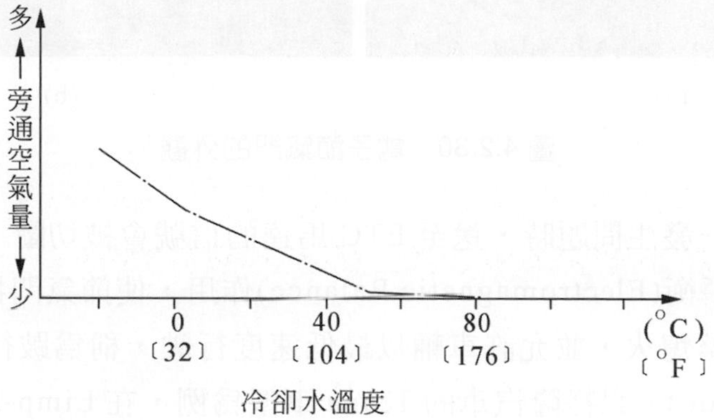

圖4.2.29 空氣閥調節旁通空氣量的特性(訓練手冊，福特六和汽車公司)

4.2.5 電子節氣門

一、概述

1. 利用電子節氣門控制(Electronic Throttle Valve Control, ETC)，**可精確控制燃燒所需的空氣量，達到靈敏的引擎反應，甚至可省去ISC閥。**
2. ETC，又稱爲電子式油門，在Toyota稱爲ETCS-i(Electronic Throttle Valve Control System-intelligent)，即一般所稱的線傳驅動(Drive-By-Wire)，是

線傳(By-Wire)控制之一，車上其他的線傳控制會越來越多，如線傳轉向(Steer-By-Wire)、線傳安全系統(Safety-By-Wire)、線傳換檔(Shift-By-Wire)、線傳駐車(Park-By-Wire)等。線傳驅動，也有翻譯成線傳駕駛，但Drive的原意，以驅動、傳動較合理。Nissan汽車採用的電子節氣門外觀，如圖 4.2.30 所示，已經看不到外露的節氣門軸，及鈎掛加油鋼線的節氣門臂了。

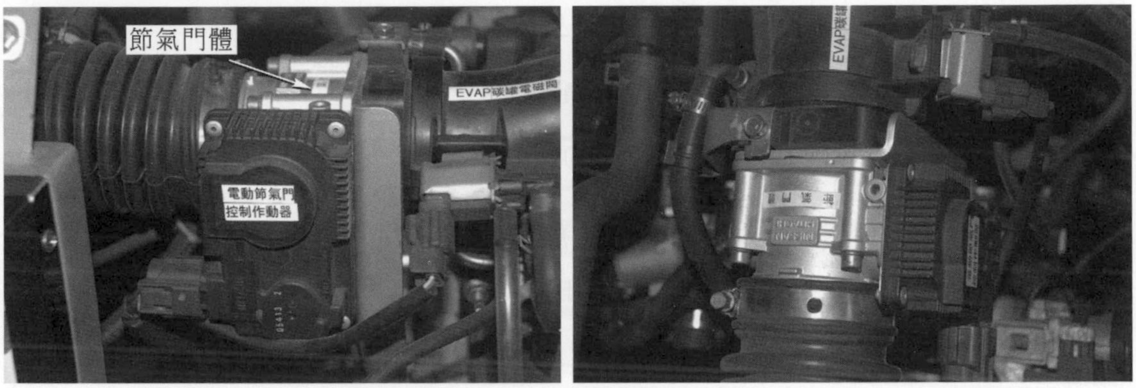

(a) (b)

圖 4.2.30　電子節氣門的外觀

3. 當系統萬一發生問題時，送至 ETC 馬達的信號會被切斷，此時利用馬達內部的電磁平衡(Electromagnetic Balance)作用，使節氣門打開至固定位置，可避免引擎熄火，並允許車輛以最低速度行駛，稱爲跛行回家模式(Limp-Home Mode)。以裕隆汽車的 Teana 車型爲例，在 Limp-Home 功能時，車輛的時速約爲 20 km/h。

二、電子節氣門控制系統的組成及作用

1. 電子節氣門控制系統的組成，如圖 4.2.31 所示，由加油踏板感知器(Accelerator Pedal Sensor, APS)、節氣門控制伺服繼電器(Throttle Valve Control Servo Relay)、節氣門控制器(Throttle Valve Controller)、節氣門控制伺服馬達(Throttle Valve Control Servo Motor)、TPS、引擎 ECU 等所組成。
2. 電子節氣門的控制，如圖 4.2.32 所示，加油踏板的踩踏量，利用電位計將信號送給節氣門控制器，配合 TPS 的信號及引擎 ECU 的控制，節氣門控制器控制伺服馬達作用。

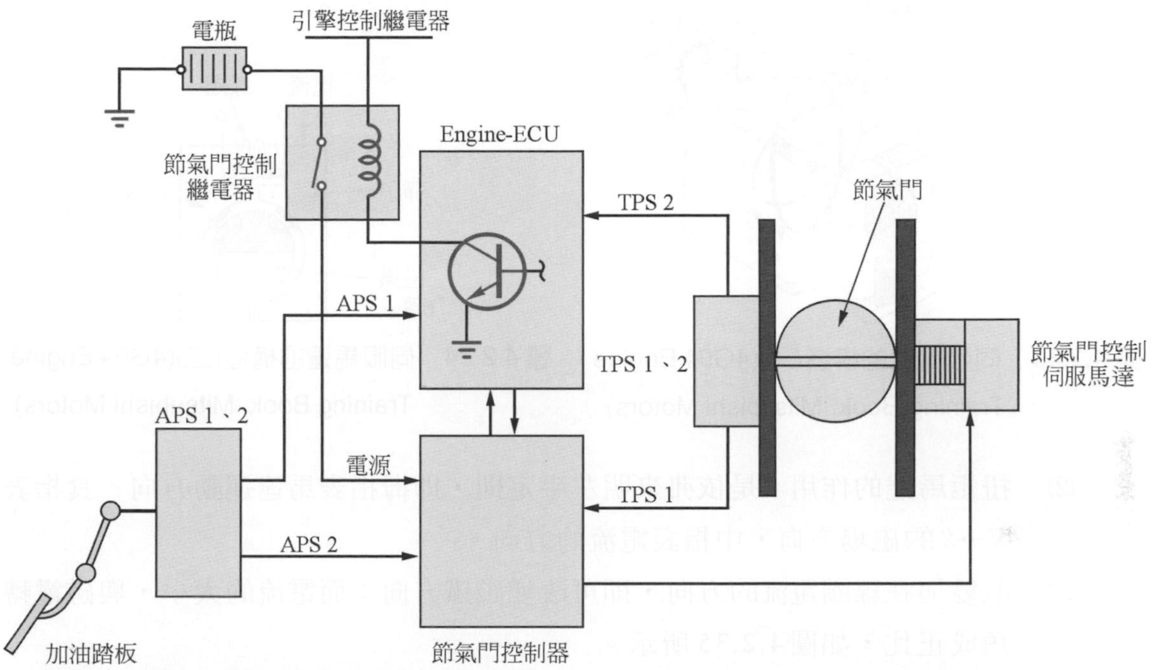

圖 4.2.31　電子節氣門控制系統的組成(4G64 Engine Training Book, Mitsubishi Motors)

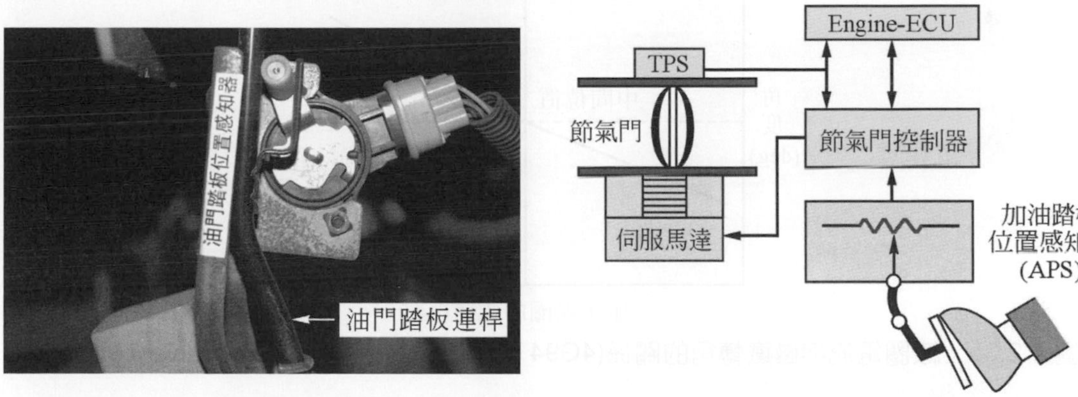

(a)　(b)

圖 4.2.32　電子節氣門的控制方法(4G64 Engine Training Book, Mitsubishi Motors)

3. 伺服馬達的作用原理

(1) 伺服馬達是一個扭矩馬達(Torque Motor)，其構造如圖 4.2.33 與圖 4.2.34 所示，由線圈、靜子及磁鐵(轉子)等組成，節氣門軸兩端分別是磁鐵與TPS 電位計。線圈通電時，磁鐵順時針或逆時針轉動，帶動節氣門開閉，及 TPS 電位計的移動。

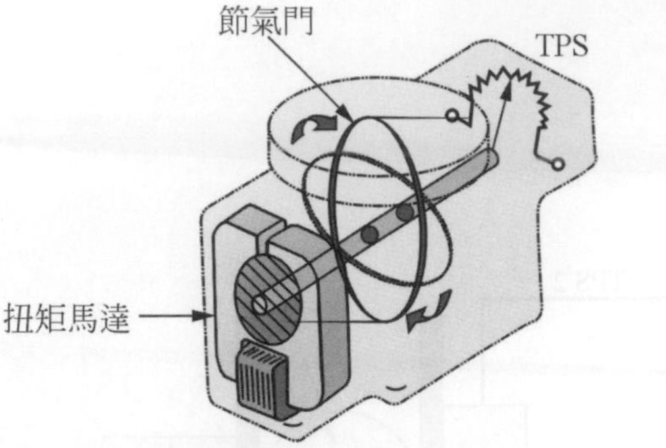

圖 4.2.33　伺服馬達的構造(一)(4G94 Engine Training Book, Mitsubishi Motors)

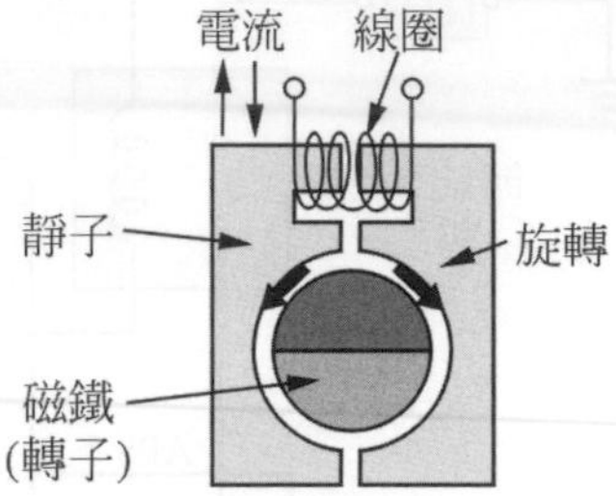

圖 4.2.34　伺服馬達的構造(二)(4G94 Engine Training Book, Mitsubishi Motors)

(2) 扭矩馬達的作用，是依弗來明左手定則，即拇指表馬達運動方向，食指表 $N \rightarrow S$ 的磁場方向，中指表電流的方向。

(3) 改變加在線圈電流的方向，即可改變磁鐵方向；而電流的大小，與磁鐵轉角成正比，如圖 4.2.35 所示。

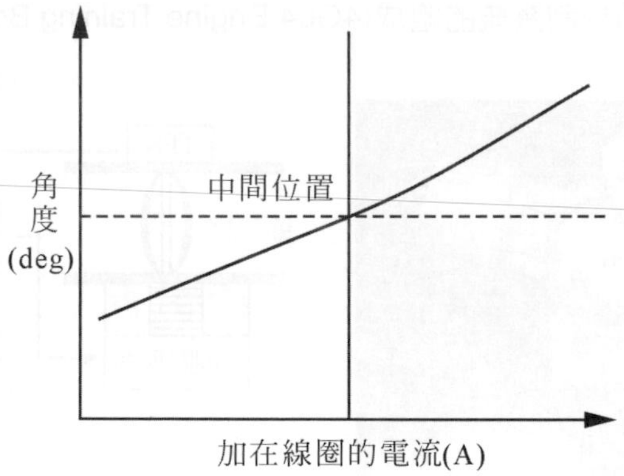

圖 4.2.35　線圈電流與磁鐵轉角的關係(4G94 Engine Training Book, Mitsubishi Motors)

(4) 當電流加在線圈時

① 當電流加在線圈時，軛 2 的端點(End)為 *N* 極，而軛 1 的端點為 *S* 極，結果，磁鐵的 *S* 極被軛 2 *N* 極吸引，而磁鐵的 *S* 極被軛 1 *S* 極排斥，扭矩使磁鐵(轉子)產生轉動，如圖 4.2.36 所示。

② 當磁鐵旋轉時，軛 2 的端點變成 *S* 極，而軛 1 的端點變成 *N* 極，故磁鐵保持在被軛吸引力所影響的角度位置。

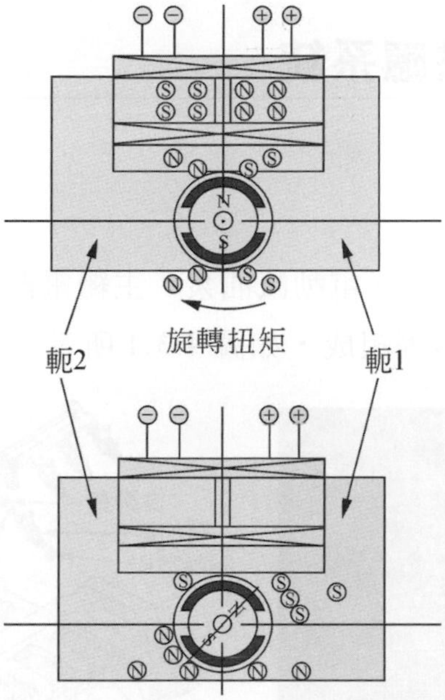

圖 4.2.36 磁鐵(轉子)的轉動原理(4G94 Engine Training Book, Mitsubishi Motors)

三、電子節氣門控制系統的各種控制功能

1. 運轉時間控制(Running Time Control)

依節氣門開度及各種引擎運轉狀況，節氣門打開至目標值。

2. 怠速控制(Idling Speed Control)

在怠速控制時，實際的怠速由引擎 ECU 不斷的計測，為防止此轉速與目標怠速不同，故有轉速回饋控制(Speed Feedback Control)，以驅動節氣門，修正實際怠速，來符合目標怠速；且有節氣門位置控制(Throttle Valve Position Control)，驅動節氣門，使符合目標轉速，以適應空氣調節壓縮機及其他負荷的變化。

3. 失效安全控制(Fail-Safe Control)

⑴ 如果引擎 ECU 或節氣門控制器偵測到系統不正常時，MIL 會點亮，且限制節氣門開度，以降低引擎輸出，或切斷汽油，或節氣門控制繼電器強制 OFF，切斷到伺服馬達的電源。

⑵ 當切斷電源供應時，節氣門會固定在一指定的開度，讓最小需要量的空氣通過。

4.3 汽油供應系統

4.3.1 概述

1. 汽油供應系統是由油箱、電動汽油泵、主繼電器、汽油濾清器、汽油共管、壓力調節器與噴油器等組成，如圖 4.3.1 所示。

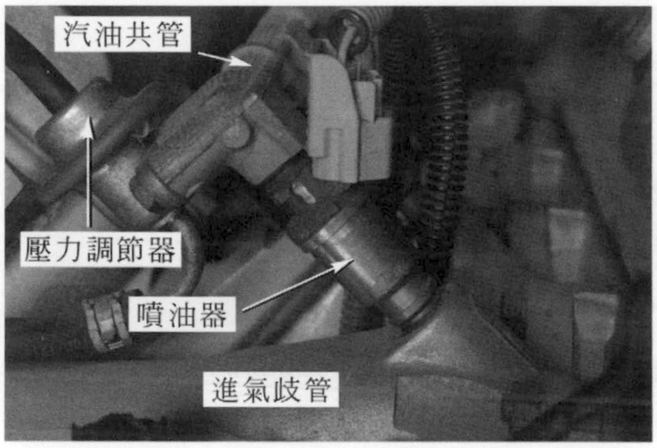

(a)

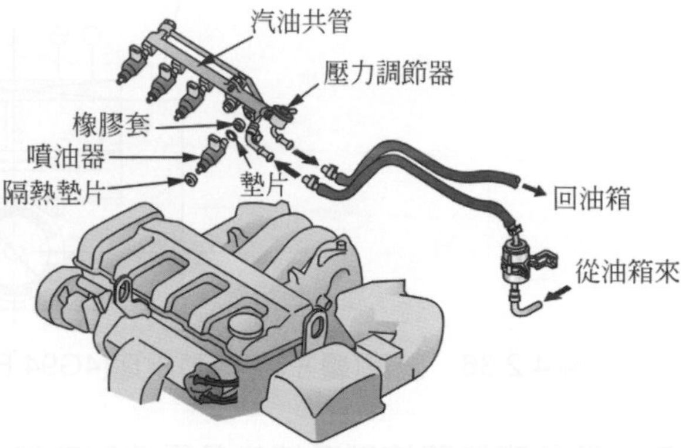

(b)

圖 4.3.1　汽油供應系統的組成(訓練手冊, 福特六和汽車公司)

2. 汽油的流動路線，如圖 4.3.2 所示。壓力調節器有回油管讓低壓汽油流回油箱，但現代部分新型汽油噴射引擎，壓力調節器是裝在油箱內的電動汽油泵總成，故無回油管；另外，冷車起動噴油器用於早期的汽油噴射引擎，目前行駛中的車輛，大部分已不採用冷車起動噴油器了。

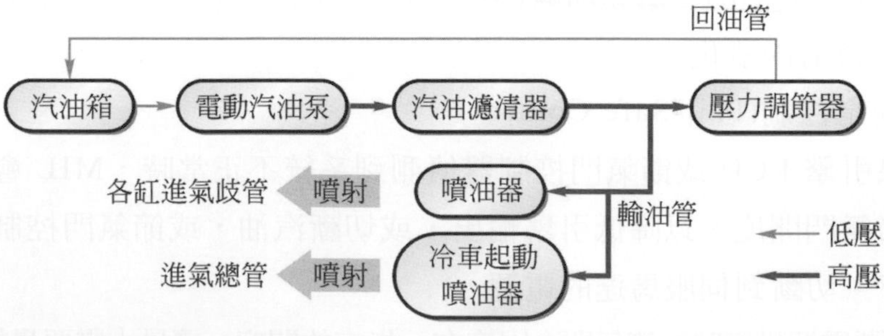

圖 4.3.2　汽油的流動路線(電子制御ガソリン噴射, 藤沢英也、小林久德)

4.3.2 電動汽油泵

一、電動汽油泵的種類

電動汽油泵的種類 ─┬─ 葉輪式(箱內式)
　　　　　　　　　└─ 滾柱式(箱外式)

二、葉輪式電動汽油泵

1. 葉輪式(Impeller Type)電動汽油泵裝在油箱內，其油壓脈動小，體積小，重量輕，裝在油箱內不佔空間，且管路也很簡單，使用非常普通，如圖4.3.3所示。

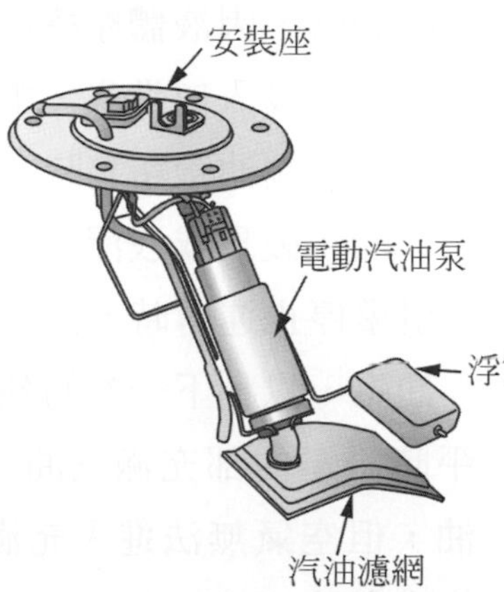

圖 4.3.3　葉輪式電動汽油泵總成(Civic訓練手冊, 本田汽車公司)

2. 葉輪式電動汽油泵由馬達、泵蓋、葉輪、釋放閥(Relief Valve)及單向閥(Check Valve)等所組成，如圖4.3.4所示。釋放閥與單向閥一樣，都是裝在出口側，釋放閥又稱安全閥。

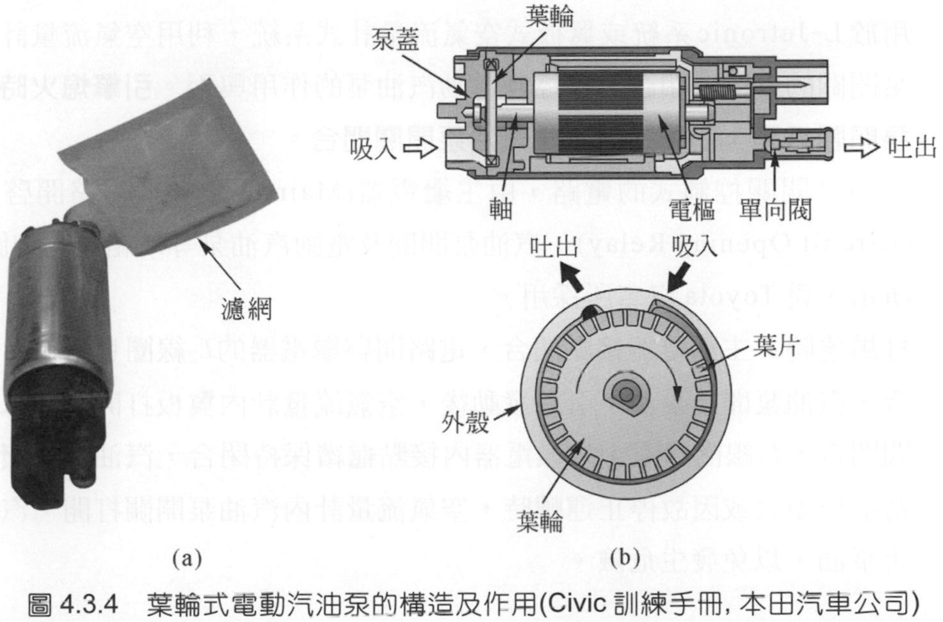

圖 4.3.4　葉輪式電動汽油泵的構造及作用(Civic 訓練手冊, 本田汽車公司)

3. 葉輪式電動汽油泵的作用

⑴ 引擎起動時，由主繼電器(Main Relay)供電給汽油泵，馬達轉動，帶動葉輪旋轉，因液體摩擦作用而產生壓力。

⑵ 汽油從吸入口進入，由吐出口經單向閥排出。

⑶ 若壓力端油管堵塞時，釋放閥被推開，汽油回到油箱，以免因油壓過高造成油管破裂或洩漏。

⑷ 引擎停止運轉時，汽油泵停止作用，此時單向閥關閉，使油管保持一定的油壓，以利下一次的熱車起動。

4. 平時馬達內部充滿汽油，沒有氧氣存在，不會引起燃燒。即使油箱沒有汽油，但空氣無法進入充滿油氣的油路內，故不會因電刷產生火花而引起爆炸之危險。

三、電動汽油泵的控制

電動汽油泵的控制
- 汽油泵開關控制式
- ECM 控制式
  - 單段轉速式
  - 雙段轉速式

1. 汽油泵開關控制式

⑴ 用於L-Jetronic系統或翼板式空氣流量計式系統，利用空氣流量計內汽油泵開關的打開或閉合，以控制電動汽油泵的作用與否。**引擎熄火時，汽油泵開關打開；引擎運轉時，汽油泵開關閉合**。

⑵ 汽油泵開關控制式的電路，由主繼電器(Main Relay)、電路開啓繼電器(Circuit Opening Relay)、汽油泵開關及電動汽油泵等所組成，如圖4.3.5所示，爲Toyota汽車所採用。

⑶ 打馬達時，主繼電器接點閉合，電路開啓繼電器的L_2線圈也通電，接點接合，汽油泵開始泵油；引擎發動後，空氣流量計內翼板打開，使汽油泵開關閉合，L_1線圈通電，故繼電器內接點繼續保持閉合，汽油泵持續作用。當引擎熄火或因故停止運轉時，空氣流量計內汽油泵開關打開，汽油泵停止泵油，以免發生危險。

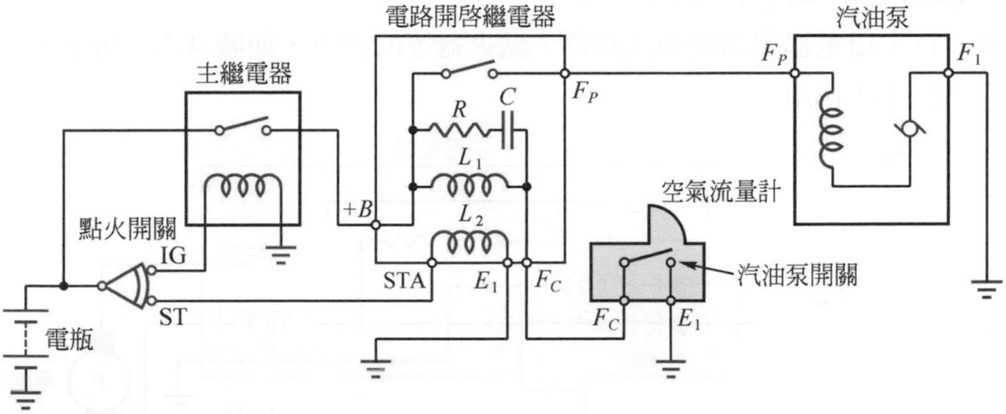

圖 4.3.5　汽油泵開關控制式電動汽油泵電路(電子制御ガソリン噴射，藤沢英也、小林久德)

2. ECM 控制單段轉速式型式之一

⑴ 卡門渦流式空氣流量計、熱線式空氣流量計及速度密度式等所採用的ECM控制單段轉速式電動汽油泵電路，如圖 4.3.6 所示，爲Toyota汽車所採用。

⑵ **以 ECM 的電晶體代替汽油泵開關，控制汽油泵的作用**。當點火開關轉到ON 尚未起動時，ECM 會使L_1線圈通電 2～5 秒鐘，使汽油泵先泵油；打馬達時，L_2線圈通電，汽油泵作用；引擎運轉時，分電盤送出轉速信號給ECM，使L_1線圈通電，汽油泵繼續泵油；當引擎停止運轉時，電晶體斷路，使汽油泵停止作用。

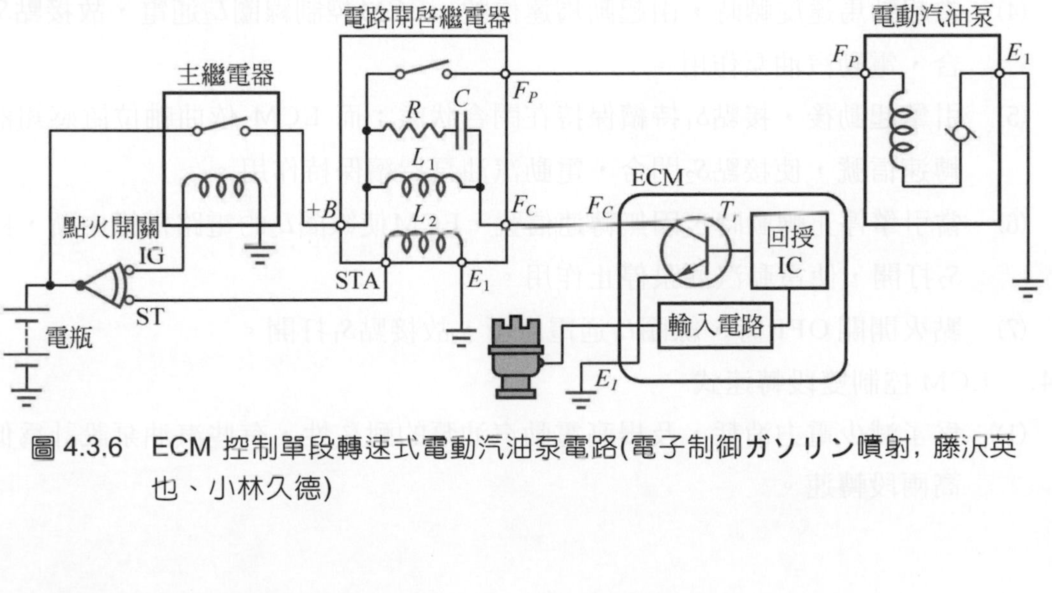

圖 4.3.6　ECM 控制單段轉速式電動汽油泵電路(電子制御ガソリン噴射，藤沢英也、小林久德)

3. ECM 控制單段轉速式型式之二

(1) 以主繼電器控制電動汽油泵、點火器等的作用，如圖 4.3.7 所示，為本田汽車所採用。

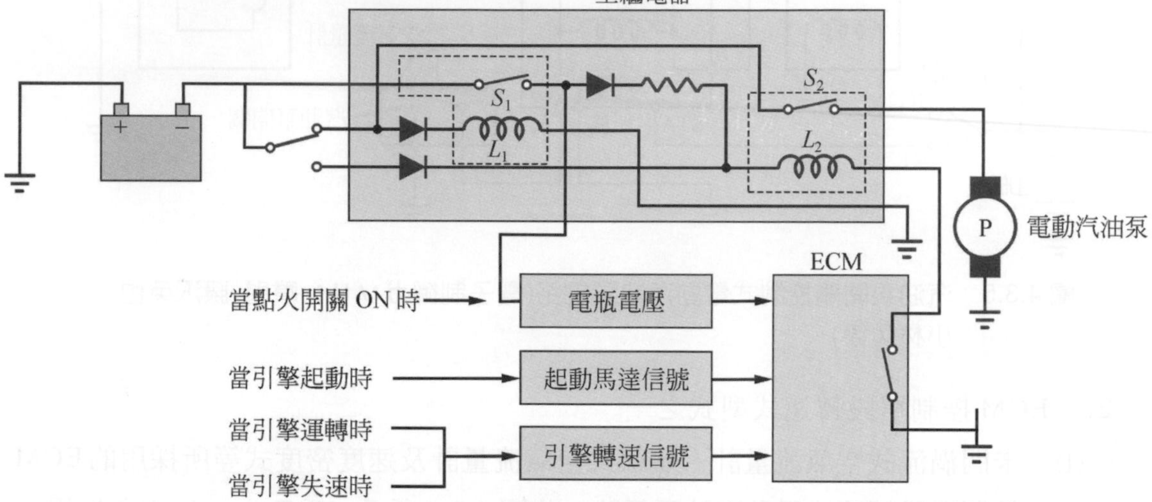

圖 4.3.7 主繼電器的構造與電動汽油泵電路(Civic 訓練手冊, 本田汽車公司)

(2) 當點火開關ON時，線圈L_1通電，使接點S_1閉合，電流送往ECM與點火器等。

(3) ECM控制電流流經線圈 L_2 2 秒鐘，使接點S_2閉合，因此電動汽油泵會作用 2 秒鐘。

(4) 當起動馬達旋轉時，由起動馬達信號，ECM控制線圈L_2通電，故接點S_2閉合，電動汽油泵作用。

(5) 引擎起動後，接點S_1持續保持在閉合狀態；而 ECM 依曲軸位置感知器的轉速信號，使接點S_2閉合，電動汽油泵持續保持作用。

(6) 當引擎停止轉動時，因無轉速信號，ECM使線圈L_2的電路搭鐵中斷，接點S_2打開，使電動汽油泵停止作用。

(7) 點火開關 OFF 時，線圈L_1通電中斷，故接點S_1打開。

4. ECM 控制雙段轉速式

(1) 為了減少電力消耗，及提高電動汽油泵的耐久性，有些汽油泵設計為低、高兩段轉速。

⑵ 低轉速時：ECM 持續計算每一固定期間內的汽油噴射量，如果只需少量汽油時，ECM 使汽油泵控制繼電器 ON，*B*點接通，送到汽油泵的電流必須經過電阻器，使汽油泵以低速運轉，如圖 4.3.8 所示，爲 Toyota 汽車所採用。

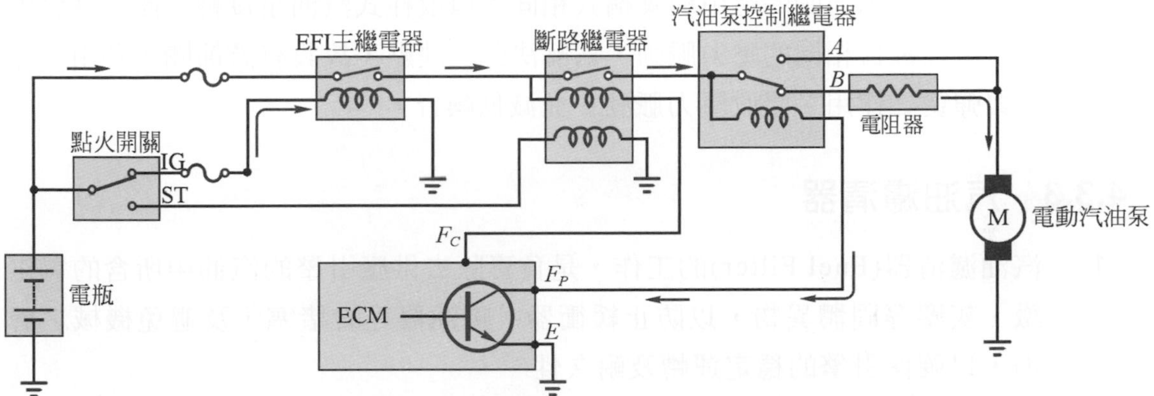

圖 4.3.8 ECM 控制雙段轉速式電動汽油泵電路(訓練手冊 Step 3, 和泰汽車公司)

⑶ 高轉速時：當引擎在高速或重負荷時，ECM使汽油泵控制繼電器OFF，*A*點接通，送到汽油泵的電流不經過電阻器，故汽油泵以高速運轉。當引擎起動時，汽油泵也是以高速運轉。

四、滾柱式電動汽油泵

1. 滾柱式(Roller Type)電動汽油泵由直流馬達、泵室、吸入口、吐出口、釋放閥、單向閥與調節閥等組成，如圖 4.3.9 所示。

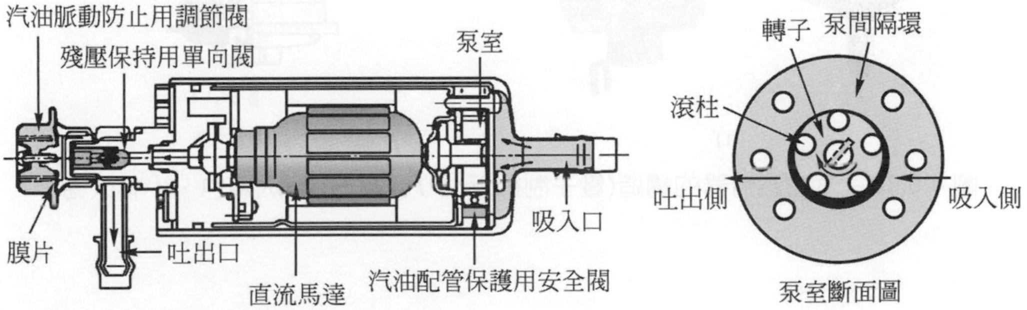

圖 4.3.9 滾柱式電動汽油泵的構造及作用(電子制御ガソリン噴射, 藤沢英也、小林久德)

2. 滾柱式電動汽油泵的作用

(1) 由直流馬達帶動轉子一起旋轉，滾柱因離心力沿著間隔環內壁移動，以此三個零件所包圍容積之變化，將汽油吸入，經馬達外殼、單向閥及調節閥，最後由吐出口送出。

(2) 釋放閥及單向閥的功用與葉輪式相同。但滾柱式汽油泵每轉一圈，就發生與滾柱數目相同的壓力脈動，爲解決此一缺點，故設有調節閥，利用膜片與彈簧之作用，吸收壓力脈動，並減低噪音。

4.3.3 汽油濾清器

1. 汽油濾清器(Fuel Filter)的工作，是負責除去供應引擎的汽油中所含的氧化鐵、灰塵等固體異物，以防止緩衝器、噴油器等的堵塞，及避免機械之磨損，以確保引擎的穩定運轉及耐久性。

2. 汽油濾清器裝在汽油泵的出口端，因此汽油濾清器的內部經常有200～300 kPa(2.04～3.06 kg/cm^2)的壓力，故耐壓強度要求在500 kPa(4.1 kg/cm^2)以上，如圖4.3.10所示。

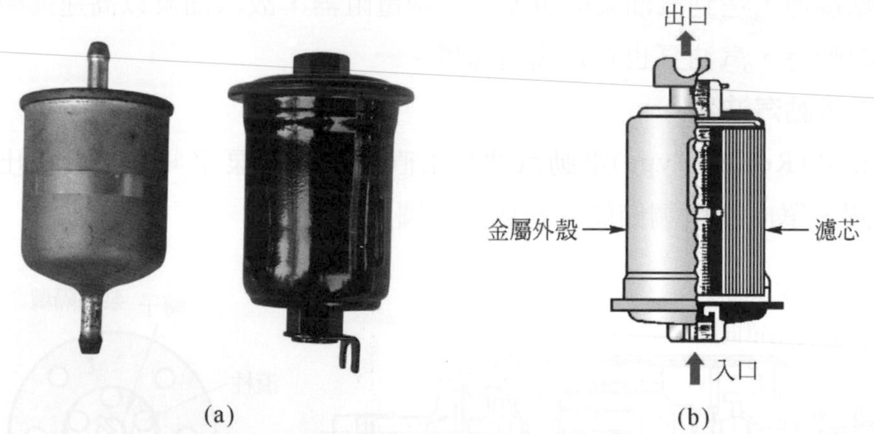

圖 4.3.10 汽油濾清器的構造(電子制御ガソリン噴射, 藤沢英也、小林久德)

4.3.4 汽油脈動緩衝器

1. 汽油壓力是由壓力調節器維持在與進氣歧管眞空有關的一定範圍內。但在汽油噴射時，油管內的壓力會有輕微的脈動，裝在汽油共管上的汽油脈動緩衝器(Fuel Pulsation Damper)就是用來吸收此脈動，並可減低噪音。
2. 汽油脈動緩衝器裝在汽油共管上，其安裝位置與構造如圖 4.3.11 所示，利用膜片及彈簧裝置的緩衝效果來達到目的。現代汽油引擎由於汽油管路已被簡化，通常不再需要此裝置，不過仍有部分引擎採用。

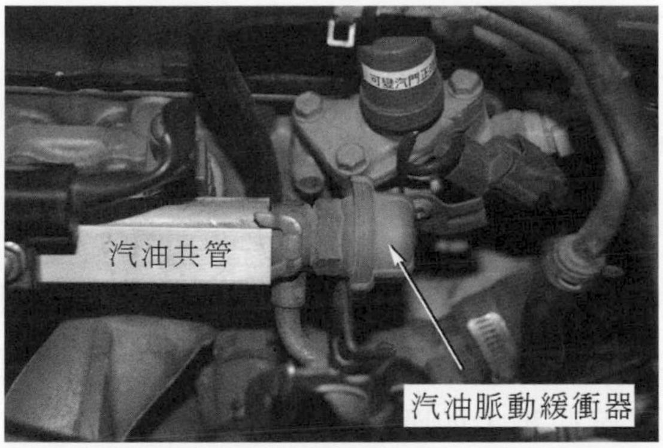

(a)

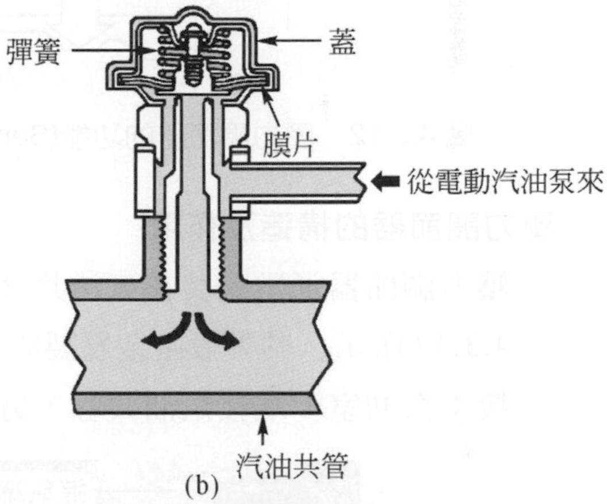

(b)

圖 4.3.11 汽油脈動緩衝器的安裝位置與構造(電子制御ガソリン噴射, 藤沢英也、小林久德)

4.3.5 壓力調節器

一、概述

1. 引擎所需的汽油噴射量，是由ECM控制噴油器的通電時間。若不控制汽油壓力，即使噴油器的通電時間一定，在汽油壓力高時，汽油噴射量會增加；而在汽油壓力低時，汽油噴射量則減少，因此噴射壓力必須維持在一個常壓。但由於汽油噴射時油壓及進氣歧管眞空之變化，即使噴射信號與汽油壓力都維持一個常數，汽油的噴射量也會有輕微的變化。因此爲了獲得精確的噴油量，利用壓力調節器(Pressure Regulator)，使油壓與進氣歧管眞空相加的汽油壓力保持在如 250 kPa(2.55 kg/cm^2)、290 kPa(2.96 kg/cm^2)或 330 kPa(3.36 kg/cm^2)，依引擎型式而定。

2. 簡而言之，壓力調節器的功能就是用來維持汽油壓力與進氣歧管壓力兩者相加為固定的壓力總和，例如 2.55 kg/cm²，當壓力總和超過 2.55 kg/cm² 時，壓力調節器作用，汽油回油，使壓力總和永遠保持在2.55 kg/cm²，如圖 4.3.12 所示。因此**汽油共管內的實際壓力，是隨進氣歧管真空而變化，真空大時油壓低，真空小時油壓高，使噴油量保持相同。**

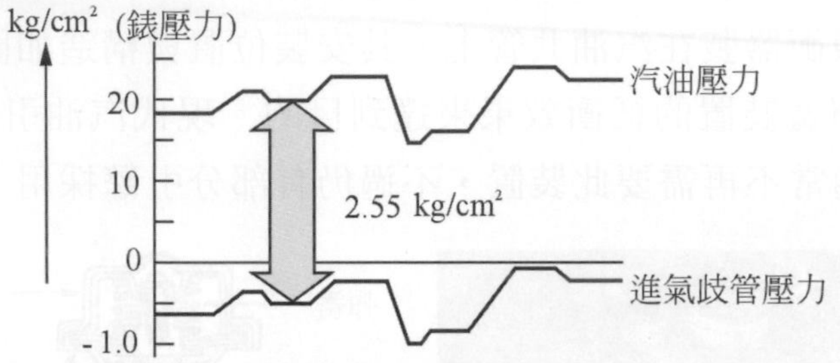

圖 4.3.12 壓力調節器的功能(Service Training Textbook, Honda Motors)

二、壓力調節器的構造及作用

1. 壓力調節器通常是裝在汽油共管(Fuel Rail or Delivery Pipe)的一端，如圖 4.3.13 所示。其外殼由金屬製成，以膜片分隔成兩室，彈簧室與進氣歧管連接；汽油室一端接汽油共管，另一端接油箱，如圖 4.3.14 所示。

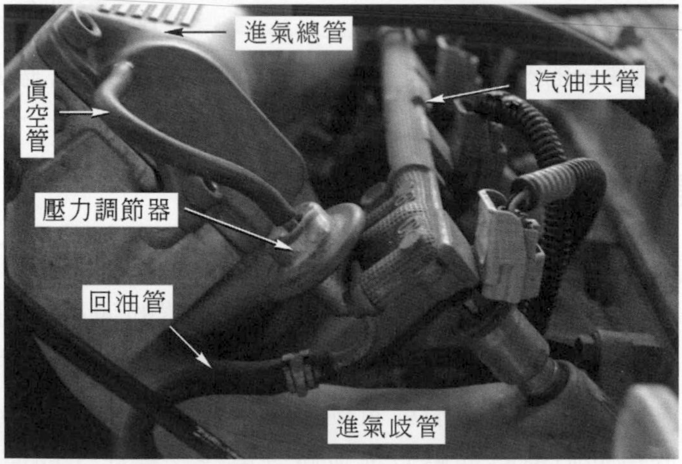

圖 4.3.13 壓力調節器的安裝位置

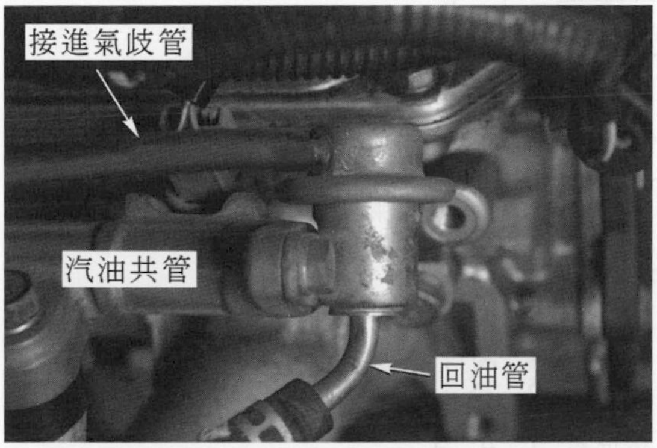

(a)

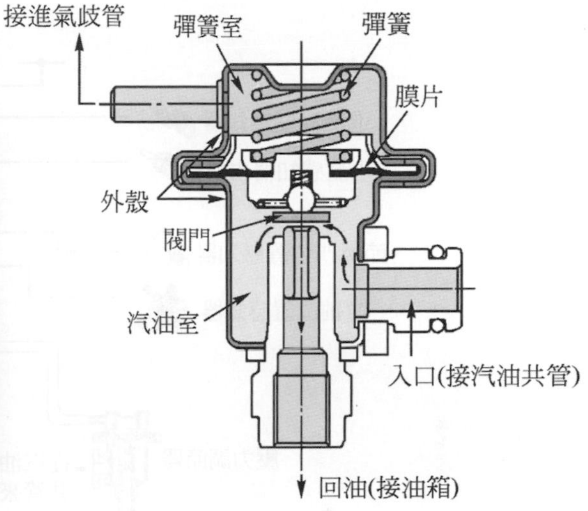

(b)

圖 4.3.14　壓力調節器的構造(電子制御ガソリン噴射, 藤沢英也、小林久德)

2. 共管油壓從入口進入壓力調節器，壓縮膜片，使閥門打開，回油量依彈簧彈力而定；而進氣歧管眞空是接到彈簧室，會減弱彈簧的彈力，使回油量增加，降低汽油壓力。但汽油壓力只降低因進氣歧管眞空所造成的壓力減低幅度，因此汽油壓力與進氣歧管眞空之總和，得以維持在一定值，例如怠速時汽油壓力為 $2.55\ kg/cm^2 + (-0.5\ kg/cm^2) = 2.05\ kg/cm^2$；全負荷時的汽油壓力為 $2.55\ kg/cm^2 + 0\ kg/cm^2 = 2.55\ kg/cm^2$。

3. 當汽油泵停止作用時，壓力調節器的閥門關閉，與汽油泵單向閥間之管路內會保持一定的殘壓，以利下一次的起動。

三、壓力調節器的進氣歧管真空控制電磁閥

1. 在壓力調節器的進氣歧管眞空管上安裝電磁閥，以控制進氣歧管眞空的通斷，如圖 4.3.15 所示，為福特汽車所採用。

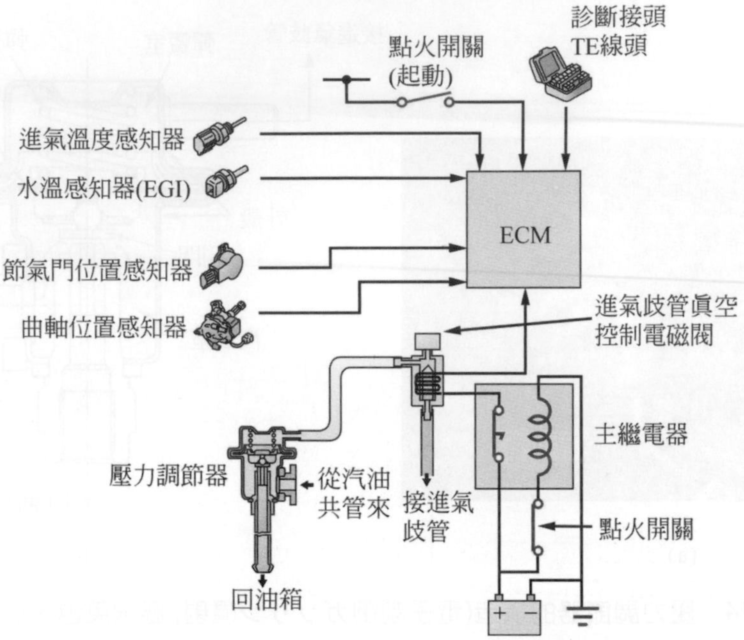

圖 4.3.15　壓力調節器的進氣歧管真空控制電磁閥(訓練手冊, 福特六和汽車公司)

2. 怠速時汽油壓力約 2.3 kg/cm²，而在熱車引擎轉速低時，爲避免燃料系統產生氣阻現象，故ECM使電磁閥通電，切斷進氣歧管眞空，**使汽油壓力升高到約 2.9 kg/cm²，讓熱車再起動順利，並避免引擎運轉不穩定**。
3. 電磁閥的作用條件，如表 4.3.1 所示。

表 4.3.1　電磁閥的作用條件(訓練手冊, 福特六和汽車公司)

作用條件			作用時間
冷卻水溫度	進氣溫度	引擎狀況	
超過 70℃	超過 20℃	節氣門開啓度小，且轉速低於 1,500 rpm	約 100 秒

四、壓力調節器的大氣壓力控制電磁閥

1. 本田汽車在壓力調節器通往進氣歧管的眞空管上安裝大氣壓力控制電磁閥，其用意與上述福特汽車採用的進氣歧管眞空控制電磁閥相同，但設計的作用方式不相同，本田汽車是控制大氣壓力的通斷，而福特汽車是控制進氣歧管眞空的通斷，且兩者作用條件的設定值也不相同。

2. 本田汽車的大氣壓力控制電磁閥之構造，如圖 4.3.16(a)所示，當水溫或進氣溫度超過設定值時，如圖 4.3.16(b)所示，ECM使大氣壓力控制電磁閥ON約 60 秒鐘，使大氣壓力進入壓力調節器膜片的上方，使所調節的汽油壓力升高，以防止汽油蒸發現象，使再起動容易。

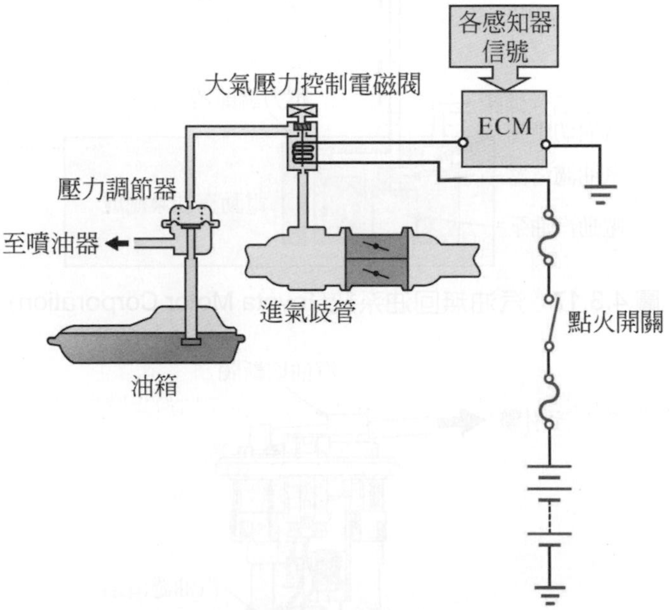

(a)

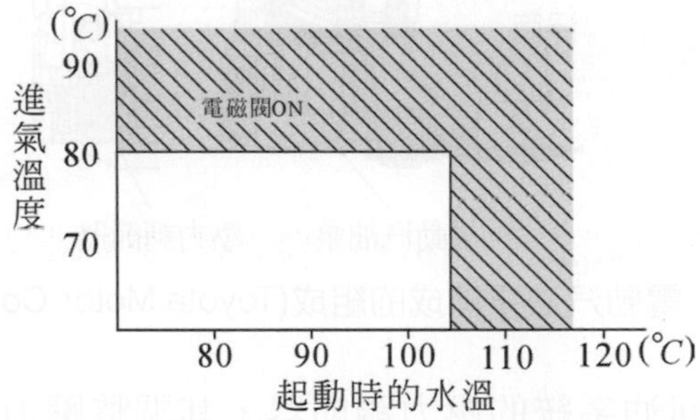

(b)

圖 4.3.16 壓力調節器的大氣壓力控制電磁閥(Service Training Textbook, Honda Motors)

五、汽油無回油系統(Fuel Returnless System)

1. 現代新型汽油噴射引擎，如Toyota的Corolla Altis、Nissan的Teana等，均採用無回油系統，**即壓力調節器是裝在油箱內的電動汽油泵總成**，如圖 4.3.17 及圖 4.3.18 所示，不是裝在汽油共管上，因此無回油管，所以汽油不會從熱引擎流回油箱中，故可避免油箱內的汽油溫度升高，及減少排放到活性碳罐的HC。

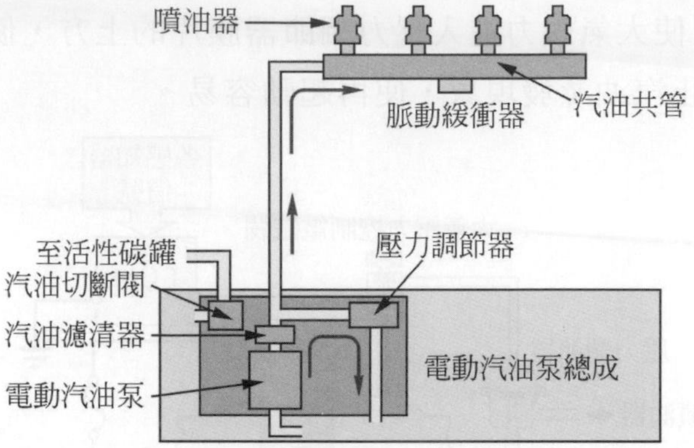

圖 4.3.17　汽油無回油系統(Toyota Motor Corporation)

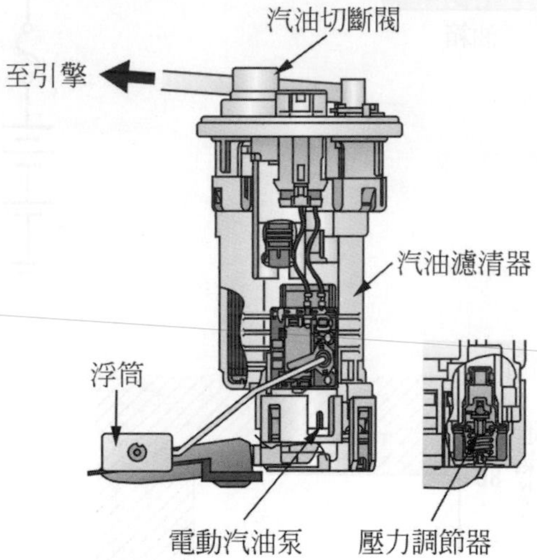

圖 4.3.18　電動汽油泵總成的組成(Toyota Motor Corporation)

2. Nissan Teana無回油系統的壓力調節器，其調整壓力是固定在350 kPa(3.57 kg/cm^2)，且與進氣歧管壓力無關。

六、無壓力調節器設計

1. 最新的汽油供應系統設計，是直接省略掉壓力調節器。本系統可稱爲「依需要調節送油量系統」，汽油泵提供剛好引擎所需要的汽油量。故ECM依當下的送油壓力，計算汽油噴射時間，即可精確的計量汽油。
2. 壓力感知器可立即檢測汽油泵當時的送油壓力，故已經不需要機械式的壓力調節器，如圖4.3.19所示。利用ECM控制汽油泵的作用模組，以調整其工作電壓，來改變汽油泵的送油量。

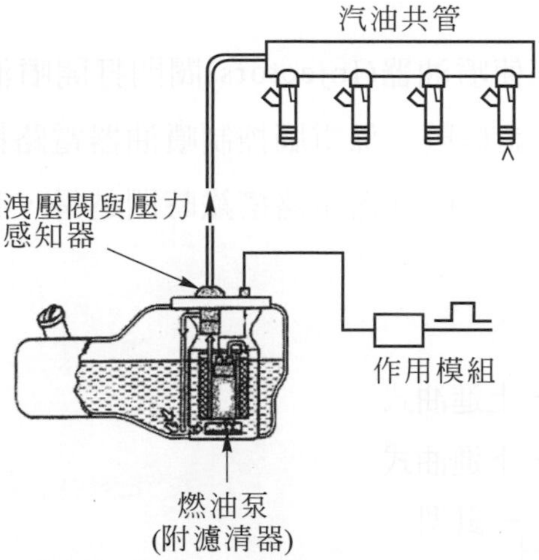

圖 4.3.19　無壓力調節器設計(Automotive Handbook，Bosch)

3. 由於送油量依需要調節，沒有多餘的汽油被壓縮，故可降低汽油泵的功率，油箱內的溫度也可進一步降低；另引擎在熱起動時，可提高汽油壓力，避免在汽油中形成氣泡；且採用渦輪增壓器的引擎，可在高負荷時提高汽油壓力，而在低負荷時降低汽油壓力。

4.3.6 噴油器

一、噴油器的功用

依電腦的控制信號，使噴油器(Injectors)閥門打開噴油，噴油量之多少，由信號時間的長短來控制。所謂信號，係電腦控制噴油器電路搭鐵時間之長短，稱爲脈波寬度(Pulse Width)，電腦使噴油器電路搭鐵時間越長，脈波寬度越寬，噴油量越多。

二、噴油器的種類

1. 依進油位置分
   - 上進油式
   - 下進油式
2. 依噴油孔型式分
   - 針型
   - 孔型
3. 依驅動方式分
   - 電壓控制式
     - 高電阻式
     - 低電阻式
   - 電流控制式 — 低電阻式

三、噴油器依進油位置分

1. 上進油(Top-Feed)式噴油器

   (1) 汽油從噴油器頂端進入，垂直向下流動。噴油器下端伸入進氣歧管，上端連接汽油共管，以扣夾固定，上、下均有O形環，如圖 4.3.20 所示，採用最多。

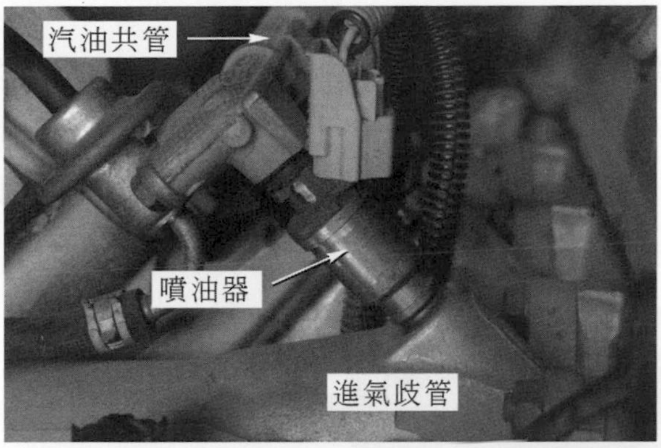

(a)

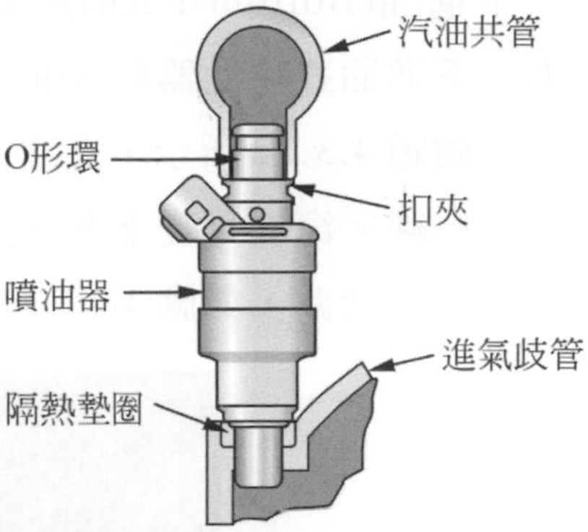

(b)

圖 4.3.20　上進油式噴油器的安裝(訓練手冊 Step 2, 和泰汽車公司)

⑵　上進油式噴油器是由濾網、O 形環、電磁線圈、樞軸(Armature)、閥體及針閥等所組成，如圖 4.3.21 所示。

(a)

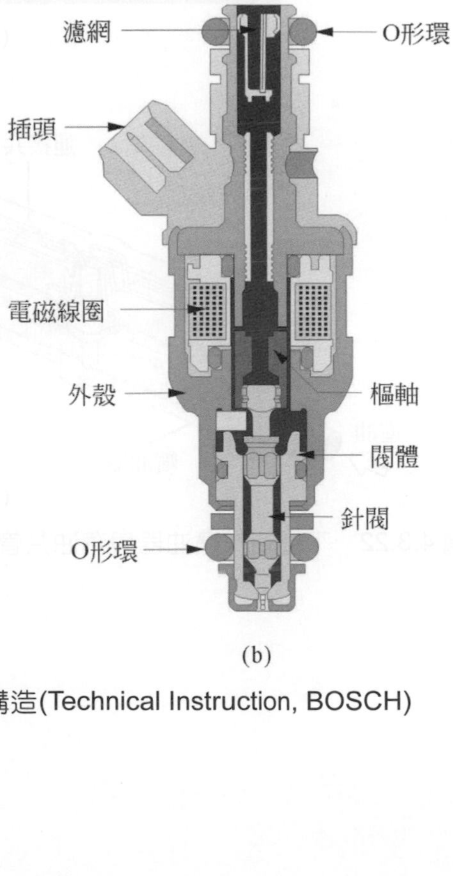

(b)

圖 4.3.21　上進油式噴油器的構造(Technical Instruction, BOSCH)

2. 下進油(Bottom-Feed)式噴油器

(1) 下進油式噴油器與汽油共管總成整合在一起，以扣夾定位在汽油共管內，如圖 4.3.22 所示，汽油共管係直接裝在進氣歧管上，上有蓋板遮住連接的電線。汽油是從下進油式噴油器的側邊進入，上、下各個有一O形環以防汽油洩漏，如圖 4.3.23 所示。

(a)

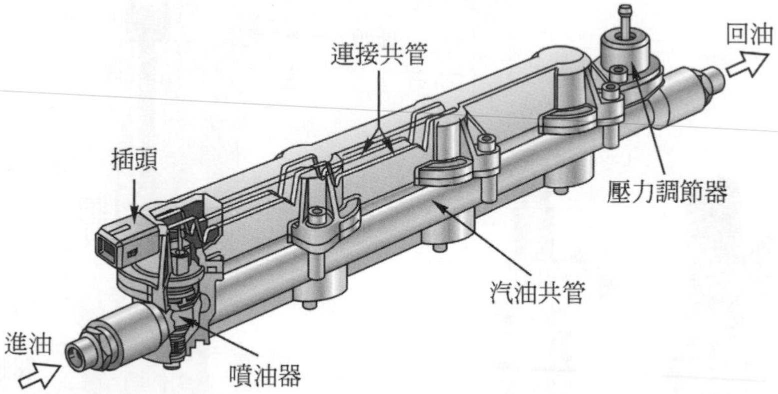

(b)

圖 4.3.22 下進油式噴油器與汽油共管總成(Technical Instruction, BOSCH)

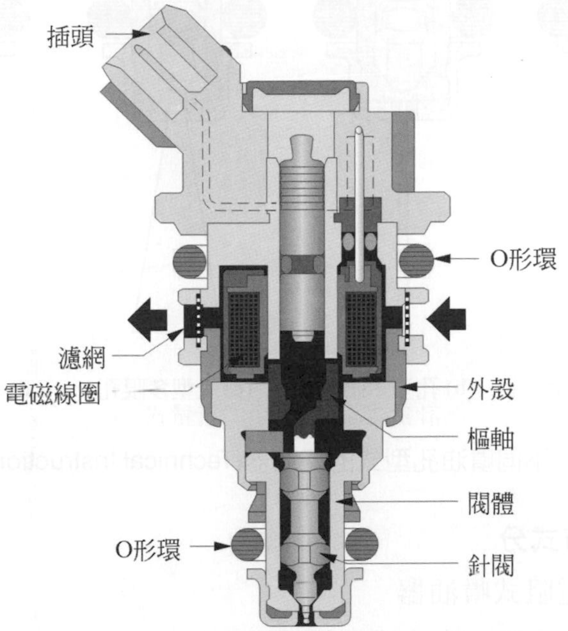

圖 4.3.23　下進油式噴油器的構造(Technical Instruction, BOSCH)

(2) 下進油式噴油器的優點為起動容易，熱引擎驅動反應(Driving Response)良好，及安裝高度低等。

四、噴油器依噴油孔型式分

1. 針型噴油器：針閥的針尖延伸到噴孔中，針尖設計成錐狀，以促進汽油霧化，如圖 4.3.21、圖 4.3.23 及圖 4.3.24(a)所示。
2. 孔型噴油器
   (1) 孔型單限孔計量式：以精準口徑的薄噴射限孔板(Injection-Orifice Disk)取代針型的針尖，因僅有單限孔，故汽油霧化較差，如圖 4.3.24(b)所示。
   (2) 孔型多限孔計量式：多限孔能像環狀限孔計量(Annular-Orifice Metering)式般，具有錐狀噴射效果，可得到理想的霧化效果，如圖 4.3.24(c)所示。
   (3) 孔型多限孔計量雙流噴射式：配合引擎多孔式的進氣孔，限孔可設計成雙或多流噴射，以獲得良好的汽油分配，如圖 4.3.24(d)所示。

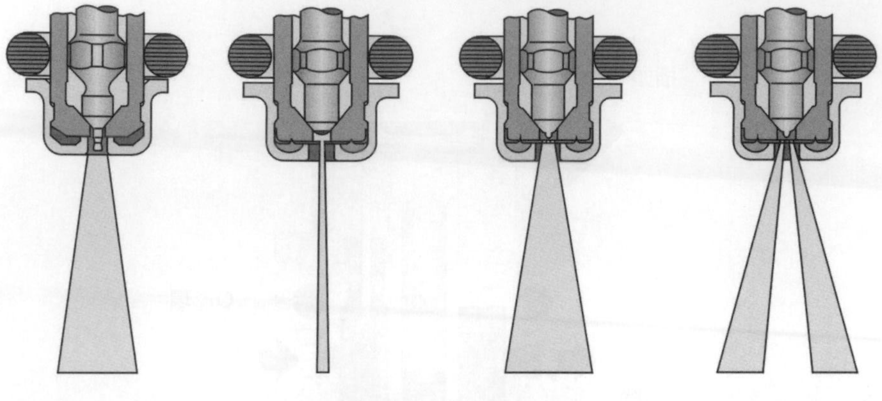

圖 4.3.24　不同噴油孔型式的噴油器(Technical Instruction, BOSCH)

五、噴油器依驅動方式分

1. 電壓控制高電阻式噴油器

⑴ **高電阻式噴油器，噴油器內部電阻約為 12～16 Ω，工作電壓為 12 V**。

⑵ 當 ECM 內的電晶體 ON 時，噴油器電路接通，電瓶電壓經主繼電器，直接供應給噴油器，如圖 4.3.25 所示，爲福特汽車採用之電壓控制高電阻式噴油器電路。

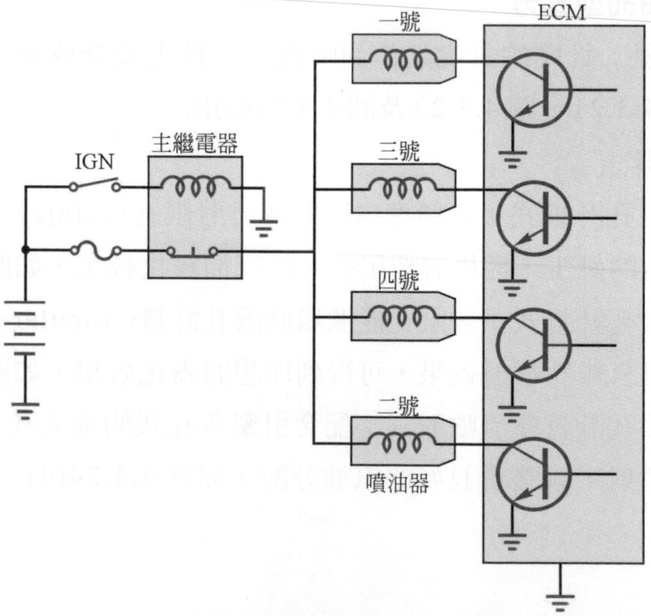

圖 4.3.25　電壓控制高電阻式噴油器電路(New Telstar 訓練手冊，福特六和汽車公司)

2. 電壓控制低電阻式噴油器

⑴ **低電阻式噴油器，噴油器內部電阻約 0.5～3.0 Ω，工作電壓通常為 5～6 V。**

⑵ 線圈通電時會有阻抗(Inductance)，圈數越多，阻抗就越大，會使噴油器針閥的開啓動作越延遲。而噴油器的閥門開啓不應有延遲情形，因此電磁線圈的纏繞圈數必須減少，並增加電線直徑，以提高針閥的動作速度。

⑶ 但因電阻變小，大電流通過的結果，會使噴油器過熱，縮短使用壽命。爲解決此一問題，將電阻器裝在主繼電器與噴油器之間，如圖 4.3.26 所示，爲本田汽車所採用，以減少送到噴油器的電流；同時必須注意，不可將 12 V 的電瓶電壓直接加在低電阻式噴油器上，以免電磁線圈燒斷。

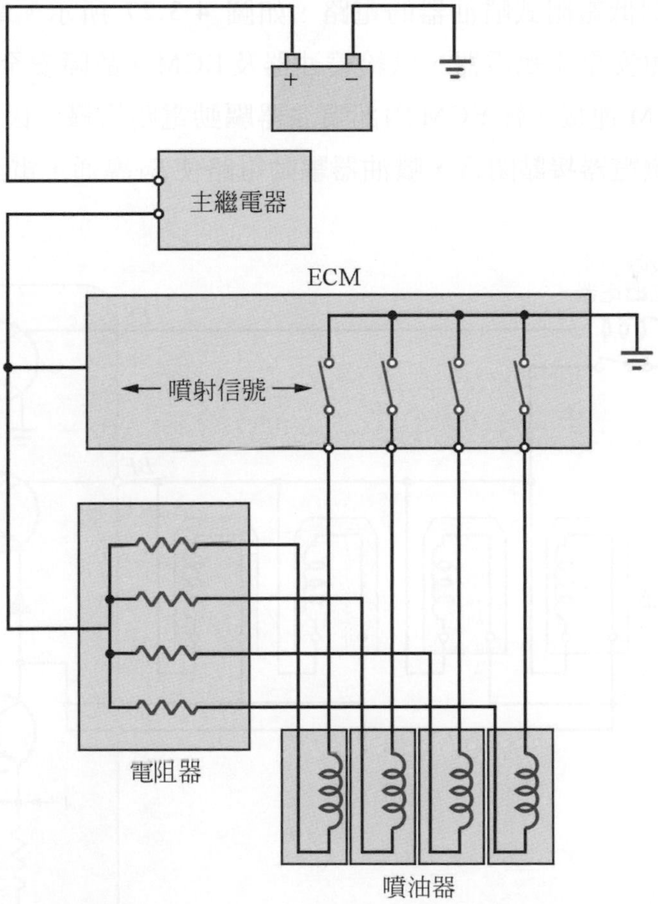

圖 4.3.26 電壓控制低電阻式噴油器電路(Civic 訓練手冊, 本田汽車公司)

(4) 新型汽油噴射系統，省略掉外電阻，由改變噴油器線圈的材質，及變更 ECM 的控制程式，以改善噴射延遲現象，使接近理想的噴射曲線，電流控制低電阻式噴油器即屬此式。

3. 電流控制低電阻式噴油器

(1) 電流控制低電阻式噴油器，是將低電阻的噴油器直接與電瓶連接，中間並無電阻器。電流是由 ECM 內電晶體的 ON/OFF 來控制，當噴油器開始噴射汽油時，大量電流流入電磁線圈，使針閥迅速開啓，可改善噴射反應，減少無效噴射時間；汽油持續噴射針閥在吸住位置時，電流降低以避免噴油器過熱，並減少電流消耗。

(2) 電流控制低電阻式噴油器的電路，如圖 4.3.27 所示。電瓶電源經點火開關、故障安全主繼電器，供給噴油器及 ECM。故障安全主繼電器由 *FS* 端子與 ECM 連接，經 ECM 內部噴油器驅動電路搭鐵，因此當點火開關 ON 時，主繼電器接點閉合，噴油器驅動電路使 T_{r1} 導通，電流流經噴油器電磁線圈。

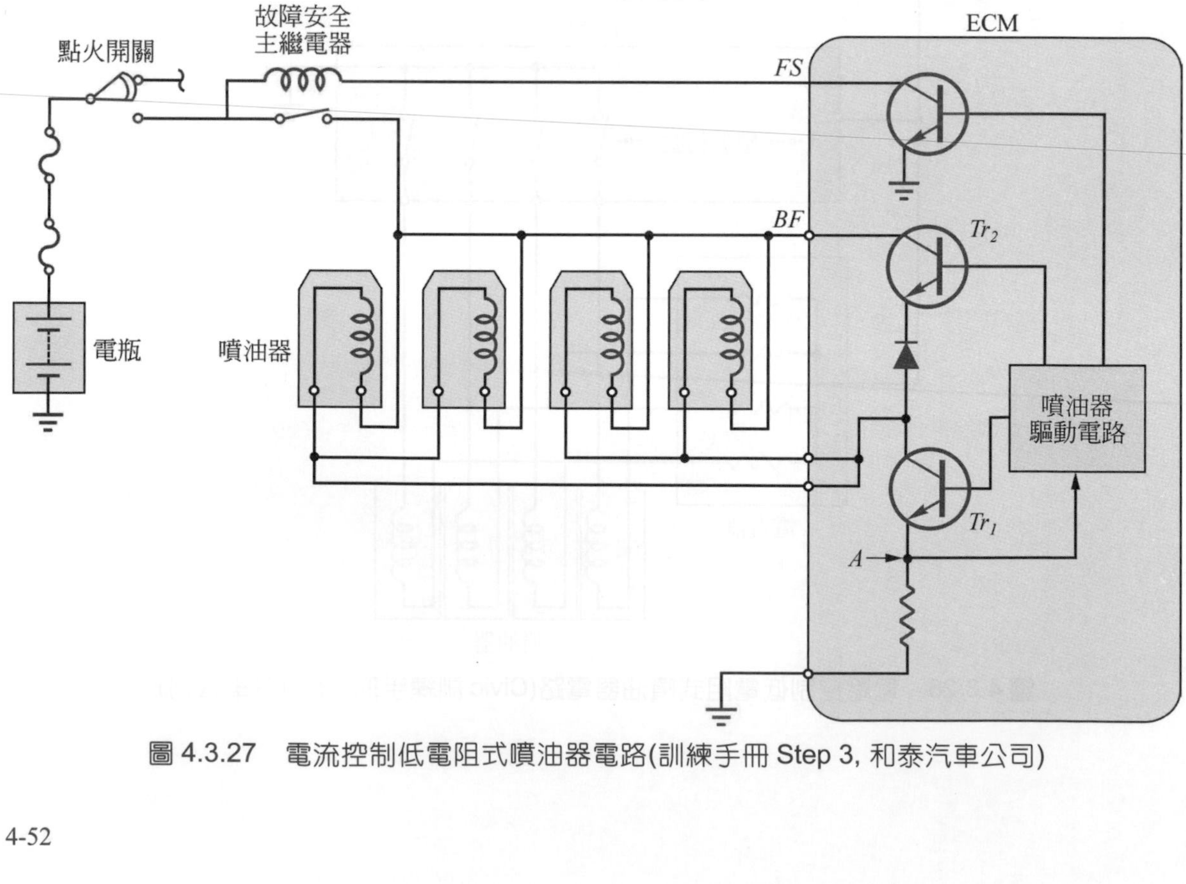

圖 4.3.27 電流控制低電阻式噴油器電路(訓練手冊 Step 3, 和泰汽車公司)

(3) 當A點電壓達到設定值時，噴油器驅動電路會適時使T_{r1} OFF。在噴射期間內，T_{r1}約以20 kHz的頻率ON或OFF，藉此控制流到電磁線圈的電流，當電瓶電壓爲14 V時，**針閥吸起的電流約8 A，針閥保持在吸住位置的電流約2 A**，如圖4.3.28所示。

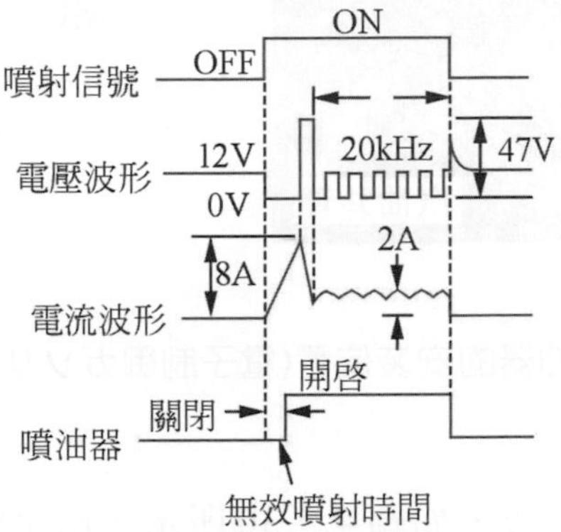

圖 4.3.28 電流控制低電阻式噴油器噴油期間的相關波形(訓練手冊 Step 3, 和泰汽車公司)

(4) T_{r2}的作用，是要吸收T_{r1}在ON/OFF時，於噴油器線圈中所產生的反電動勢，避免電流突然降低。

(5) 當ECM內的電晶體接通，電流開始流動，直到噴油器閥門打開，汽油開始噴出的延遲時間，或稱無效噴射時間，以電流控制低電阻式最短，電壓控制低電阻式其次，而電壓控制高電阻式則最長。

4.3.7 冷車起動噴油器

1. 冷車起動噴油器(Cold Start Injector)爲舊型汽油噴射引擎所採用，裝在進氣總管上，如圖4.3.29所示。在冷卻水溫度低於某一溫度(例如35℃)時作用，以增濃混合氣，使冷引擎起動性良好。目前使用中的國產車輛，有採用冷車起動噴油器及冷車起動噴油器時間開關的，以1991年開始出廠的Toyota Corona 1.6 4A-FE引擎最常見。

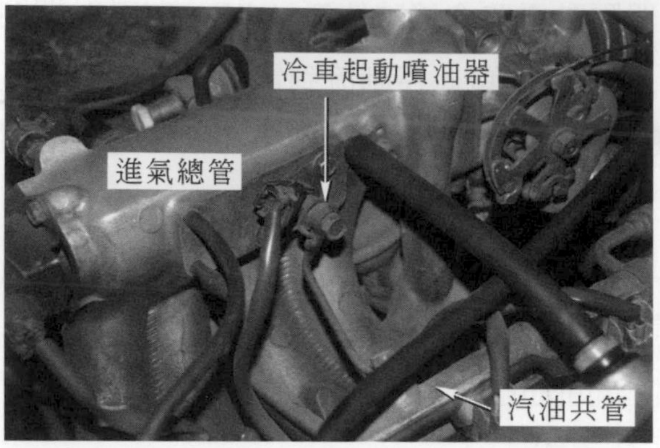

(a)

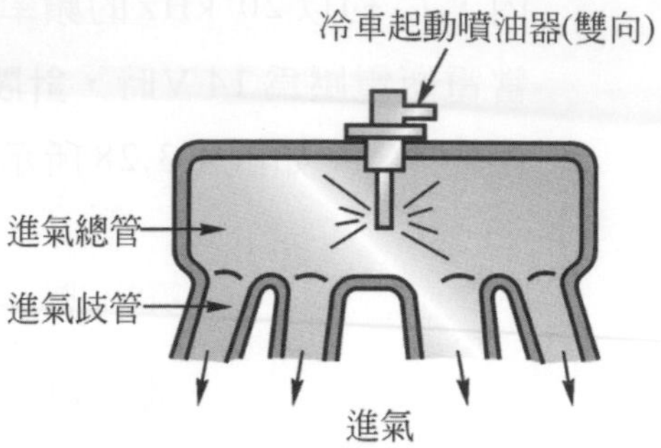

(b)

圖 4.3.29　冷車起動噴油器的安裝位置(電子制御ガソリン噴射, 藤沢英也、小林久德)

2. 冷車起動噴油器的構造，如圖 4.3.30 所示，由電線插頭、電磁線圈、針閥、閥面及座與渦流式噴嘴等組成。

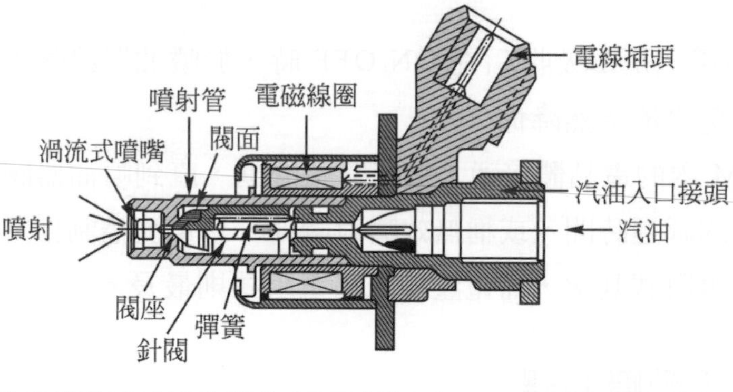

圖 4.3.30　冷車起動噴油器的構造(電子制御ガソリン噴射, 藤沢英也、小林久德)

3. 當點火開關轉到“ST”位置時，電流流至冷車起動噴油器的電磁線圈，針閥被吸引，閥門打開，汽油經渦流式噴嘴噴出，如圖 4.3.31 所示。引擎發動後，點火開關回到“ON”位置，冷車起動噴油器停止噴油。
4. 冷車起動噴油器時間開關(Cold Start Injection Time Switch)，用以控制冷車起動噴油器的持續噴油時間。當打馬達的時間太長時，電流流經加熱線 A與B，使熱偶片彎曲，接點打開，冷車起動噴油器停止噴油，以免火星塞潮濕，如圖 4.3.31 所示。即使持續打馬達，因加熱線 B 持續加熱熱偶片，接點不能閉合，故冷車起動噴油器保持不作用。

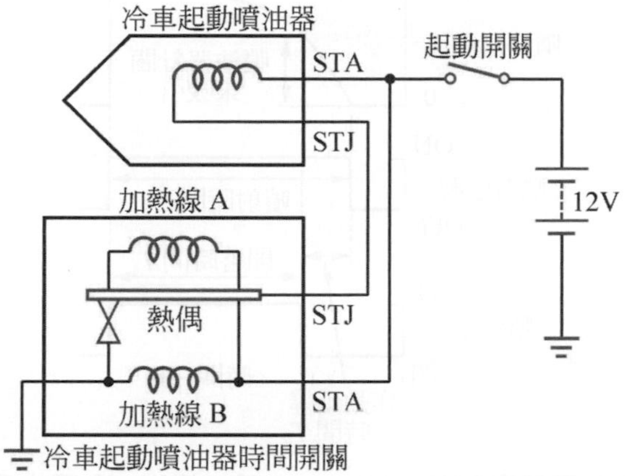

圖 4.3.31　冷車起動噴油器的電路(電子制御ガソリン噴射, 藤沢英也、小林久德)

4.4 ECM 的各種控制功能

4.4.1 汽油噴射正時控制

1. 所謂噴射正時，意即每一個噴油器在什麼時間噴油。早期是以點火線圈負極的一次信號來決定噴射正時，後來有些引擎是以固定的預設正時噴射，接著是以進氣量、引擎轉速等信號以計算噴射正時。注意噴射正時非點火正時，噴射正時是將汽油噴入進氣歧管的時間，而點火正時是經過進氣、壓縮後，點燃混合氣的時間。
2. 各種汽油噴射方式的噴射正時，請參閱“2.3 汽油噴射系統的分類”。

4.4.2 汽油噴射量控制

一、概述

1. 汽油的噴射時間，也就是噴油器的通電時間T，如圖 4.4.1 所示。

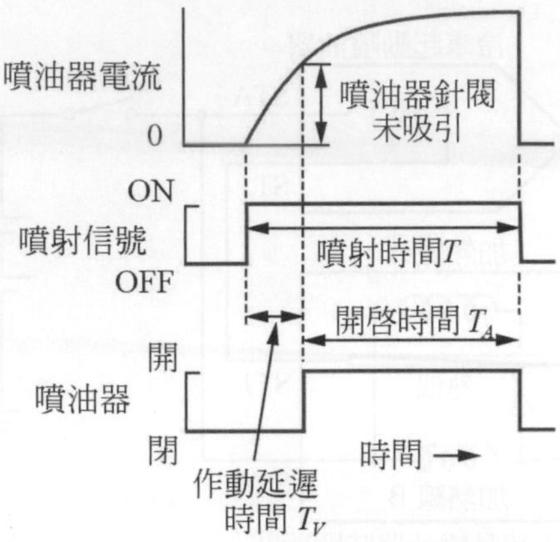

圖 4.4.1　噴油器的作用情形(ガソリン エンジン構造, 全國自動車整備專門學校協會編)

$$T = T_V + T_A \tag{4.4.1}$$

T_V：噴油器作動延遲時間。

T_A：噴油器開啓時間。

2. 4.4.1 式中，作動延遲時間T_V即電壓修正時間，係受到電瓶電壓高低的影響。當電瓶電壓低時，噴油器針閥開啓的延遲時間會變長，使噴油時間亦即噴射量變少，空燃比會變大，因此必須依電瓶電壓的變化，進行修正，**電瓶電壓高時，縮短電壓修正時間；電瓶電壓低時，延長電壓修正時間**，如圖 4.4.2 所示。

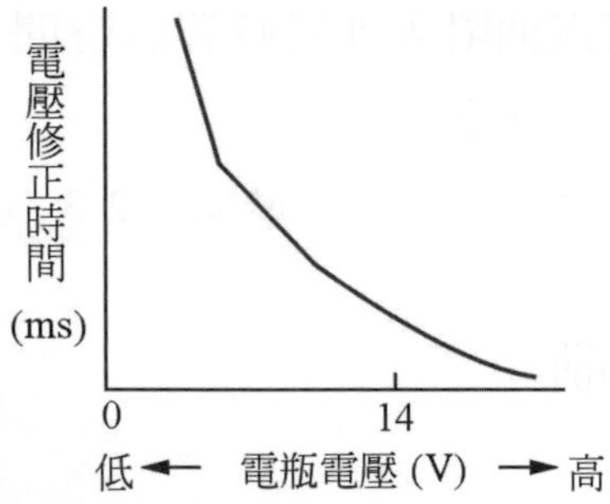

圖 4.4.2　電瓶電壓修正時間的變化(ガソリン エンジン構造, 全國自動車整備專門學校協會編)

3. 而噴油器的開啓時間T_A

$$T_A = T_p \times K_m \tag{4.4.2}$$

T_p：記憶在電腦中的基本噴射時間。

K_m：噴射修正係數。

噴射修正係數K_m，是為確保引擎在各種作用狀況下維持最適當運轉，依各感知器信號，以修正基本噴射時間的係數，如進氣溫度修正、起動後增量修正、暖車增量修正、加速增量修正、重負載增量修正及空燃比回饋修正等各種修正係數相加或乘積，即

$$K_m = (1 + K_1 + K_2 + \cdots) \times K_A \times K_B \times \cdots \qquad (4.4.3)$$

4. 引擎在起動時的噴射時間T

$$\text{起動時噴射時間}\ T = T_p \times K_T + T_V \qquad (4.4.4)$$

T_p：起動時基本噴射時間。

K_T：進氣溫度修正係數。

起動時的基本噴射時間T_p受水溫影響非常大，因此與起動後的基本噴射時間T_p差異很大。

5. 引擎起動後的基本噴射時間T_p

(1) L-Jetronic 方式時

$$T_p = K \times \frac{\text{吸入空氣量}}{\text{引擎轉速} \times \text{要求空燃比}} \times K_T \qquad (4.4.5)$$

K：常數。

採用熱線式或熱膜式空氣流量計時，不需要進氣溫度修正。

(2) D-Jetronic 方式時

$$T_p = K \times \frac{\text{進氣歧管絕對壓力} \times \text{容積效率}}{\text{要求空燃比}} \times K_T \qquad (4.4.6)$$

K：常數。

6. 起動後的噴射時間T

$$\text{起動後噴射時間}\ T = T_p \times K_m + T_V \qquad (4.4.7)$$

T_p：起動後基本噴射時間。

二、基本噴射量

1. 在質量流量方式，是以引擎轉速與進氣量爲基礎，而速度密度方式，是以引擎轉速與進氣歧管負壓爲基礎，配合各種運轉狀態，將最適當的基本噴射時間記憶在ECM中，如圖4.4.3與圖4.4.4所示。

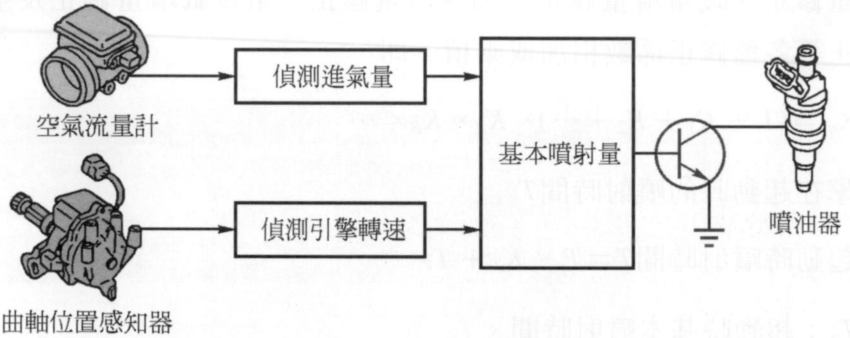

圖 4.4.3 基本噴射量的決定(New Telstar 訓練手冊, 福特六和汽車公司)

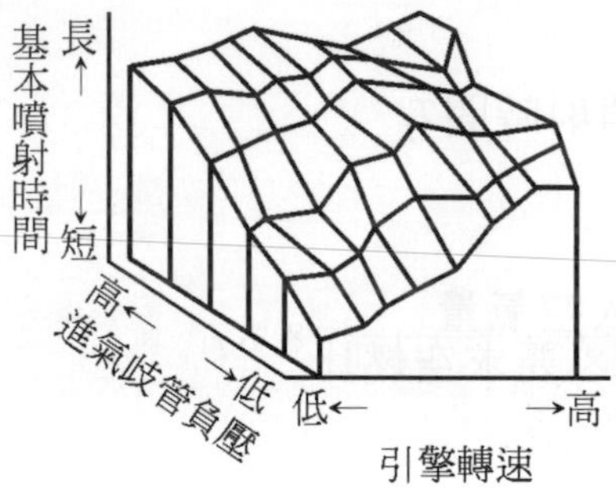

圖 4.4.4 基本噴射時間的三次元圖形(電子制御ガソリン噴射, 藤沢英也、小林久德)

2. 基本噴射量是由基本噴射時間決定。

三、汽油噴射量修正

以記憶在ECM中的基本噴射時間爲準，再依據各感知器的信號進行修正，以決定出配合所有狀況及運轉條件的最適當噴射時間，向噴油器輸出電壓脈波，以噴射汽油，如圖4.4.5所示。

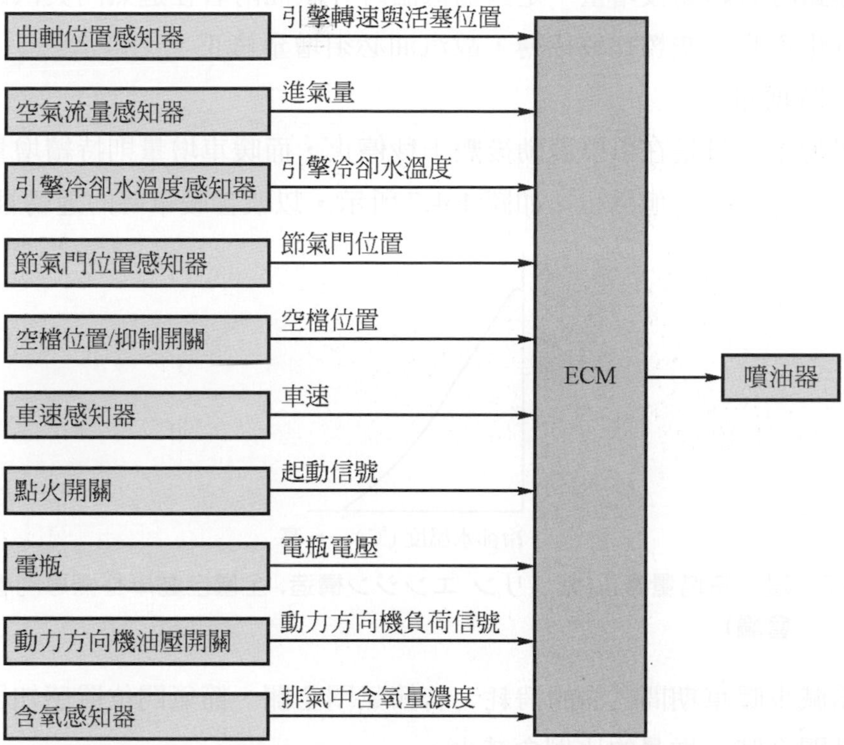

圖 4.4.5　與汽油噴射有關的各感知器及開關(New Sentra 修護手冊, 裕隆汽車公司)

1. 起動時與起動後增量

(1) 此增量是依冷卻水溫度而變化。冷卻水溫度越低，汽油增量越多，增量修正的時間也越長，如圖 4.4.6 所示。

圖 4.4.6　起動後增量修正(ガソリン エンジン構造, 全國自動車整備専門學校協會編)

⑵ 起動時與起動後增量，是因爲低溫時，汽油附著在進氣門與汽缸壁，導致汽化不良，空燃比較稀薄，故汽油必須增量修正。

2. 暖車時增量

⑴ 起動後增量是在引擎發動後數十秒停止，而暖車增量則持續增量至冷卻水溫度到達一定值爲止，如圖 4.4.7 所示，以改善暖車時的運轉性能。

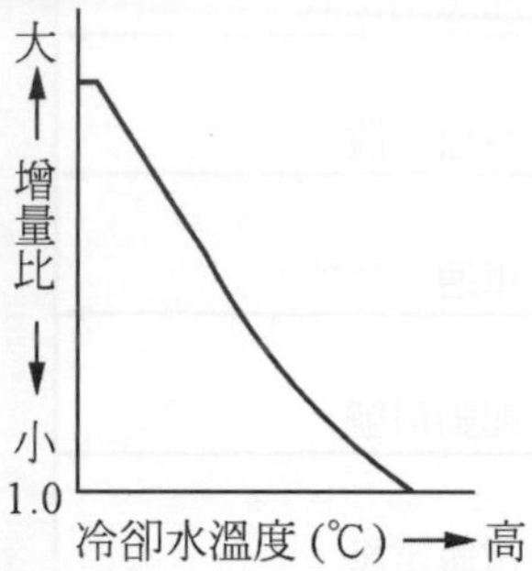

圖 4.4.7 暖車時增量修正(ガソリン エンジン構造, 全國自動車整備專門學校協會編)

⑵ 爲減少暖車期間汽油的消耗，若節氣門全關，節氣門位置感知器的怠速接點閉合時，增量的比例會減少。

3. 暖車時加速增量

⑴ 爲了改善低溫時的驅動性能，在引擎暖車期間設計加速增量。

⑵ 當節氣門位置感知器的怠速接點分開時，即發生增量作用。增量比例與持續時間的變化，依冷卻水的溫度而定，當冷卻水溫度低時增量，且增量持續時間較長，如圖 4.4.8 所示。

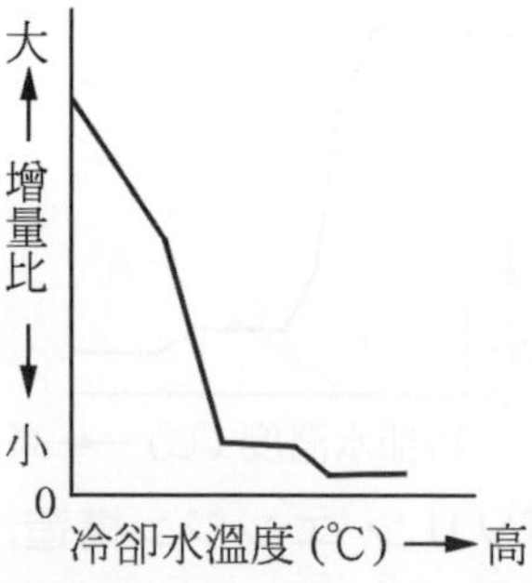

圖 4.4.8 暖車時加速增量修正(ガソリン エンジン構造, 全國自動車整備專門學校協會編)

4. 熱車時加速增量

(1) 加速時汽油會附著在進氣門及其附近，一段時間才能汽化；且因進氣歧管壓力變大，使汽油的汽化速度變慢，故必須進行加速增量修正，如圖 4.4.9 所示。

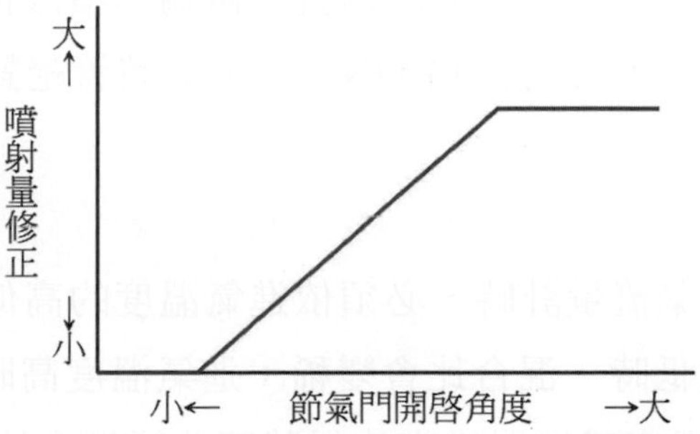

圖 4.4.9 熱車時加速增量的變化(電子制御ガソリン噴射, 藤沢英也、小林久德)

(2) 加速時的噴射量由節氣門的開啓度決定。定速時加速與減速後再加速，各有其基本加速增量時間，均會記憶在 ECM 中。另外低溫時的噴射量，會配合冷卻水溫度而修正。

5. 減速時減量

(1) 節氣門關閉減速時，進氣歧管壓力變小，會促進汽油汽化，尤其是在節氣門全關時。

(2) ECM 配合減速時節氣門的開度而修正噴射時間，尤其是在節氣門幾乎全關時的汽油減量，如圖 4.4.10 所示。

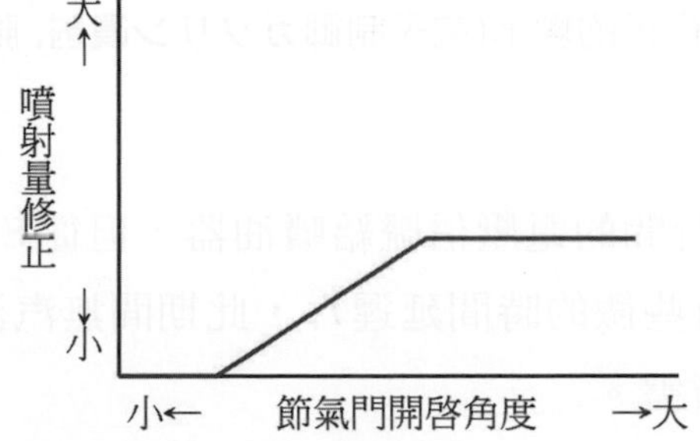

圖 4.4.10 減速時減量的變化(電子制御ガソリン噴射, 藤沢英也、小林久德)

6. 全負荷時增量

⑴ 當引擎在重負荷下運轉時，噴射量會隨負荷而增加，以確保引擎的輸出。

⑵ 由節氣門開啓角度或進氣量，ECM 可測知引擎是否在全負荷狀態。全負荷增濃可增加噴油量約 10%～30%。

⑶ 有些引擎是以強迫換檔開關的信號，做爲本項修正的條件，或雙接點式節氣門位置感知器的強力接點 ON，及進氣歧管絕對壓力在一定值以上等爲條件。

7. 進氣溫度修正

⑴ 採用翼板式空氣流量計時，必須依進氣溫度的高低，進行噴射量修正，否則當進氣溫度低時，混合比會變稀；進氣溫度高時，混合比會變濃。

⑵ ECM 由進氣溫度感知器送來的信號而改變混合比。以 20℃(68℉)爲準，進氣溫度低於標準時，汽油噴射量增加；進氣溫度高於標準時，汽油噴射量減少，如圖 4.4.11 所示。

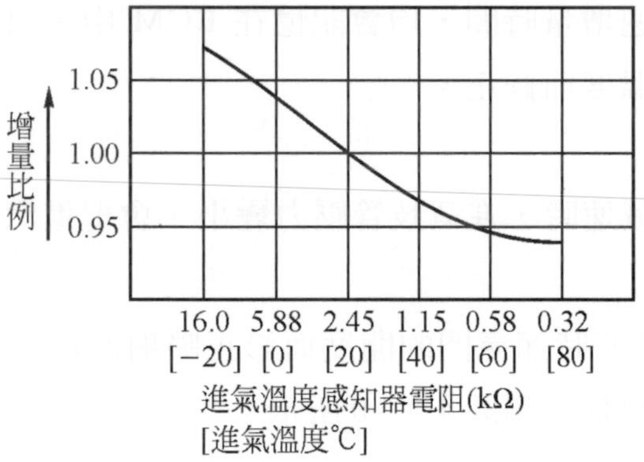

圖 4.4.11 進氣溫度修正的變化(電子制御ガソリン噴射, 藤沢英也、小林久德)

8. 電壓修正

⑴ ECM送出適當時間的電壓信號給噴油器，但從ECM發出信號，到噴油器針閥全開，會有些微的時間延遲T_V，此期間無汽油噴射，會造成混合比變稀，不符引擎所需。

⑵ 爲了確保正確的混合比，噴油器的開啓時間，必須與 ECM 所決定的持續時間相等。因此 ECM 送出的噴射信號時間應等於無效噴射時間加上汽油噴射持續時間。

(3) 而噴油器作用延遲時間，即無效噴射時間的變化，依電瓶電壓而定。當電壓高時，延遲時間短；電壓低時，延遲時間長，因此必須進行電壓修正，以電瓶電壓 14 V爲基準而修正噴射時間，如圖 4.4.12 所示，**噴射信號時間等於電壓修正時間(無效噴射時間)加上汽油噴射持續時間**。

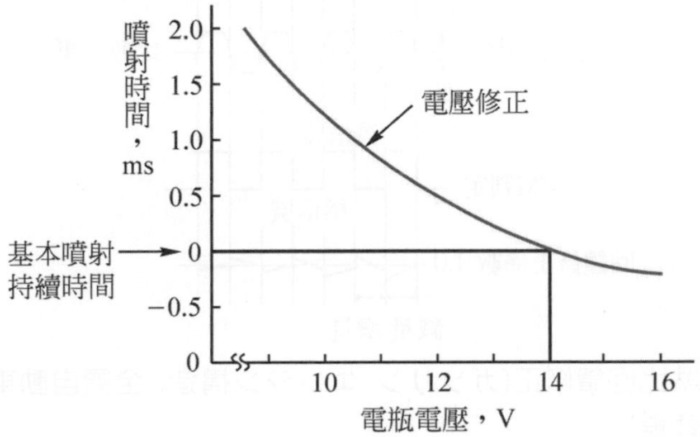

圖 4.4.12 電壓修正作用(電子制御ガソリン噴射, 藤沢英也、小林久德)

9. 空燃比回饋修正

(1) 應用在裝設三元觸媒轉換器車型。ECM 由來自含氧感知器的 0～1 V 電壓信號變化，修正噴射時間，以精確控制混合比在理論空燃比，使三元觸媒轉換器能同時減少CO、HC及NO_x的排放量。空燃比回饋修正期間，爲閉迴路控制。

(2) ECM 偵測到以下狀況時，會停止回饋修正作用，以維持穩定燃燒，此時爲開迴路控制。

① 起動及暖車時。

② 怠速時。

③ 減速時。

④ 全負荷時。

⑤ 冷卻水溫度低於設定標準時。

⑥ 含氧感知器及其迴路故障時。

(3) ECM 將來自含氧感知器的電壓信號與預設電壓值比較，若電壓信號高於預設電壓值，ECM 判定空燃比比理論空燃比濃，依一定比例減少汽油噴射量；若電壓信號低於預設電壓值，則依一定比例增加汽油噴射量，如圖 4.4.13 所示。

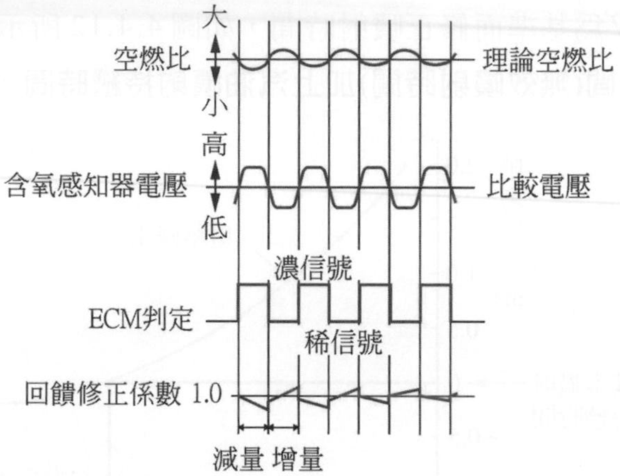

圖 4.4.13　空燃比回饋修正(ガソリン エンジン構造，全國自動車整備專門學校協會編)

(4) ECM 的修正係數在 0.8～1.2 間變化，開迴路時則為 1.0。

4.4.3 點火時間控制

1. 由引擎馬力試驗器測試而得的點火圖形(Ignition Map)，如圖 4.4.14 所示，ECM 依據引擎進氣量及轉速，以決定基本的點火提前角度，儲存在 ECM 中。再根據節氣門位置感知器、水溫感知器、爆震感知器等各信號，修正點火時間，由ECM決定最理想的點火正時，使引擎在馬力輸出、汽油消耗及排氣污染等各方面能有極佳的表現，如圖 4.4.15 所示。

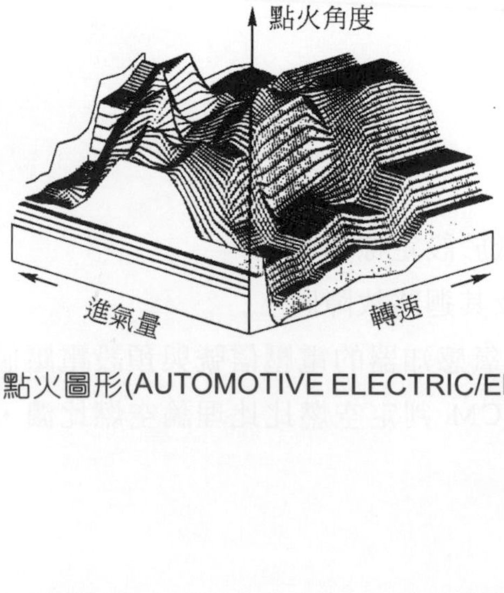

圖 4.4.14　ECM中的點火圖形(AUTOMOTIVE ELECTRIC/ELECTRONIC SYSTEM, BOSCH)

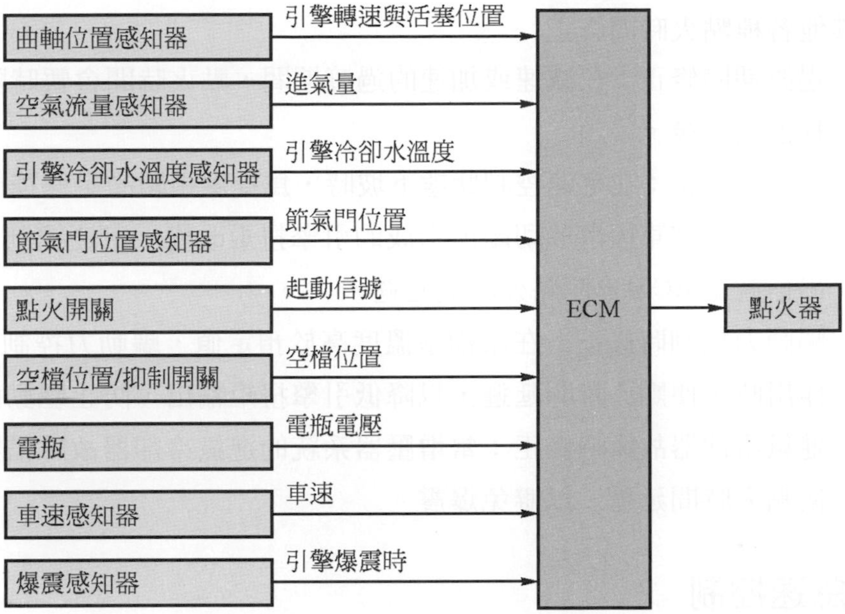

圖 4.4.15　與點火時間控制有關的各感知器及開關(Sentra修護手冊，裕隆汽車公司)

2. 點火時間修正

(1) 低溫時修正：依水溫感知器信號，在低溫時，ECM 使點火提前，以保持低溫運轉性能。溫度極低時，最大點火提前角度修正可達15°。

(2) 高溫時修正：依水溫感知器及進氣溫度感知器，在高溫時，ECM 使點火延後，以免產生爆震及過熱。最大點火延遲角度修正約為5°。

(3) 怠速時修正：為保持怠速穩定，ECM在怠速時會不斷偵測轉速的平均值，若怠速低於目標轉速時，ECM會使點火角度提前一個預設值；反之，ECM會使點火角度延遲一個預設值。最大點火角度修正約為±5°，但轉速超過設定值後，此項修正作用停止。

(4) 爆震時修正：發生爆震時，ECM 依爆震的強弱使點火時間延遲多或少，以免爆震情形發生，以保護引擎。最大點火延遲角度修正約為10°。

(5) 換檔時修正：自動排檔汽車，在向上或向下換檔時，延遲點火時間，降低引擎扭矩，以減少換檔振動。但當冷卻水溫度或電瓶電壓低於設定值時，此項修正作用停止。最大點火延遲角度修正可達20°。

(6) EGR 作用時修正：當節氣門位置感知器的怠速接點 OFF 而 EGR 作用時，點火時間會隨著進氣量及引擎轉速而提前，以改善驅動性能。

(7) 其他各種點火時間修正

① 過渡期間修正：在減速或加速的過渡期間，點火時間會暫時隨著狀況而提前或延後。

② 定速時修正：在定速控制狀態下坡時，爲提供平順的定速控制作用及降低在引擎煞車因汽油切斷所造成的引擎扭矩改變，定速控制 ECU 會送出信號給 ECM，使點火時間延遲。

③ 驅動力控制時修正：在冷卻水溫度高於預定值，驅動力控制系統(TCS)作用時，使點火時間延遲，以降低引擎扭矩輸出，防止驅動輪打滑。

④ 進氣冷卻器故障時修正：當增壓器系統的進氣冷卻器故障信號 ON 時，使點火時間延遲，以避免爆震。

4.4.4 怠速控制

1. ECM 依據各感知器及開關的信號，控制 ISC 閥的打開時間，以控制旁通空氣量，使怠速在各種運轉狀況時，均能符合記憶在 ECM 中的基本目標值與修正值，而能保持在最適當及穩定狀態，如圖 4.4.16 所示。

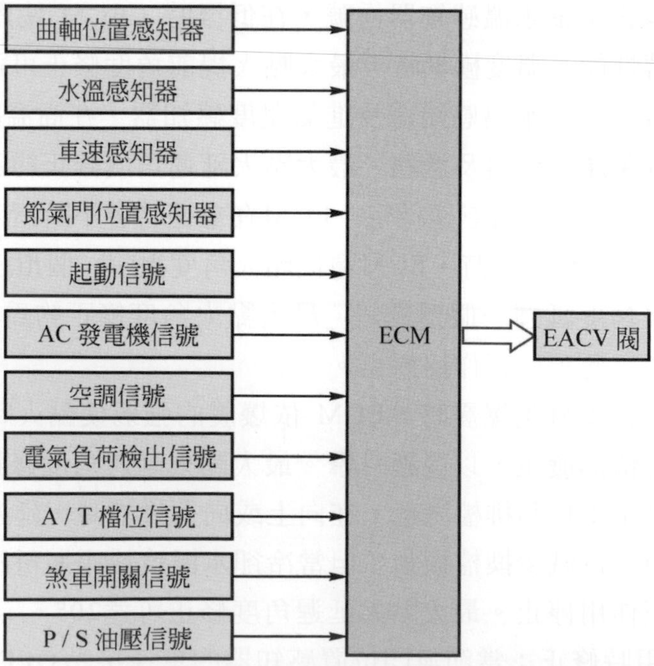

圖 4.4.16　與怠速控制有關的各感知器及信號(Civic 訓練手冊, 本田汽車公司)

2. 怠速修正

(1) 起動時及起動後修正：引擎起動時及起動後的一定時間內，ECM使ISC閥增加旁通空氣量，怠速上升，防止怠速不穩定或熄火。

(2) 暖車時修正：水溫低時，ECM 使 ISC 閥增加旁通空氣量，以確保適當的快怠速運轉。

(3) 車輛長期使用後修正：車輛長期使用後，因堵塞或磨損所造成的怠速轉速下降，ECM 使 ISC 閥增加旁通空氣量，以修正至一定的怠速。

(4) 電器負荷時修正：當頭燈、雨刷、冷卻風扇及除霧線等電器負荷大，造成怠速轉速下降時，ECM 使 ISC 閥增加旁通空氣量。

(5) A/T 選擇桿在 *N*、*P* 以外位置時修正：A/T 選擇桿在 *N*、*P* 以外位置時，ECM 使 ISC 閥增加旁通空氣量，以防止怠速下降。

(6) 動力轉向時修正：使用動力轉向時，動力轉向機油壓開關將負荷信號送給 ECM，ECM 使 ISC 閥增加旁通空氣量，以維持怠速在一定值。

(7) 空調時修正：空調作用時，ECM 使 ISC 閥增加旁通空氣量，以防止怠速下降。

(8) 其他各種怠速修正

① 減速緩衝修正：當節氣門位置感知器的怠速接點閉合時，ECM控制ISC閥，使引擎轉速緩慢回到怠速，以提高乘坐舒適性，防止引擎熄火。故安裝ISC閥的汽油噴射引擎，已不需要化油器式引擎常見的緩衝器。

② 轉速逐漸降低修正：使用渦輪增壓器的引擎，當引擎由高速或高負荷回復到怠速，為避免機油壓力降得太低，無法提供足夠的潤滑，造成渦輪咬死，ECM 控制 ISC 閥使轉速逐漸降低，讓機油泵能供應足量的潤滑油到渦輪增壓器。

4.4.5 汽油泵控制

1. 現代汽油噴射引擎均由ECM控制繼電器ON/OFF的作動，以控制汽油泵之作用。

2. 當點火開關從OFF轉至ON位置時，ECM控制使汽油泵作用約2～5秒鐘，以提高引擎的起動性能，如圖4.4.17所示；引擎起動及運轉時，ECM接收到*NE*信號，使汽油泵產生作用；引擎一旦停止轉動，無*NE*信號時，汽油泵不作用，減少耗電，並確保安全性。

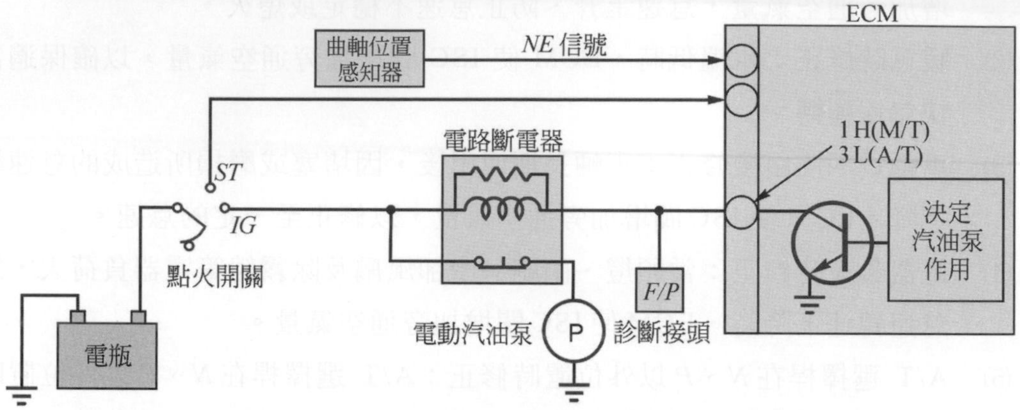

圖 4.4.17　汽油泵控制電路(修護手冊, 福特六和汽車公司)

4.4.6　汽油切斷控制

1. 減速時汽油切斷：車輛在減速時，ECM依曲軸位置感知器、水溫感知器、節氣門位置感知器及冷氣開關等信號，轉速超過1,100 rpm時，切斷汽油供應，直至引擎轉速減到一定轉速為止，以節省汽油消耗，防止觸媒溫度上升，如圖4.4.18所示。

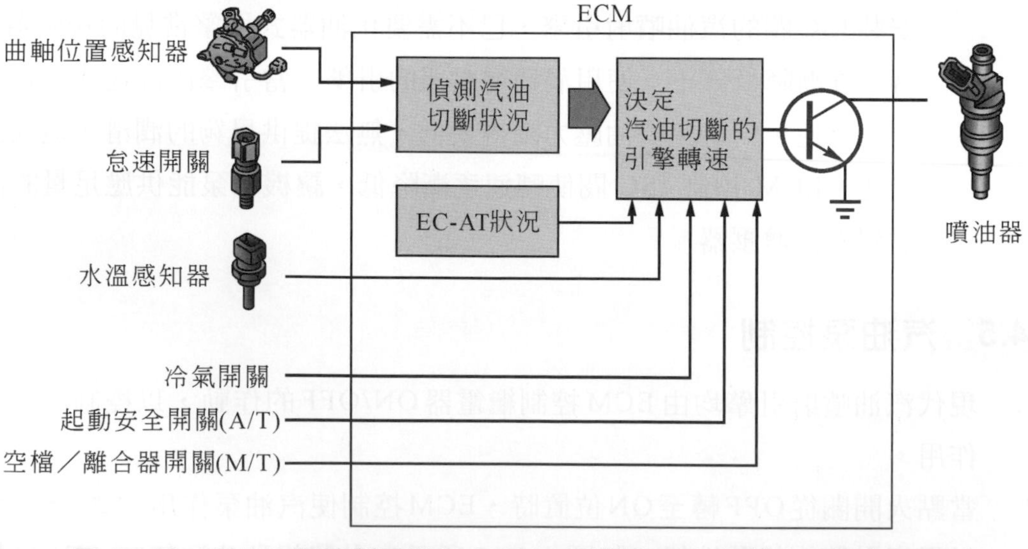

圖 4.4.18　汽油切斷控制電路(New Telstar 訓練手冊, 福特六和汽車公司)

2. 高轉速時汽油切斷：通常引擎轉速超過 6,500 rpm 時，ECM 會切斷汽油供應，以免引擎超速運轉而受損；當引擎轉速低於設定轉速時，恢復汽油噴射。
3. 高速時汽油切斷：車速例如在 180 km/h 以上，且轉速例如在 4,300 rpm 以上時，ECM 會切斷汽油供應。
4. 扭矩降低汽油切斷：有些自動變速汽車，在升檔時暫停第二及第三缸汽油供應，以降低扭矩，減少換檔振動。

4.4.7 冷氣切斷控制

1. ECM 依節氣門位置感知器、水溫感知器、冷氣開關、點火開關等信號，平時使冷氣繼電器的電晶體ON，線圈通電，接點閉合，電流送給電磁離合器及冷氣風扇馬達，如圖 4.4.19 所示；當冷氣必須短暫切斷作用時，ECM 使電晶體 OFF，電磁離合器及冷氣風扇馬達停止作用。

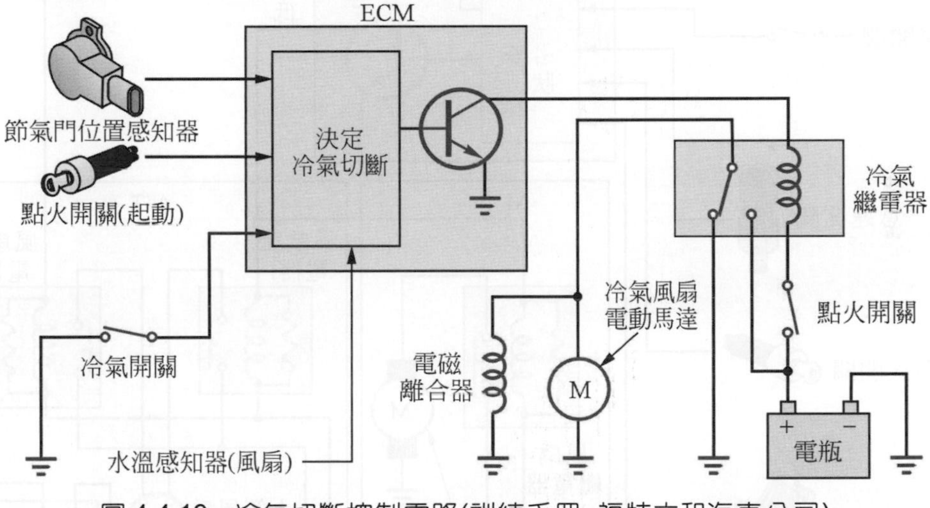

圖 4.4.19 冷氣切斷控制電路(訓練手冊, 福特六和汽車公司)

2. 冷氣切斷時的引擎狀況、切斷時間及目的，如表 4.4.1 所示。

表 4.4.1 冷氣切斷時的引擎狀況(訓練手冊, 福特六和汽車公司)

引擎狀況	切斷時間	目的
1. 引擎起動後	4 秒	改善冷車怠速
2. 怠速時加速(A/T)	2 秒	提昇加速性能
3. 節氣門全開	5 秒	提昇加速性能
4. 冷卻水溫度超過 116℃	直至冷卻水溫度低於 113℃	防止引擎過熱

3. 有些引擎的怠速若低於預設值時，冷氣會被切斷，以防止引擎熄火。部分引擎有冷氣壓縮機延遲作用控制，即A/C開關ON時，電磁離合器會延遲某一設定時間才作用，讓ECM先使ISC閥開啓，先補償怠速轉速，避免怠速先降低再升高。

4.4.8 水箱冷卻風扇控制

1. 爲提高A/T車型引擎的可靠性，水箱電動風扇由ECM控制作用，轉速並有低、高速之分，如圖4.4.20所示，A/T車型共使用三個風扇繼電器。

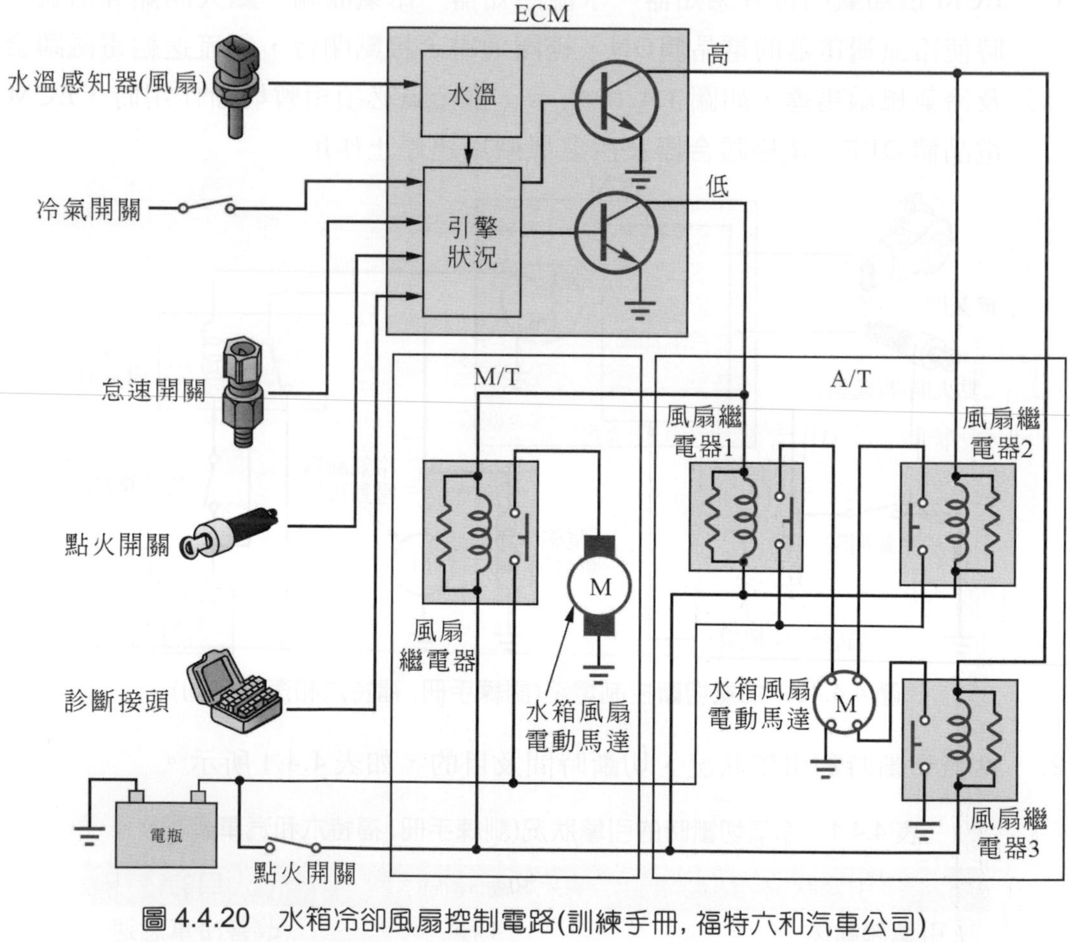

圖 4.4.20　水箱冷卻風扇控制電路(訓練手冊，福特六和汽車公司)

2. 風扇繼電器的作用狀況及風扇轉速，如表 4.4.2 所示。

表 4.4.2 風扇繼電器的作用狀況及風扇轉速(訓練手冊, 福特六和汽車公司)

引擎狀況	風扇繼電器 1	風扇繼電器 2	風扇繼電器 3	風扇轉速
水溫超過 97℃	ON	OFF	OFF	低速
A/C 開關 ON	ON	OFF	OFF	低速
診斷接頭 TEN 線頭搭鐵，怠速開關閉合	ON	ON	ON	高速
水溫超過 108℃	ON	ON	ON	高速
水溫感知器失效	ON	ON	ON	高速

4.4.9 EGR 控制

1. ECM 依空氣流量感知器、曲軸位置感知器、節氣門位置感知器、冷卻水溫度感知器等信號，控制 EGR 電磁閥的開閉，以決定經 EGR 控制閥及 EGR 調節閥的 EGR 氣流之通斷，來精密調節 EGR 量，減少 NO_x 產生，並改善引擎的運轉性能，如圖 4.4.21 所示。

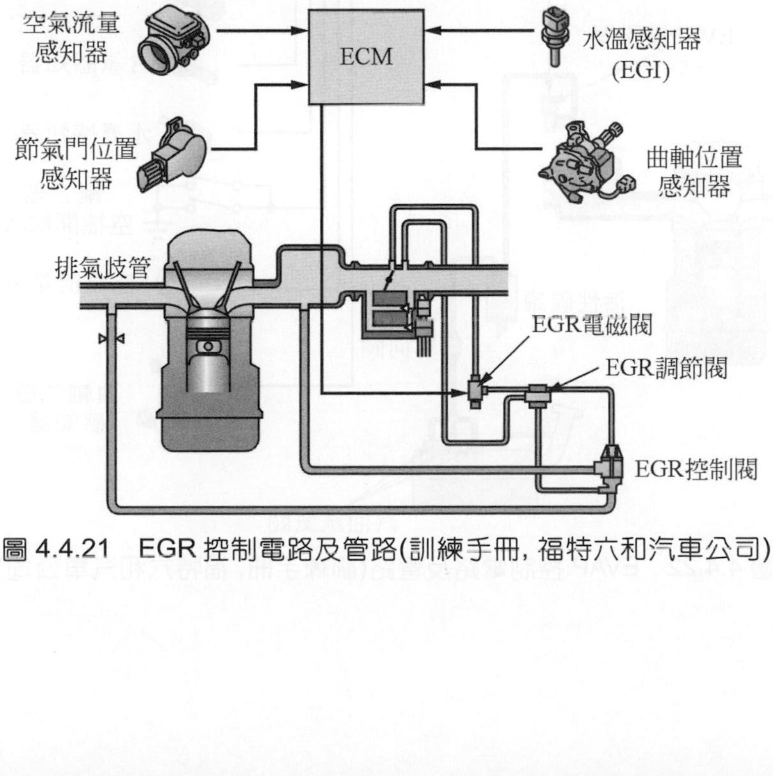

圖 4.4.21 EGR 控制電路及管路(訓練手冊, 福特六和汽車公司)

2. 在冷引擎、怠速、過高轉速、突然加速及減速時，EGR 停止作用，以確保穩定燃燒，如表 4.4.3 所示，為切斷 EGR 時的引擎狀況。

表 4.4.3　切斷 EGR 時的引擎狀況(訓練手冊, 福特六和汽車公司)

項目		引擎狀況
行車情形		突然加速或減速
冷卻水溫度		低於 50℃
引擎轉速	M/T	低於 1,300 rpm 或高於 4,500 rpm
	A/T	低於 700 rpm 或高於 4,500 rpm

4.4.10 EVAP 控制

1. ECM 依空氣流量感知器、曲軸位置感知器、節氣門位置感知器、冷卻水溫度感知器等信號，控制EVAP電磁閥的開關時間，以精密調節從活性碳罐吸入進氣歧管的蒸發氣體量，如圖 4.4.22 所示。
2. 在冷引擎、怠速、減速、引擎熄火等狀況時，蒸發氣體停止進入引擎中。

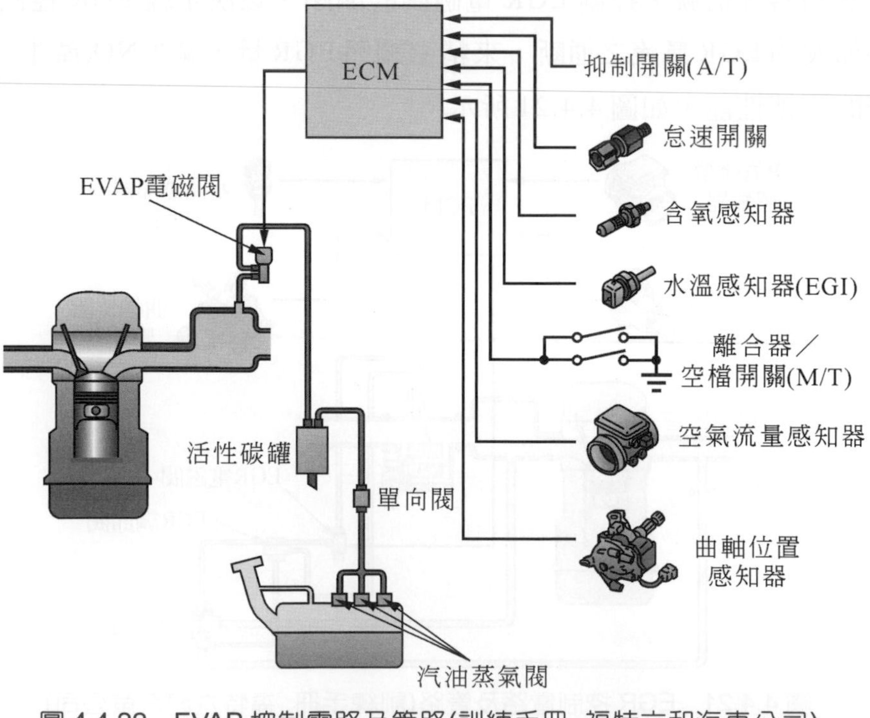

圖 4.4.22　EVAP 控制電路及管路(訓練手冊, 福特六和汽車公司)

4.4.11 其他各種控制

一、ECT 控制

ECM依水溫感知器及車速感知器的信號，送出切斷超速傳動(OD)信號給ECT ECU，防止自動變速箱跳入OD檔，以保持良好的加速性能。

二、含氧感知器加熱器控制

ECM 依進氣量及引擎轉速，控制含氧感知器加熱器的作用。當引擎負荷輕，排氣溫度較低時，ECM使加熱器作用，以維持感知器的正常作用；當引擎負荷重，排氣溫度大幅上升時，ECM 停止加熱器作用，以防止感知器劣化。

三、可變進氣系統控制

ECM控制副進氣歧管控制閥的開閉，低轉速時，ECM使控制閥關閉，空氣從長而狹窄的主進氣歧管進入汽缸，以提高進氣量；高轉速時，ECM使控制閥打開，空氣從短而粗大的副進氣歧管以及主進氣歧管進氣，大量空氣進入汽缸。

四、可變氣門正時與揚程系統控制

ECM依各種感知器信號，控制油壓控制閥(Oil Control Valve)內柱塞的移動，改變油壓進入作動器的方向，以變化進氣門或進、排氣門的提前及延後打開，來達到省油、運轉穩定、低污染、高扭矩及高馬力輸出等目的。

五、機械增壓器電磁離合器控制

ECM 控制電磁離合器的 ON/OFF，轉速太低時，電磁離合器 OFF；過高以上轉速時，電磁離合器不會 ON，以避免傳動皮帶斷裂。

六、渦輪增壓壓力控制

ECM控制排氣壓力，避免渦輪轉速太快，造成進氣壓力過高而爆震。

4.4.12 自我診斷、故障安全及備用功能

一、自我診斷(Self-Diagnosis)與故障碼顯示功能

1. ECM隨時偵測系統的輸入、輸出信號，當信號超出標準值時，故障碼儲存在記憶體中，儀錶板上檢查引擎警告燈(Check Engine Warning Light)也會點亮，警告駕駛車輛已經發生故障，如圖 4.4.23(a)所示。檢查引擎警告燈現在常稱爲不良功能指示燈(Malfunction Indicator Lamp, MIL)。

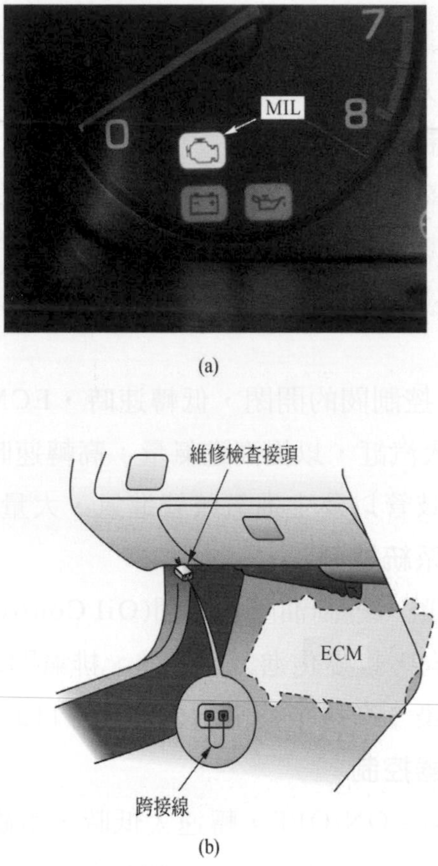

圖 4.4.23　MIL 與維修檢查接頭(Service Training Textbook, Honda Motors)

2. 利用設在駕駛室內的維修檢查接頭(Service Check Connector)，如圖 4.4.23 (b)所示，位在手套箱下方。將接頭跨接，檢查引擎警告燈即會藉由點亮的頻率，以顯示診斷故障碼(Diagnostic Trouble Code, DTC)，如圖 4.4.24 所示，為單獨一個故障碼或同時有兩個故障碼的顯示方式。**要叫出 DTC，也常利用各汽車製造廠的專用掃瞄器(Scan Tool or Scanner)，與資料連結接頭(Data Link Connector, DLC)即診斷接頭連接以測試。**

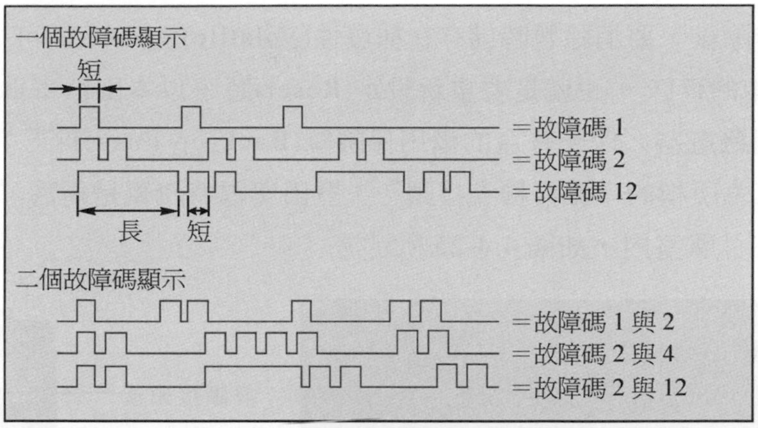

圖 4.4.24　DTC 的顯示方法(Service Training Textbook, Honda Motors)

3.　各故障碼及故障位置，以本田 Accord 汽車為例，如表 4.4.4 所示。

表 4.4.4　DTC 及故障位置(Accord 修護手冊，本田汽車公司)

DTC	故障位置
0	ECM/PCM
1	加熱式含氧感知器(HO2S)(配備 TWC 車型)
3	歧管絕對壓力感知器(MAP)
4	曲軸位置感知器(CKP)
6	引擎冷卻水溫度感知器(ECT)
7	節氣門位置感知器(TP)
8	上死點位置感知器(TDC)
9	第一缸活塞位置感知器(CYL)
10	進氣溫度感知器(IAT)
11	怠速混合比調整器(Idle Mixture Adjuster, IMA)感知器(未配備 TWC 車型)
12	排氣再循環升程感知器(EGR)
13	大氣壓力感知器(BARO)
14	怠速空氣控制閥(IAC)
15	點火輸出信號
17	車速感知器(VSS)
21	VTEC 電磁閥
23	爆震感知器
41	加熱式含氧感知器(HO2S)(未配備 TWC 車型)

4. 故障排除後，要消除暫時儲存在揮發性(Volatile)RAM，即可抹除(Erasable)RAM中的DTC，也就是要重新設定(Reset)時，以本田汽車爲例，是將引擎室右側繼電器／保險絲盒的備用保險絲(Back-up Fuse)拆下10秒鐘即可。

4. 本田汽車所稱的“維修檢查接頭”，豐田與福特汽車是稱爲“診斷接頭”，係裝在引擎室內，如圖4.4.25所示。

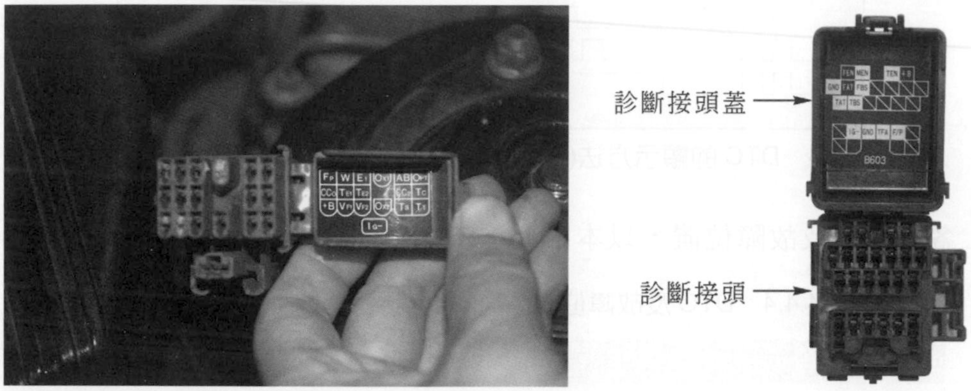

(a) Toyota (b) Ford

圖4.4.25 兩種診斷接頭

二、故障安全(Fail-Safe)功能

1. 當ECM的自我診斷功能偵測到任一感知器或作動器故障時，ECM將不理會此不良信號，該項目就由預先儲存在記憶體中的設定值來取代，讓引擎能繼續保持運轉，如表4.4.5所示，爲中華汽車所採用的設定代替值或方式。

表4.4.5 感知器或作動器故障時ECM中的設定代替值(Lancer Virage修護手冊，中華汽車公司)

故障項目	故障期間的控制內容
空氣流量感知器	⑴由節氣門位置感知器(TPS)的信號及引擎轉速信號(曲軸位置感知器信號)來決定汽油噴射時間與點火正時。 ⑵固定怠速空氣控制(ISC)在指定的位置，所以怠速控制沒有作用。
進氣溫度感知器	進氣溫度設定在25℃。

表 4.4.5　感知器或作動器故障時 ECM 中的設定代替值(Lancer Virage 修護手冊，中華汽車公司)(續)

故障項目	故障期間的控制內容
節氣門位置感知器	由於節氣門位置感知器的信號失效，所以加速時汽油噴射量沒有增加。
水溫感知器	水溫設定在 80℃
曲軸位置感知器	異常現象偵測到後，停止汽油供應 4 秒鐘。
大氣壓力感知器	大氣壓力設定在 101 kPa(760 mmHg)，即 1 大氣壓。
爆震感知器	將點火正時由高辛烷值汽油的點火正時轉變成為標準辛烷值汽油的點火正時。
點火線圈、功率晶體	由於點火信號異常，所以切斷供應至汽缸的汽油。
含氧感知器	空燃比回饋控制(閉迴路控制)不作用。
引擎 ECU 與 A/T ECU 之連接線	變速箱換檔期間點火正時不會延遲。

2. 由表 4.4.5 及表 4.4.6 所示，可看出有些感知器失效時，引擎的運轉作用會大幅受到影響，如加速時汽油噴射量沒有增加及在中轉速時汽油切斷等，因此故障安全功能又稱為跛行回家(Limp-Home)或跛行模式(Limp-in Mode)，讓車輛能以低速或較小動力行駛至修護廠檢修。

表 4.4.6　感知器故障時的故障安全模式(Service Training Textbook, Honda Motors)

感知器	故障安全模式
ECT 感知器	以固定值 50℃代替
IAT 感知器	以固定值代替
TP 感知器	以固定值代替
MAP 感知器	對應節氣門角度，以固定值代替
含氧感知器	取消補償作用
TDC 感知器	在中轉速時汽油切斷
CRANK 感知器	點火正時固定，在中轉速時汽油切斷
CYL 感知器	順序噴射可能無法與每缸進氣行程同步

3. 但如果產生的故障可能發生嚴重後果，如點火信號異常、觸媒轉換器可能因未燃混合氣而過熱，及渦輪增壓壓力信號異常，可能造成渦輪或引擎受損時，故障安全功能會使汽油噴射停止，引擎熄火，此時汽車無法行駛。

三、備用(Back-up)功能

1. 備用功能又稱後援功能，是一個獨立的備用系統。**當 ECM 內部的 CPU 發生故障時，原有的控制程式會切換為備用 IC 控制，以預設值控制點火正時及汽油噴射量等，讓引擎以基本功能維持運轉。**
2. 當有下列狀況時，切換爲備用功能控制，且 MIL 點亮。
   (1) CPU 無法輸出點火正時信號時。
   (2) 進氣歧管壓力信號(PIM)線路斷路或短路時，如圖 4.4.26 所示。

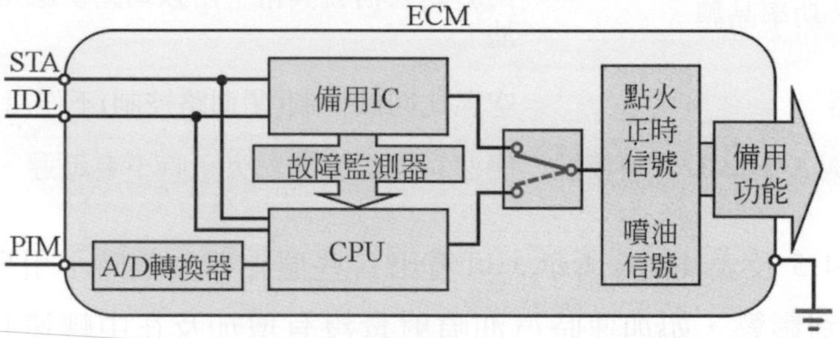

圖 4.4.26　備用功能電路(訓練手冊 Step 3, 和泰汽車公司)

4.5　缸內汽油直接噴射系統

4.5.1　概述

1. 缸內汽油直接噴射系統與進氣歧管汽油噴射系統主要項目的同異點，如表 4.5.1 所示。

表 4.5.1 缸內汽油直接噴射系統與進氣歧管汽油噴射系統主要項目的同異點

項目	缸內汽油直接噴射系統	進氣歧管汽油噴射系統
電腦控制多點汽油噴射集中控制系統	相同	
進氣系統	強調進氣滾流，氣流進入汽缸後仍能發揮重要作用。	也強調進氣渦流，但進入汽缸後爲混合氣流。
汽油供應系統	50～120 kg/cm^{2}的高壓汽油供應系統。	2.5～3.5 kg/cm^{2}的低壓汽油供應系統。
電腦控制系統	各感知器、電腦、作動器大部分均相同，但缸內汽油直接噴射系統噴油器的噴射正時控制較特殊。	
引擎構造	引擎結構大致均相同，但缸內汽油直接噴射引擎活塞頂部的構造非常特殊，且壓縮比極高。	

2. 在本節中，將針對缸內汽油直接噴射系統與進氣歧管汽油噴射系統的相異處進行說明。歐洲地區，Audi、Mercedes-Benz 等公司所推出的缸內汽油噴射引擎的作用，與日本 Mitsubishi 公司所研發的汽油直接噴射(Gasoline Direct Injection, GDI)引擎非常類似，因此本節主要以 GDI 引擎的作用來說明。

3. 從1996年起，日本的Mitsubishi、Toyota、Nissan等公司陸續推出缸內汽油噴射引擎，接著2000年後，歐洲各汽車公司也開始推出應用。缸內汽油直接噴射引擎，會被各大汽車公司列爲下一世代引擎的代表性產物，係因其與目前的MPI汽油引擎相比較，具有以下的優點：
   (1) 最大馬力提高。
   (2) 最大扭矩提高。
   (3) 油耗較低。
   (4) CO_2排放量較低。

4. 以現今(2023 年)而言，Benz、BMW 等，早就將所有引擎都採用直接噴射系統，並全面搭配渦輪增壓了。

4.5.2 GDI引擎進氣系統

一、渦流與滾流的差別

1. 傳統汽油噴射引擎是設計在汽缸內產生渦流(Swirl Flow)，如圖4.5.1(a)所示。但渦流會使燃料分佈在汽缸的外圍，無法將燃料集中，因此經常不能完全燃燒。
2. 利用滾流(Tumble Flow)，如圖4.5.1(b)所示，可以解決上述的問題。**當活塞上行壓縮時，滾流形成類似一個小型颱風漩渦，能將燃料集中在火星塞附近，在極稀薄空燃比下，仍能獲得極佳的燃燒效率。**

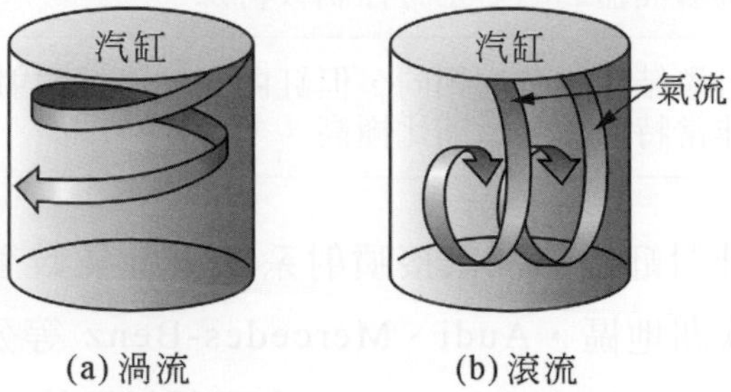

圖4.5.1　渦流與滾流(www.mitsubishi-motors.co.jp)

3. 三菱稀薄燃燒(Lean-Burn)引擎的滾流形式爲三菱垂直漩渦(Mitsubishi Vertical Vortex, MVV)，係逆時針滾流(Counter-Clockwise Tumble)，而GDI引擎是採用順時針滾流(Clockwise Tumble)方式。

二、如何形成滾流？

1. 對GDI引擎而言，要形成滾流，是靠GDI引擎四項創新設計中的兩項，垂直進氣道(Straight Upright Intake Port)及曲頂活塞(Curved Top Piston)，如圖4.5.2所示。

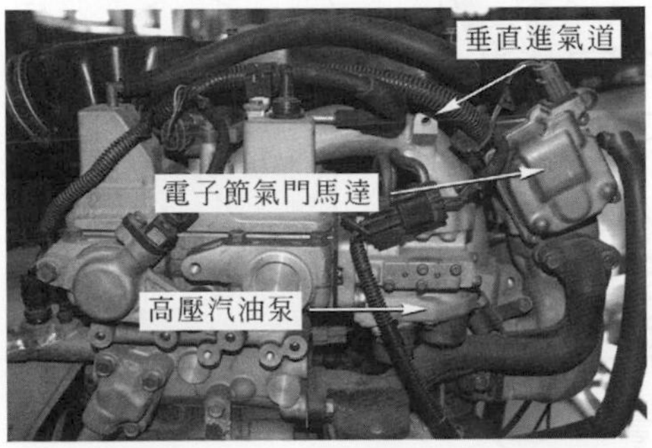

(a)

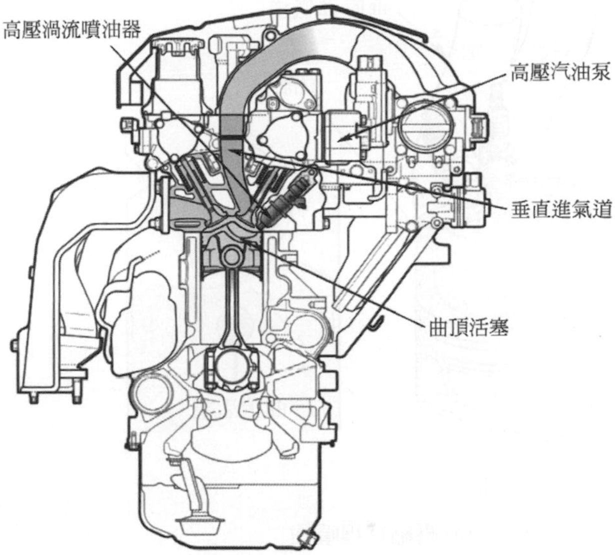

(b)

圖 4.5.2　GDI 引擎的四項創新關鍵設計(www.mitsubishi-motors.co.jp)

2. 垂直進氣道及曲頂活塞所形成的進氣滾流，如圖 4.5.3 所示。配合噴油器噴油時的滾流，如圖 4.5.4 所示，一為在壓縮行程噴油，一為在進氣行程噴油。

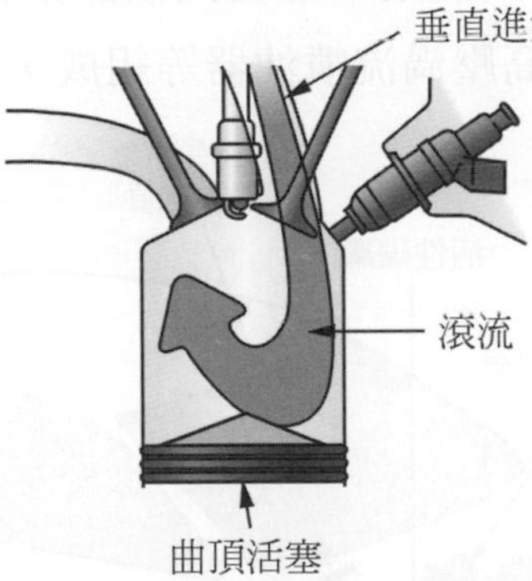

圖 4.5.3　進氣滾流(www.mitsubishi-motors.co.jp)

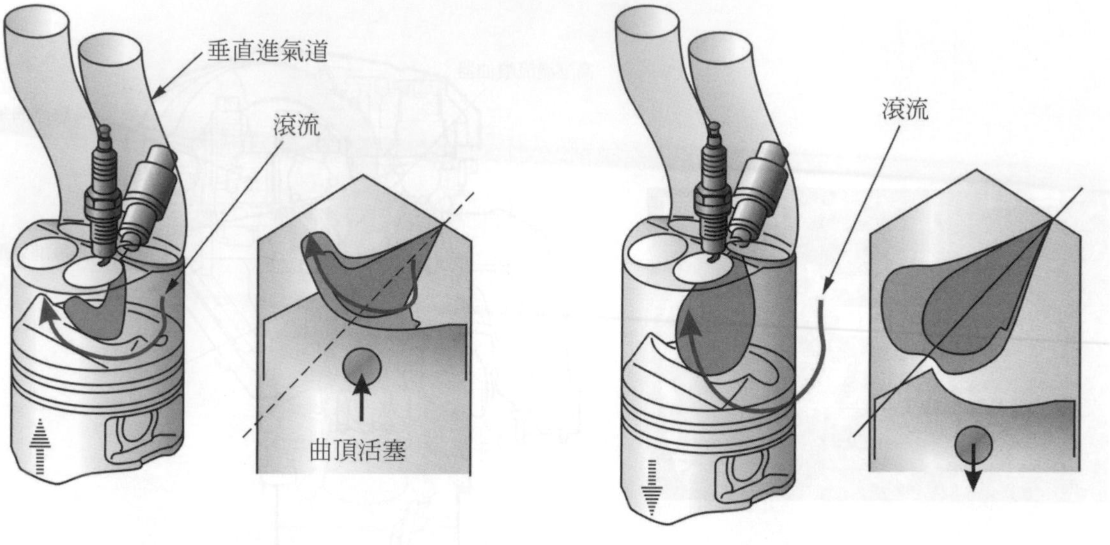

(a) 壓縮行程噴油　　(b) 進氣行程噴油

圖 4.5.4　壓縮行程與進氣行程時的滾流(4G93 GDI Training Book, Mitsubishi Motors)

4.5.3　GDI 引擎汽油供應系統

一、汽油供應系統的組成

1. 汽油供應系統是由低壓汽油泵、低壓汽油調節器、高壓汽油泵、高壓汽油調節器、油壓感知器、高壓渦流噴油器等組成，如圖 4.5.5 及圖 4.5.6 所示。

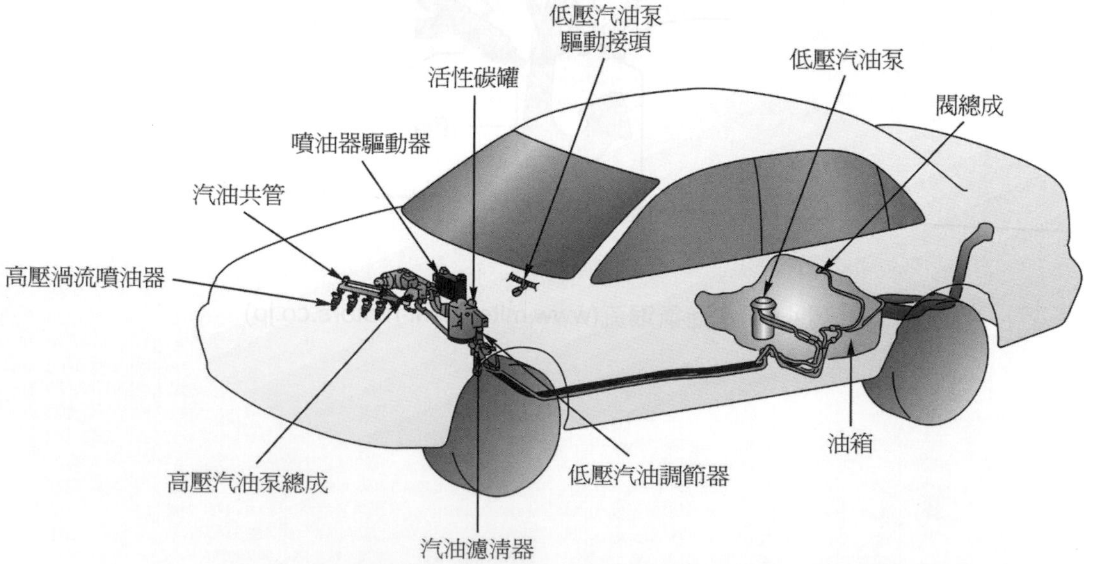

圖 4.5.5　GDI 引擎汽油供應系統的組成(4G93 GDI Training Book, Mitsubishi Motors)

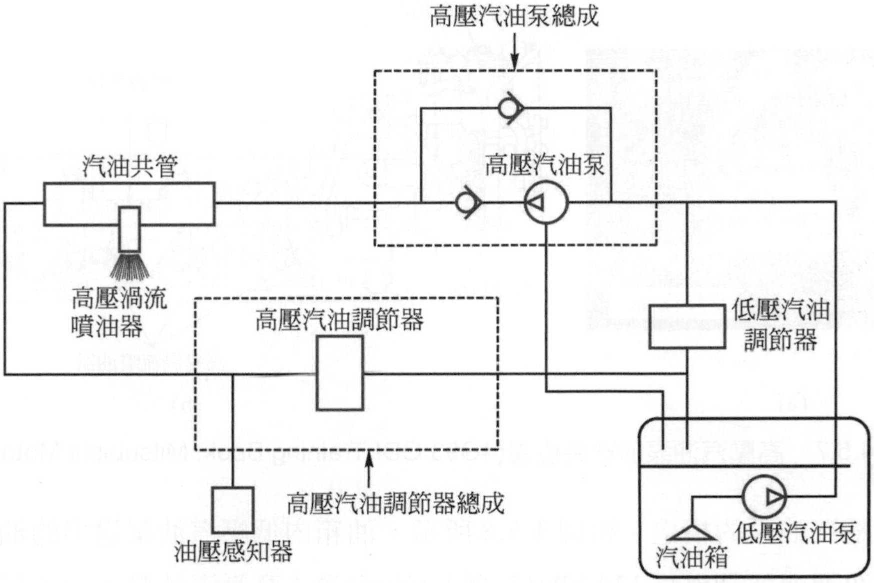

圖 4.5.6 GDI 引擎汽油供應系統(4G93 GDI Training Book, Mitsubishi Motors)

2. GDI 引擎汽油供應系統的特點

(1) 低壓汽油泵的驅動接頭(Drive Terminal)設在引擎室內，可改善低壓汽油泵的維修便利性。

(2) 引擎室內汽油供應系統的零組件都裝在變速箱側，以提高撞擊時的安全性。

(3) 直接噴入汽缸的高壓汽油由高壓汽油泵供應。

(4) 採用新開發的電磁控制高壓渦流噴油器，供油給各汽缸。

(5) 結合噴油器驅動器，以改善噴油器的反應性。

二、高壓汽油泵

1. 為使汽油能以高壓噴射，採用由引擎進氣凸輪軸直接驅動的單柱塞油泵，如圖 4.5.7 所示，為高壓汽油泵的安裝位置。

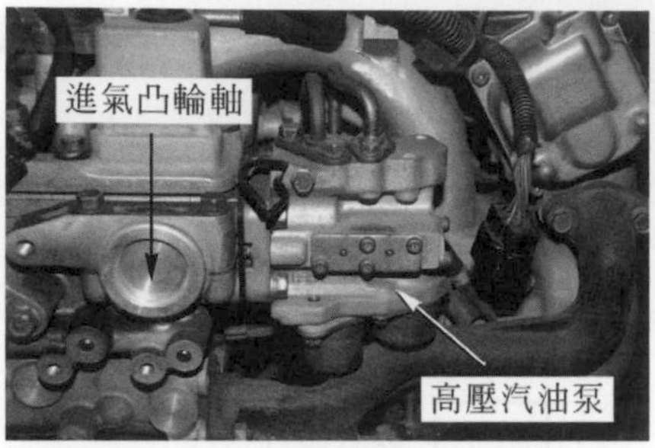

(a)

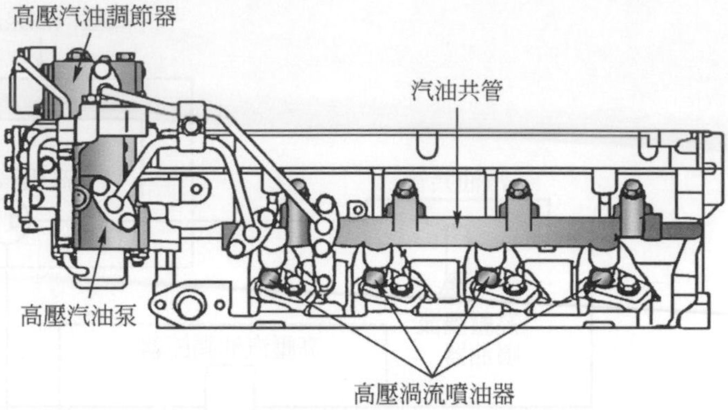

(b)

圖 4.5.7　高壓汽油泵的安裝位置(4G93 GDI Training Book, Mitsubishi Motors)

2. 高壓汽油泵的構造，如圖 4.5.8 所示。油箱內低壓汽油泵送出的油壓經低壓汽油調節器調整爲 329 kPa(3.35 kg/cm^2)送入高壓汽油泵，當進氣凸輪軸上凸輪經滾輪頂向柱塞時，汽油壓力升高，能在引擎所有運轉範圍內，提供汽油霧化所需的 5 MPa 油壓。爲控制汽油流量，在油泵的進、出油口均裝有簧閥(Reed Valve)。

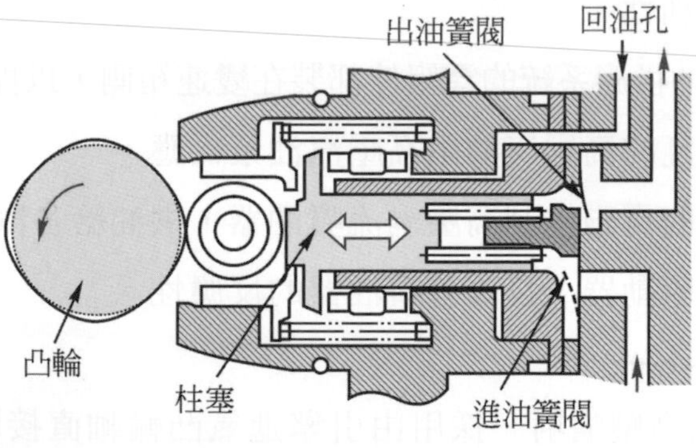

圖 4.5.8　高壓汽油泵的構造(4G93 GDI Training Book, Mitsubishi Motors)

三、高壓汽油調節器

1. **高壓汽油調節器能將高壓汽油泵的供油壓力調整為 5 MPa**。
2. 若油壓超過 5 MPa 時，閥門打開回油，使供油壓力維持在一定值。

四、油壓感知器

1. 油壓感知器裝在高壓汽油調節器上，用來監測汽油供應系統中的汽油壓力。
2. 本感知器的基本構造與歧管絕對壓力感知器相同，可將壓力轉換成電壓信號，輸入ECM的電壓大小與汽油壓力成正比，0.5 V及4.5 V時分別表示汽油壓力爲0 MPa及7.85 MPa。

五、高壓渦流噴油器

1. 噴油器出口端的閥座(Valve Seat)、渦流部(Swirler)經最佳化設計，如圖4.5.9所示，可產生強烈的渦流使汽油霧化，改善霧化燃料的微粒化；另強烈渦流具有清潔積碳的效果，可清除噴射口及周圍的積碳，改善噴油器的耐久可靠性。

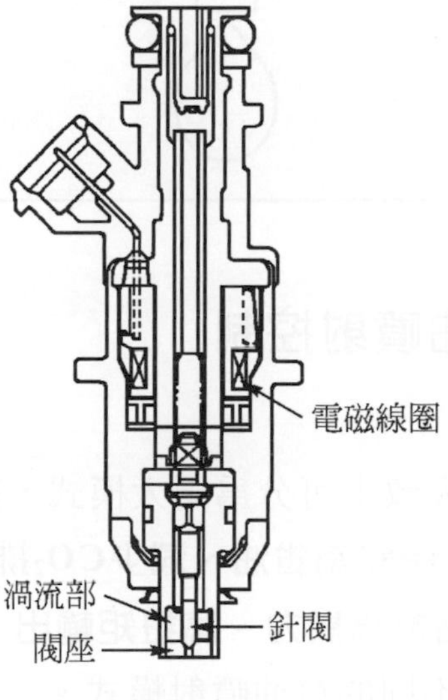

圖 4.5.9　高壓渦流噴油器的構造(4G93 GDI Training Book, Mitsubishi Motors)

2. 高壓渦流噴油器的作用特性，如表 4.5.2 所示。

表 4.5.2 高壓渦流噴油器的作用特性(www.mitsubishi-motors.co.jp)

作用模式	低汽油消耗	高動力輸出
汽油混合型式	超稀薄燃燒	高效率進氣
	層狀混合	均質混合
噴射正時	壓縮行程	進氣行程
噴油壓力	5 MPa	5 MPa
開始噴射時的汽缸壓力	5 bar(0.5 MPa)	大氣壓力
空燃比	30～40	13～24
噴霧形狀	小型球狀 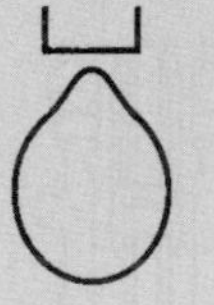	圓錐狀 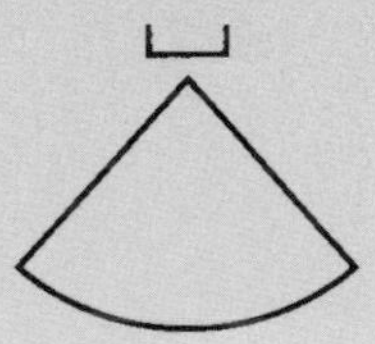

4.5.4 GDI 引擎的汽油噴射控制

一、汽油噴射模式

1. GDI引擎的作用模式大致上可分爲兩大模式，**超稀薄燃燒模式(Ultra-Lean Combustion Mode)，特點為省油、減少CO_2排放量；高輸出模式(Superior Output Mode)，特點為高馬力、高扭矩輸出**，如表 4.5.3 所示，其中高輸出模式又可分成三種不同的汽油噴射模式。

表 4.5.3　GDI 引擎的汽油噴射模式(4G93 GDI Training Book, Mitsubishi Motors)

作用模式	超稀薄燃燒模式	高輸出模式		
汽油噴射模式	壓縮行程汽油噴射，稀 A/F	進氣行程汽油噴射，稀 A/F	空燃比閉迴路或開迴路控制，濃 A/F	兩段混合，濃 A/F
汽油噴射正時	壓縮行程末期	進氣行程	進氣行程	進氣／壓縮行程
空燃比	30～40	20～24	理論混合比或更濃	理論混合比或更濃
空氣/汽油的混合狀態	層狀混合	均質混合	均質混合	均質混合
作用狀態	低負荷作用	中負荷作用	高負荷作用	低速高負荷作用
空燃比回饋控制	開迴路	開迴路	閉迴路	
EGR 控制	使用	使用	使用	
旁通空氣控制	使用	使用	使用	

2. 超稀薄燃燒模式

(1) 應用在一般行駛，車速穩定，無瞬間加速，車速在 120 km/h 以下時。

(2) 整個作用過程，如圖 4.5.10 所示，為活塞下行，活塞抵達 BDC 開始上行壓縮，壓縮行程末期汽油噴射及火星塞點燃混合氣。

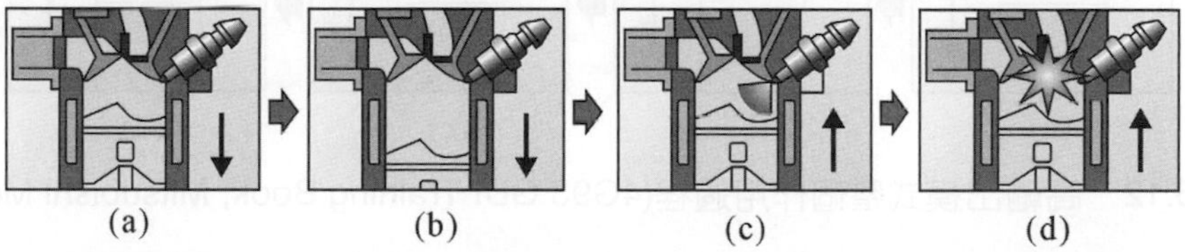

(a)　(b)　(c)　(d)

圖 4.5.10　超稀薄燃燒模式整個作用過程(4G93 GDI Training Book, Mitsubishi Motors)

(3) 作用過程的重點，為在進氣行程時，吸入垂直氣流，空氣因活塞頂部之曲面而向上反捲，形成強烈的順時針方向滾動氣流；在壓縮行程末期，高壓渦流噴油器噴入渦流狀汽油，配合滾動氣流及活塞的位移，使霧狀汽油，即濃混合氣，集中在火星塞附近，易於點火燃燒，而周圍的混合氣較稀薄，成層狀(Layered or Stratified)分佈，故此模式也稱為成層模式(Stratified Modc)，如圖 4.5.11 所示。

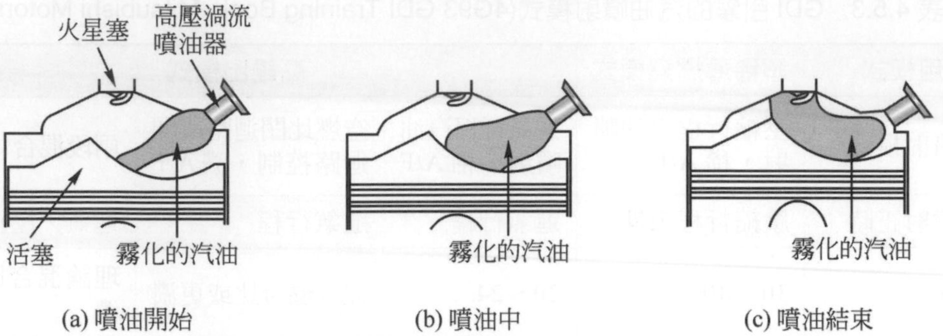

圖 4.5.11 超稀薄燃燒模式在壓縮行程末期(4G93 GDI Training Book, Mitsubishi Motors)

(4) 整個燃燒火球控制在球形穴中，沒有燃料浪費，且空燃比最稀可達 40：1 仍能完全燃燒，比稀薄燃燒引擎的 22：1 及傳統引擎的 14.7：1，更可達省油的效果，油耗減低達 20%。

3. 高輸出模式

(1) 應用在中、高負荷及車速在 120 km/h 以上時。

(2) 整個作用過程，如圖 4.5.12 所示，為進氣行程活塞下行，汽油在進氣行程噴射，壓縮行程活塞上行及火星塞點燃混合氣。

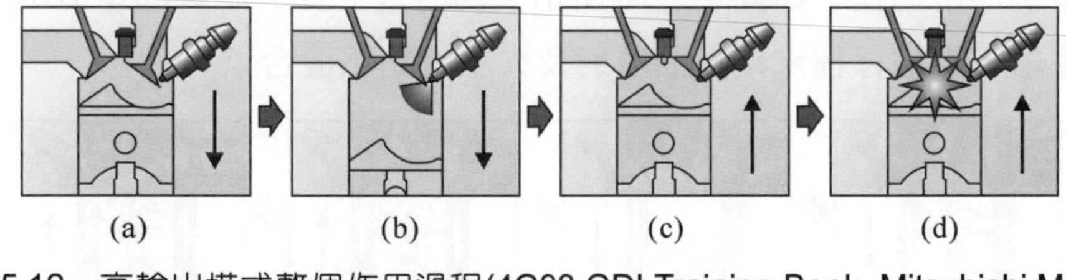

圖 4.5.12 高輸出模式整個作用過程(4G93 GDI Training Book, Mitsubishi Motors)

(3) 因為在進氣行程就噴油，所以汽油與空氣是成均質(Even or Homogeneous)混合，故此模式也稱為均質模式(Homogeneous Mode)。

(4) 由於在進氣行程噴油蒸發吸熱的冷卻效果(Cooling Effect)，能防止爆震，因此壓縮比可高達 12.5：1，能提高馬力及扭矩的輸出；同時冷卻效果可促進容積效率，達到類似增壓器的作用，故馬力及扭矩輸出比傳統汽油噴射引擎優異。

4. 兩段混合(Two-Stage Mixing)

(1) 兩段混合模式是要讓引擎在低轉速高負荷下運轉時，能得到高扭矩，亦即**使低速起步強勁，並可防止爆震產生**。本模式應用在歐洲地區的 4G93 GDI 引擎。

(2) 所謂兩段混合，是將全部噴射量的 1/4 左右燃料，在進氣行程時噴入汽缸中，冷卻汽缸，為第一段噴射，此時混合氣非常稀薄，空燃比約為 60：1，不可能發生自燃現象；另外的 3/4 燃料，在壓縮行程末期噴入汽缸中，為第二段噴射，瞬間形成的濃混合氣，空燃比約 12：1，立刻點火燃燒，根本沒有時間讓混合氣發生不良反應而造成爆震，並可得高扭矩輸出，如圖 4.5.13 所示。

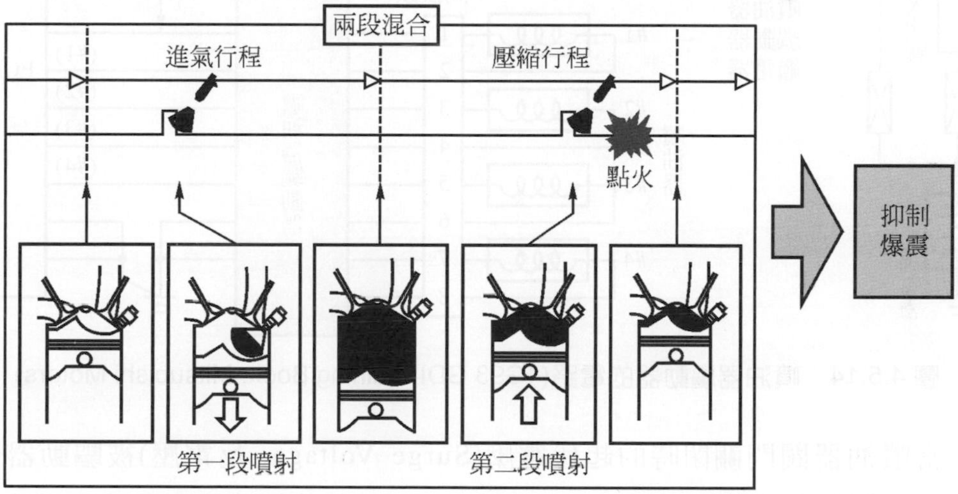

圖 4.5.13 兩段混合模式的作用(自動車工學, 鐵道日本社)

二、噴油器驅動器

1. 噴油器驅動器(Injector Driver)可改善噴油器的反應能力，及提高噴油的精確性。噴油器的反應時間約只有傳統 MPI 引擎的 1/4。
2. 依ECM的驅動信號，驅動器供應 100 V 20 A的高電壓及大電流給噴油器，減少閥門開、關時間的延遲，配合 5 MPa 的高壓力，因此即使在超稀薄燃燒模式，噴油器閥門僅打開很短時間的情況下，仍能噴出精確的汽油量。噴油器驅動器的電路，如圖 4.5.14 所示。

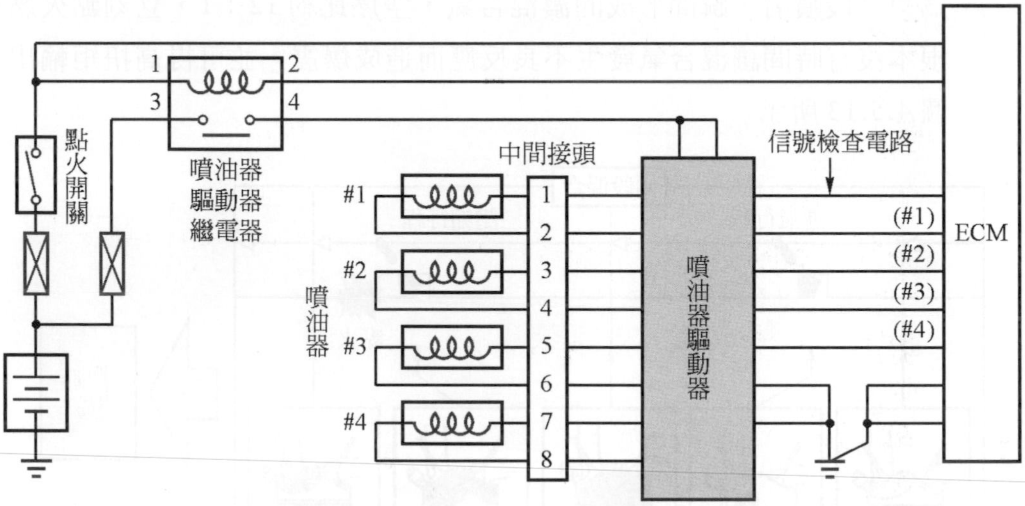

圖 4.5.14　噴油器驅動器的電路(4G93 GDI Training Book, Mitsubishi Motors)

3. 當噴油器閥門關閉時的起伏電壓(Surge Voltage, 反電壓)被驅動器偵測到時，驅動器會將檢查信號送給ECM，ECM依此信號檢測噴油器電路，若有斷路時，會記錄其 DTC。

4.6 Toyota D-4S 系統

一、概述

1. Toyota 將雙噴射系統稱爲 D-4S，S 意即 Superior(卓越的)。Toyota 將原本的直接噴射(Direct Injection, DI) D-4 系統，再搭配進氣口燃油噴射(Port Fuel Injection, PFI)系統，成爲 D-4S 系統。
2. 進氣口是指各缸進氣歧管的末端處，進氣門之前。
3. Lexus GS 在 2007 年首先採用 D-4S 系統，Camry 則在 2017 年開始採用。
4. Toyota 採用雙噴射系統的原因
   (1) 直接噴射引擎要有良好的油氣混合，必須要有空氣渦流。例如D-4 引擎，在進氣道設有渦流控制閥(Swirl Control Valve, SCV)，來產生橫渦流。可是，SCV 擋在進氣道，會造成壓力損失；也就是 SCV 的設置，造成了進氣阻礙，會影響引擎的性能。
   (2) 因此新型的 D-4S 系統，將SCV 取消，使進氣量得以增加；而燃燒情形會欠佳的情況，則以 PFI 系統來應對。
5. 進氣口噴射式與直接噴射式系統
   (1) 進氣口噴射式
   ①在某些狀況下的霧化效果較佳；及在某些條件下，能提供較高的扭矩。
   ②油氣流經進氣歧管及進氣門，具有清淨效果，較不易積汙。
   (2) 直接噴射式
   ① 冷卻燃燒室的效果較佳，及易於控制油霧的層次範圍。
   ② 在某些引擎轉速及負荷時，由於氣化不良，會產生碳微粒(Soots)；長久的累積與碳化，會變成積碳。
   (3) 補充說明
   ① DI 引擎與 PFI 引擎相比，DI 引擎的進氣歧管較容易積汙，這跟沒有油氣流動的自清淨效果，有很大的關係。
   ② 事實上，進氣歧管會積汙，曲軸箱通風是主要原因。氣體從曲軸箱經進氣歧管送入汽缸，雖經過油氣分離器，日久仍會積汙在進氣歧管內。

6. Toyota 混用了進氣口及直接噴射，可獲得較高的動力，較低的油耗，以及較少的廢氣排放。

7. Subaru、Audi 及 Ford 等，也有採用 Toyota 的 D-4S 系統。

二、D-4S 系統的作用

1. 如圖 4.6.1 所示，爲 Toyota D-4S 系統兩種噴油器的安裝位置。

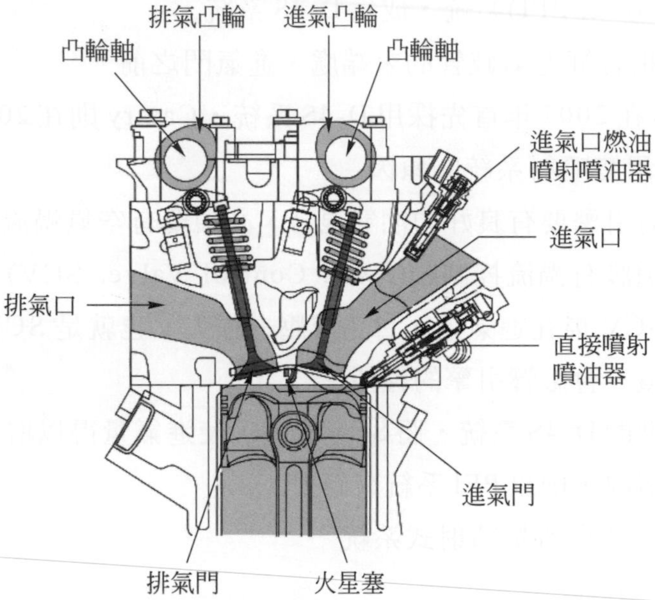

圖 4.6.1 Toyota D-4S 系統兩種噴油器的安裝位置

2. D-4S 系統的基本作用

⑴ 在冷起動期間，系統使進氣口及直接噴射分別作用，以達到成層燃燒 (Stratufied Combustion)，及減少排氣汙染。

① 冷起動時，進氣口噴射先作用，燃油噴入進氣口。

② 而在接近壓縮行程末期時，直接噴射的噴油器也噴出燃油，成層分佈的油氣，靠近火星塞周圍最濃；如此，可以延遲點火時間，使排氣溫度提高，讓觸媒溫度迅速提升，立即能有效的淨化 HC。

(2) 低至中負荷時，其中一套噴油系統作用，或者是兩套噴油系統一起作用，來產生均質(Homogeneous)混合氣，以達到穩定燃燒(Stable Combustion)的效果。

(3) 而在引擎高負荷時，只有直接噴射，以降低進氣溫度，來提高充塡效率，及防止爆震。

3. 兩種噴射模式之間的轉換，或是合併作用，唯有使用掃瞄器(Scan Tool)，方能得知何種模式在作用。

4. 較新年份的車輛，當氣囊爆開時，直接噴射系統的燃油泵，會自動停止作用，以降低燃油洩漏的可能。

5. 如圖 4.6.2 所示，爲Toyota 2GR-FSE引擎的D-4S系統作動方塊圖。在高轉速高負荷時，PFI 及 DI 同時作用，是針對該 3.5L V6 引擎的特別設計。

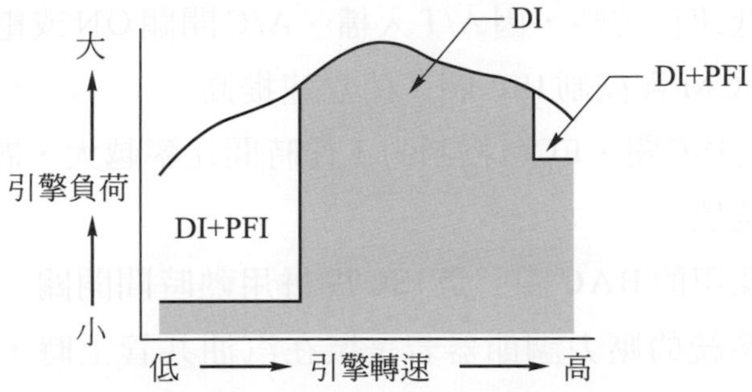

圖 4.6.2 Toyota 2GR-FSE 引擎 D-4S 系統之作動

6. Toyota的D-4S系統，實際上很難界定，到底什麼時候是進氣口噴射，什麼時候是直接噴射，又什麼時候是進氣口噴射及直接噴射一起作用；因爲牽涉到的變數非常多，例如節氣門位置、引擎轉速、引擎負荷、引擎溫度、排氣控制等；況且，不同的排氣量，不同的性能需求，也都會改變噴射模式。

三、D-4ST 系統

T 字代表渦輪增壓，也就是具備渦輪增壓的 D-4S 系統，用於 Lexus 各車系，例如 Lexus NX 200t、RX 200t 等。

第 4 章　學後評量

一、是非題

(　) 1. 流經空氣閥或怠速空氣控制閥的空氣，不經過空氣流量計計量。

(　) 2. 現代汽油引擎冷車起動噴油器的功能，已由各缸噴油器取代。

(　) 3. 電子節氣門，已無駕駛室與節氣門間的加油鋼線了。

(　) 4. 空氣閥或稱輔助空氣裝置，只針對快怠速調節用。

(　) 5. 當水溫超過100℃時，空氣閥將旁通道完全關閉。

(　) 6. ISC 閥採用直接驅動節氣門以控制怠速較普遍。

(　) 7. 步進馬達式及旋轉式ISC閥，空氣流量大，因此不需搭配空氣閥一起使用。

(　) 8. 步進馬達的步進數越多時，步進角會越小，所控制的旁通空氣量會越精確。

(　) 9. 當汽車以低速行駛時，因A/T入檔、A/C開關ON或電器負荷使電瓶電壓降低時，ECM 會控制ISC 閥，使怠速提高。

(　) 10. 電磁線圈式ISC閥，ECM控制的工作時間比率越大，閥門開啓量就越多，怠速轉速越快。

(　) 11. 福特汽車採用的BAC 閥，是ISC 閥併用熱時間開關。

(　) 12. 汽油供應系統的壓力調節器若是裝在汽油共管上時，通常都有一條很長的回油管至油箱。

(　) 13. 以 ECM 控制電動汽油泵的作用與否，當引擎熄火時，無轉速信號，故ECM 控制使電路斷路。

(　) 14. 以ECM 控制電動汽油泵的作用時，當點火開關轉到ST 位置，ECM 會控制使電動汽油泵先泵油約 2 秒鐘。

(　) 15. 由於壓力調節器的作用，當進氣歧管眞空大時，汽油共管內的汽油壓力高。

(　) 16. 壓力調節器通常裝在汽油共管的一端，汽油室接往進氣歧管。

(　) 17. ECM 送給噴油器的脈波寬度越寬，噴油器的噴油量越多。

(　) 18. 下進油式噴油器，汽油是從噴油器的頂端進入，故安裝高度較低。

(　) 19. 噴油器電磁線圈纏繞的圈數少，且電線直徑增加時，可提高針閥的動作速度。

( )20. 電瓶電壓可加在電壓控制低電阻式噴油器，以測試其作用。

( )21. 無效噴射時間，以電壓控制低電阻式最短。

( )22. MPI 引擎的冷車起動噴油器是裝在進氣總管上。

( )23. 當電瓶電壓低時，噴油器開啓延遲時間變長，若未修正，則噴油量會變多。

( )24. 引擎在起動時與起動後的噴射時間是不相同的。

( )25. 車輛在加速時，進氣歧管壓力大，汽油汽化速度慢；減速時，進氣歧管壓力小，汽油汽化速度快，因此加、減速時都必須進行噴油量修正。

( )26. 噴油器的作用延遲時間，依電瓶電壓而定，當電瓶電壓低時，所修正的噴射時間應縮短。

( )27. 當 O2S 電壓高於預設值時，ECM 判定空燃比比理論空燃比濃，會使汽油噴射量減少。

( )28. 當驅動輪有打滑傾向時，TCS 作用，使點火時間延遲，以降低引擎扭矩輸出。

( )29. 引擎由高速回到怠速，ECM 會控制 ISC 閥使轉速逐漸降低的功能，適用於高馬力引擎。

( )30. 冷氣壓縮機延遲作用控制，是先使怠速提高，再讓電磁離合器結合作用。

( )31. 當車輛電腦系統某一零件故障時，儀錶板上的 DLC 會點亮。

( )32. 將維修檢查接頭的線頭跨接，即可顯示 DLC。

( )33. 故障安全模式又稱跛行回家模式。

( )34. GDI 引擎利用渦流的特性，能將濃混合氣集中在火星塞附近。

( )35. GDI 引擎的高壓汽油泵是由進氣凸輪軸所驅動。

( )36. GDI 引擎的兩段混合模式，是要使排氣更乾淨。

( )37. D-4S 系統是單噴射系統。

( )38. D-4S 系統，進氣歧管沒有設置 SCV。

( )39. 冷車時，延遲點火時間，可以有效淨化 HC。

( )40. D-4ST 系統，T 字代表配備有渦輪增壓。

二、選擇題

(　)1. 現代汽油引擎節氣門軸旁邊都裝有 (A)怠速調整螺絲 (B)節氣門位置感知器 (C)空氣閥 (D)怠速控制閥。

(　)2. 上吸式進氣歧管 (A)可減少進氣歧管長度 (B)可減少進氣歧管重量 (C)能提高進氣量 (D)能減少佔用空間。

(　)3. 下述何項非塑膠式進氣歧管的優點？ (A)可改善熱車起動性能 (B)可減輕車重 (C)能減少佔用空間 (D)可提高容積效率。

(　)4. 臘球式空氣閥 (A)是依冷卻水溫度而作用 (B)由ECM控制作用 (C)不能與ISC閥搭配使用 (D)熱車後持續有作用。

(　)5. 對怠速控制閥的稱呼，何項錯誤？ (A)本田稱為 EACV (B)日產稱為 IACV (C)豐田稱為ISC閥 (D)DaimlerChrysler稱為BAC閥。

(　)6. 通常會搭配空氣閥一起使用的是 (A)線性移動式ISC閥 (B)步進馬達式ISC閥 (C)節氣門直接驅動式作動器 (D)旋轉式ISC閥。

(　)7. 步進馬達式ISC閥在引擎熄火後，閥為 (A)全關 (B)1/4開 (C)1/2開 (D)全開 狀態，以利下一次的起動。

(　)8. 對電磁線圈式ISC閥的敘述，何項錯誤？ (A)閥門為線性移動，以啓閉旁通道 (B)引擎熄火後閥門全開 (C)是利用電磁線圈通電與否操作 (D)常與空氣閥配合使用。

(　)9. 對電子節氣門的敘述，何項錯誤？ (A)不需要ISC閥 (B)引擎反應更靈敏 (C)不需要加油踏板 (D)即所謂的線傳驅動。

(　)10. 當電子節氣門系統發生故障時 (A)節氣門全關 (B)允許車輛以最低速度行駛 (C)節氣門全開 (D)無Limp-Home功能。

(　)11. 葉輪式電動汽油泵 (A)油壓高時，釋放閥會被推開 (B)體積較大 (C)引擎熄火時，單向閥會打開 (D)是裝在油箱外的油管上。

(　)12. 電動汽油泵以汽油泵開關控制時，汽油泵開關是裝在 (A)主繼電器內 (B)電動汽油泵內 (C)翼板式空氣流量計內 (D)ECU內。

(　)13. 兩段轉速式電動汽油泵的優點為 (A)電路較簡單 (B)汽油泵體積較小 (C)不需ECM控制 (D)省電、耐用。

(　)14. 汽油噴射引擎運轉時，汽油共管內的壓力會有輕微的變化，是利用 (A)壓力調節器 (B)汽油濾清器 (C)釋放閥 (D)汽油脈動緩衝器 來吸收。

(　)15. 在熱引擎怠速時，ECM 控制電磁閥使壓力調節器調節的汽油壓力升高，其用意爲 (A)使噴油量增加 (B)避免發生氣阻現象 (C)減低汽油消耗 (D)增加引擎動力。

(　)16. 對汽油無回油系統的敘述，何項錯誤？ (A)壓力調節器裝在油箱內 (B)回油管從汽油共管接回油箱 (C)可避免油箱內的汽油溫度升高 (D)可減少油箱HC的排放。

(　)17. 電壓控制低電阻式與高電阻式噴油器，其電阻分別爲 (A)0.5～3.0Ω，12～16Ω (B)0.1～0.3Ω，6～10Ω (C)3.5～5.0Ω，25～50Ω (D)10～20Ω，100～200Ω。

(　)18. 對電流控制低電阻式噴油器的敘述，何項錯誤？ (A)剛開始噴射時，大量電流流入電磁線圈 (B)噴射中電流降低 (C)噴油器與主繼電器間有電阻器 (D)電流大小是由ECM控制。

(　)19. 下列何項信號非全負荷增量修正的條件？ (A)曲軸位置感知器轉速信號 (B)進氣歧管絕對壓力達一定值信號 (C)強迫換檔開關作用信號 (D)節氣門開關強力接點ON信號。

(　)20. 當在 (A)全負荷時 (B)怠速時 (C)起動時 (D)空燃比回饋修正時 爲閉迴路控制。

(　)21. 對點火時間修正的敘述，何項正確？ (A)換檔時應提早點火時間 (B)引擎低溫時應提早點火時間 (C)爆震時應提早點火時間 (D)怠速時應提早點火時間。

(　)22. 下述何種狀況，ECM不控制ISC閥增加旁通空氣量？ (A)動力轉向作用時 (B)A/T選擇桿在“P”位置 (C)電器負荷時 (D)暖車時。

(　)23. 下列何種狀況不做汽油切斷控制？ (A)車速超過安全速度時 (B)減速時 (C)爆震時 (D)引擎轉速超過紅線區時。

(　)24. DTC 表 (A)不良功能指示燈 (B)資料連結接頭 (C)診斷故障碼 (D)維修檢查接頭。

( )25. 當ECM偵測到某一感知器失效時，該信號由預先儲存在記憶體中的設定值取代，讓引擎能維持運轉，此功能稱為 (A)備用 (B)故障碼顯示 (C)自我診斷 (D)故障安全 功能。

( )26. 當 (A)感知器 (B)ECM內CPU (C)系統電路 (D)點火器 異常時，會轉換由備用IC控制，稱為ECM的備用功能。

( )27. GDI引擎要造成滾流，是利用 (A)高壓汽油泵 (B)高壓渦流噴油器 (C)曲頂活塞 (D)垂直進氣道與曲頂活塞。

( )28. GDI引擎在超稀薄燃燒模式下作用時，其空燃比為 (A)30～40：1 (B)20～24：1 (C)14.7：1 (D)13.0：1。

( )29. 對GDI引擎超稀薄燃燒模式的敘述，何項錯誤？ (A)在壓縮行程末期噴油 (B)空氣與汽油為均質混合 (C)時速120 km/h以下時作用 (D)省油為其特點。

( )30. GDI引擎壓縮比可達 (A)9.0：1 (B)10.5：1 (C)11.5：1 (D)12.5：1。

三、問答題

1. 塑膠式進氣歧管有何優點？
2. 寫出空氣閥的功用。
3. 試述蠟球式空氣閥的作用。
4. 寫出ISC閥的功用。
5. 簡述步進馬達式ISC閥的作用。
6. 試述Mitsubishi採用步進馬達的作用。
7. 簡述旋轉式ISC閥的作用及優點。
8. 何謂線性移動式ISC閥？
9. 試述Honda EACV的作用。
10. ETC有何優點？
11. 試述汽油泵開關控制式電動汽油泵的控制作用。
12. 試述Toyota雙段轉速式在高轉速時電動汽油泵的控制作用。
13. 簡述壓力調節器的功能。
14. Ford在壓力調節器的進氣歧管真空管上設電磁閥的用意為何？
15. 汽油無回油系統有何優點？

16. 下進油式噴油器有何優點？
17. 何謂電流控制低電阻式噴油器及其優點？
18. 哪些狀況時 ECM 會停止回饋修正改為開迴路控制？
19. 點火時間在怠速時如何修正？
20. 在電器負荷時怠速如何修正？
21. 何謂故障安全功能？
22. 何謂備用功能？
23. 缸內汽油直接噴射引擎有何優點？
24. 試述 GDI 引擎的作用模式及其特點。
25. GDI 引擎在高輸出模式下為何能發揮其特點？

CHAPTER 5

點火系統

5.1 概述

5.1.1 功能需求

1. 點火系統的基本目的，是在壓縮行程末期時，適時在汽缸內提供火花，點燃被壓縮的混合氣。
2. 在大氣壓力(1 bar)下，火花要跳過0.6mm的空氣間隙，需要2～3 kV的高壓電；在壓縮比 8.0：1 的汽缸內要跳過相同的間隙，約需要 8 kV 的高壓電；而更高壓縮比及較稀混合比時，可能需要達20 kV的高壓電。
3. 點火系統必須將12 V 的電瓶電壓，轉換爲8～20 kV 的高壓電，而且必須在正確時間將高壓電送給正確的汽缸。部分點火系統可提供達 40 kV 的高壓電。
4. 對傳統式點火系統的作用原理，讀者仍必須瞭解，因爲與現代電腦控制點火系統相比較，兩者的基本作用原理是非常相似的。

5.1.2 點火系統的種類

1. 點火系統的種類，如表5.1.1所示。點火方式的演變過程，如圖5.1.1所示，台灣生產的國產汽車，自 2001 年起，已漸採用無分電盤式的直接點火系統。表 5.1.1 與圖 5.1.1 中，點火系統的演變同樣分成四種，但名稱上有些差異，是因取材資料分別來自英、日文的關係，但內涵是完全相同的。

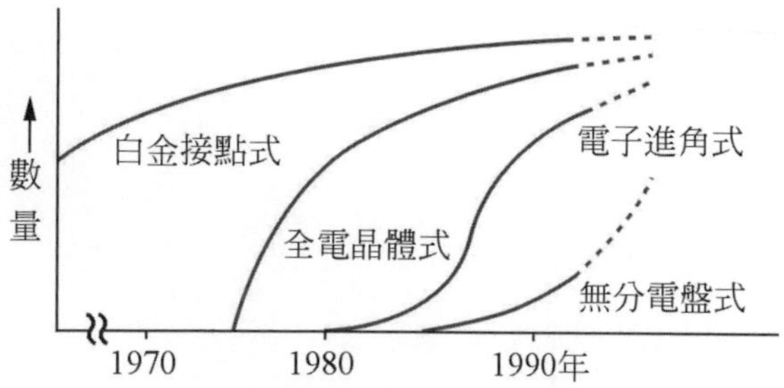

圖 5.1.1 點火方式的變遷(エンジン電装品, エンジン電装品研究會)

表 5.1.1 點火系統的種類(Automobile Electrical and Electronic Systems, Tom Denton)

種類	觸發	點火提前	高壓電變化	高壓電分配
傳統式	機械式	機械式	感應式	機械式
電子式	電子式	機械式	感應式	機械式
程式化式	電子式	電子式	感應式	機械式
無分電盤式	電子式	電子式	感應式	電子式

註：表中電子式的原文均爲 Elcctronic。

2. 第一種傳統(Conventional)式，就是最早期的白金接點式；第二種電子(Electronic)式，就是電晶體點火(Transistorized Ignition)系統，以拾波線圈(Pickup Coil)及電晶體電路取代白金接點進行觸發(Trigger)，觸發爲切斷一次線圈電流以感應高壓電之意；第三種程式化(Programmed)式，就是電腦控制點火系統，因爲還保留有分電盤，故高壓電的分配仍屬於機械式；第四種無分電盤(Distributorless)式，也是電腦控制點火系統，但其觸發、點火提前及高壓電分配全部採用電子式。本章只針對第三種及第四種電腦控制點火系統做說明，其中有關各感知器的詳細構造及作用原理，請參閱第 1 章。

5.2 電子火花提前點火系統

5.2.1 概述

1. 一些汽車製造廠稱爲程式化點火(Programmed Ignition)，其他汽車製造廠包括 Toyota 汽車公司，將之稱爲電子火花提前(Electronic Spark Advance, ESA)，或日文稱爲電子進角式，主要原因是**從本型式開始，分電盤內已無離心力及真空點火提前機構等機械式點火提前裝置，改以電腦控制方式取而代之**。
2. ESA 點火系統爲數位作用，針對任何引擎所有點火作用所需資料，均儲存在 ECU 的 ROM 內。資料取得是以引擎動力計(Engine Dynamometer, 引擎馬力試驗器)嚴格測試，及以實車在各種作用狀況下測試得之。

3. ESA 點火系統分電盤內，安裝各感知器，送出信號給 ECU，以控制點火提前、汽油噴射等。分電盤內裝入點火線圈、點火器(Igniter)，Toyota稱為整合式點火總成(Integrated Ignition Assembly, IIA)；而分電盤上方有分火頭及分電盤蓋，做為分配高壓電用，故以四缸引擎為例，可看到四條到火星塞的高壓線，但無主高壓線。
4. ESA 點火系統分電盤內的感知器，以磁電式、霍爾開關式及光電式使用最多。當點火系統進展到無分電盤時，這些感知器就分別裝到曲軸或凸輪軸的前後端。安裝位置雖有不同，但其構造、作用及功能均大致相同，只是名稱上會有不同，裝在分電盤及曲軸的各感知器，都稱為曲軸位置感知器，而裝在凸輪軸的感知器，則稱為凸輪軸位置感知器。
5. 本系統也可稱為EI(Electronic Ignition)(With Distributor)，SAE J1930 則稱為Distributor Ignition，或DI。
6. ESA 點火系統的優點
   (1) 在所有作用範圍內，點火正時能精確配合任一個別狀況需求。
   (2) 可利用如水溫感知器、大氣溫度感知器之輸入信號控制點火正時。
   (3) 可配合爆震感知器信號改變點火正時。
   (4) 減少點火系統內會產生磨損的零件。
   (5) 改善起動性能，怠速控制穩定，減少油耗，並降低排氣污染。

5.2.2 各感知器及輸入訊息

1. ESA 點火系統的組成

   如圖 5.2.1 所示，為ESA點火系統的組成，點火器及點火線圈未內藏在分電盤內；另如圖 5.2.2 所示，為Rover 汽車程式化點火系統的組成。

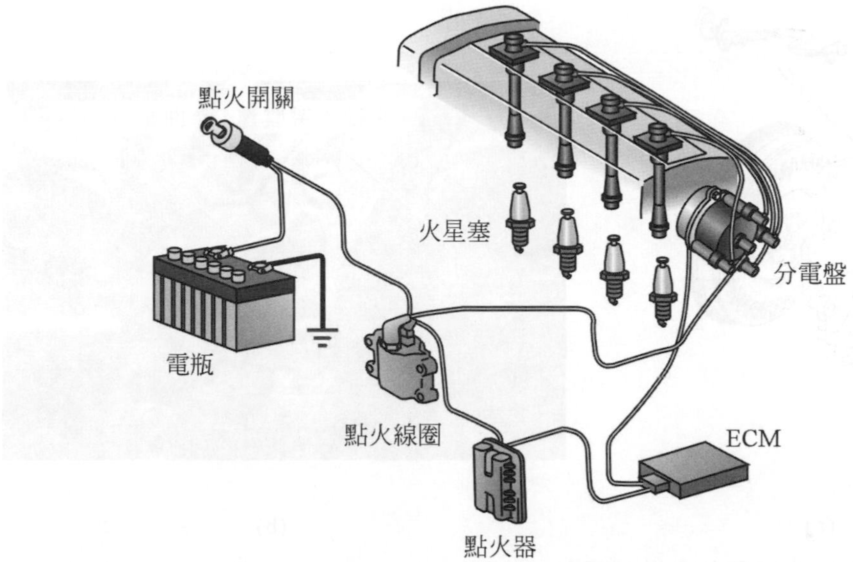

圖 5.2.1 ESA 點火系統的組成(エンジン電製品, エンジン電装品研究會)

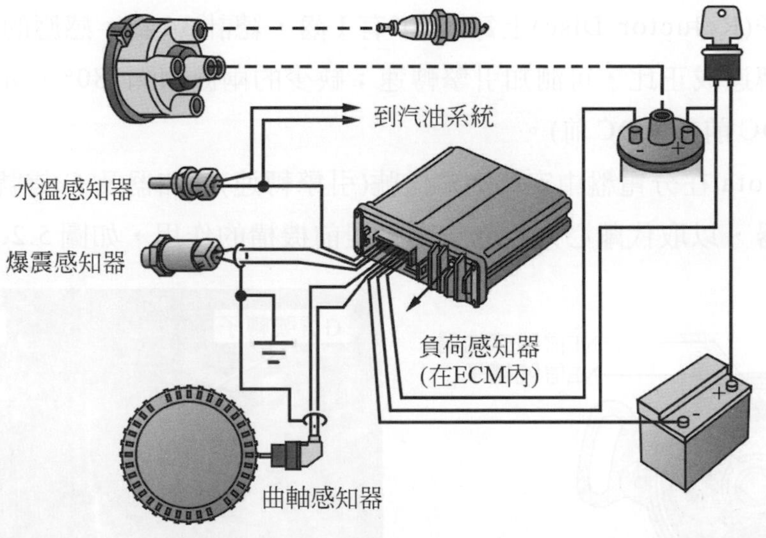

圖 5.2.2 Rover 程式化點火系統的組成(Automotive Elcctrical and Electronic System, Tom Denton)

2. 曲軸感知器

⑴ 偵測引擎轉速及位置，磁電式曲軸感知器裝在飛輪處，如圖 5.2.3(a)所示；曲軸感知器也可裝在曲軸前端，如圖 5.2.3(b)所示。

(a)

(b)

圖 5.2.3　曲軸感知器的安裝位置(Automotive Electrical and Electronic Systems, Tom Denton)

⑵　轉子(Reluctor Disc)上每隔10°有 1 齒，總計 34 齒，感應的波形頻率與引擎轉速成正比，可測知引擎轉速；缺少的兩齒相隔180°，可得知引擎位置(TDC 前或 BDC 前)。

⑶　Toyota 在分電盤中安裝 NE 信號(引擎轉速)感知器及 G 信號(曲軸位置)感知器，以取代離心力及真空點火提前機構的作用，如圖 5.2.4 所示。

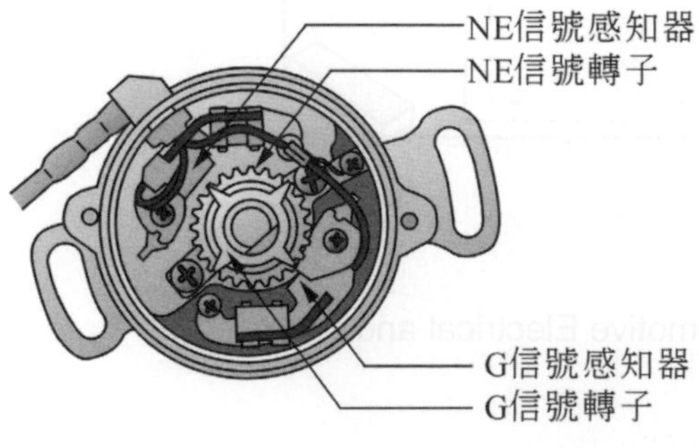

(a)

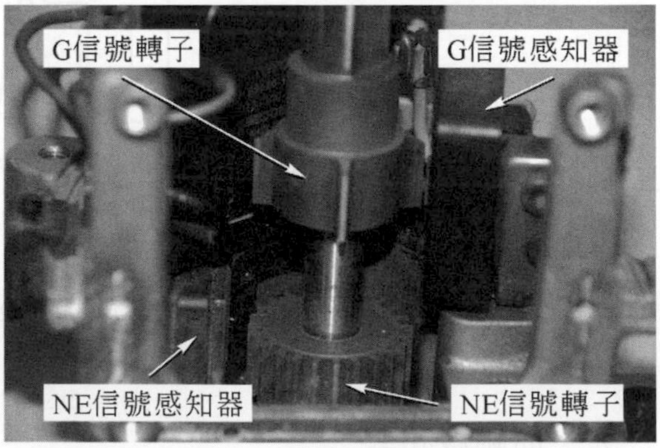

(b)

圖 5.2.4　磁電式 NE 及 G 信號感知器(訓練手冊 Step 2, 和泰汽車公司)

3. 歧管絕對壓力感知器

⑴ 又稱負荷感知器(Load Sensor)，裝在ECM內或獨立安裝，其壓力值與引擎負荷正成比。

⑵ 連接到進氣歧管的接管內裝有限制裝置，以緩衝脈動；並有油氣捕捉(Vapor Trap)裝置，以防止油氣進入感知器。

4. 水溫感知器

利用水溫感知器信號，當引擎冷時延後點火時間，以縮短引擎暖車時間。

5. 爆震感知器

⑴ 爲使點火時間盡可能提前，以獲得最有效率的燃燒，因此儲存在基本正時圖形(Basic Timing Map)內的資料，會盡可能接近爆震界限，如圖 5.2.5 所示。

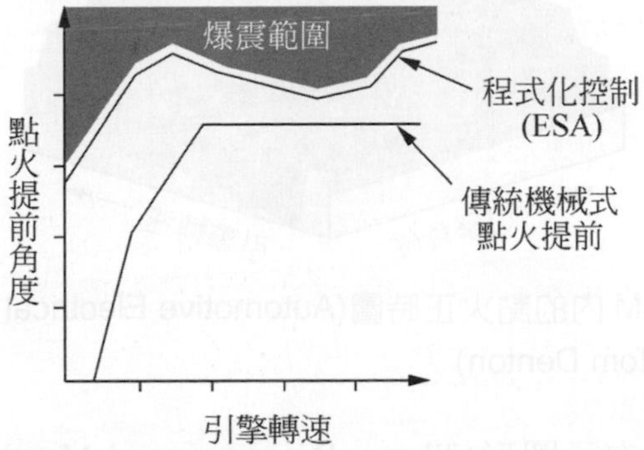

圖 5.2.5　理想的點火提前角度(Automotive Electrical and Electronic Systems, Tom Denton)

⑵ 爆震感知器通常都採用壓電式(Piezoelectric Type)，不需要的雜訊會被ECM內的濾波電路濾除。

⑶ 當偵測到爆震時，四缸引擎會在偵測到爆震的第四個點火脈波時，將點火時間逐步(Steps)延後，直至不再偵測到爆震爲止。逐步減少的點火時間依製造廠不同而異，一般約爲每次2°；然後再緩慢逐步提前點火正時，一般是每次1°，直至與記憶體內儲存的數字相同。此種精密的控制，使引擎的燃燒狀態非常接近爆震的邊緣，但不會達到爆震的程度。

6. 電瓶電壓

當電瓶電壓下降時，必須修正閉角設定(Dwell Setting)，即供應點火線圈的電壓降低時，需要稍微增加閉角度。

5.2.3 ECM 點火控制

1. Rover 汽車較早期的程式化點火系統，其點火提前精度可達±1.8°，傳統式爲±8°。其基本正時圖形是由十六種引擎轉速及十六種引擎負荷的正確點火提前角度所組成，如圖 5.2.6 所示。

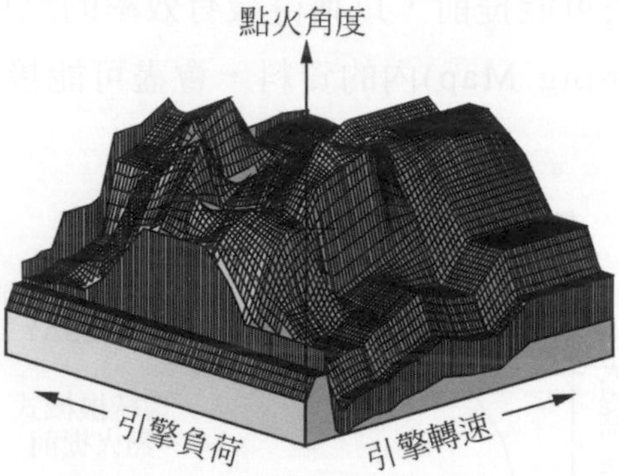

圖 5.2.6 儲存在 ECM 內的點火正時圖(Automotive Electrical and Electronic Systems, Tom Denton)

2. 另一個獨立的三次元圖形(Three-Dimensional Map)，是由八個引擎轉速及八個溫度變化所組成，用來依水溫修正基本正時設定，以改善驅動能力(Driveability)，並可減少引擎暖車時間，如圖 5.2.7 所示，爲點火正時計算流程圖，ECM也會修正閉角度，低電瓶電壓時，閉角度加大，反之則縮短。

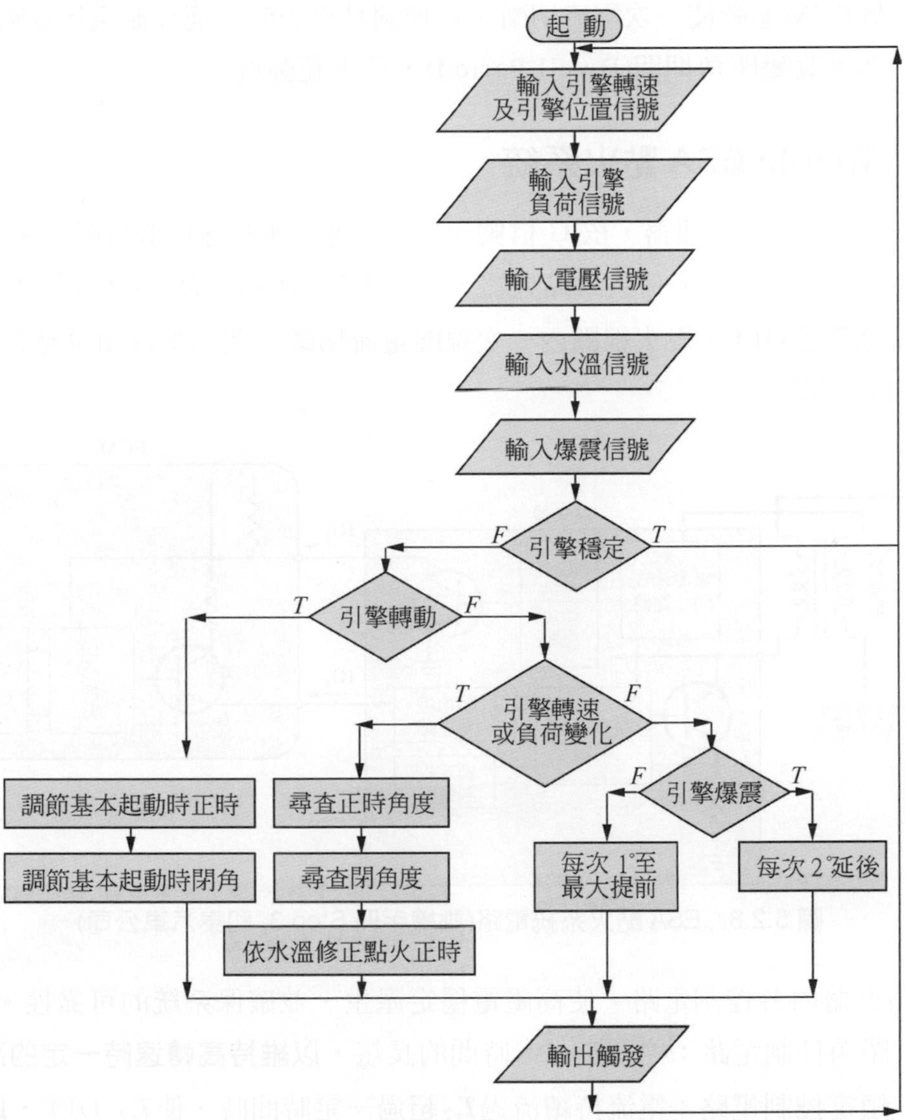

圖 5.2.7 點火正時計算流程圖(Automotive Electrical and Electronic Systems, Tom Denton)

3. 點火輸出控制

(1) 程式化點火系統的輸出控制很簡單，採用達靈頓對(Darlington Pair)放大電路，由一對重型(Heavy-Duty)電晶體做兩級的放大，第一個電晶體ON，驅動第二個電晶體 ON，使流過更大的電流，做爲一次線圈電流。

(2) 故ECM適時使一次電流切斷，以控制點火正時；而控制電流ON的時間，則可改變閉角期間(Dwell Period)，即火花強度。

5.2.4 Toyota ESA 點火系統

1. ECM 內的微處理器，依 G 信號、NE 信號及其他感知器信號，決定點火正時，然後送出 IG_T 信號到點火器，如圖 5.2.8 所示。當 IG_T 信號 OFF 時，T_{r2} 電晶體也OFF，點火線圈內一次線圈電流切斷，在二次線圈感應 20～35 kV 的高壓電。

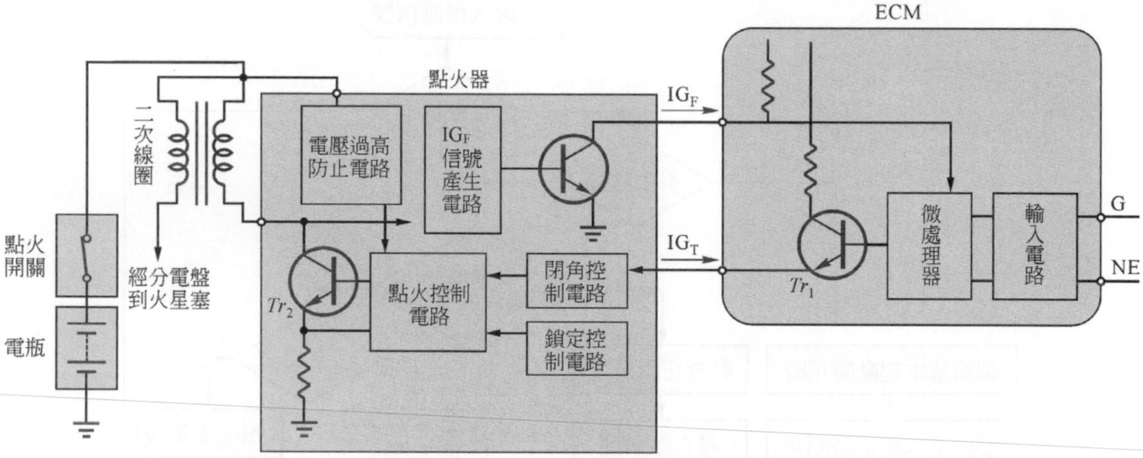

圖 5.2.8 ESA 點火系統電路(訓練手冊 Step 3, 和泰汽車公司)

2. 點火器內各控制電路，使高壓電穩定產生，並確保系統的可靠性。

(1) 閉角控制電路：控制 T_{r2} ON時間的長短，**以維持高轉速時一定的高壓電**。

(2) 鎖定控制電路：電流持續流過 T_{r2} 超過一定時間時，使 T_{r2} OFF，**以保護點火線圈與 T_{r2} 電晶體**。

(3) 電壓過高防止電路：電源電壓太高時，使 T_{r2} OFF，**以保護點火線圈與** T_{r2} **電晶體**。

5.2.5 Bosch SI 點火系統

一、概述

1. 程式化點火或電子火花提前(ESA)點火系統，Bosch 稱爲半導體點火(Semiconductor Ignition, SI)系統。
2. 利用分電盤內曲軸位置感知器的引擎轉速信號，代替原來機械式火花提前機構，以觸發點火；加上眞空感知器提供的負荷信號，微處理器計算出點火角度，經修正後輸出信號到觸發盒(Trigger Box, 即點火輸出器)，如圖 5.2.9 所示。

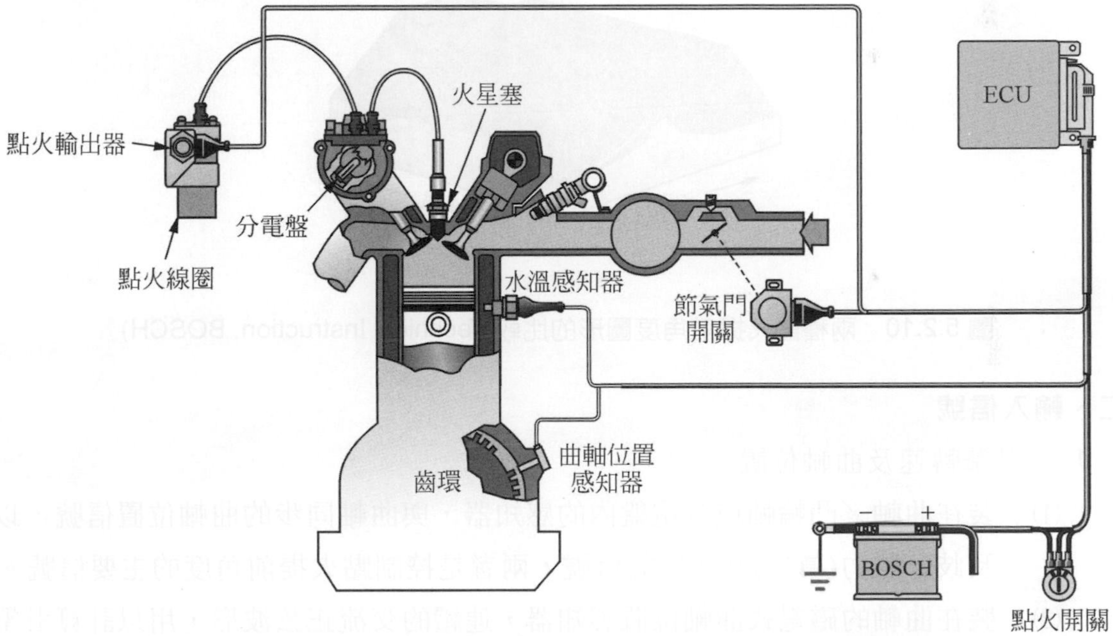

圖 5.2.9 Bosch SI 點火系統的組成(Technical Instruction, BOSCH)

3. 由於半導體點火系統的點火提前角度圖形(Ignition Map)包含引擎任一作用點的點火角度，故點火提前角度圖形比機械式點火提前機構之圖形崎嶇不平且尖銳突出，如圖 5.2.10 所示。電子式點火提前角度圖形中，約含有 1,000～4,000 個個別資料，可依需要精確選擇取用。

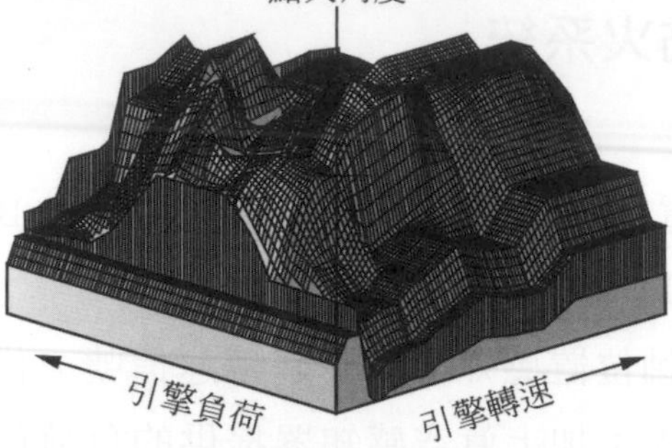

(a) 電子式

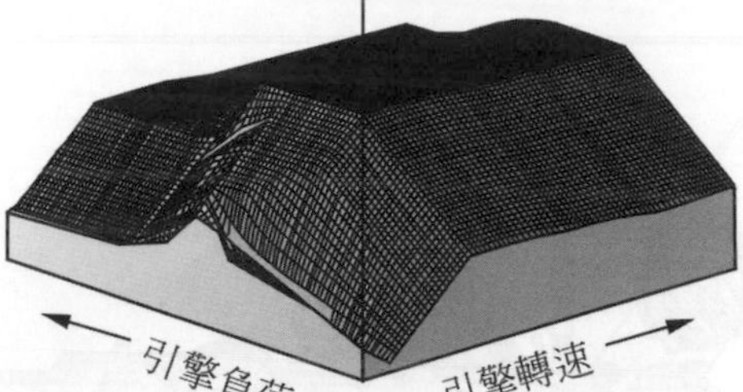

(b) 機械式

圖 5.2.10　兩種點火提前角度圖形的比較(Technical Instruction, BOSCH)

二、輸入信號

1. 引擎轉速及曲軸位置

(1) 裝在曲軸／凸輪軸或分電盤內的感知器，與曲軸同步的曲軸位置信號，以及歧管壓力(真空)感知器的信號，兩者是控制點火提前角度的主要信號。

(2) 裝在曲軸的磁電式曲軸位置感知器，連續的交流正弦波形，用以計算引擎轉速；齒環上缺齒而形成特別突出的交流電壓信號，用以指示曲軸位置，如圖 5.2.11 所示。

(a) 感知器的安裝位置

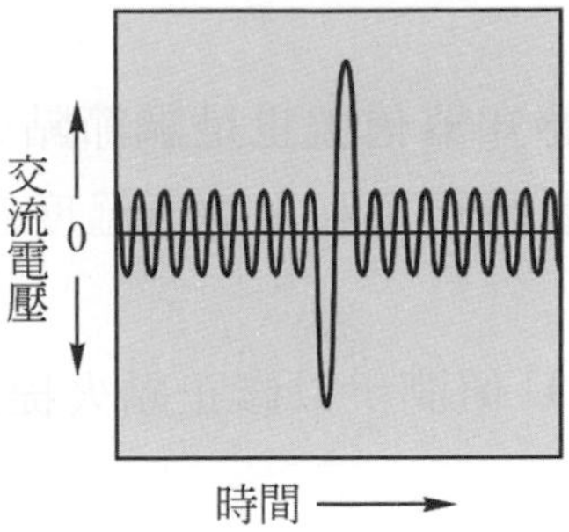

(b) 感知器的波形輸出

圖 5.2.11 磁電式曲軸位置感知器及其輸出(Technical Instruction, BOSCH)

2. 負荷信號

除了利用歧管壓力感知器的非直接負荷量測信號外，空氣質量流量計的直接負荷量測信號也非常適用。因此採用電腦控制汽油噴射之引擎，除了利用負荷信號以進行汽油計量管理外，也可將此信號送給點火系統ECU，以進行點火提前角度控制。

3. 節氣門位置

節氣門開關送出引擎怠速及全負荷的開關信號給點火系統 ECU，如圖 5.2.12 所示。

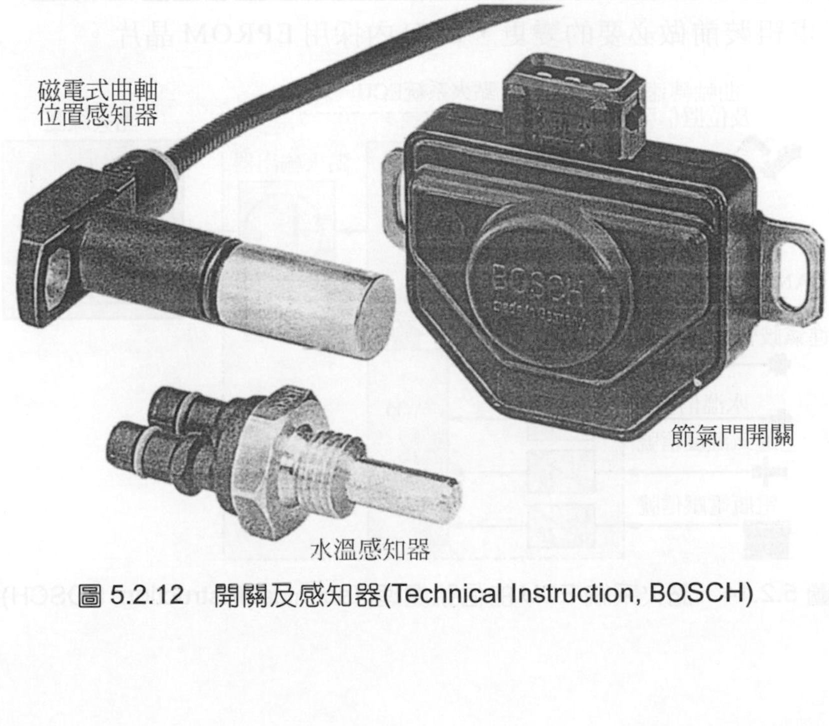

圖 5.2.12 開關及感知器(Technical Instruction, BOSCH)

4. 水溫

水溫感知器信號也是調節點火提前角度所需的信號之一，如圖 5.2.12 所示。必要時更可利用進氣溫度感知器信號。

5. 電瓶電壓

由 ECU 偵測，以修正點火提前角度。

三、點火系統 ECU

1. 依引擎轉速變化及電瓶電壓狀況，閉角度必須配合改變，故在點火系統ECU內有閉角度圖形(Dwell Angle Map)，如圖 5.2.13 所示。

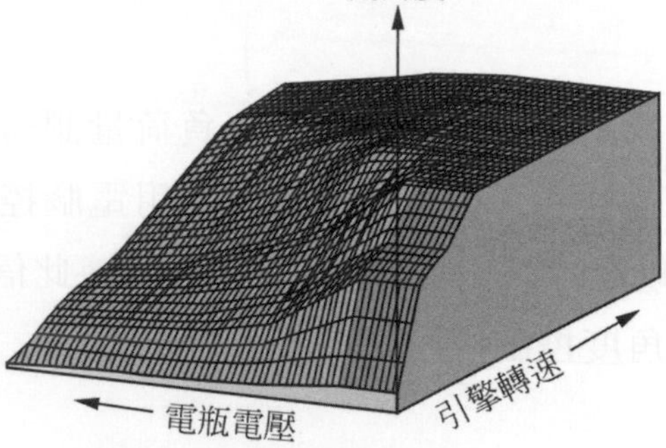

圖 5.2.13　ECU 內的閉角度圖形(Technical Instruction, BOSCH)

2. 點火系統 ECU 的信號處理，如圖 5.2.14 所示。為了讓點火提前角度圖形能在汽車組裝前做必要的變更，ECU 內採用 EPROM 晶片。

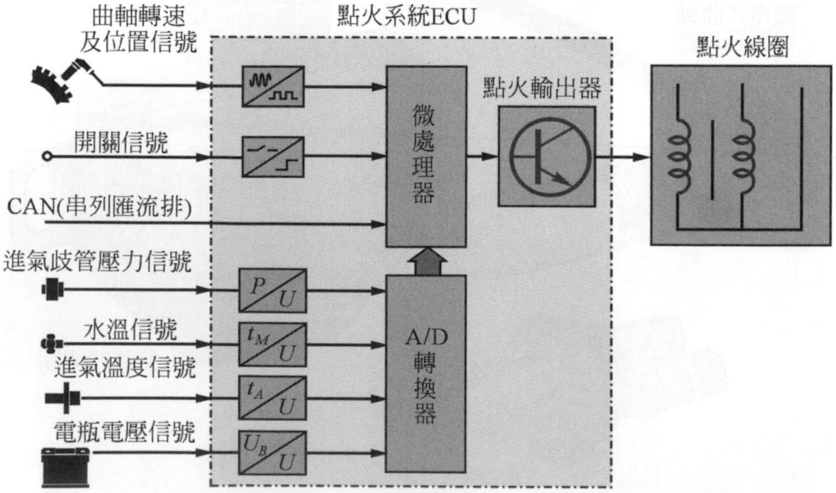

圖 5.2.14　點火系統 ECU 的信號處理(Technical Instruction, BOSCH)

3. 點火輸出器(Ignition Output Stage)

(1) 即功率電晶體。點火輸出器可裝在點火系統ECU內，或裝在ECU外面時，通常是與點火線圈裝在一起。

(2) 點火輸出器裝在點火系統 ECU 內時，ECU 常裝在引擎室內，由於溫度很高，ECU必須具有良好的散熱能力，故採用混合電路(Hybrid Circuitry)，所有 ECU 內的半導體裝置，包括點火輸出器，都直接裝在散熱槽(Heat Sink)上，以確保與底板(Bodywork)的良好熱接觸，讓此種ECU能在 100℃以上的溫度下工作，如圖 5.2.15 所示，爲利用混合技術(Hybrid Techniques)製成的點火系統 ECU，眞空感知器是裝在拆開的 ECU 蓋內。

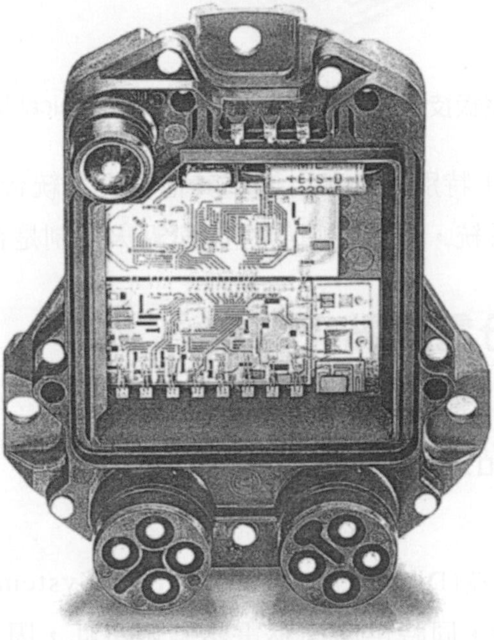

圖 5.2.15 混合技術製成的點火系統 ECU(Technical Instruction, BOSCH)

(3) 如圖 5.2.16 所示，也是點火系統 ECU，具有爆震控制功能，係以印刷電路板技術(Printed Circuit Board Techniques)製成。

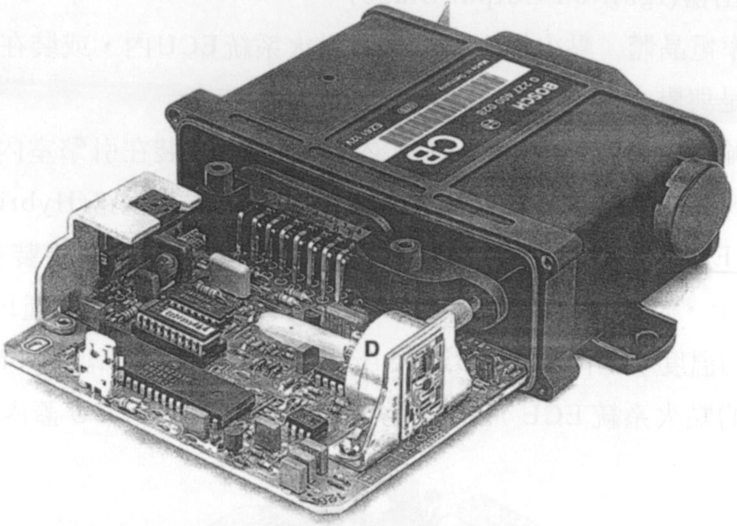

圖 5.2.16 印刷電路板技術製成的點火系統 ECU(Technical Instruction, BOSCH)

(4) 點火系統 ECU 特別適合與引擎的其他管理系統合組在一起，例如 Bosch 的 Motronic 系統，其汽油噴射控制與點火控制是合裝在同一個 ECU 內。

5.3 無分電盤點火系統

5.3.1 雙輸出端點火線圈式

一、概述

1. 無分電盤點火系統(Distributorless Ignition System, DIS)剛發展時，是設計一個點火線圈，同時供應高壓電給兩個汽缸，因此不再需要分電盤，又稱爲 D-DLI(DLI with Double Ended Coils, 雙輸出端點火線圈式 DLI)系統，DLI 是無分電盤點火(Distributor-Less Ignition)之簡寫，如圖 5.3.1 所示。**本系統仍然具有到火星塞的高壓線**。

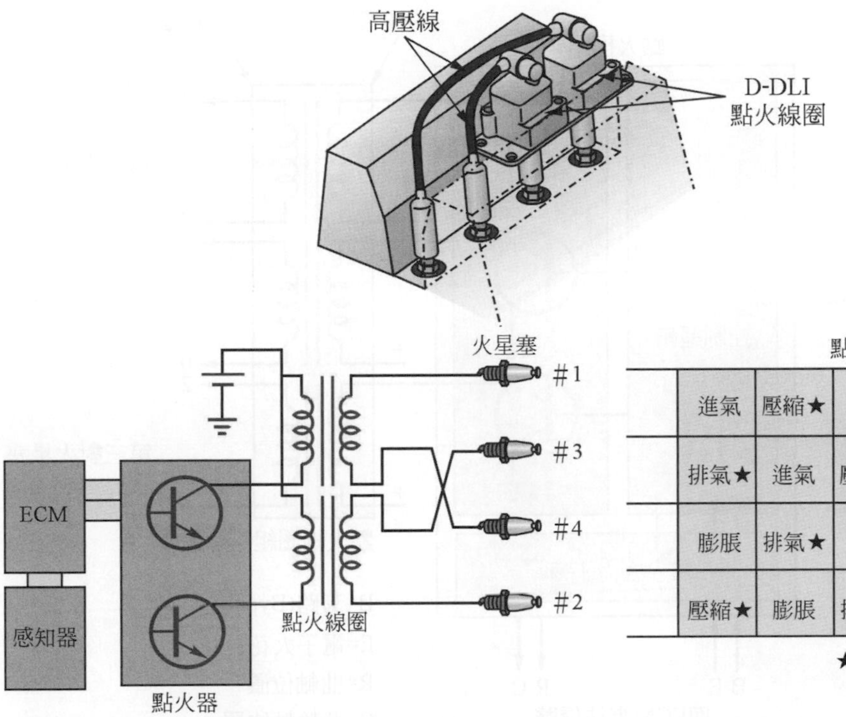

點火正時表

進氣	壓縮★	膨脹	排氣★	進氣
排氣★	進氣	壓縮★	膨脹	排氣★
膨脹	排氣★	進氣	壓縮★	膨脹
壓縮★	膨脹	排氣★	進氣	壓縮★

★表示點火

圖 5.3.1 雙輸出端點火線圈式無分電盤點火系統(エンジン電装品, エンジン電装品研究會)

2. 系統的移動零件更減少，並省略了點火正時的機械調整，所需保養更少，更低的無線電干擾，且點火正時精確度更提高。
3. Distributorless Ignition System，SAE J1930 將之稱爲電子點火(Electronic Ignition, EI)系統。

二、作用原理

1. V 型六缸引擎使用三個雙輸出端點火線圈，二次線圈兩端分別與火星塞連接，三組點火線圈各接住 1、4 缸，3、6 缸及 2、5 缸火星塞。依各感知器信號，ECM 交互控制各點火線圈感應高壓電，高壓電依序送往各對汽缸火星塞，送給壓縮行程的汽缸會正常點火燃燒，而排氣行程的汽缸也會跳火但不燃燒，如圖 5.3.2 所示。

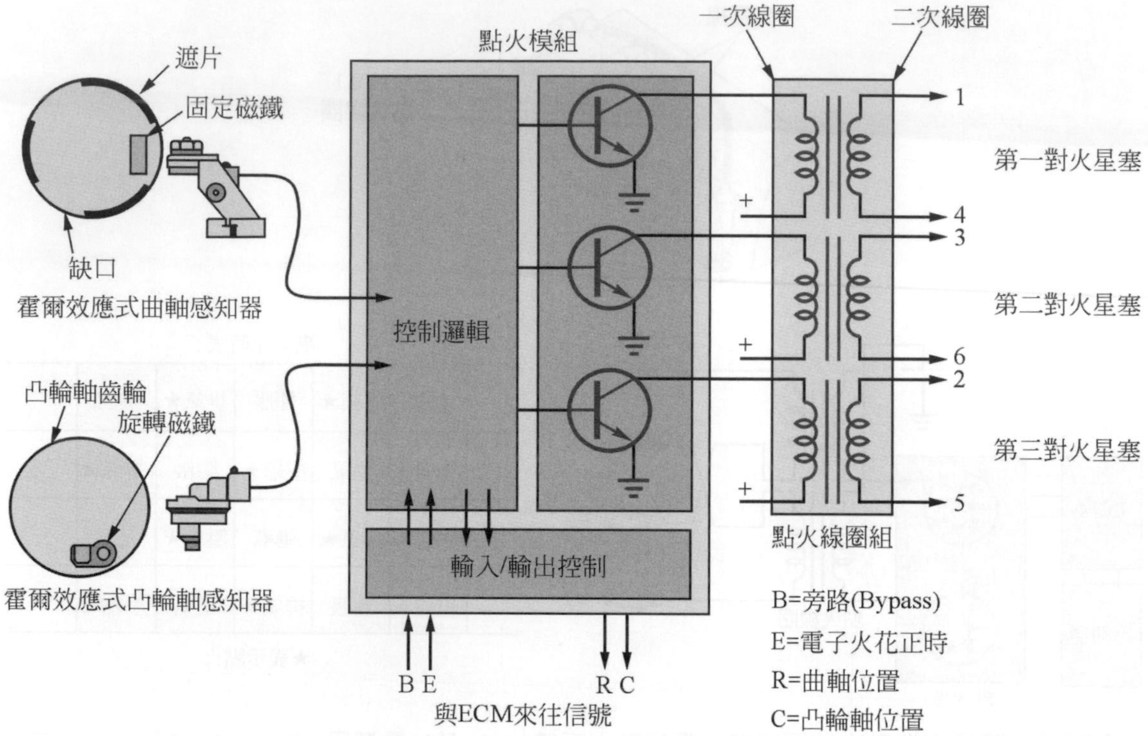

圖 5.3.2 D-DLI 系統的電路(AUTOMOTIVE MECHANICS, Crouse、Anglin)

2. 排氣行程末期，汽缸壓縮壓力很低，只要約 3 kV 就可以跳過火星塞間隙，跟跳過分火頭與分電盤蓋電極柱間隙的電壓相同，因此壓縮行程汽缸的跳火完全不受影響。

3. 一個值得探討的問題，是其中一個汽缸會從火星塞搭鐵電極向中央電極跳火，在以前，這種情形是不被接受的，大家一直認爲此種方式產生的火花品質，不如由中央電極向搭鐵電極跳火，如圖 5.3.3 所示。現在，由於ECM配合引擎轉速變化的閉角度控制，不論火花從哪一個方向跳火，火花強度都已能達到理想點火的要求。

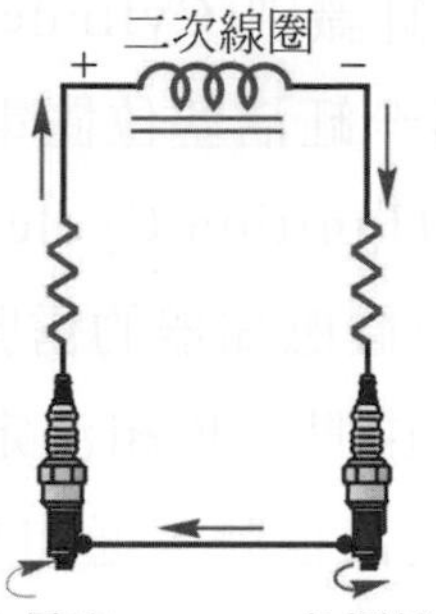

圖 5.3.3　兩個火星塞的跳火方向不相同(AUTOMOTIVE MECHANICS, Crouse、Anglin)

4. 此種一個點火線圈同時向兩個火星塞跳火的方式，在英文資料中被稱爲耗損火花法(Waste Spark Method)或失落火花法(Lost Spark Method)。

三、系統零件及作用

1. 本 DIS 是由點火模組(Ignition Module)、曲軸位置感知器及 DIS 點火線圈三個主要零件所組成。DIS 點火線圈的外觀及內部構造，如圖 5.3.4 所示。

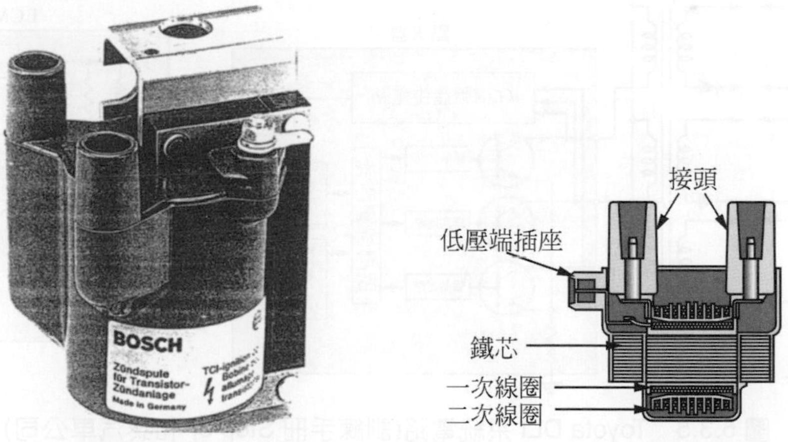

(a)　(b)

圖 5.3.4　DIS 點火線圈的外觀及內部構造(Technical Instruction, BOSCH)

2. 四缸引擎裝在曲軸皮帶盤或飛輪處的磁電式曲軸位置感知器，其轉子每隔 10°有 1 齒，總計 35 齒，缺齒位置指示第一缸及第四缸活塞在90°BTDC，以此固定參考角度計算各缸點火提前度數。

3. 凸輪軸位置感知器又稱汽缸識別(Cylinder Identification, CID)感知器，常採用霍爾效應式，提供第一缸活塞位置電壓脈波信號，點火模組認出此信號，做爲每一次點火循環(Ignition Cycle)開始的依據。

4. ECM 利用曲軸及凸輪軸位置感知器的信號，可同時管理點火系統、汽油噴射系統及排氣控制系統。由點火模組決定點火順序，選擇正確的點火線圈準確觸發，然後由ECM送出信號，通知點火模組何時使低壓線路斷路。

四、Toyota DLI 系統

1. 本無分電盤點火系統(DIS)，Toyota 稱爲無分電盤點火(Distributorless Ignition, DLI)系統，Bosch的稱法也相同。

2. V型六缸引擎，點火順序爲1-5-3-6-2-4，三個點火線圈分別接往1、6缸，2、5缸及3、4缸。ECM接收曲軸位置感知器的NE信號，兩個凸輪軸位置感知器的G_1、G_2信號，然後送出汽缸識別信號IGD_A、IGD_B及點火正時信號IG_T到點火器，點火器依序分配一次電流到三個點火線圈，如圖5.3.5所示。

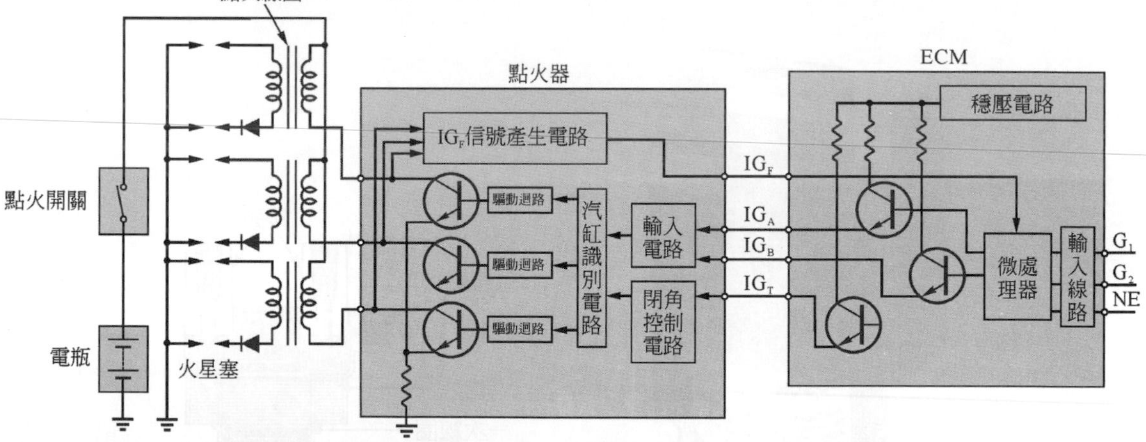

圖 5.3.5　Toyota DLI 系統電路(訓練手冊 Step 3, 和泰汽車公司)

3. IGD_A及IGD_B數位信號，是由0到1或由1到0的二進位碼(雙碼)切換。ECM的微處理器，以G_2信號的次一個 NE 信號，判定第一缸在10°BTDC，輸出儲存在記憶體內的IGD_A及IGD_B的組合信號，如表 5.3.1 所示；點火器內的汽缸識別電路根據這些組合信號，依序分配到相關點火線圈的功率電晶體電路，接通並切斷一次電流，感應高壓電送往雙缸火星塞，如圖5.3.6所示。

表 5.3.1 IGD$_A$及IGD$_B$的組合信號(訓練手冊 Step 3, 和泰汽車公司)

缸別＼信號	IGD_A	IGD_B
1、6 缸	0	1
2、5 缸	0	0
3、4 缸	1	0

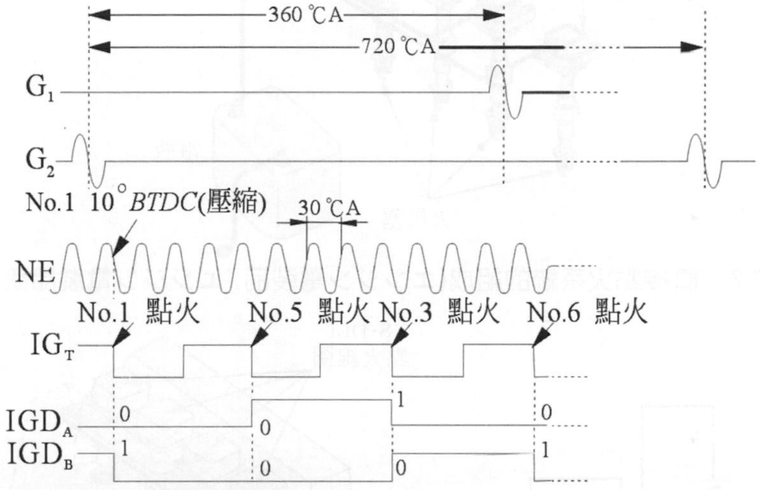

圖 5.3.6 各信號的波形(訓練手冊 Step 3, 和泰汽車公司)

5.3.2 單輸出端點火線圈式

一、概述

1. **本系統常稱為直接點火(Direct Ignition, DI)系統，每缸各有一個點火線圈，直接裝在火星塞上方**，如圖 5.3.7 所示；本系統也稱爲S-DLI(DLI with Single Ended Coils, 單輸出端點火線圈式 DLI)，如圖 5.3.8 所示。由以上兩個圖形可以看出，點火器與點火線圈尚未整合在一起。

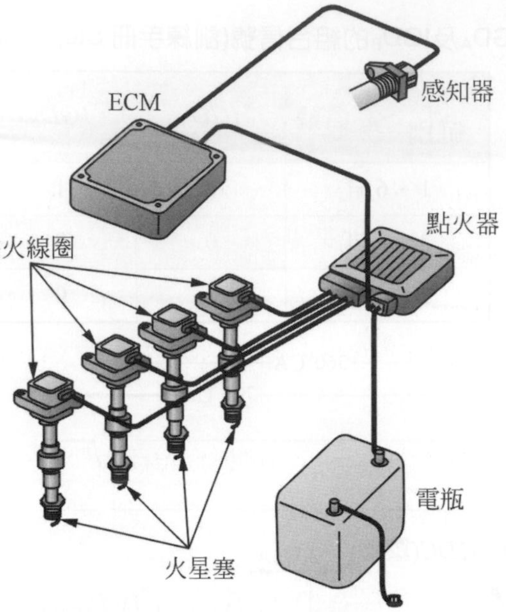

圖 5.3.7　直接點火系統的組成(エンジン電装品, エンジン電装品研究会)

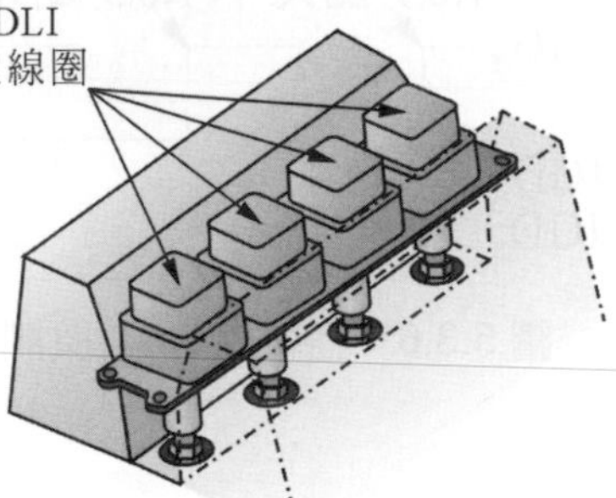

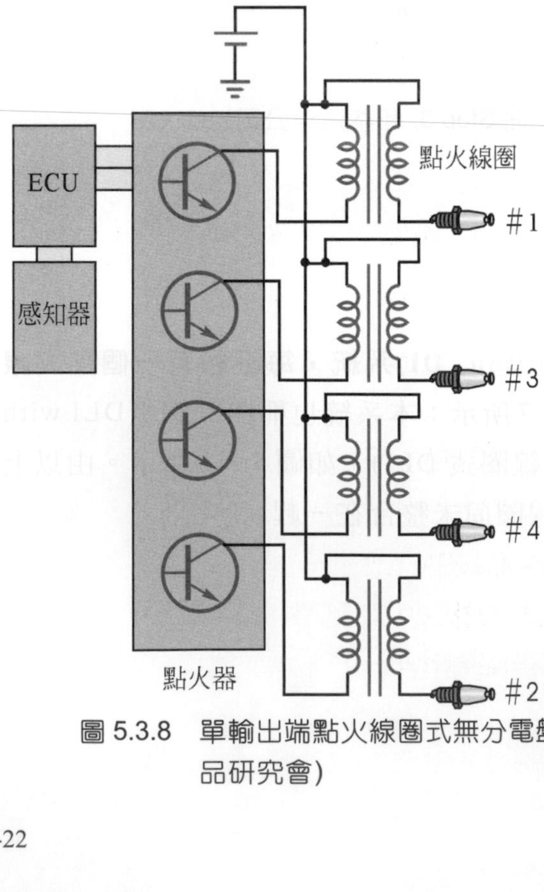

點火正時表

進氣	壓縮★	膨脹	排氣	進氣
排氣	進氣	壓縮★	膨脹	進氣
膨脹	排氣	進氣	壓縮★	膨脹
壓縮★	膨脹	排氣	進氣	壓縮★

★點火

圖 5.3.8　單輸出端點火線圈式無分電盤點火系統(エンジン電装品, エンジン電装品研究会)

2. Bosch DLI 系統，係直接將整合的線圈裝在火星塞上方，如圖 5.3.9(a)所示；其電路與三菱汽車公司GDI引擎的直接點火系統類似，由ECM控制電晶體的ON/OFF，以觸發點火線圈的作用，如圖5.3.10所示。

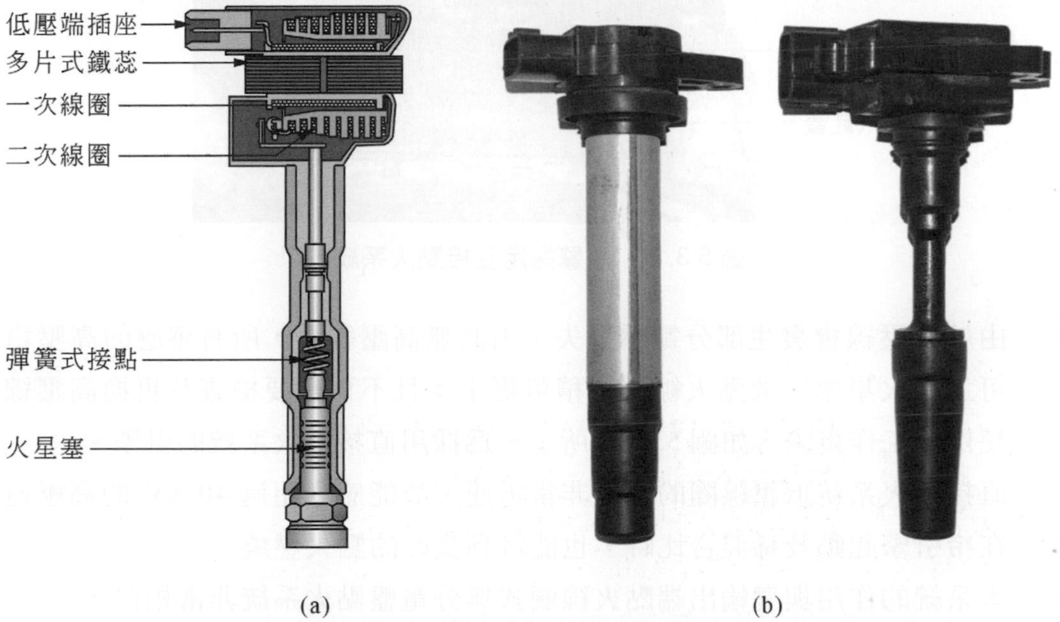

圖 5.3.9 直接裝在火星塞上方的點火線圈(Technical Instruction, BOSCH)

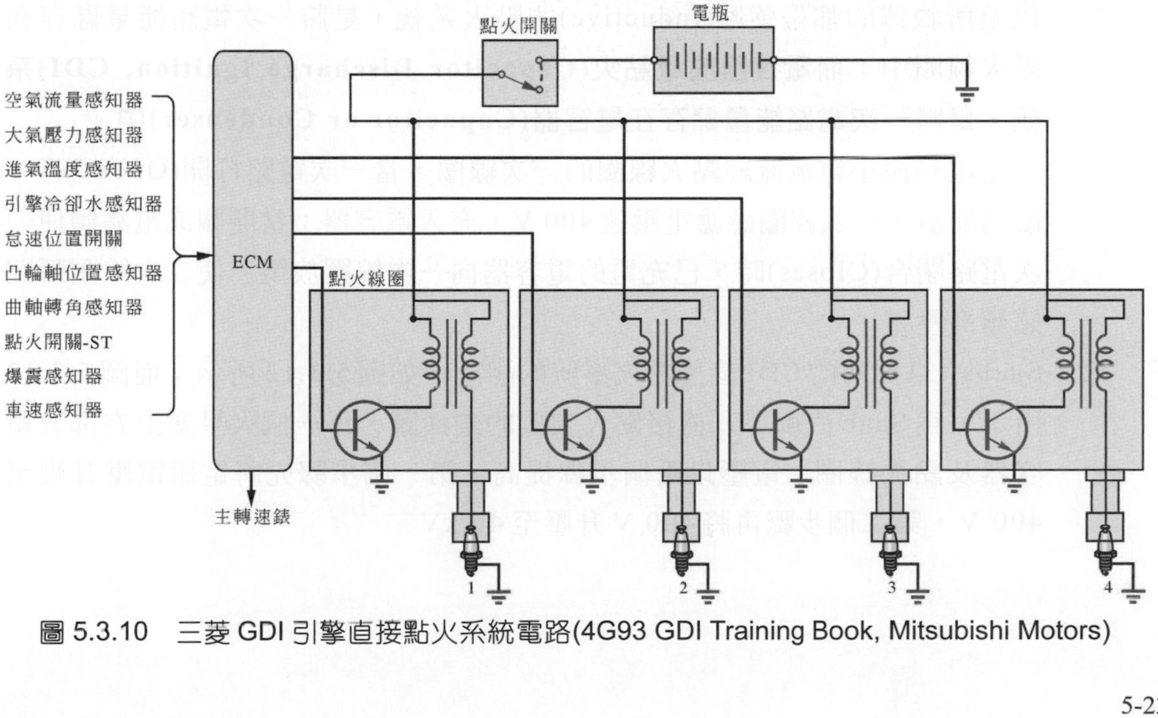

圖 5.3.10 三菱 GDI 引擎直接點火系統電路(4G93 GDI Training Book, Mitsubishi Motors)

圖 5.3.11　引擎採用直接點火系統

3. 由於高壓線會發生部分電壓損失，因此無高壓線後，所有感應的高壓電均可送給火星塞，故點火線圈體積可更小；且不再需要檢查及更換高壓線，使保養工作更少，如圖 5.3.11 所示，爲採用直接點火系統的引擎。
4. 直接點火系統低壓線圈的充磁非常迅速，故能感應超過 40 kV 的高壓電，在冷引擎起動及稀混合比時，也能得到良好的點火燃燒。
5. 本系統的作用與雙輸出端點火線圈式無分電盤點火系統非常相似。

二、電容器放電式直接點火系統

1. 以上所敘述的都是感應(Inductive)式點火系統，是將一次電路能量儲存在點火線圈中；而**電容器放電點火(Capacitor Discharge Ignition, CDI)系統，是將一次電路能量儲存在電容器(Capacitor or Condenser)中**。
2. 電瓶電壓使小電流流經點火線圈的一次線圈，當一次電路打開(Opens)時，磁場崩潰，一次線圈感應電壓達 400 V，充入電容器；當開關或電晶體使一次電路閉合(Closes)時，已充電的電容器向一次線圈放電，使二次線圈瞬間感應高壓電。
3. Saab 汽車採用的 CDI 直接點火系統的組成，如圖 5.3.12 所示；而圖 5.3.13 所示，爲 Saab 汽車 CDI 直接點火裝置的剖面圖，每一個火星塞上方都有電容器及點火線圈。電壓以兩個步驟提高，第一個步驟先將電瓶電壓升壓至 400 V，第二個步驟再將 400 V 升壓至 40 kV。

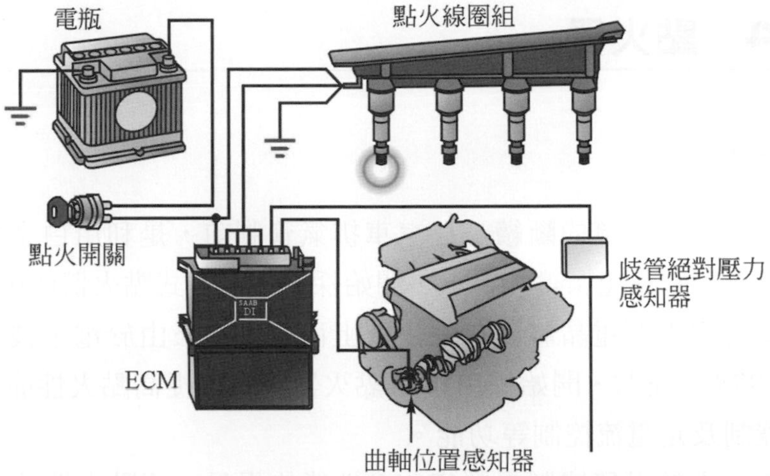

圖 5.3.12 Saab 汽車 CDI 直接點火系統之組成(Automotive Electrical and Electronic Systems, Tom Denton)

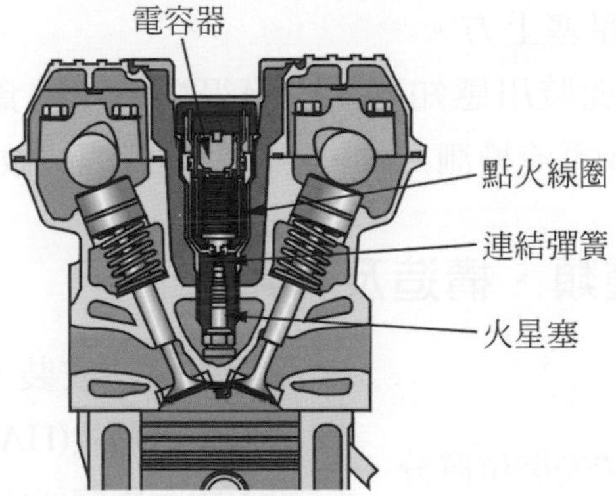

圖 5.3.13 Saab 汽車 CDI 直接點火裝置剖面圖(AUTOMOTIVE MECHANICS, Crouse、Anglin)

4. ECM 在正確時間觸發正確的點火線圈以跳火，各缸間點火時間不相同，甚至在同一轉速內點火角度也會有變化。
5. 當點火開關轉至 ON 後之瞬間，每個火星塞依序會跳火約 50 次，以清潔及乾燥火星塞電極，有助於起動作用；如果引擎起動失敗，當駕駛關掉點火開關再起動前，全部火星塞合計會跳火約 1000 次，以利下一次的發動。

5.4 點火器

5.4.1 概述

1. 點火線圈一次電流的斷續，在汽車排氣管制前，是利用白金接點式；接著由於排氣管制及免保養的要求，開始採用電晶體式點火器(Igniter)，初期只是簡單使用數個電晶體裝在電路板上而成；後來由於電子技術的進步，大約從 1977 年左右，開始採用IC式點火器，且為提高點火性能，並附加了閉角度控制及定電流控制等功能。
2. 近年來，由於引擎控制電腦(ECM)性能的提昇，將點火器的閉角度控制改由ECM控制，且點火器更具備自我診斷及點火監測(Monitor)功能等。
3. **現代直接點火系統，已將點火器裝在點火線圈內**，一體化的點火器與點火線圈直接裝在火星塞上方。
4. 火星塞內並已研究裝用感知器，以獲得燃燒狀況資料，如利用光纖式壓力感知器或離子(Ion)電流檢測方式，感測燃燒狀態，做為修正點火正時的參考。

5.4.2 點火器的種類、構造及作用

一、點火器的種類

- 點火器的種類
  - 依安裝位置分
    - 獨立式(獨立安裝，或與點火線圈同座安裝)
    - 分電盤內藏式(IIA 型)
    - 點火線圈內藏式(以環氧樹脂密封)
    - 電腦內藏式
  - 依輸入信號分
    - 磁電式(輸入正弦波信號，經點火器內整波電路後，使電晶體 ON/OFF)
    - 電子控制式
  - 依附加功能分
    - 定電流控制
    - 閉角度控制
    - 鎖定控制
    - 點火監測

二、點火器的構造

1. 點火器是由外殼、電晶體及控制電路三者所構成，如圖 5.4.1 所示。

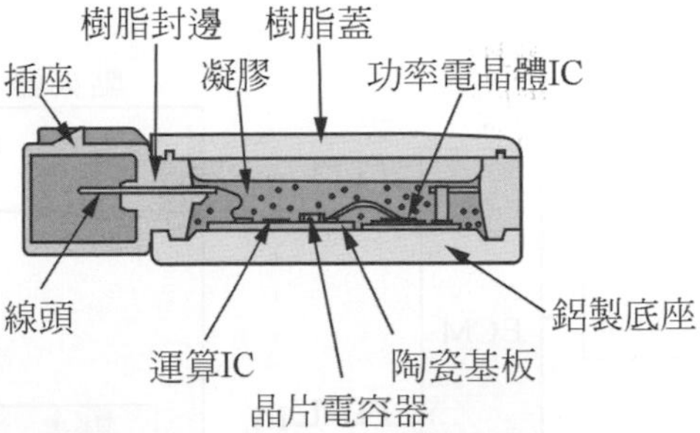

圖 5.4.1　點火器的構造(エンジン電装品, エンジン電装品研究會)

2. 外殼是由鋁製底座、樹脂蓋及樹脂封邊所組成，鋁製底座可散發點火器的熱量。

3. 功率電晶體(Power Transistor)

　　以進行一次線圈大電流的通斷工作。如圖 5.4.2(a)所示，是由功率電晶體晶片、吸熱板及陶瓷基板共三層所構成；圖 5.4.2(b)所示，為吸熱板及陶瓷基板兩者的功能合為一體的鋁製吸熱板，與功率電晶體晶片共兩層所構成。

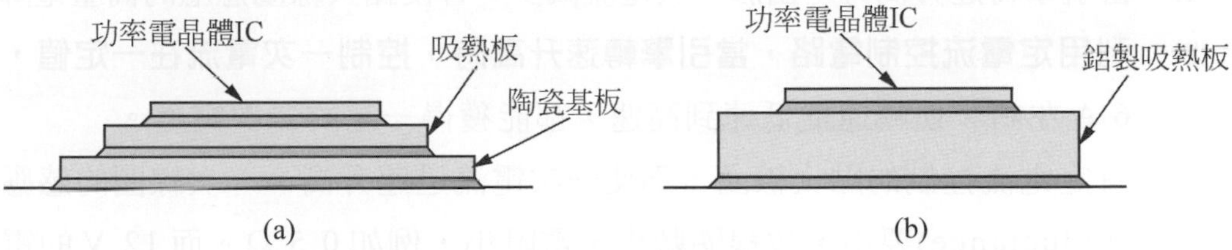

(a)　(b)

圖 5.4.2　功率電晶體的構造(エンジン電装品, エンジン電装品研究會)

4. 控制電路是在陶瓷基板上的印刷電路，裝上晶片電容器、運算 IC 等而成，如圖 5.4.1 所示。

三、點火器的作用

1. 基本作用

(1) 從 ECM 來的點火信號IG_T，送入點火器，由驅動電路控制基極電流I_B的流動與否，改變功率電晶體的通或斷，以控制一次線圈電流的接通或切斷，如圖 5.4.3 所示。

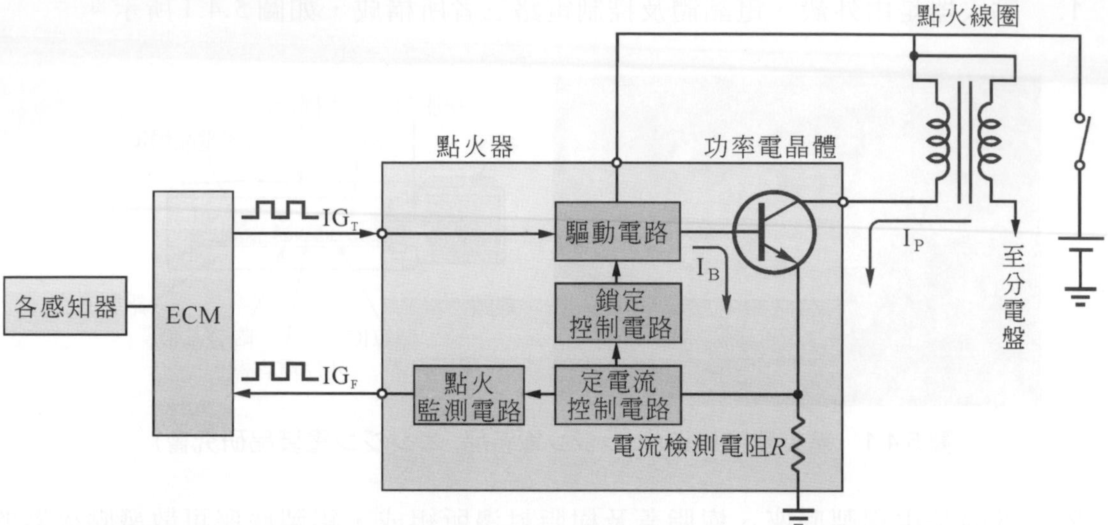

圖 5.4.3　點火器的作用(エンジン電装品, エンジン電装品研究會)

⑵　當功率電晶體 ON 時，點火線圈一次電流 I_P 流動；當功率電晶體 OFF 時，一次電流 I_P 中斷，二次線圈感應高壓電，在火星塞跳火。

2.　定電流控制

⑴　當引擎轉速升高時，由於一次電流減少，會使點火線圈感應的高壓電降低。

⑵　**利用定電流控制電路，當引擎轉速升高時，控制一次電流在一定值**，例如 6 A 左右，使轉速從低速到高速，都能獲得一定的二次電壓。

⑶　有定電流控制的點火線圈，為使一次電流迅速升高，一次線圈的感應係數(Inductance)要小，故線圈數少，電阻小，例如 0.5 Ω。而 12 V 的電瓶電壓，其一次電流的飽和值可達 24 A，因此必須控制一次電流值不可超過如 6 A 之一定值，如圖 5.4.3 所示，有一電流檢測電阻 R，當一次電流增加時，其電阻值上升，偵測電壓降之變化，控制功率電晶體 ON/OFF 的時間，即可控制一次電流在一定值，如圖 5.4.4 所示。

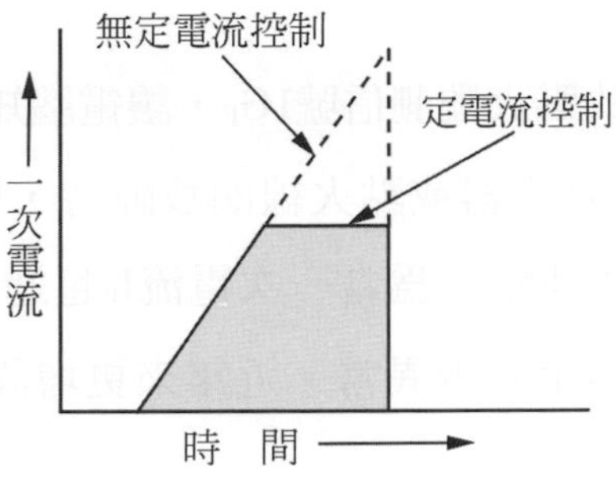

圖 5.4.4　定電流控制(エンジン電装品, エンジン電装品研究會)

3. 閉角度控制

(1) 即閉角增大控制，在引擎轉速上升時，使一次線圈通過電流的時間變長，以維持一定的二次電壓。

(2) 閉角度控制，以往都是由點火器內閉角增大電路控制，現代引擎點火系統均已由電腦進行控制。

4. 鎖定(Lock)控制

(1) 在引擎停止運轉及起動失敗，而點火開關在ON位置時，電腦的點火信號IG_T固定輸出，此時功率電晶體會一直在ON狀態，一次線圈一直有電流流過，會造成點火線圈溫度升高而損壞。

(2) 如圖5.4.5所示，點火信號IG_T輸出超過一定時間時，使功率電晶體OFF，以保護點火線圈。

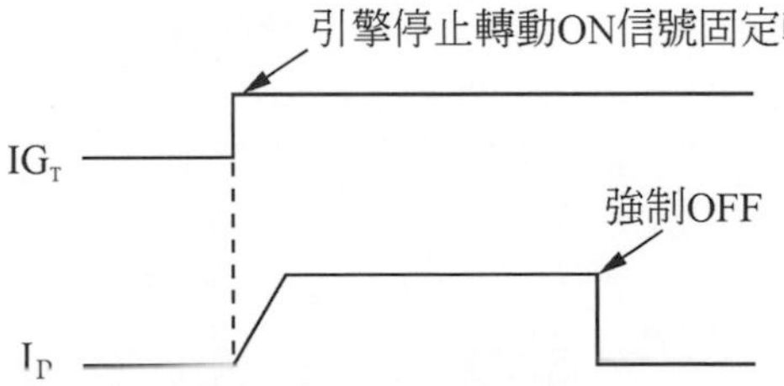

圖 5.4.5　鎖定控制功能(エンジン電装品, エンジン電装品研究會)

5. 點火監測控制

(1) 由點火器送回電腦的點火監測信號IG_F，讓電腦知道點火系統作用是否正常。

(2) 例如當電路斷路，點火器或點火線圈故障時，監測一次線圈無電流流動即可得知。而圖 5.4.6 所示，為當一次電流I_P超過原先設定值時，由回饋信號IG_F的變化，即可判定是否異常。近年來更增設不點火(Missfire)監測功能等。

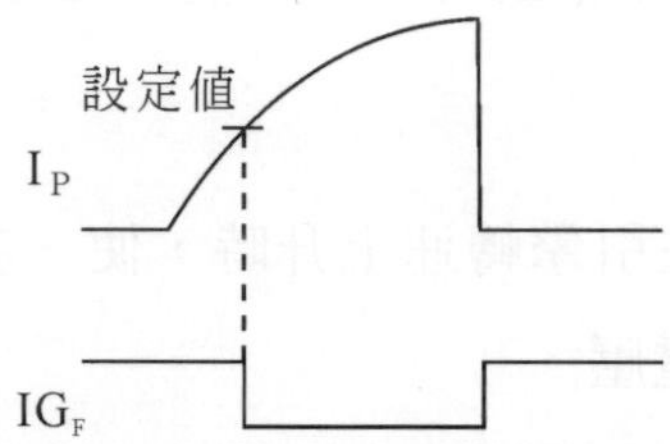

圖 5.4.6　點火監測控制功能(エンジン電装品, エンジン電装品研究會)

第5章 學後評量

一、是非題

( ) 1. 引擎的壓縮比越高或混合比越稀時，所需的高壓電必須越強。

( ) 2. 點火系統的高壓電分配如果是電子式，則該系統爲無分電盤式。

( ) 3. 所謂整合式點火總成，是將點火線圈、點火器裝在分電盤內，故無主高壓線。

( ) 4. Toyota在分電盤內的NE感知器，是用來偵測活塞的上死點位置。

( ) 5. 當偵測到爆震時，ECM會使點火時間逐步延後，但某些引擎碰到嚴重爆震時，會一次延遲較多點火角度，接著再逐步延後。

( ) 6. 雙輸出端點火線圈式無分電盤點火系統，不需要高壓線。

( ) 7. SAE J1930專有名詞表，將電腦控制分電盤點火系統，稱爲EI系統；電腦控制無分電盤點火系統，稱爲DI系統。

( ) 8. 電容器放電式直接點火系統，一次電路能量是儲存在電容器中。

( ) 9. 點火器內功率電晶體，是用來保護點火線圈。

( ) 10. 點火器內功率電晶體的ON/OFF，是由ECM送入信號，再由驅動電路控制功率電晶體基極電流的流動與否。

二、選擇題

( ) 1. 電子火花提前點火系統，其 (A)觸發 (B)點火提前 (C)高壓電變化 (D)高壓電分配 是採用機械式。

( ) 2. 電子火花提前點火系統 (A)分電盤內無離心力及眞空點火提前機構 (B)分電盤內無分火頭 (C)無各缸高壓線 (D)無分電盤。

( ) 3. ESA點火系統，是以 (A)凸輪軸處的凸輪軸位置感知器 (B)歧管絕對壓力感知器 (C)分電盤內的曲軸位置感知器 (D)水溫感知器 信號，配合ECM控制點火提前作用。

( ) 4. Toyota的ESA點火系統，用以保護點火線圈，以避免溫度太高而損壞的是 (A)電壓過高防止電路 (B)鎖定控制電路 (C)閉角控制電路 (D) IG_F信號產生電路。

( )5. Bosch SI 點火系統，控制點火提前角度的兩大主要信號，一爲曲軸位置信號，另一爲 (A)電瓶電壓信號 (B)眞空感知器信號 (C)起動信號 (D)怠速接點信號。

( )6. V6 引擎，若採用雙輸出端點火線圈式，其點火線圈需要 (A)二 (B)三 (C)六 (D)十二 個。

( )7. 點火系統無高壓線的是 (A)電晶體 (B)ESA (C)雙輸出端點火線圈式無分電盤 (D)直接 點火系統。

( )8. 對點火器的敘述，何項錯誤？ (A)點火器不能裝在電腦內 (B)直接點火系統已將點火器與點火線圈裝在一起 (C)點火器由電晶體式進展到 IC 式，甚至由 ECM 控制 (D)點火器是由外殼、功率電晶體及控制電路所組成。

( )9. 引擎轉速升高時，控制一次電流在一定值，以免高壓電降低的點火器內電路爲 (A)點火監測電路 (B)鎖定控制電路 (C)定電流控制電路 (D)驅動電路。

( )10. 點火開關在 ON 位置，而引擎沒有運轉時，能避免點火線圈燒損的是 (A)電流檢測電阻 (B)鎖定控制電路 (C)定電流控制電路 (D)點火監測電路。

三、問答題

1. Toyota ESA 點火系統的鎖定控制電路有何功用？
2. 雙輸出端點火線圈式無分電盤點火系統的優點爲何？
3. 單輸出端點火線圈式無分電盤點火系統的優點爲何？
4. 簡述電容器放電式直接點火系統的作用原理。
5. 爲何要進行定電流控制？
6. 爲何要進行閉角度控制？

CHAPTER 6

車上診斷(OBD)系統

6.1 OBD-I系統

6.1.1 概述

1. 美國的加州空氣資源局(California Air Resources Board, CARB)，在1985年首先發展出車上診斷(On-Board Diagnostics, OBD)系統，當時的規定(Regulations)即爲 OBD-I 系統，並開始裝設在 1988 車型年(Model Year, MY)起的車輛上。
2. 規定中要求車上電腦系統監測 O2S、EGR 閥、EEC 閥是否正常作用；同時爲了監測特別的系統(Specific Systems)，所有在加州銷售的汽車被要求必須安裝不良功能(或故障)指示燈(Malfunction Indicator Light, MIL)，即檢查引擎燈(Check Engine Light)，或稱爲即刻維修引擎燈(Service Engine Soon Light)，以警告駕駛，與廢氣排放有關的失效情形已發生，故障碼能提供維修人員關於問題的可能線索(Clue)。
3. OBD-I系統在MY 1988～MY 1994間適用加州地區，在MY 1994～MY1996間仍適用全美其他地區，如圖 6.1.1 所示。

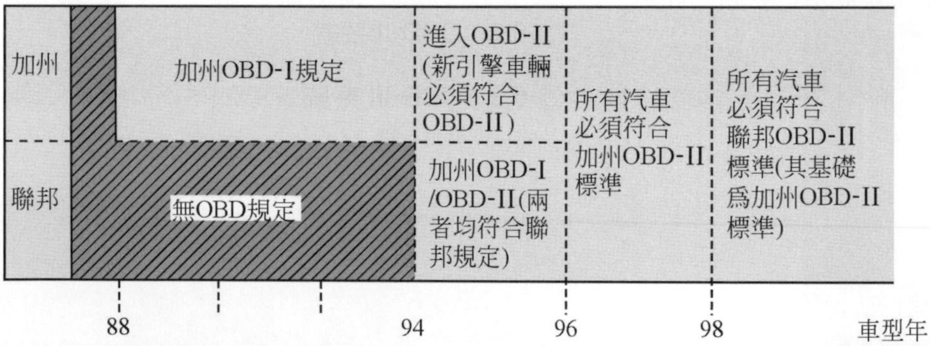

圖 6.1.1　加州與聯邦地區在各車型年適用的OBD標準(ADVANCED AUTOMOTIVE EMISSIONS SYSTEM, Rick Escalambre)

4. 但是，OBD-I系統不需要以下的裝置、設計或要求
   (1) 在標準位置的標準診斷測試接頭。OBD-I系統爲各種不同形狀的接頭，位在各種不同地方，需要不同的工具及程序，以讀取及消除故障碼。

(2) 以掃瞄器(Scan Tool or Scanner)讀取能提供串列資料訊息(Serial Data Information)的診斷接頭。

(3) 各製造廠在相同的問題採用相同的故障碼辨識系統。OBD-I系統在各製造廠間相同的數字碼有不同的意思，某些問題是以單數字碼、雙數字碼或三數字碼表示。

(4) 相似或完全相同零件、系統的標準化名稱及術語。

5. 換句話說，OBD-I系統的診斷能力有以下的限制

(1) **它無法認出系統的退化(Deterioration)**。

(2) **它無法監測所有與引擎相關的系統**。

(3) **它使用非標準化的診斷故障碼(Diagnostic Trouble Codes, DTC)、專有名詞(Terminology)及診斷程序**。

6. OBD-I 系統未包含數個與排放(Emissions)有關的重要資料，如觸媒、蒸發排放系統的氣體洩漏，同時 OBD-I 系統未被要求在偵測不良功能時具有足夠的敏感度。因此 CARB 發現，當排放系統零件失效，到 MIL 點亮，此期間汽車已排放過量不良氣體一段時間，所以 CARB 接著發展出功能增強的OBD-II系統。

6.1.2 ECM與MIL、PROM、DTC

1. 在OBD-I時期，各系統的主電腦被稱爲ECM(Engine Control Module)，現今則改稱爲PCM(Powertrain Control Module)，不過ECM的稱法仍一直被廣用至今。

2. ECM 爲 OBD 系統的核心，當故障產生，例如從 O2S 送出超過預期值的信號時，ECM進入限制作用策略(Limited Operating Strategy, LOS)，或稱爲跛行模式(Limp-in Mode)，MIL 點亮警告駕駛。

3. 在 LOS 模式時，空燃比、點火正時等是由儲存在 ECM 內的預設值(Preset Values)來控制，對驅動能力、省油性及廢氣排放都有不利的影響。製造廠若要改善驅動能力及廢氣排放控制時，可以改變引擎的基準設定(Calibration Settings)，基準設定要升級(Updated)時，在OBD-I系統，可更換式PROM，可將PROM晶片更新；不可更換式PROM，則必須更換ECM。更換時，絕

不可碰觸晶片的插腳或 ECM 的線頭(Pins)、電路板(Circuit Board)，以免因靜電造成電子零件或電子電路嚴重受損。

4. ECM內的RAM，可暫時儲存資料如DTC，在OBD-I系統，DTC爲雙數字碼或三數字碼。大多數的OBD-I系統，拆開電瓶或取下ECM的保險絲，可以消除所有儲存在RAM的故障碼。

6.1.3 監測電路與非監測電路

1. 提供直接輸入給ECM的電路，稱爲監測電路(Monitored Circuits)。在OBD-I系統的ECM，監測感知器及作動器電路的作用網路，如圖 6.1.2 所示，從每一個感知器及作動器回授信號(Return Signal)的情形，ECM可知道每一個電路的作用狀況，如果某一電路的作用沒有在預設值範圍內時，ECM 會儲存一個DTC。

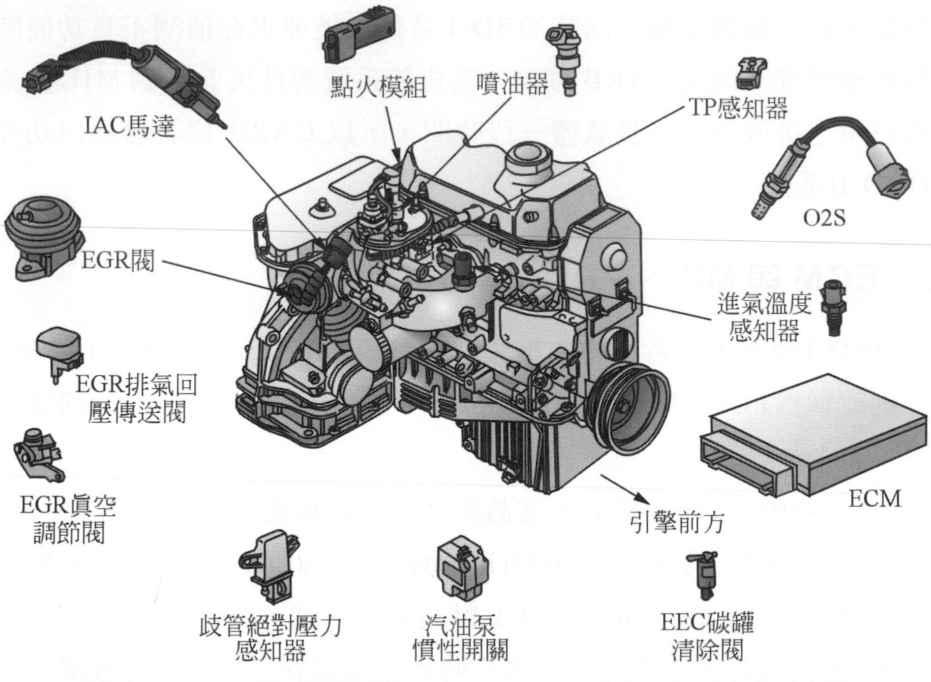

圖 6.1.2 ECM 與監測電路(Automotive Excellence, GLENCOE)

2. 不是由ECM直接監測的電路，稱爲非監測電路(Nonmonitored Circuits)，例如，OBD-I 系統不直接監測汽油壓力或火星塞點火。OBD-I 系統不能直接偵測的狀況如：

(1) 噴油器髒污或短路。

(2) 點火零件磨損或失效。

(3) 眞空洩漏。

(4) 引擎零件磨損。

不過，當噴油器髒污時，可能出現稀薄空燃比的DTC；失效的火星塞，可能出現濃排氣狀況的DTC。

6.1.4 DTC的顯示

一、概述

1. 大部分的OBD-I系統，利用以下的方法，以顯示儲存在ECM記憶體中的DTC。

(1) **以MIL的亮熄，來顯示DTC**。

(2) **以ECM處LED的亮熄，來顯示DTC**。

(3) **以掃瞄器來顯示DTC**。

2. 大多數的OBD-I系統儲存雙數字碼的DTC，較複雜的OBD-I系統則儲存三數字碼DTC。OBD-I的DTC未標準化，必須參考各廠家的維修服務手冊。

二、利用MIL使DTC顯示

1. 利用MIL以顯示DTC，當點火開關轉至ON，MIL會短暫點亮，爲正常的現象。

2. 利用MIL的程序

(1) 參考修護手冊，將資料連結接頭(Data Link Connector, DLC)的正確線頭搭鐵，使ECM在診斷模式(Diagnostic Mode)狀態。DLC爲插座式(Plug-Type)接頭，用來與掃瞄器連接，以讀取DTC，如圖6.1.3所示，爲一些OBD-I系統採用的12線頭DLC。

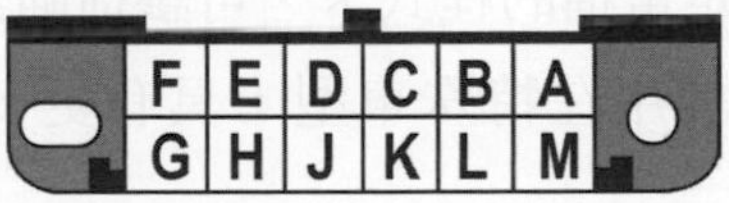

圖 6.1.3　OBD-I 系統的 12 線頭 DLC(Automotive Excellence, GLENCOE)

(2) 以MIL的亮熄讀出DTC並記錄。

(3) 參考修護手冊對所讀取DTC的解釋，接著進行修護作業。

三、利用ECM處LED使DTC顯示

1. 某些OBD-I系統無DLC，而是在ECM設紅色及綠色的發光二極體(Light-Emitting Diodes, LED)。

2. 利用ECM處LED的程序

(1) 參考修護手冊，依正確方法，使ECM在診斷模式狀態。

(2) LED亮熄時讀取DTC，例如紅色LED亮1次，接著綠色LED亮2次，表示DTC爲12。

四、利用掃瞄器使DTC顯示

1. 叫出DTC，最常用的方法就是使用掃瞄器與DLC連接，如圖6.1.4所示。

圖 6.1.4 掃瞄器的使用(Automotive Excellence, GLENCOE)

2. 掃瞄器有普通(Generic)型與進階(Dedicated)型兩種。

(1) 許多不同製造廠的各種車型，均使用普通型掃瞄器，利用可拆卸式卡匣(Cartridges)，也就是常稱的程式卡，可讓掃瞄器做特殊應用或使系統升級。

(2) 進階型掃瞄器是設計用在特殊車型，具有更多的診斷能力及特色。

3. 掃瞄器與DLC連接後，掃瞄器螢幕上的選單(Menu)，可能會要求輸入車輛識別碼(Vehicle Identification Number, VIN)，VIN印在一塊長方形片上，如圖 6.1.5 所示，釘鉚在駕駛側儀錶板下轉角處，或者是在駕駛側門柱上貼有標籤標示。VIN 可顯示

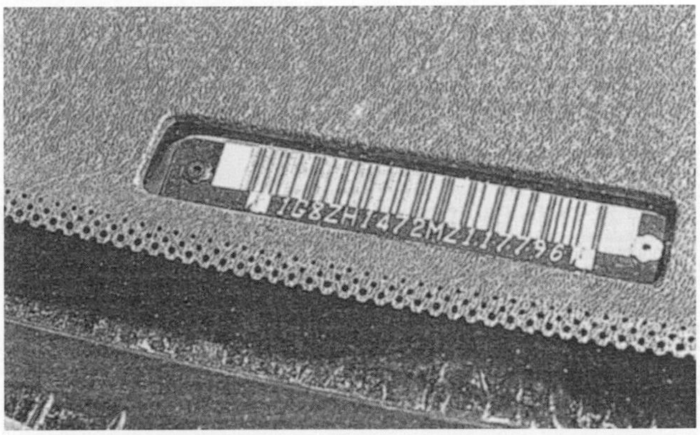

圖 6.1.5 車輛識別碼(Automotive Excellence, GLENCOE)

(1) 汽車爲何時製造，即車型年。
(2) 在哪一個國家製造。
(3) 車輛型式。
(4) 乘客安全系統。
(5) 引擎型式。
(6) 車體型式。
(7) 車輛的組裝工廠。

4. 掃瞄器可能會要求的 VIN 資料爲
(1) 第 10 個文字：表示車輛的車型年。
(2) 第 8 個文字：爲引擎碼，表示引擎的型式及尺寸。
(3) 第 3 個文字：爲車輛型式。

6.2 OBD-II系統

6.2.1 概述

1. OBD-I系統被限制其所能監測的失效種類(The Types of Faults)，只能認出零件或系統的不良，而無法診斷出因零件或系統的惡化(緩慢失效)所造成與排放有關的問題。
2. 而 OBD-II 系統被設計用來確保對所有與排放有關的系統及零件的精確監測，在 1 1/2 次的聯邦標準(Federal Standards)內，OBD-II 系統必須能精確偵測並認出可能造成廢氣排放增加的狀況；同時OBD-II 系統也必須能偵測出因零件或系統的惡化所造成與排放有關的問題。
3. 我國環保署在民國 97(2008)年 1 月開始實施的汽油車第四期排放標準中，強制規定該時間之後所有的國產及進口汽油車都必須配備OBD-II系統，以監控車輛之污染，無法安裝這種設備的車型，將無法再領牌上路。
4. OBD-II的最大改變，在於具有統一的標準，只要用一台儀器，即可對各種車輛進行診斷檢測。除了對與排放有關的污染控制元件完全失效的診斷之外，OBD-II 還可針對由於元件老化或部分失效所引起的排放污染進行診斷。當電子控制系統電路的信號出現異常，且超出正常的變化範圍，並且此一異常現象在一定時間內沒有消失，OBD-II系統會判斷此一部分出現故障，這時故障指示燈將被點亮，同時監測器會將此一故障以代碼的形式存入 ECU 的記憶體內，被存儲的故障代碼在檢修時可以透過 OBD-II 檢測儀器來讀取。

6.2.2 OBD-II系統的立法過程

1. 在 1990 年 11 月 15 日，乾淨空氣行動修正案(Clean Air Act Amendment, CAAA)引導美國環境保護署(Environmental Protection Agency, EPA)發展有關 OBD 系統的新規定，CAAA 要求所有 MY 1994 及之後在加州銷售的輕型車輛(Light-Duty Vehicles, LDVs)與輕型卡車(Light-Duty Trucks, LDTs)，

都必須具備 OBD-II 系統，如圖 6.1.1 所示；而從 MY 1996 起，在全美銷售的 LDVs，都必須符合 OBD-II 的要求；接著從 MY 1997 起，所有的 LDTs 也必須符合 OBD-II 的規定。

2. 加州 OBD-II 的規定與 EPA 的規定稍有不同。CARB OBD-II 的要求包括觸媒監測、EEC 系統洩漏偵測、O2S 作用特性監測及引擎不點火(Misfire)偵測等，而 EPA 較強調排放性能標準。後來 EPA 選擇接受加州 OBD-II 規定為聯邦排放標準，並從 MY 1996 生效，如圖 6.1.1 所示。

3. 不過，EPA 仍期盼汽車製造廠將加州與 EPA 的 OBD-II 規定合而為一，因此從 MY 1998 起，開始採用新的聯邦 OBD-II 標準，以消除加州與聯邦排放規定的差異。

6.2.3 OBD-II 系統的目標

1. 由於汽車製造業與汽車工程學會(SAE)的努力，OBD-II 系統已將 DLC、基本診斷設備及診斷程序標準化了；且在 SAE J1930 標準下，各車廠間大部分的診斷名詞、頭字語(Acronyms)、縮寫(Abbreviations)等，均已相同。由於所有車廠採用相同的標準，故可幫助維修人員以正常的邏輯方法進行診斷。

2. OBD-II 系統監測的項目有

   (1) 汽缸不點火。

   (2) 觸媒轉換器效率。

   (3) 噴油平衡(Fuel Trim)調整。

   (4) EGR 系統。

   (5) EVAP 系統。

   (6) 二次空氣噴射。

6.2.4 OBD-II系統的硬體

1. OBD-II系統是設計用來偵測與排放有關的失效狀況，其採用的診斷方法與OBD-I系統不同，增加了許多新的特色與技術改良。
2. 當引擎的基準設定被升級時，OBD-I系統不是ECM必須整個更新，就是必須拆換PROM。而OBD-II系統的PCM內採用EEPROM，也稱為快閃PROM (Flash PROM)，係焊連在PCM內，不需要更換EEPROM，即可直接升級EEPROM內的資料或再程式。
3. DLC的位置與設計

(1) SAE J2012標準，將標準診斷接頭設在一個普遍的位置，DLC位在儀錶板下方，靠近轉向柱處，能讓維修人員容易看到及連接使用。

(2) **OBD-II系統採用的DLC，為標準的16線頭接頭**，如圖6.2.1所示。DLC有標準的形狀、線頭(Pins)數及線頭位置，接頭為 D 字形，8個線頭共兩排。16個線頭中的7個，有共同指定的分配及位置；其他9個線頭針對特殊車型或應用，有不同的用途，某些線頭僅與製造廠獨有設備(Original Equipment Manufacturer's, OEM)或進階型掃瞄器配合使用，而大部分普通型掃瞄器則需要轉換線匣，以配合不同車型的連接使用。

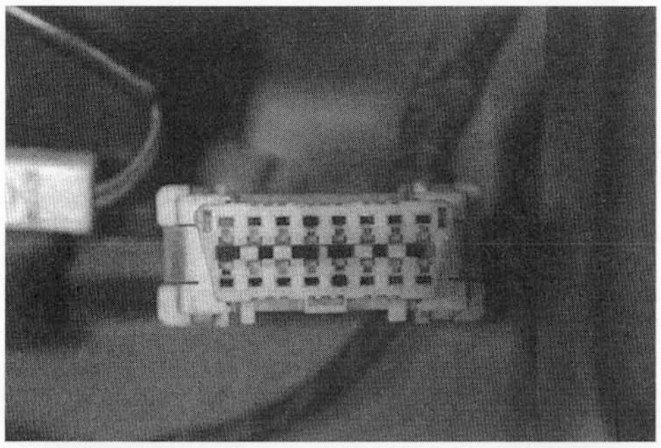

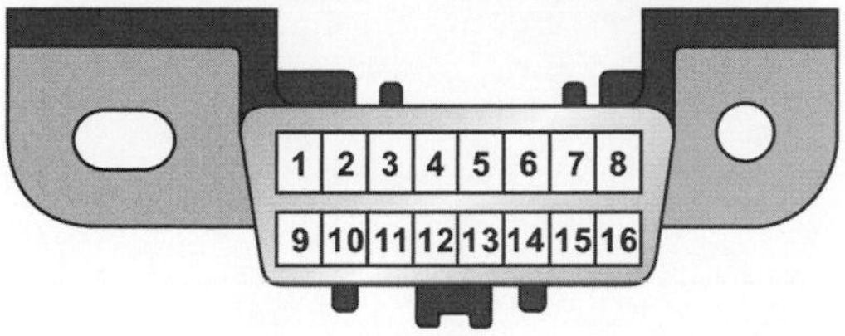

線頭號碼	分配
1	製造廠自由決定
2	匯流排+線 (Bus+Line)，SAE J 1850
3	製造廠自由決定
4	底盤搭鐵(Chassis Ground)
5	信號搭鐵(Signal Ground)
6	CAN High
7	K線(K Line)，ISO 9141
8	製造廠自由決定
9	製造廠自由決定
10	匯流排－線(Bus-Line)，SAE J 1850
11	製造廠自由決定
12	製造廠自由決定
13	製造廠自由決定
14	CAN Low
15	L線(L Line)，ISO 9141
16	車輛電瓶正極(Vehicle Battery Positive)

圖 6.2.1 DLC的構造與分配(ADVANCED AUTOMOTIVE EMISSIONS SYSTEMS, Rick Escalambre)

(3) SAE J2012 標準，建立了一套 DTC 系統，並彈性允許各車廠建立各自獨有的診斷碼及程序。使用掃瞄器與 DLC 連接，即可讀取儲存在記憶體中的 DTC，如圖 6.2.2 所示。

(a)

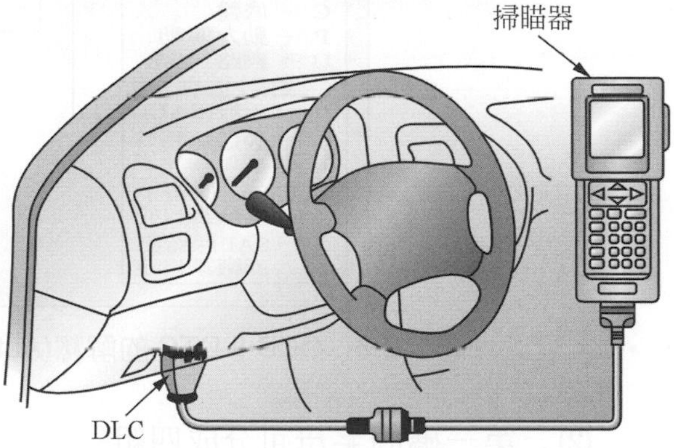

(b)

圖 6.2.2 掃瞄器與 DLC 連接(Automotive Excellence, GLENCOE)

6.2.5 OBD-II 系統的 DTC

1. OBD-II 偵測的感知器輸入信號有
   ⑴ MAF 感知器。
   ⑵ MAP 感知器。
   ⑶ ECT 感知器。
   ⑷ CKP 感知器。
   ⑸ CMP 感知器。
   ⑹ IAT 感知器。
   ⑺ TP 感知器。
   ⑻ VSS 感知器。
   ⑼ HO2S 感知器。
2. OBD-II DTC
   ⑴ 在掃瞄器上顯示的 DTC，以 P0137 為例，如圖 6.2.3 所示，為字母數字(P0)之後，再接三個數字碼(137)，總計有五個碼。

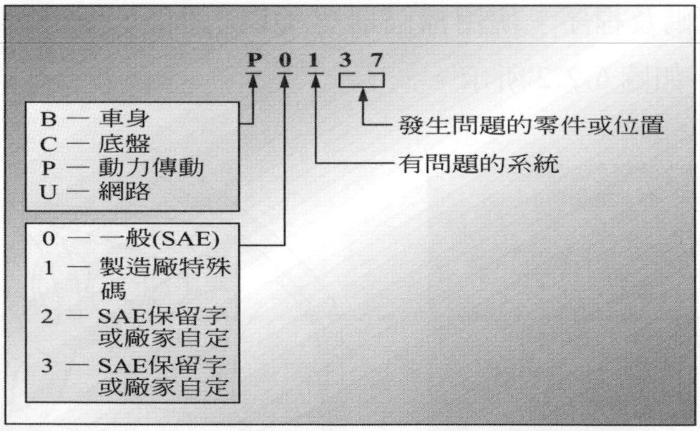

圖 6.2.3 OBD-II DTC 的解釋(Automotive Excellence, GLENCOE)

   ⑵ 第一碼的字母可分成四組
      ① 車身碼(Body Codes)：B0、B1、B2 及 B3。
      ② 底盤碼(Chassis Codes)：C0、C1、C2 及 C3。
      ③ 動力傳動碼(Powertrain Codes)：P0、P1、P2 及 P3。

④ 網路碼(Network Codes)：U0、U1、U2及U3。

(3) 跟隨在字母後面的數字若是0，表示為一般碼或SAE碼，一般DTC為普通碼，所有車廠都是相同的；若字母後面的數字是1、2或3，表示DTC是不相同的，或稱為製造廠特殊碼，必須參閱各車廠的修護手冊。

(4) 接下來的數字，表示有問題的系統。

① 1：汽油與空氣計量控制(MAP、MAF、IAT、ECT)。

② 2：汽油與空氣計量控制，僅噴油器電路。

③ 3：點火系統或不點火(KS、CKP)。

④ 4：排放控制(EGR、EEC、TWC)。

⑤ 5：車速控制及惰速控制系統(VSS、IAC)。

⑥ 6：PCM與輸出電路(5 V參考電壓、MIL)。

⑦ 7：變速箱。

⑧ 8：輔助進氣控制。

⑨ 9：SAE保留字。

⑩ 0：SAE保留字。

(5) 最後兩個數字，也就是第四及第五碼，表示特殊的失效名稱(Specific Fault Designation)。

(6) 因此，P0137的DTC，意即第1列汽缸的第2個HO2S產生低電壓。本引擎為V型，故有兩列(Bank)汽缸。

(7) 在OBD-II系統，每一支排氣管有多達三個O2S，第二個O2S裝在觸媒轉換器的入口端，故稱為Pre-Catalytic或Pre-Cat；而第三個O2S裝在觸媒轉換器的出口端，稱為Post-Catalytic或Post-Cat。兩列或兩排汽缸時，O2S可多達六個。

3. 所有車廠所採用的一般碼DTC，如表6.2.1所示，為其中部分的資料，本表為福特汽車所採用。

表 6.2.1　DTC所代表的意義(ADVANCED AUTOMOTIVE EMISSIONS SYSTEMS, Rick Escalambre)

DTC	代表意義
P0102	MAF 感知器電路低輸入
P0103	MAF 感知器電路高輸入
P0112	IAT 感知器電路低輸入
P0113	IAT 感知器電路高輸入
P0117	ECT 感知器電路低輸入
P0118	ECT 感知器電路高輸入
P0122	TP 感知器電路低輸入
P0123	TP 感知器電路高輸入
P0125	水溫不夠以進入閉迴路汽油控制
P0132	上游 HO2S 感知器(HO2S 11)電路高電壓(第一列汽缸)
P0135	HO2S 加熱器(HTR 11)電路失效
P0138	下游 HO2S 感知器(HO2S 12)電路高電壓(第一列汽缸)
P0140	HO2S 感知器(HO2S 12)電路偵測不到作用(第一列汽缸)
P0141	HO2S 加熱器(HTR 12)電路失效
P0152	上游 HO2S 感知器(HO2S 21)電路高電壓(第二列汽缸)
P0155	HO2S 加熱器(HTR 21)電路失效
P0158	下游 HO2S 感知器(HO2S 22)電路高電壓(第二列汽缸)
P0160	HO2S 感知器(HO2S 22)電路偵測不到作用(第二列汽缸)
P0161	HO2S 加熱器(HTR 22)電路失效
P0171	系統(適合的燃料)太稀(第一列汽缸)
P0172	系統(適合的燃料)太濃(第一列汽缸)
P0174	系統(適合的燃料)太稀(第二列汽缸)
P0175	系統(適合的燃料)太濃(第二列汽缸)
P0300	偵測到隨意的不點火(Misfire)
P0301	偵測到第 1 缸不點火
P0302	偵測到第 2 缸不點火
P0303	偵測到第 3 缸不點火
P0304	偵測到第 4 缸不點火
P0305	偵測到第 5 缸不點火
P0306	偵測到第 6 缸不點火
P0307	偵測到第 7 缸不點火
P0308	偵測到第 8 缸不點火
P0320	點火引擎轉速輸入電路失效
P0340	CMP 感知器電路失效(CID)
P0402	偵測到 EGR 流量超過(惰速時的閥開度)
P0420	觸媒系統效率低於門檻值(第一列汽缸)
P0430	觸媒系統效率低於門檻值(第二列汽缸)
P0443	EVAP 系統碳罐清除控制閥(Canister Purge Control Valve)電路失效
P0500	VSS 失效
P0505	IAC 系統失效
P0605	PCM-ROM 檢測失誤
P0703	煞車 ON/OFF 開關輸入失效
P0707	手動槓桿位置(Manual Lever Position, MLP)感知器電路低輸入
P0708	手動槓桿位置感知器電路高輸入

6.2.6 OBD-II系統對與排放有關零件的保證

1. 在車輛使用期間，與排放有關的零件必須維持正常作用，此期間為10年或10萬英哩(16萬公里)，以先到者為準，此保證適用加州及聯邦地區的車輛，如表6.2.2所示。在政府核准銷售之前，每一車廠都必須保證其排放系統能持續正常運作，符合表中的立法規定。

表6.2.2 OBD-II對與排放有關零件的保證內容(ADVANCED AUTOMOTIVE EMISSIONS SYSTEMS, Rick Escalambre)

聯邦	2年／24,000英哩(38,400公里)	與排放有關的零件。
	8年／80,000英哩(128,000公里)	與排放有關的主要零件 1. 觸媒轉換器。 2. PCM。
加州	2年／50,000英哩(80,000公里)	與排放有關的零件。
	7年／70,000英哩(112,000公里)	在保證內容中有提及的高單價零件。

2. CARB監視整個加州地區數個經銷商排放系統的維修情形，如果特定的失效零件或系統超過車輛取樣數的4％時，製造商必須找出其原因。若失效率(Failure Rate)不是車主的疏忽或誤用，則4％的失效率可能導致車輛召回(Recall)，聯邦政府也採用相同的方式。

6.2.7 SAE J1930專有名詞與頭字語

1. SAE J1930標準，針對有關引擎及排放系統的所有電子電路系統，建立標準的名稱(Names)、專有名詞(Terminology)及頭字語(Acronyms)等，在1991年第一次發表，並經數次修正，美國政府及汽車業在1995年接受此一標準。
2. 在OBD-II規定下，所有維修資料都被要求採用新的術語(Jargon)，如表6.2.3所示，為舊有專有名詞與新的SAE J1930標準之對照表，文字下方的橫線，表示建議的專有名詞及建議的頭字語。本表非常完整，讀者對專有名詞或頭字語有疑問時，請查閱本表的內容。

表 6.2.3 SAE J1930 專有名詞與頭字語(ADVANCED AUTOMOTIVE EMISSIONS SYSTEMS, Rick Escalambre)

以往的專有名詞	可接受的專有名詞	可接受的頭字語
3GR(Third Gear)	Third Gear	3GR
4GR(Fourth Gear)	Fourth Gear	4GR
A/C(Air Conditioning)	Air Conditioning	A/C
A/C Cycling Switch	Air Conditioning Cycling Switch	A/C Cycling Switch
A/T(Automatic Transaxle)	Automatic Transaxle	A/T
A/T(Automatic Transmission)	Automatic Transmission	A/T
AC(Air Conditioning)	Air Conditioning	A/C
ACC(Air Conditioning Clutch)	Air Conditioning Clutch	A/C Clutch
Accelerator	Accelerator Pedal	AP
ACCS(Air Conditioning Cycling Switch)	Air Conditioning Cycling Switch	A/C Cycling Switch
ACH(Air Cleaner Housing)	Air Cleaner Housing	ACL Housing
ACL(Air Cleaner)	Air Cleaner	ACL
ACL(Air Cleaner) Element	Air Cleaner Element	ACL Element
ACL(Air Cleaner) Housing	Air Cleaner Housing	ACL Housing
ACL(Air Cleaner) Housing Cover	Air Cleaner Housing Cover	ACL Housing Cover
ACS(Air Conditioning System)	Air Conditioning System	A/C System
ACT(Air Charge Temperature)	Intake Air Temperature	IAT
Adaptive Fuel Strategy	Fuel Trim	FT
AFC(Air Flow Control)	Mass Air Flow	MAF
AFC(Air Flow Control)	Volume Air Flow	VAF
AFS(Air Flow Sensor)	Mass Air Flow Sensor	MAF Sensor
AFS(Air Flow Sensor)	Volume Air Flow Sensor	VAF Sensor
After Cooler	Charge Air Cooler	CAC
AI(Air Injection)	Secondary Air Injection	AIR
AIP(Air Injection Pump)	Secondary Air Injection Pump	AIR Pump
AIR(Air Injection Reactor)	Pulsed Secondary Air Injection	PAIR
AIR(Air Injection Reactor)	Secondary Air Injection	AIR
AIRB(Air Injection Reactor Bypass)	Secondary Air Injection Bypass	AIR Bypass
AIRD(Air Injection Reactor Diverter)	Secondary Air Injection Diverter	AIR Diverter
Air Cleaner	Air Cleaner	ACL
Air Cleaner Element	Air Cleaner Element	ACL Element
Air Cleaner Housing	Air Cleaner Housing	ACL Housing
Air Cleaner Housing Cover	Air Cleaner Housing Cover	ACL Housing Cover
Air Conditioning	Air Conditioning	A/C
Air Conditioning Sensor	Air Conditioning Sensor	A/C Sensor
Air Control Valve	Secondary Air Injection Control Valve	AIR Control Valve
Air Flow Meter	Mass Air Flow Sensor	MAF Sensor
Air Flow Meter	Volume Air Flow Sensor	VAF Sensor
Air Intake System	Intake Air System	IA System
Air Flow Sensor	Mass Air Flow Sensor	MAF Sensor
Air Management 1	Secondary Air Injection Bypass	AIR Bypass
Air Management 2	Secondary Air Injection Diverter	AIR Diverter
Air Temperature Sensor	Intake Air Temperature Sensor	IAT Sensor
Air Valve	Idle Air Control Valve	IAC Valve
AIV(Air Injection Valve)	Pulsed Secondary Air Injection	PAIR
ALCL(Assembly Line Communication Link)	Data Link Connector	DLC
Alcohol Concentration Sensor	Flexible Fuel Sensor	FF Sensor
ALDL(Assembly Line Diagnostic Link)	Data Link Connector	DLC

ALT(Alternator)	Generator	GEN
Alternator	Generator	GEN
AM1(Air Management 1)	Secondary Air Injection Bypass	AIR Bypass
AM2(Air Management 2)	Secondary Air Injection Diverter	AIR Diverter
APS(Absolute Pressure Sensor)	Barometric Pressure Sensor	BARO Sensor
ATS(Air Temperature Sensor)	Intake Air Temperature Sensor	IAT Sensor
Automatic Transaxle	Automatic Transaxle	A/T
Automatic Transmission	Automatic Transmission	A/T
B+(Battery Positive Voltage)	Battery Positive Voltage	B+
Backpressure Transducer	Exhaust Gas Recirculation Backpressure Transducer	EGR Backpressure Transducer
BARO(Barometric Pressure)	Barometric Pressure	BARO
Barometric Pressure Sensor	Barometric Pressure Sensor	BARO Sensor
Battery Positive Voltage	Battery Positive Voltage	B+
Block Learn Matrix	Long Term Fuel Trim	Long Term FT
BLM(Block Learn Memory)	Long Term Fuel Trim	Long Term FT
BLM(Block Learn Multiplier)	Long Term Fuel Trim	Long Term FT
BLM(Block Learn Matrix)	Long Term Fuel Trim	Long Term FT
Block Learn Memory	Long Term Fuel Trim	Long Term FT
Block Learn Multiplier	Long Term Fuel Trim	Long Term FT
BP(Barometric Pressure) Sensor	Barometric Pressure Sensor	BARO Sensor
C3I(Computer Controlled Coil Ignition)	Electronic Ignition	EI
CAC(Charge Air Cooler)	Charge Air Cooler	CAC
Camshaft Position	Camshaft Position	CMP
Camshaft Position Sensor	Camshaft Position Sensor	CMP Sensor
Camshaft Sensor	Camshaft Position Sensor	CMP Sensor
Canister	Canister	Canister
Canister	Evaporative Emission Canister	EVAP Canister
Canister Purge Valve	Evaporative Emission Canister Purge Valve	EVAP Canister Purge Valve
Canister Purge Vacuum Switching Valve	Evaporative Emission Canister Purge Valve	EVAP Canister Purge Valve
Canister Purge VSV (Vacuum Switching Valve)	Evaporative Emission Canister Purge Valve	EVAP Canister Purge Valve
CANP(Canister Purge)	Evaporative Emission Canister Purge	EVAP Canister Purge
CARB(Carburetor)	Carburetor	CARB
Carburetor	Carburetor	CARB
CCC(Converter Clutch Control)	Torque Converter Clutch	TCC
CCO(Converter Clutch Override)	Torque Converter Clutch	TCC
CDI(Capacitive Discharge Ignition)	Distributor Ignition	DI
CDROM(Compact Disc Read Only Memory)	Compact Disc Read Only Memory	CDROM
CES(Clutch Engage Switch)	Clutch Pedal Position Switch	CPP Switch
Central Multiport Fuel Injection	Central Multiport Fuel Injection	Central MFI
CFI(Continuous Fuel Injection)	Continuous Fuel Injection	CFI
CFI(Central Fuel Injection)	Throttle Body Fuel Injection	TBI
Charcoal Canister	Evaporative Emission Canister	EVAP Canister
Charge Air Cooler	Charge Air Cooler	CAC
Check Engine	Service Reminder Indicator	SRI
Check Engine	Malfunction Indicator Lamp	MIL
CID(Cylinder Identification) Sensor	Camshaft Position Sensor	CMP Sensor
CIS(Continuous Injection System)	Continuous Fuel Injection	CFI

CIS-E(Continuous Injection System-Electronic)	Continuous Fuel Injection	CFI
CKP(Crankshaft Position)	Crankshaft Position	CKP
CKP(Crankshaft Position) Sensor	Crankshaft Position Sensor	CKP Sensor
Cl(Closed Loop)	Closed Loop	CL
Closed Bowl Distributor	Distributor Ignition	DI
CLosed Throttle Position	Closed Throttle Position	CTP
Closed Throttle Switch	Closed Throttle Position Switch	CTP Switch
CLS(Closed Loop System)	Closed Loop	CL
Clutch Engage Switch	Clutch Pedal Position Switch	CPP Switch
Clutch Pedal Position Switch	Clutch Pedal Position Switch	CPP Switch
Clutch Start Switch	Clutch Pedal Position Switch	CPP Switch
Clutch Switch	Clutch Pedal Position Switch	CPP Switch
CMFI(Camshaft Multiport Fuel Injection)	Central Multiport Fuel Injection	Central MFI
CMP(Camshaft Position)	Camshaft Position	CMP
CMP(Camshaft Position) Sensor	Camshaft Position Sensor	CMP Sensor
COC(Continuous Oxidation Catalyst)	Oxidation Catalyst Converter	OC
Condenser	Distributor Ignition Capacitor	DI Capacitor
Continuous Fuel Injection	Continuous Fuel Injection	CFI
Continuous Injection System	Continuous Fuel Injection System	CFI System
Continuous Injection System-E	Electronic Continuous Fuel Injection System	Electronic CFI System
Continuous Trap Oxidizer	Continuous Trap Oxidizer	CTOX
Coolant Temperature Sensor	Engine Coolant Temperature Sensor	ECT Sensor
CP(Crankshaft Position)	Crankshaft Position	CKP
CPP(Clutch Pedal Position)	Clutch Pedal Position	CPP
CPP(Clutch Pedal Position) Switch	Clutch Pedal Position Switch	CPP Switch
CPS(Camshaft Position Sensor)	Camshaft Position Sensor	CMP Sensor
CPS(Crankshaft Position Sensor)	Crankshaft Position Sensor	CKP Sensor
Crank Angle Sensor	Crankshaft Position Sensor	CKP Sensor
Crankshaft Position	Crankshaft Position	CKP
Crankshaft Position Sensor	Crankshaft Position Sensor	CKP Sensor
Crankshaft Speed	Engine Speed	RPM
Crankshaft Speed Sensor	Engine Speed Sensor	RPM Sensor
CTO(Continuous Trap Oxidizer)	Continuous Trap Oxidizer	CTOX
CTOX(Continuous Trap Oxidizer)	Continuous Trap Oxidizer	CTOX
CTP(Closed Throttle Position)	Closed Throttle Position	CTP
CTS(Coolant Temperature Sensor)	Engine Coolant Temperature Sensor	ECT Sensor
CTS(Coolant Temperature Switch)	Engine Coolant Temperature Switch	ECT Switch
Cylinder ID (Identification) Sensor	Camshaft Position Sensor	CMP Sensor
D-Jetronic	Multiport Fuel Injection	MFI
Data Link Connector	Data Link Connector	DLC
Detonation Sensor	Knock Sensor	KS
DFI(Direct Fuel Injection)	Direct Fuel Injection	DFI
DFI(Digital Fuel Injection)	Multiport Fuel Injection	MFI
DI(Direct Injection)	Direct Fuel Injection	DFI
DI(Distributor Injection)	Distributor Injection	DI
DI(Distributor Injection) Capacitor	Distributor Injection Capacitor	DI Capacitor
Diagnostic Test Mode	Diagnostic Test Mode	DTM
Diagnostic Trouble Code	Diagnostic Trouble Code	DTC
DID(Direct Injection-Diesel)	Direct Fuel Injection	DFI
Differential Pressure Feedback EGR (Exhaust Gas Recirculation) System	Differential Pressure Feedback Exhaust Gas Recirculation System	Differential Pressure Feedback EGR System

Digital EGR(Exhaust Gas Recirculation)	Exhaust Gas Recirculation	EGR
Direct Fuel Injection	Direct Fuel Injection	DFI
Direct Ignition System	Electronic Ignition System	EI System
DIS(Distributorless Ignition System)	Electronic Ignition System	EI System
DIS(Distributorless Ignition System) Module	Ignition Control Module	ICM
Distance Sensor	Vehicle Speed Sensor	VSS
Distributor Ignition	Distributor Ignition	DI
Distributorless Ignition	Electronic Ignition	EI
DLC(Data Link Connector)	Data Link Connector	DLC
DLI(Distributorless Ignition)	Electronic Ignition	EI
DS(Detonation Sensor)	Knock Sensor	KS
DTC(Diagnostic Trouble Code)	Diagnostic Trouble Code	DTC
DTM(Diagnostic Test Mode)	Diagnostic Test Mode	DTM
Dual Bed	Three Way + Oxidation Catalytic Converter	TWC + OC
Duty Solenoid for Purge Valve	Evaporative Emission Canister Purge Valve	EVAP Canister Purge Valve
E2PROM (Electrically Erasable Programmable Read Only Memory)	Electrically Erasable Programmable Read Only Memory	EEPROM
Early Fuel Evaporation	Early Fuel Evaporation	EFE
EATX (Electronic Automatic Transmission/Transaxle)	Automatic Transmission	A/T
	Automatic Transaxle	A/T
EC(Engine Control)	Engine Control	EC
ECA(Engine Control Assembly)	Powertrain Control Module	PCM
ECL(Engine Coolant Level)	Engine Coolant Level	ECL
ECM(Engine Control Module)	Engine Control Module	ECM
ECT(Engine Coolant Temperature)	Engine Coolant Temperature	ECT
ECT(Engine Coolant Temperature) Sender	Engine Coolant Temperature Sensor	ECT Sensor
ECT(Engine Coolant Temperature) Sensor	Engine Coolant Temperature Sensor	ECT Sensor
ECT(Engine Coolant Temperature) Switch	Engine Coolant Temperature Switch	ECT Switch
ECU4(Electronic Control Unit 4)	Powertrain Control Module	PCM
EDF (Electro-Drive Fan) Control	Fan Control	FC
EDIS (Electronic Distributor Ignition System)	Distributor Ignition System	DI System
EDIS (Electronic Distributorless Ignition System)	Electronic Ignition System	EI System
EDIS (Electronic Distributor Ignition system) Module	Distributor Ignition Control Module system	Distributor ICM
EEC (Electronic Engine Control)	Engine Control	EC
EEC (Electronic Engine Control) Processor	Powertrain Control Module	PCM
EECS (Evaporative Emission Control System)	Evaporative Emission System	EVAP System
EEPROM (Electrically Erasable Programmable Read Only Memory)	Electrically Erasable Programmable Read Only Memory	EEPROM
EFE (Early Fuel Evaporation)	Early Fuel Evaporation	EFE
EFI (Electronic Fuel Injection)	Multiport Fuel Injection	MFI
EFI (Electronic Fuel Injection)	Throttle Body Fuel Injection	TBI
EGO (Exhaust Gas Oxygen) Sensor	Oxygen Sensor	O2S
EGOS (Exhaust Gas Oxygen Sensor)	Oxygen Sensor	O2S
EGR (Exhaust Gas Recirculation)	Exhaust Gas Recirculation	EGR

EGR (Exhaust Gas Recirculation) Diagnostic Valve	Exhaust Gas Recirculation Diagnostic Valve	EGR Diagnostic Valve
EGR (Exhaust Gas Recirculation) System	Exhaust Gas Recirculation System	EGR System
EGR (Exhaust Gas Recirculation) Thermal Vacuum Valve	Exhaust Gas Recirculation Thermal Vacuum Valve	EGR TVV
EGR (Exhaust Gas Recirculation) Valve	Exhaust Gas Recirculation Valve	EGR Valve
EGR TVV (Exhaust Gas Recirculation Thermal Vacuum Valve)	Exhaust Gas Recirculation Thermal Vacuum Valve	EGR TVV
EGRT (Exhaust Gas Recirculation Temperature)	Exhaust Gas Recirculation Temperature	EGRT
EGRT (Exhaust Gas Recirculation Temperature) Sensor	Exhaust Gas Recirculation Temperature Sensor	EGRT Sensor
EGRV (Exhaust Gas Recirculation Valve)	Exhaust Gas Recirculation Valve	EGR Valve
EGRVC (Exhaust Gas Recirculation Valve Control)	Exhaust Gas Recirculation Valve Control	EGR Valve Control
EGS (Exhaust Gas Sensor)	Oxygen Sensor	O2S
EI (Electronic Ignition) (With Distributor)	Distributor Ignition	DI
EI (Electronic Ignition) (Without Distributor)	Electronic Ignition	EI
Electrically Erasable Programmable Read Only Memory	Electrically Erasable Programmable Read Only Memory	EEPROM
Electronic Engine Control	Electronic Engine Control	Electronic EC
Electronic Ignition	Electronic Ignition	EI
Electronic Spark Advance	Ignition Control	IC
Electronic Spark Timing	Ignition Control	IC
EM (Engine Modification)	Engine Modification	EM
EMR (Engine Maintenance Reminder)	Service Reminder Indicator	SRI
Engine Control	Engine Control	EC
Engine Coolant Fan Control	Fan Control	FC
Engine Coolant Level	Engine Coolant Level	ECL
Engine Coolant Level Indicator	Engine Coolant Level Indicator	ECL Indicator
Engine Coolant Temperature	Engine Coolant Temperature	ECT
Engine Coolant Temperature Sender	Engine Coolant Temperature Sensor	ECT Sensor
Engine Coolant Temperature Sensor	Engine Coolant Temperature Sensor	ECT Sensor
Engine Coolant Temperature Switch	Engine Coolant Temperature Switch	ECT Switch
Engine Modification	Engine Modification	EM
Engine Speed	Engine Speed	RPM
EOS (Exhaust Oxygen Sensor)	Oxygen Sensor	O2S
EPROM (Erasable Programmable Read Only Memory)	Erasable Programmable Read Only Memory	EPROM
Erasable Programmable Read Only Memory	Erasable Programmable Read Only Memory	EPROM
ESA (Electronic Spark Advance)	Ignition Control	IC
ESAC (Electronic Spark Advance Control)	Distributor Ignition	DI
EST (Electronic Spark Timing)	Ignition Control	IC
EVAP CANP	Evaporative Emission Canister Purge	EVAP Canister Purge
EVAP (Evaporative Emission)	Evaporative Emission	EVAP
EVAP (Evaporative Emission) Canister	Evaporative Emission Canister	EVAP Canister
EVAP (Evaporative Emission) Canister Purge Valve	Evaporative Emission Canister Purge Valve	EVAP Canister Purge Valve
Evaporative Emission	Evaporative Emission	EVAP
Evaporative Emission Canister	Evaporative Emission Canister	EVAP Canister
EVP (Exhaust Gas Recirculation Valve Position) Sensor	Exhaust Gas Recirculation Valve Position Sensor	EGR Valve Position Sensor

EVR (Exhaust Gas Recirculation Vacuum Regulator) Solenoid	Exhaust Gas Recirculation Vacuum Regulator Solenoid	EGR Vacuum Regulator Solenoid
EVRV (Exhaust Gas Recirculation Vacuum Regulator Valve)	Exhaust Gas Recirculation Vacuum Regulator Valve	EGR Vacuum Regulator Valve
Exhaust Gas Recirculation	Exhaust Gas Recirculation	EGR
Exhaust Gas Recirculation Temperature	Exhaust Gas Recirculation Temperature	EGRT
Exhaust Gas Recirculation Temperature Sensor	Exhaust Gas Recirculation Temperature Sensor	EGRT Sensor
Exhaust Gas Recirculation Valve	Exhaust Gas Recirculation Valve	EGR Valve
Fan Control	Fan Control	FC
Fan Control Module	Fan Control Module	FC Module
Fan Control Relay	Fan Control Relay	FC Relay
Fan Motor Control Relay	Fan Control Relay	FC Relay
Fast Idle Thermo Valve	Idle Air Control Thermal Valve	IAC Thermal Valve
FBC (Feed Back Carburetor)	Carburetor	CARB
FBC (Feed Back Control)	Mixture Control	MC
FC (Fan Control)	Fan Control	FC
FC (Fan Control) Relay	Fan Control Relay	FC Relay
FEEPROM (Flash Electrically Erasable Programmable Read Only Memory)	Flash Electrically Erasable Programmable Read Only Memory	FEEPROM
FEPROM (Flash Erasable Programmable Read Only Memory)	Flash Erasable Programmable Read Only Memory	FEPROM
FF (Flexible Fuel)	Flexible Fuel	FF
FI (Fuel Injection)	Central Multiport Fuel Injection	Central FI
FI (Fuel Injection)	Continuous Fuel Injection	CFI
FI (Fuel Injection)	Direct Fuel Injection	DFI
FI (Fuel Injection)	Indirect Fuel Injection	IFI
FI (Fuel Injection)	Multiport Fuel Injection	MFI
FI (Fuel Injection)	Sequential Multiport Fuel Injection	SFI
FI (Fuel Injection)	Throttle Body Fuel Injection	TBI
Flash EEPROM (Electrically Erasable Programmable Read Only Memory)	Flash Electrically Erasable Programmable Read Only Memory	FEEPROM
Flash EPROM (Erasable Programmable Read Only Memory)	Flash Erasable Programmable Read Only Memory	FEPROM
Flexible Fuel	Flexible Fuel	FF
Flexible Fuel Sensor	Flexible Fuel Sensor	FF Sensor
Fourth Gear	Fourth Gear	4GR
FP (Fuel Pump)	Fuel Pump	FP
FP (Fuel Pump) Module	Fuel Pump Module	FP Module
FT (Fuel Trim)	Fuel Trim	FT
Fuel Charging Station	Throttle Body	TB
Fuel Concentration Sensor	Flexible Fuel Sensor	FF Sensor
Fuel Injection	Central Multiport Fuel Injection	Central MFI
Fuel Injection	Continuous Fuel Injection	CFI
Fuel Injection	Direct Fuel Injection	DFI
Fuel Injection	Indirect Fuel Injection	IFI
Fuel Injection	Multiport Fuel Injection	MFI
Fuel Injection	Sequential Multiport Fuel Injection	SFI
Fuel Injection	Throttle Body Fuel Injection	TBI
Fuel Level Sensor	Fuel Level Sensor	Fuel Level Sensor
Fuel Module	Fuel Pump Module	FP Module
Fuel Pressure	Fuel Pressure	Fuel Pressure

Fuel Pressure Regulator	Fuel Pressure Regulator	Fuel Pressure Regulator
Fuel Pump	Fuel Pump	FP
Fuel Pump Relay	Fuel Pump Relay	FP Relay
Fuel Quality Sensor	Flexible Fuel Sensor	FF Sensor
Fuel Regulator	Fuel Pressure Regulator	Fuel Pressure Regulator
Fuel Sender	Fuel Pump Module	FP Module
Fuel Sensor	Fuel Level Sensor	Fuel Level Sensor
Fuel Tank Unit	Fuel Pump Module	FP Module
Fuel Trim	Fuel Trim	FT
Full Throttle	Wide Open Throttle	WOT
GCM (Governor Control Module)	Governor Control Module	GCM
GEM (Governor Electronic Module)	Governor Control Module	GCM
GEN (Generator)	Generator	GEN
Generator	Generator	GEN
Governor	Governor	Governor
Governor Control Module	Governor Control Module	GCM
Governor Electronic Module	Governor Control Module	GCM
GND(Ground)	Ground	GND
GRD(Ground)	Ground	GND
Ground	Ground	GND
Heated Oxygen Sensor	Heated Oxygen Sensor	HO2S
HEDF (High Electro-Drive Fan) Control	Fan Control	FC
HEGO (Heated Exhaust Gas Oxygen) Sensor	Heated Oxygen Sensor	HO2S
HEI (High Energy Ignition)	Distributor Ignition	DI
High Speed FC (Fan Control) Switch	High Speed Fan Control Switch	High Speed FC Switch
HO2S (Heated Oxygen Sensor)	Heated Oxygen Sensor	HO2S
HOS (Heated Oxygen Sensor)	Heated Oxygen Sensor	HO2S
Hot Wire Anemometer	Mass Air Flow Sensor	MAF Sensor
IA(Intake Air)	Intake Air	IA
IA(Intake Air) Duct	Intake Air Duct	IA Duct
IAC(Idle Air Control)	Idle Air Control	IAC
IAC(Idle Air Control) Thermal Valve	Idle Air Control Thermal Valve	IAC Thermal Valve
IAC(Idle Air Control) Valve	Idle Air Control Valve	IAC Valve
IACV(Idle Air Control Valve)	Idle Air Control Valve	IAC Valve
IAT(Intake Air Temperature)	Intake Air Temperature	IAT
IAT(Intake Air Temperature) Sensor	Intake Air Temperature Sensor	IAT Sensor
IATS(Intake Air Temperature Sensor)	Intake Air Temperature Sensor	IAT Sensor
IC(Ignition Control)	Ignition Control	IC
ICM(Ignition Control Module)	Ignition Control Module	ICM
IDFI(Indirect Fuel Injection)	Indirect Fuel Injection	IFI
IDI(Integrated Direct Ignition)	Electronic Ignition	EI
IDI(Indirect Diesel Ignition)	Indirect Fuel Ignition	IFI
Idle Air Bypass Control	Idle Air Control	IAC
Idle Air Control	Idle Air Control	IAC
Idle Air Control Valve	Idle Air Control Valve	IAC Valve
Idle Speed Control	Idle Air Control	IAC
Idle Speed Control	Idle Speed Control	ISC
Idle Speed Control Actuator	Idle Speed Control Actuator	ISC Actuator
IFI(Indirect Fuel Injection)	Indirect Fuel Injection	IFI
IFS(Inertia Fuel Shutoff)	Inertia Fuel Shutoff	IFS
Ignition Control	Ignition Control	IC

Ignition Control Module	Ignition Control Module	ICM
In Tank Module	Fuel Pump Module	FP Module
Indirect Fuel Injection	Indirect Fuel Injection	IFI
Inertia Fuel Shutoff	Inertia Fuel Shutoff	IFS
Inertia Fuel-Shutoff Switch	Inertia Fuel Shutoff Switch	IFS Switch
Inertia Switch	Inertia Fuel Shutoff Switch	IFS Switch
INT(Integrator)	Short Term Fuel Trim	Short Term FT
Intake Air	Intake Air	IA
Intake Air Duct	Intake Air Duct	IA Duct
Intake Air Temperature	Intake Air Temperature	IAT
Intake Air Temperature Sensor	Intake Air Temperature Sensor	IAT Sensor
Intake Manifold Absolute Pressure Sensor	Manifold Absolute Pressure Sensor	MAP Sensor
Integrated Relay Module	Relay Module	RM
Integrator	Short Term Fuel Trim	Short Term FT
Inter Cooler	Charge Air Cooler	CAC
ISC(Idle Speed Control)	Idle Air Control	IAC
ISC(Idle Speed Control)	Idle Speed Control	ISC
ISC(Idle Speed Control) Actuator	Idle Speed Control Actuator	ISC Actuator
ISC BPA (Idle Speed Control By Pass Air)	Idle Air Control	IAC
ISC(Idle Speed Control) Solenoid Vacuum Valve	Idle Speed Control Solenoid Vacuum Valve	ISC Solenoid Vacuum Valve
K-Jetronic	Continuous Fuel Injection	CFI
KAM (Keep Alive Memory)	NonVolatile Random Access Memory	NVRAM
KAM (Keep Alive Memory)	Keep Alive Random Access Memory	Keep Alive RAM
KE-Jetronic	Continuous Fuel Injection	CFI
KE-Motronic	Continuous Fuel Injection	CFI
Knock Sensor	Knock Sensor	KS
KS (Knock Sensor)	Knock Sensor	KS
L-Jetronic	Multiport Fuel Injection	MFI
Lambda	Oxygen Sensor	O2S
LH-Jetronic	Multiport Fuel Injection	MFI
Light Off Catalyst	Warm Up Three Way Catalytic Converter	WU-TWC
Light Off Catalyst	Warm Up Oxidation Catalytic Converter	WU-OC
Lock Up Relay	Torque Converter Clutch Relay	TCC Relay
Long Term FT (Fuel Trim)	Long Term Fuel Trim	Long Term FT
Low Speed FC (Fan Control) Switch	Low Speed Fan Control Switch	Low Speed FC Switch
LUS (Lock Up Solenoid) Valve	Torque Converter Clutch Solenoid Valve	TCC Solenoid Valve
M/C (Mixture Control)	Mixture Control	MC
MAF (Mass Air Flow)	Mass Air Flow	MAF
MAF (Mass Air Flow) Sensor	Mass Air Flow Sensor	MAF Sensor
Malfunction Indicator Lamp	Malfunction Indicator Lamp	MIL
Manifold Absolute Pressure	Manifold Absolute Pressure	MAP
Manifold Absolute Pressure Sensor	Manifold Absolute Pressure Sensor	MAP Sensor
Manifold Differential Pressure	Manifold Differential Pressure	MDP
Manifold Surface Temperature	Manifold Surface Temperature	MST
Manifold Vacuum Zone	Manifold Vacuum Zone	MVZ
Manual Lever Position Sensor	Transmission Range Snesor	TR Sensor
MAP (Manifold Absolute Pressure)	Manifold Absolute Pressure	MAP
MAP (Manifold Absolute Pressure) Sensor	Manifold Absolute Pressure Sensor	MAP Sensor
MAPS (Manifold Absolute Pressure Sensor)	Manifold Absolute Pressure Sensor	MAP Sensor

Mass Air Flow	Mass Air Flow	MAF
Mass Air Flow Sensor	Mass Air Flow Sensor	MAF Sensor
MAT (Manifold Air Temperature)	Intake Air Temperature	IAT
MATS (Manifold Air Temperature Sensor)	Intake Air Temperature Sensor	IAT Sensor
MC (Mixture Control)	Mixture Control	MC
MCS (Mixture Control Solenoid)	Mixture Control Solenoid	MC Solenoid
MCU (Microprocessor Control Unit)	Powertrain Control Module	PCM
MDP (Manifold Differential Pressure)	Manifold Differential Pressure	MDP
MFI (Multiport Fuel Injection)	Multiport Fuel Injection	MFI
MIL (Malfunction Indicator Lamp)	Malfunction Indicator Lamp	MIL
Mixture Control	Mixture Control	MC
Modes	Diagnostic Test Mode	DTM
Monotronic	Throttle Body Fuel Injection	TBI
Motronic	Multiport Fuel Injection	MFI
MPI (Multipoint Injection)	Multiport Fuel Injection	MFI
MPI (Multiport Injection)	Multiport Fuel Injection	MFI
MRPS (Manual Range Position Switch)	Transimission Range Switch	TR Switch
MST (Manifold Surface Temperature)	Manifold Surface Temperature	MST
Multiport Fuel Injection	Multiport Fuel Injection	MFI
MVZ (Manifold Vacuum Zone)	Manifold Vacuum Zone	MVZ
NDS (Neutral Drive Switch)	Park/Neutral Position Switch	PNP Switch
Neutral Safety Switch	Park/Neutral Position Switch	PNP Switch
NGS (Neutral Gear Switch)	Park/Neutral Position Switch	PNP Switch
Nonvolatile Random Access Memory	Nonvolatile Random Access Memory	NVRAM
NPS (Neutral Position Switch)	Park/Neutral Position Switch	PNP Switch
NVM (Nonvolatile Memory)	Nonvolatile Random Access Memory	NVRAM
NVRAM (Nonvolatile Random Access Memory)	Nonvolatile Random Access Memory	NVRAM
O2 (Oxygen) Sensor	Oxygen Sensor	O2S
O2S (Oxygen Sensor)	Oxygen Sensor	O2S
OBD (On Board Diagnostic)	On Board Diagnostic	OBD
OC (Oxidation Catalyst)	Oxidation Catalyst Converter	OC
Oil Pressure Sender	Oil Pressure Sensor	Oil Pressure Sensor
Oil Pressure Sensor	Oil Pressure Sensor	Oil Pressure Sensor
Oil Pressure Switch	Oil Pressure Switch	Oil Pressure Switch
OL (Open Loop)	Open Loop	OL
On Board Diagnostic	On Board Diagnostic	OBD
Open Loop	Open Loop	OL
OS (Oxygen Sensor)	Oxygen Sensor	O2S
Oxidation Catalytic Converter	Oxidation Catalytic Converter	OC
OXS (Oxygen Sensor) Indicator	Service Reminder Indicator	SRI
Oxygen Sensor	Oxygen Sensor	O2S
P/N (Park/Neutral)	Park/Neutral Position	PNP
P/S (Power Steering) Pressure Switch	Power Steering Pressure Switch	PSP Switch
P- (Pressure) Sensor	Manifold Absolute Pressure Sensor	MAP Sensor
PAIR (Pulsed Secondary Air Injection)	Pulsed Secondary Air Injection	PAIR
Park/Neutral Position	Park/Neutral Position	PNP
PCM (Powertrain Control Module)	Powertrain Control Module	PCM
PCV (Positive Crankcase Ventilation)	Positive Crankcase Ventilation	PCV
PCV (Positive Crankcase Ventilation) Valve	Positive Crankcase Ventilation Valve	PCV Valve
Percent Alcohol Sensor	Flexible Fuel Sensor	FF Sensor
Periodic Trap Oxidizer	Periodic Trap Oxidizer	PTOX

PFE (Pressure Feedback Exhaust Gas Recirculation) Sensor	Feedback Pressure Exhaust Gas Recirculation Sensor	Feedback Pressure EGR Sensor
PFI (Port Fuel Injection)	Multiport Fuel Injection	MFI
PG (Pulse Generator)	Vehicle Speed Sensor	VSS
PGM-FI (Programmed Fuel Injection)	Multiport Fuel Injection	MFI
PIP (Position Indicator Pulse)	Crankshaft Position	CKP
PNP (Park/Neutral Position)	Park/Neutral Position	PNP
Positive Crankcase Ventilation	Positive Crankcase Ventilation	PCV
Positive Crankcase Ventilation Valve	Positive Crankcase Ventilation Valve	PCV Valve
Power Steering Pressure	Power Steering Pressure	PSP
Power Steering Pressure Switch	Power Steering Pressure Switch	PSP Switch
Powertrain Control Module	Powertrain Control Module	PCM
Pressure Feedback EGR (Exhaust Gas Recirculation)	Feedback Pressure Exhaust Gas Recirculation	Feedback Pressure EGR
Pressure Sensor	Manifold Absolute Pressure Sensor	MAP Sensor
Pressure Transducer EGR (Exhaust Gas Recirculation) System	Pressure Transducer Exhaust Gas Recirculation System	Pressure Transducer EGR System
PRNDL (Park, Reverse, Neutral, Drive, Low)	Transmission Range	TR
PROM (Programmable Read Only Memory)	Programmable Read Only Memory	PROM
Programmable Read Only Memory	Programmable Read Only Memory	PROM
PSP (Power Steering Pressure)	Power Steering Pressure	PSP
PSP (Power Steering Pressure) Switch	Power Steering Pressure Switch	PSP Switch
PTOX (Periodic Trap Oxidizer)	Periodic Trap Oxidizer	PTOX
Pulsair	Pulsed Secondary Air Injection	PAIR
Pulsed Secondary Air Injection	Pulsed Secondary Air Injection	PAIR
Radiator Fan Control	Fan Control	FC
Radiator Fan Relay	Fan Control relay	FC Relay
RAM (Random Access Memory)	Random Access Memory	RAM
Random Access Memory	Random Access Memory	RAM
Read Only Memory	Read Only Memory	ROM
Recirculated Exhaust Gas Temperature Sensor	Exhaust Gas Recirculation Temperature Sensor	EGRT Sensor
Reed Valve	Pulsed Secondary Air Injection Valve	PAIR Valve
REGTS (Recirculated Exhaust Gas Temperature Sensor)	Exhaust Gas Recirculation Temperature Sensor	EGRT Sensor
Relay Module	Relay Module	RM
Remote Mount TFI (Thick Film Ignition)	Distributor Ignition	DI
Revolutions per Minute	Engine Speed	RPM
RM (Relay Module)	Relay Module	RM
ROM (Read Only Memory)	Read Only Memory	ROM
RPM (Revolutions per Minute)	Engine Speed	RPM
SABV (Secondary Air Bypass Valve)	Secondary Air Injection Bypass Valve	AIR Bypass Valve
SACV (Secondary Air Check Valve)	Secondary Air Injection Control Valve	AIR Control Valve
SASV (Secondary Air Switching Valve)	Secondary Air Injection Switching Valve	AIR Switching Valve
SBEC (Single Board Engine Control)	Powertrain Control Module	PCM
SBS (Supercharger Bypass Solenoid)	Supercharger Bypass Solenoid	SCB Solenoid
SC (Supercharger)	Supercharger	SC
Scan Tool	Scan Tool	ST
SCB (Supercharger Bypass)	Supercharger Bypass	SCB
Secondary Air Bypass Valve	Secondary Air Injection Bypass Valve	AIR Bypass Valve
Secondary Air Check Valve	Secondary Air Injection Check Valve	AIR Check Valve

Secondary Air Injection	Secondary Air Injection	AIR
Secondary Air Injection Bypass	Secondary Air Injection Bypass	AIR Bypass
Secondary Air Injection Diverter	Secondary Air Injection Diverter	AIR Diverter
Secondary Air Switching Valve	Secondary Air Injection Switching Valve	AIR Switching Valve
SEFI (Sequential Electronic Fuel Injection)	Sequential Multiport Fuel Injection	SFI
Self Test	On Board Diagnostic	OBD
Self Test Codes	Diagnostic Trouble Code	DTC
Self Test Connector	Data Link Connector	DLC
Sequential Multiport Fuel Injection	Sequential Multiport Fuel Injection	SFI
Service Engine Soon	Service Reminder Indicator	SRI
Service Engine Soon	Malfunction Indicator Lamp	MIL
Service Reminder Indicator	Service Reminder Indicator	SRI
SFI (Sequential Fuel Injection)	Sequential Multiport Fuel Injection	SFI
Short Term FT (Fuel Trim)	Short Term Fuel Trim	Short Term FT
SLP (Slection Lever Position)	Transmission Range	TR
SMEC (Single Module Engine Control)	Powertrain Control Module	PCM
Smoke Puff Limiter	Smoke Puff Limiter	SPL
SPI (Single Point Injection)	Throttle Body Fuel Injection	TBI
SPL (Smoke Puff Limiter)	Smoke Puff Limiter	SPL
SRI (Service Reminder Indicator)	Service Reminder Indicator	SRI
SRT (System Readiness Test)	System Readiness Test	SRT
ST (Scan Tool)	Scan Tool	ST
Supercharger	Supercharger	SC
Supercharger Bypass	Supercharger Bypass	SCB
Sync Pickup	Camshaft Position	CMP
System Readiness Test	System Readiness Test	SRT
TAB (Thermactor Air Bypass)	Secondary Air Injection Bypass	AIR Bypass
TAD (Thermactor Air Diverter)	Secondary Air Injection Diverter	AIR Diverter
TB (Throttle Body)	Throttle Body	TB
TBI (Throttle Body Fuel Injection)	Throttle Body Fuel Injection	TBI
TBT (Throttle Body Temperature)	Intake Air Temperature	IAT
TC (Turbocharger)	Turbocharger	TC
TCC (Torque Converter Clutch)	Torque Converter Clutch	TCC
TCC (Torque Converter Clutch) Relay	Torque Converter Clutch Relay	TCC Relay
TCM (Transmission Control Module)	Transmission Control Module	TCM
TFI (Thick Film Ignition)	Distributor Ignition	DI
TFI (Thick Film Ignition) Module	Ignition Control Module	ICM
Thermac	Secondary Air Injection	AIR
Thermac Air Cleaner	Air Cleaner	ACL
Thermactor	Secondary Air Injection	AIR
Thermactor Air Bypass	Secondary Air Injection Bypass	AIR Bypass
Thermactor Air Diverter	Secondary Air Injection Diverter	AIR Diverter
Thermactor II	Pulsed Secondary Air Injection	PAIR
Thermal Vacuum Switch	Thermal Vacuum Valve	TVV
Thermal Vacuum Valve	Thermal Vacuum Valve	TVV
Third Gear	Third Gear	3GR
Three Way + Oxidation Catalytic Converter	Three Way + Oxidation Catalytic Converter	TWC + OC
Three Way Catalytic Converter	Three Way Catalytic Converter	TWC
Throttle Body	Throttle Body	TB
Throttle Body Fuel Injection	Throttle Body Fuel Injection	TBI
Throttle Opener	Idle Speed Control	ISC
Throttle Opener Vacuum Switching Valve	Idle Speed Control Solenoid Vacuum Valve	ISC Solenoid Vacuum Valve

Throttle Opener VSV (Vacuum Switching Valve)	Idle Speed Control Solenoid Vacuum Valve	ISC Solenoid Vacuum Valve
Throttle Position	Throttle Position	TP
Throttle Position Sensor	Throttle Position Sensor	TP Sensor
Throttle Position Switch	Throttle Position Switch	TP Switch
Throttle Potentiometer	Throttle Position Sensor	TP Sensor
TOC (Trap Oxidizer - Continuous)	Continuous Trap Oxidizer	CTOX
TOP (Trap Oxidizer - Periodic)	Periodic Trap Oxidizer	PTOX
Torque Converter Clutch	Torque Converter Clutch	TCC
Torque Converter Clutch Relay	Torque Converter Clutch Relay	TCC Relay
TP (Throttle Position)	Throttle Position	TP
TP (Throttle Position) Sensor	Throttle Position Sensor	TP Sensor
TP (Throttle Position) Switch	Throttle Position Switch	TP Switch
TPI (Tuned Port Injection)	Multiport Fuel Injection	MFI
TPS (Throttle Position Sensor)	Throttle Position Sensor	TP Sensor
TPS (Throttle Position Switch)	Throttle Position Switch	TP Switch
TR (Transmission Range)	Transmission Range	TR
Transmission Control Module	Transmission Control Module	TCM
Transmission Position Switch	Transmission Range Switch	TR Switch
Transmission Range Selection	Transmission Range	TR
TRS (Transmission Range Selection)	Transmission Range	TR
TRSS (Transmission Range Selection Switch)	Transmission Range Switch	TR Switch
Tuned Port Injection	Multiport Fuel Injection	MFI
Turbo (Turbocharger)	Turbocharger	TC
Turbocharger	Turbocharger	TC
TVS (Thermal Vacuum Switch)	Thermal Vacuum Valve	TVV
TVV (Thermal Vacuum Valve)	Thermal Vacuum Valve	TVV
TWC (Three Way Catalytic Converter)	Three Way Catalytic Converter	TWC
TWC + OC (Three Way + Oxidation Converter	Three Way + Oxidation Catalytic Converter	TWC + OC
VAC (Vacuum) Sensor	Manifold Differential Pressure Sensor	MDP Sensor
Vacuum Switch	Manifold Vacuum Zone Switch	MVZ Switch
VAF (Volume Air Flow)	Volume Air Flow	VAF
Vane Air Flow	Volume Air Flow	VAF
Variable Fuel Sensor	Flexible Fuel Sensor	FF Sensor
VAT (Vane Air Temperature)	Intake Air Temperature	IAT
VCC (Viscous Converter Clutch)	Torque Converter Clutch	TCC
Vehicle Speed Sensor	Vehicle Speed Sensor	VSS
VIP (Vehicle In Process) Connector	Data Link Connector	DLC
Viscous Converter Clutch	Torque Converter Clutch	TCC
Voltage Regulator	Voltage Regulator	VR
Volume Air Flow	Volume Air Flow	VAF
VR (Voltage Regulator)	Voltage Regulator	VR
VSS (Vehicle Speed Sensor)	Vehicle Speed Sensor	VSS
VSV (Vacuum Solenoid Valve) (Canister)	Evaporative Emission Canister Purge Valve	EVAP Canister Purge Valve
VSV (Vacuum Solenoid Valve) (EVAP)	Evaporative Emission Canister Purge Valve	EVAP Canister Purge Valve
VSV (Vacuum Solenoid Valve) (Throttle)	Idle Speed Control Solenoid Vacuum Valve	ISC Solenoid Vacuum Valve
Warm Up Oxidation Catalytic Converter	Warm Up Oxidation Catalytic Converter	WU-OC

Warm Up Three Way Catalytic Converter	Warm Up Three Way Catalytic Converter	WU-OC
Wide Open Throttle	Wide Open Throttle	WOT
WOT (Wide Open Throttle)	Wide Open Throttle	WOT
WOTS (Wide Open Throttle Switch)	Wide Open Throttle Switch	WOT Switch
WU-OC (Warm Up Oxidation Catalytic Converter)	Warm Up Oxidation Catalytic Converter	WU-OC
WU-TWC (Warm Up Three Way Catalytic Converter)	Warm Up Three Way Catalytic Converter	WU-TWC

6.3 OBD-III系統

1. CARB從1994年起就開始進行測試規劃，由於系統非常先進，且牽涉法律及道德問題，預計在21世紀初期開始實施。
2. 從OBD-II進展到OBD-III，主要的改變集中在乾淨空氣法律的強制性。目前的 OBD 系統，車主能延遲與廢氣排放有關故障零件或系統的修護，而OBD-III系統的設計，會強迫車主在一定時間內至修護廠檢修相關的故障。
3. 若此種強制性的法律通過，則車上傳送器(On-Board Transmitter)會送出有關排放系統的訊息，此資料可由路邊讀送器(Roadside Reader)、區域站網路(Local Station Network)或衛星接收，然後車主將收到指出問題的郵件，並要求在一定時間內修護故障，一旦故障修理完畢，車主必須送出維修證明至州政府的車輛管理部門。
4. 由以上的敘述可知，要實施OBD-III系統的規定，必須藉助許多新科技才能實現，而且實施的成本高。
5. 車測中心(ARTC)相似系統功能的開發應用
   (1) 一套整合車上診斷系統(OBD)、全球衛星定位系統(GPS)與3G網路之車輛遠端診斷系統，除可擷取 OBD 的故障訊息，以及車速、引擎轉速、電瓶電壓、冷卻水溫等即時車況外，還可同步記錄行車日期與時間、行車地點與路徑資訊等，並將擷取的行車資訊透過3G 網路回傳至行車監控中心的主機，管控者即可掌握車輛的即時行車資訊。
   (2) 本系統包括車載電腦(On-board Computer, OBC)、行車監控中心主機以及行車即時資訊瀏覽器等三大部分。此種車輛遠端診斷系統，可讓汽車保養廠與商用車隊管理員不用親臨現場，即可了解遠端車輛的即時車況與所在位置，對於車隊管理、遠距車輛診斷或是保養廠主動維修通知等有極高的應用價值。

(3) 本系統的行車即時資訊瀏覽器與監控中心主機的連線，未來若改用 HTTP (Hypertext Transfer Protocol)通訊協定，則使用者不用安裝行車即時資訊瀏覽器，只需在已安裝網頁瀏覽器(Web Browser)的電腦、手機或可攜式設備上，執行網頁瀏覽器，即可查詢行駛中車輛的即時資訊，可進一步提升使用遠端診斷系統的便利性。

第 6 章　學後評量

一、是非題

(　) *1.* 所謂OBD，即車上診斷系統。

(　) *2.* OBD-I系統的監測項目少且敏感度較差，故已被OBD-II系統所取代。

(　) *3.* OBD-I系統無法以掃瞄器顯示DTC。

(　) *4.* OBD-II系統尚未將各汽車廠間的DLC、基本診斷設備及診斷程序標準化。

(　) *5.* OBD-III系統的設計，會逼使車主在一定時間內到修護廠檢修與廢氣排放有關的故障零件。

二、選擇題

(　) *1.* OBD-I系統的DLC為　(A)6　(B)8　(C)12　(D)16　線頭式。

(　) *2.* VIN表　(A)車輛識別碼　(B)檢查引擎燈　(C)診斷故障碼　(D)資料連結接頭。

(　) *3.* 全美地區，從　(A)1990　(B)1994　(C)1996　(D)1998　車型年起，所有汽車都必須符合聯邦OBD-II標準。

(　) *4.* OBD-II系統的DLC位在　(A)引擎室電瓶旁　(B)駕駛室後座椅下方　(C)儀錶板下方近轉向柱處　(D)行李廂內。

(　) *5.* OBD-II系統的DLC為　(A)12　(B)16　(C)20　(D)24　線頭式。

三、問答題

1. OBD-I系統的診斷能力有何種限制？

2. OBD-I系統利用哪些方法顯示DTC？

3. OBD-II系統的功能為何？

4. OBD-II系統的目標為何？

5. OBD-III系統的特點為何？

參考資料

1. 訓練手冊 Step 2, 和泰汽車公司。
2. 訓練手冊 Step 3, 和泰汽車公司。
3. Civic 訓練手冊, 本田汽車公司。
4. Accord 修護手冊, 本田汽車公司。
5. 訓練手冊, 福特汽車公司。
6. Teana 技術訓練教材, 裕隆汽車公司。
7. Sentra 修護手冊, 裕隆汽車公司。
8. Lancer/Virage 引擎工作手冊, 中華汽車公司。
9. 汽車發動機燃油噴射技術, 李春明。
10. 電子控制汽油噴射裝置, 黃靖雄、賴端海。
11. 汽車學III(汽車電學篇), 賴端海。
12. 現代汽車新科技裝置, 黃靖雄、賴端海。
13. ガソリン エンジン構造, 全國自動車整備專門學校協會編。
14. エンジン電裝品, エンジン電裝品研究會。
15. Gasoline Fuel-Injection System K-Jetronic, Bosch。
16. Gasoline Fuel-Injection System KE-Jetronic, Bosch。
17. Gasoline Fuel-Injection System Mono-Jetronic, Bosch。
18. Gasoline Fuel-Injection System L-Jetronic, Bosch。
19. Motronic Engine Management, Bosch。
20. Ignition, Bosch。
21. 4G93-GDI Training Book, Mitsubishi Mortors。
22. 4G94 Engine Training Book, Mitsubishi Mortors。
23. Automotive Excellence, Glencoe。
24. Automotive Computer System, Don Knowles。
25. Automobile Electrical and Electronic Systems, Tom Denton。
26. Understanding Automotive Electronics, William B. Ribbens。
27. Auto Electricity, Electronics, Computers, James E. Duffy。
28. AUTOMOTIVE MECHANICS, Crouse、Anglin。

29. COMPUTERIZED ENGINE CONTROLS, Steve V. Hatch and Dick H. King。
30. AUTOMOTIVE EMISSIONS SYSTEMS, Larry Carley。
31. ADVANCED AUTOMOTIVE EMISSIONS SYSTEM, Rick Escalambre。
32. SENSORS and TRANSDUCERS, Ronald K. Jurgen。
33. PGM-FI SERVICE TRAINING TEXTBOOK, Honda Motors。
34. Automotive Handbook，Bosch。
35. 整合OBD、GPS與3G技術於車輛遠端診斷系統之研究 財團法人車輛研究測試中心(ARTC)陳世昌等。

國家圖書館出版品預行編目資料

現代汽油噴射引擎 / 黃靖雄, 賴瑞海編著. -- 五版. -- 新北市 : 全華圖書股份有限公司, 2022.07

面； 公分

ISBN 978-626-328-260-5 (平裝)

1. CST : 汽車裝配 2.CST : 汽油引擎 3.CST : 噴射引擎

446.3 111011071

現代汽油噴射引擎(第五版)

作者／黃靖雄、賴瑞海

發行人／陳本源

執行編輯／楊煊閔

出版者／全華圖書股份有限公司

郵政帳號／0100836-1 號

印刷者／宏懋打字印刷股份有限公司

圖書編號／0556904

五版一刷／2022 年 8 月

定價／新台幣 450 元

ISBN／978-626-328-260-5 (平裝)

全華圖書／www.chwa.com.tw

全華網路書店 Open Tech／www.opentech.com.tw

若您對本書有任何問題，歡迎來信指導 book@chwa.com.tw

臺北總公司(北區營業處)
地址：23671 新北市土城區忠義路 21 號
電話：(02) 2262-5666
傳真：(02) 6637-3695、6637-3696

南區營業處
地址：80769 高雄市三民區應安街 12 號
電話：(07) 381-1377
傳真：(07) 862-5562

中區營業處
地址：40256 臺中市南區樹義一巷 26 號
電話：(04) 2261-8485
傳真：(04) 3600-9806(高中職)
(04) 3601-8600(大專)

（請由此線剪下）

歡迎加入 全華會員

● 會員獨享

會員享購書折扣、紅利積點、生日禮金、不定期優惠活動…等。

● 如何加入會員

掃 QRcode 或填妥讀者回函卡直接傳真（02）2262-0900 或寄回，將由專人協助登入會員資料，待收到 E-MAIL 通知後即可成為會員。

如何購買 全華書籍

1. 網路購書

全華網路書店「http://www.opentech.com.tw」，加入會員購書更便利，並享有紅利積點回饋等各式優惠。

2. 實體門市

歡迎至全華門市（新北市土城區忠義路 21 號）或各大書局選購。

3. 來電訂購

(1) 訂購專線：(02) 2262-5666 轉 321-324
(2) 傳真專線：(02) 6637-3696
(3) 郵局劃撥（帳號：0100836-1　戶名：全華圖書股份有限公司）
※　購書未滿 990 元者，酌收運費 80 元。

OpenTech 全華網路書店 .com.tw

全華網路書店 www.opentech.com.tw
E-mail: service@chwa.com.tw

※ 本會員制如有變更則以最新修訂制度為準，造成不便請見諒。

廣告回信
板橋郵局登記證
板橋廣字第540號

23671 新北市土城區忠義路 21 號
全華圖書股份有限公司

行銷企劃部　收

讀者回函卡

掃 QRcode 線上填寫 ▶▶▶

姓名：________ 生日：西元____年____月____日 性別：□男 □女

電話：(　)________ 手機：________

e-mail：(必填)________

註：數字零，請用 Φ 表示，數字 1 與英文 L 請另註明並書寫端正，謝謝。

通訊處：□□□□□________

學歷：□高中・職 □專科 □大學 □碩士 □博士

職業：□工程師 □教師 □學生 □軍・公 □其他

學校／公司：________ 科系／部門：________

・需求書類：

□A. 電子 □B. 電機 □C. 資訊 □D. 機械 □E. 汽車 □F. 工管 □G. 土木 □H. 化工 □I. 設計

□J. 商管 □K. 日文 □L. 美容 □M. 休閒 □N. 餐飲 □O. 其他

・本次購買圖書為：________ 書號：________

・您對本書的評價：

封面設計：□非常滿意 □滿意 □尚可 □需改善，請說明________

內容表達：□非常滿意 □滿意 □尚可 □需改善，請說明________

版面編排：□非常滿意 □滿意 □尚可 □需改善，請說明________

印刷品質：□非常滿意 □滿意 □尚可 □需改善，請說明________

書籍定價：□非常滿意 □滿意 □尚可 □需改善，請說明________

整體評價：請說明________

・您在何處購買本書？

□書局 □網路書店 □書展 □團購 □其他________

・您購買本書的原因？(可複選)

□個人需要 □公司採購 □親友推薦 □老師指定用書 □其他________

・您希望全華以何種方式提供出版訊息及特惠活動？

□電子報 □DM □廣告(媒體名稱________)

・您是否上過全華網路書店？(www.opentech.com.tw)

□是 □否 您的建議________

・您希望全華出版哪方面書籍？________

・您希望全華加強哪些服務？________

感謝您提供寶貴意見，全華將秉持服務的熱忱，出版更多好書，以饗讀者。

填寫日期：　/　/

2020.09 修訂

親愛的讀者：

感謝您對全華圖書的支持與愛護，雖然我們很慎重的處理每一本書，但恐仍有疏漏之處，若您發現本書有任何錯誤，請填寫於勘誤表內寄回，我們將於再版時修正，您的批評與指教是我們進步的原動力，謝謝！

全華圖書　敬上

勘誤表

書號		書名		作者	
頁數	行數	錯誤或不當之詞句		建議修改之詞句	

我有話要說：(其它之批評與建議，如封面、編排、內容、印刷品質等・・・)